"十三五"普通高等教育本科重点系列教材

普通高等教育"九五"国家级重点教材

高电压绝缘技术
（第三版）

西安交通大学 严 璋

清 华 大 学 朱德恒 主编

U0336543

中国电力出版社

CHINA ELECTRIC POWER PRESS

内 容 提 要

全书共分十章，主要内容包括高电压绝缘技术中的电场分析与测量，气体击穿的理论分析和空气间隙绝缘，气体中的沿面放电和高压绝缘子，绝缘配合，六氟化硫气体绝缘，液体、固体电介质的电气性能，电力电容器和电力电缆绝缘，高压套管和高压电流互感器绝缘，电力变压器和高压电机绝缘，绝缘试验。本书全面、系统地分析了高电压下的绝缘问题及当代的进展，为进行各类高压电气设备的开发及应用奠定基础。

本书可作为普通高等学校电气信息类专业的教学用书，也可作为从事各类高压电气设备研究、设计、运行、检测等的工程技术人员的参考用书。

图书在版编目(CIP)数据

高电压绝缘技术/严璋，朱德恒主编 . —3 版 . —北京：中国电力出版社，2015.8（2024.12重印）

"十三五"普通高等教育本科重点规划教材　普通高等教育"九五"国家级重点教材

ISBN 978-7-5123-7564-2

Ⅰ.①高…　Ⅱ.①严…②朱…　Ⅲ.①高电压绝缘技术-高等学校-教材　Ⅳ.①TM85

中国版本图书馆 CIP 数据核字（2015）第 072864 号

中国电力出版社出版、发行

（北京市东城区北京站西街 19 号　100005　http://www.cepp.sgcc.com.cn）

北京雁林吉兆印刷有限公司印刷

各地新华书店经售

＊

2002 年 3 月第一版

2015 年 8 月第三版　　2024 年 12 月北京第十九次印刷

787 毫米×1092 毫米　16 开本　23.25 印张　566 千字

定价 **55.00** 元

前　　言

为适应电网安全可靠、绿色低碳和灵活高效的要求，基于"科技要创新、多培养具有创新能力人才"的思路，本次重编《高电压绝缘技术》教材时，更注意反映有关高电压绝缘技术的最新成就及发展动向，并努力遵循认识规律进行科学分析和表达，以使大学生、研究生及有关技术人员易于掌握本学科的基本概念、发展规律及分析研究方法，为进行科技创新创造条件。

随着科学技术的发展，第三版中一方面增加了对高电压下的放电过程、介电特性及其规律性的新认识，增加了对高电压电气设备及系统的开发、设计及调试方面的新技术；另一方面又增补了近年来在研发到建成更高电压等级的交、直流系统及设备中的新经验。但为了简洁，对书中出现的交流高压系统及设备一般不冠以"交流"，而对直流输电系统及设备则冠以"直流"二字。

本书第三版由严璋、朱德恒任主编，各章的编写分工为：清华大学谈克雄编写第一、三、五章及附录 B、C 等，朱德恒编写第二、四章，西安交通大学冯允平编写第六、十章，严璋编写绪论和第七、八、九章及附录 A 等，严璋和谈克雄作最后的统稿。此外，张冠军（西安交大）和高胜友（清华）参与了重编过程，搜集了新的资料；第二、四章中的部分内容由高胜友增补。

本书编写过程中得到了王建生（西高院）、万启发（国网电科院）、谢毓城（保变）、王绍禹（辽宁电科院）、邬伟民（甘肃省局）、彭宗仁（西安交大）、董旭柱（南网公司）、王晓宁（中国电科院）等许多专家的支持与帮助，他们提供了超、特高压电力设备的基础研究、开发设计、试验检测、运行维护等方面的许多新思路、新成果、新设计、新标准及新经验，对此编者表示衷心感谢。

恳切希望读者对书中不妥之处予以指正。

本书配套课件可从中国电力出版社教材服务网 http://jc.cepp.sgcc.com.cn 自行下载使用。

编　者

2015 年 6 月

第一版前言

为适应改革开放、国民经济迅猛发展、教育改革逐步深入的新形势,我们重编了本书。

此书由西安交通大学和清华大学的有关教师合作编写,总结了两校几十年来讲授高电压绝缘方面有关课程的经验及教训,也认真听取了兄弟院校的建议。早在 1980 年,两校教师已按当时的教学计划及教学大纲共同编写出版了《高电压绝缘》(由电力工业出版社出版),曾获水利电力部优秀教材二等奖等嘉奖。1990 年,又根据当时修订的教学大纲重编了《高电压绝缘》,由清华大学出版社出版,至今又有十年了。我国的工农业生产及科学技术都有了新的发展,教育改革的步伐也大步向前,对教材也提出了更高的要求,面向新世纪重编新教材是顺理成章的事。

编写中,不仅力图吸取过去的经验教训,又能适应当前科技发展及教育改革的需要。在以高电压绝缘技术的基本内容为主线的同时,拓宽专业面、充实新内容;并注意启发读者的思路,为今后创新奠定基础。例如增加了设计任何绝缘结构时都会遇到的绝缘配合、绝缘结构的电场分析及优化调整,加强了绝缘结构从设计、试验到运行的全过程的联系。还增加或充实了不少很有发展前景的新技术,例如有机绝缘子及其防污特性、电负性气体及全封闭组合电器绝缘、交链聚乙烯挤塑电缆及其防树枝化、绝缘在线检测及状态维修、新型液体、固体和复合绝缘材料等。因为高电压绝缘技术既可用于电力工业,也可用于其他部门。

全书分十章。第一章为电场分析;第四章为绝缘配合;第二、三章及第五章阐述气体和沿面放电的基本原理以及 SF_6 绝缘;第六章分析液体、固体电介质的电气性能;第七章到第九章介绍几种高压电气设备(电容器、电缆、套管、互感器、变压器及高压电机)的绝缘结构;第十章叙述高压电气设备的绝缘试验。

本书的编写分工为:谈克雄编写第一章、第五章及第三章第一至第七节,朱德恒编写第二章、第四章及第三章第八、九节,冯允平编写第六章及第十章,严璋编写绪论及第七章至第九章。全书由严璋、朱德恒任主编。叶蕙誉教授仔细审阅了本书并提出不少宝贵意见,作者谨致以深切感谢。

但限于水平,书中不妥之处可能不少,恳切希望读者予以批评指正。

编 者

2000 年 12 月

第二版前言

为贯彻落实教育部《关于进一步加强高等学校本科教学工作的若干意见》和《教育部关于以就业为导向深化高等职业教育改革的若干意见》的精神,加强教材建设,确保教材质量,中国电力教育协会组织制订了普通高等教育"十一五"教材规划。该规划强调适应不同层次、不同类型院校,满足学科发展和人才培养的需求,坚持专业基础课教材与教学急需的专业教材并重、新编与修订相结合。本书为修订教材。

本书自 2002 年由中国电力出版社出版以来,已为国内许多高校所选用。

这些年以来,我国电力工业的发展空前迅速,已经或正在开发或引进更多的先进技术。为此,本书内容也亟需相应予以反映和充实。例如:不仅要分析交流高压,而且要分析直流高压下的电场分布、介电性能及绝缘结构;要让读者了解当电压等级更高时,内、外绝缘的绝缘特性、结构设计及试验方面的特点等。为此,由原作者认真对原书进行了补充及修订。

不妥之处,恳切希望予以指正。

编　者

2007 年 9 月

目　　录

绪　　论

一、高电压绝缘的研究对象

高电压绝缘技术是关于高电压电气设备绝缘结构的开发、选型、设计、制造、运行和维护的技术。

高电压电气设备中，需要用绝缘结构来分隔电位不等的导电体，使之都能保持各自不同的电位。绝缘结构形式各异，取决于各种电气设备的功能、构造特点和运行条件，由一种或几种绝缘材料组成。因此绝缘结构是电气设备中的一个重要组成部分。

高电压绝缘应用于国民经济的许多部门，其中最大量的是用于电力工业。新中国成立以来的几十年里，我国电力工业有了飞速发展，如表 0-1 所示；以 2012 年与 1949 年相对比，全国的发电设备装机总容量及全年发电量的平均年增长率分别约为 10.75％ 及 11.85％，远高于发达国家同时期的发展速度。但我国人口约占世界人口的 1/5，以人均而言，还略低于世界平均水平的 1/2。因此随着改革开放、工农业的发展及人民生活水平的提高，我国电力工业的发展仍将保持很高的速度。

表 0-1　　　　　　　　　　　我国电力工业近 63 年的发展

年份	全国装机容量及其增长			全国全年发电量及其增长		
	$\times 10^6$ kW	增长倍数	年平均增长率	$\times 10^{10}$ kWh	年平均增长率	
1949 2012	1.85 1147	620	10.75％	0.43 499	11.85％	

注　1. 表中数据未包括台湾和港澳地区。

　　2. 2012 年数据取自《中国电力百科全书》(第三版)，北京：中国电力出版社，2014。

随着用电量的上升、输电距离的增长，电力系统的最高电压等级必将进一步提高，有关高压电气设备的绝缘问题的解决也将愈加困难。当作用电压超过临界值时，绝缘将被破坏而失去绝缘作用。而且工作电压越高，绝缘的费用在设备成本中所占比例将越大、设备的体积及重量也越大；如不采取新技术，甚至有时将无法构成设备绝缘。绝缘又常是电气设备中的薄弱环节，是运行中不少设备事故的发源地。研究绝缘、改善绝缘，不仅是经济问题，更是安全问题。因而努力采用先进技术，既经济合理又安全可靠地解决各种高压电气设备的绝缘问题就显得十分重要了。例如在我国，为适应电力工业的发展，远距离输电以及全国联网等需要，基于科研、开发、生产、运行人员等的齐心努力创新，近年来交流 1000kV、直流 800kV 等世界最高电压等级的超、特高压输电设备及输电系统已开发成功并投入运行，这也是在研究解决了一系列的绝缘问题后才实现的(参见附录 B 中的图)。

要确保电气设备安全可靠地长期运行，就要科学、妥善地解决外施电压(包括工作电压及各种过电压)与电气设备的电气强度(包括长期及短期的)之间的矛盾。正常运行时，电气设备绝缘是长期处于工作电压作用之下的；但电力系统中的电压有时会出现短时的有害于绝缘的电压升高现象，即过电压。常将过电压分成两大类：一类为雷电过电压，指设备遭受雷击，或设备附近发生雷击而感应产生的过电压；另一类为内部过电压，指电力系统中由于操作、事故、改变接线等引起的过电压。虽然过电压的作用时间一般很短，但幅值比工作电压高得多，可能造成绝缘破坏。因而设备绝缘除应能耐受正常工作电压的长期作用以外，还必须能耐受过电压的作用。为确保电气设备能安全可靠地运行，一方面应分析过电压的幅值、波形等参数，采取有效措施降低或限制作用于设备的过电压；另一方面应设法保证及提高绝缘结构的耐受电压，确保它在短暂过电压及长期工作电压下都具有所期望的电气强度，这两方面构成了高电压技术的主要内容。上述的后一方面，包括如何提高设备绝缘的耐受电压、设计制造出先进的绝缘结构、努力提高运行可靠性，这就是本书要讨论的主要内容。

为了设计出技术先进、经济合理而又安全可靠的绝缘结构，首先必须掌握各类电介质在电场作用下的电气物理性能，尤其在强电场中的击穿特性及其规律；依此规律进行绝缘结构的设计：如选择结构型式、确定绝缘尺寸等。其次，绝缘的破坏取决于在外施电压下分配在该处的电场强度，因此在满足电气设备基本要求的前提下，应设法改善绝缘结构，使电场尽可能分布均匀。此外，还可引用新型绝缘材料、改进制造工艺等以提高绝缘的电气强度。

为了保证设备绝缘能安全可靠运行，无论在制造厂或运行现场，必须保证一定的工艺条件，最后还应对绝缘进行各种检查及试验。

为此，本书分析研究高电压下的电气绝缘问题，阐述的主要对象是：

(1) 电介质的电气物理性能，特别是其击穿过程与规律性；

(2) 各种高压电气设备的典型绝缘结构、基本型式及分析计算方法；

(3) 检测及判断设备绝缘质量的试验方法。

二、对高压电气设备绝缘电气性能的基本要求

电气设备的造价及运行的可靠性在很大程度上取决于其绝缘，当设备电压等级增高时更是如此。因为高压设备能否可靠运行主要是由下述两方面决定的：一是外施电压下设备绝缘结构中的电场分布情况；二是绝缘本身耐受电压的能力。当作用于绝缘上电压的破坏作用小于绝缘耐受电压的能力时，设备能安全运行；反之，设备绝缘就会受到破坏。各种标称电压等级的设备绝缘所承受的长时电压或短时电压是不同的，亦即要有不同的"绝缘水平"，设计设备绝缘时，必须先选择合理的绝缘水平。

在工作电压的持续作用下，即使电压不超过规定值，但由于绝缘逐渐劣化（老化），最终也能导致绝缘破坏。因此长期工作电压是决定绝缘使用寿命的主要条件，参见国家标准GB 311.1—2012《绝缘配合　第一部分：定义、原则和规则》的规定值（见附录表A1、表A2）。

电力系统中还可能出现多种过电压，为检验绝缘在雷电过电压下能否安全运行，常采用冲击电压发生器对制成的设备进行雷电冲击电压试验，以检验绝缘的雷电冲击绝缘水平（见附录表A3）。由于电力系统中都装有避雷器等限制过电压的保护设备或保护措施，因此设备绝缘的雷电冲击绝缘水平要求以及相应的雷电冲击耐受电压要求都是与避雷器等的保护特性紧密联系的，避雷器等性能的改进可以降低所需的冲击绝缘水平。而为检验绝缘在内部过电压下的可靠性，传统的做法往往以短时工频电压近似地等效来进行试验，以检验其绝缘水平，各种设备的1min工频耐受电压主要是根据内部过电压的大小制定的（见附录表A4）。实际上影响绝缘的电气强度的因素很复杂，特别是对于超高压和特高压系统，绝缘在内部过电压下的电气强度和工频电气强度之间难以获得较准确的折合关系，因此对于330kV及以

上的设备，在工频运行电压、暂时过电压（持续时间较长、频率较低的内部过电压）下的绝缘性能以及在操作过电压（由于操作过程引起的内部过电压）下的性能需用模拟不同类型的内过电压的操作冲击试验来检验（见附录表A2）。而在工频运行电压及暂时过电压下设备绝缘对老化或污秽的适应性则宜用长时间的工频电压试验来检验。

国家标准等所规定的设备试验电压是各制造厂设计其绝缘时考虑电气性能要求的重要依据。至于在现场对设备进行交接试验或者在大修后进行试验时，也要按有关规程进行耐压等试验，但这时的试验电压一般低于相应的制造厂的试验电压。

至于对各类设备的其他电气特性试验也有相应的标准或规程等规定，例如：不少高压电气设备要进行局部放电试验、对高压电力变压器还要在感应耐压试验时测其局部放电量、对电力电容器等要进行耐久性试验等。

三、对高压电气设备绝缘其他性能的要求

在研究设备绝缘时，除了考虑电压的作用外，还应分析机械力、温度、大气环境等因素对绝缘耐受电压性能的影响，不能忽视这些因素。在一定情况下它们可能成为破坏绝缘的主要因素。

（1）机械性能的要求：高压设备的绝缘在承受电场作用的同时还常受到机械负荷、电动力或机械振动等的作用。例如悬式绝缘子承受导线拉力，隔离开关的支柱绝缘子在分合闸时承受扭转力矩，突发短路时变压器绕组承受很大电动力等。这些机械力的作用可能导致绝缘局部损坏（如产生裂纹、变形），使绝缘的电气强度下降，最终导致绝缘击穿。由于绝缘子在设备中同时起机械支持和电绝缘的作用，无论机械损坏或电气击穿，都会使电气设备解体。因此，在选择绝缘时必须同时考虑机械和电气的双重作用。

（2）温度和热稳定性的要求：每种绝缘材料都有一定的耐热能力。如果温度过高，会使其丧失绝缘能力或寿命缩短，特别是有机绝缘材料，如变压器油、油纸绝缘、塑料等在高温下更容易分解及氧化，引起绝缘性能迅速劣化。又如早期的油纸电力电容器及胶纸套管，因材料的介质损耗大，如设计不妥、运行中散热不好，就更易出现热击穿。因此应对不同耐热等级的绝缘材料分别规定一定的工作温度，当在此温度以下工作时绝缘材料的热老化较慢，从而保证所要求的寿命。

（3）化学作用和不利环境条件下稳定性的要求：在户外工作的绝缘应能长期耐受日照、风沙、脏污、雨雾、冰雪等的侵蚀。在高海拔区运行的设备，还需考虑由于气压、温度、湿度改变的影响。在特殊环境下，例如在含有化学腐蚀性气体或在湿热带地区工作，还应考虑绝缘对各种有害因素的耐受能力。总之，绝缘应具有足够的化学稳定性。

四、高压电气设备绝缘的设计过程

（1）选择绝缘结构类型及材料：绝缘是整个电气设备的一部分，选择绝缘结构时应了解设备的整体布置及工作条件，全面分析电、磁、机械、热以及其他方面的要求。而以往的制造、试验及运行经验也有重要的参考价值。经过调查研究、分析对比后，才能合理地安排绝缘结构。

选择绝缘结构时，还应考虑材料来源、加工工艺和设备：如尽量采用来源丰富又不产生污染的材料、采用先进的工艺过程等，既可确保质量，又可提高生产率、降低造价，而且不影响制造者及使用者的健康等。

（2）分析确定各部分绝缘的电场分布和所承受电压的幅值及波形：按照试验电压标准及

设备结构，通过分析计算或根据同类型结构的实测，了解其电场分布情况，特别是那些场强集中部位或其他易损坏部位的绝缘材料上可能分配到的场强的方向、数值及波形；在设计时采取有效措施以改善其电场强度的分布状况。

（3）决定结构尺寸：确定了那些有损坏可能的绝缘部位以及可能分到的场强以后，根据相应条件（如不同的电压类型、电场分布、材料工艺等）下的电气强度数据，并考虑一定的裕度后，就可决定绝缘结构的尺寸。

电气强度的数据，可从已有的各种试验结果、手册等选取，但要注意到材质的不同、加工工艺的不同、电场分布的不同等都将引起其电气强度的变化，有时这种变化是很大的。对很重要的而从手册、书刊等上找不到的数据，宜根据条件尽可能进行适当的试验，从而取得较为可靠的设计数据。

（4）其他性能的校核：设备绝缘在满足电气性能要求的同时，还必须校核其机械性能及热性能等，以确保该设备的可靠性及使用寿命。如果这些性能不能满足要求，必须改变绝缘尺寸甚至结构型式。

总之，应设计、制造出满足运行及环保等要求且性能价格比高的绝缘结构，然后进行相应的质量检验。

五、高压电气设备的绝缘试验

1. 工厂试验

产品的初步设计是否正确必须用试验来检验。通常是先试制样品，再根据试验结果修改设计。这种过程有时要多次反复才能使产品性能全面满足要求，然后才可正式投产。

关于产品试验，常用型式试验以全面检查该产品的设计、材料、工艺等是否满足技术条件；而对于已定型的产品，以出厂（或例行）试验对每台产品在出厂前进行质量检查。

2. 现场试验

对新安装的设备要在安装方与运行方之间进行交接试验，对已运行设备进行预防性试验。无论是定期或不定期的、离线或在线的检测，其目的都在于力争及早发现缺陷或损伤，从而确保设备安全可靠运行。

在现场对绝缘状况的检测及分析，不仅为电力系统安全运行提供了保障，也为制造部门提供了产品在投运后的老化、损坏规律，为进一步改进产品设计、开发新产品等创造了条件。

第一章　高电压绝缘技术中的电场分析与测量

　　静电场是存在于静止电荷周围、不随时间变化的电场。工频交流电气设备中，不同电位导体间的电位差随时间的变化比较缓慢，导体间距离远小于相应电磁场的波长，所以在任一瞬间工频交流电气设备中的电场可近似视作为静电场。

　　变压器、电机、高压开关设备、电容器、电缆、绝缘子等电气设备的绝缘结构的性能与绝缘内部、外部的电场分布有关，在绝缘结构设计时需要控制在作用电压下的电场强度，避免发生击穿、闪络等放电现象，达到减小电气设备尺寸和重量的目的。

　　绝缘结构的设计需要计算、分析或测量复杂结构中电场及电位分布的知识。

　　本章讨论高电压设备和输电线绝缘中的电场分析与实测，研究求解静电场的各类计算方法和电场调整方法。叙述次序大致是：说明常见的高压工程电场问题；讨论静电场的解析计算，包括单一电介质和多层电介质中简单电场的计算，最大场强近似计算，电场不均匀系数，用许瓦兹变换求解静电场；讨论静电场的数值计算方法，包括有限单元法和模拟电荷法；介绍电场、离子流、电晕特性和表面电荷的测量原理；说明电场的调整方法，包括改变电极形状、改善电极间电容分布及其他调整电场的措施。

第一节　工程上常见的高压电场问题

一、电介质的局部放电及击穿

　　20 世纪 30 年代以前，发现了电介质的绝缘特性，电介质仅作为电气绝缘材料使用。随着科学技术的发展，发现在特定条件下某些非绝缘体也具有电介质的一些特性，也属电介质；而某些固体电介质具有与极化有关的特殊功能特性（如电致伸缩、压电性、热释电性、铁电性），它们被作为功能材料使用。

　　在高电压绝缘技术中，电介质狭义地用于指称绝缘材料。

　　当作为绝缘材料的电介质承受的电场强度超过一定限值时就会失去绝缘能力而损坏。若强场区局限于较小范围，则电介质可能只是局部损坏，发生局部放电。若强场区范围很大，则电介质将全部失去绝缘性能，造成电极间短路，即电介质击穿（详见第二、五、六章）。电介质耐受电场的限度称为临界电场强度 E_0，它除与材料、工艺有关外，还与电极形状、极间距离、电场不均匀程度、散热条件等因素有关。表 1-1 列出了一些常用电介质的临界场强。工程上分析高压设备中电场的主要目的是，在规定的电压和一定的绝缘条件下，使最大电场强度不超过允许值——参照临界场强并考虑一定裕度而确定的数值。

表 1-1　　　　　　　　常用电介质的临界场强及相对介电常数

电　介　质		临界场强[①] E_0（kV/cm）	相对介电常数	备　注
气体 （标准状态下）	空气	25～30	1.00058	E_0 均指幅值
	六氟化硫	80～89	1.002	
	氮气	25～30	1.0006	
	二氧化碳	22～27	1.00098	

高电压绝缘技术(第三版)

续表

电 介 质		临界场强[①] E_0（kV/cm）	相对介电常数	备 注
液体	变压器油	50～250	2.2～2.5	E_0值受所含杂质影响很大
	硅油	100～200	2.6	
	四氯化碳	≈600	2.2	
固体	石蜡	100～150	2.0～2.5	E_0值因材料制造工艺不同而有较大差别
	瓷	100～200	5.5～6.5	
	聚乙烯	200～300	2.2～2.4	
	聚苯乙烯	200～300	2.5～2.6	
	聚四氟乙烯	200～300	2.0～2.2	
	聚氯乙烯	100～200	3.0～3.5	
	有机玻璃	200～300	3.0～3.6	
	环氧树脂浇注品	200～300	3.8	

① 在说明栏中未特别注明者均指有效值。

二、均匀电场与不均匀电场

若空间某区域内各处电场强度的量值和方向都相同，则称该区域中电场为均匀电场，否则为不均匀电场。均匀电场中电场强度的大小、方向处处相同，如图1-1（a）所示平板电容器中间部分的电场，除此以外的电场都是不均匀电场。按电场不均匀程度又分为稍不均匀和极不均匀电场。前者如球距不大于球径的球间隙电场，如图1-1（b）所示，后者如棒-板间隙（不对称）电场，如图1-1（c）所示，及棒-棒间隙（对称）电场，如图1-1（d）所示。

分析绝缘结构的击穿电压时，不仅要考虑绝缘距离，而且还要考虑电场不均匀程度的影响。对于同样距离的间隙，电场愈不均匀，通常击穿电压愈低。电气设备中的电场大多为不均匀电场。为了充分利用绝缘材料，提高绝缘结构的击穿电压，必须设法减小电场的不均匀程度。

电极表面的电场强度与其表面电荷密度成正比。在电极尖端或边缘的曲率半径小，表面电荷密度大，电场线密集，电场强度

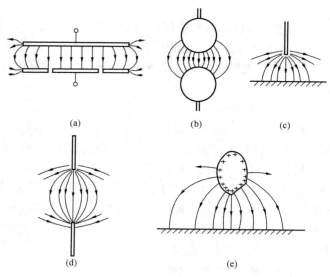

图 1-1 均匀电场与不均匀电场示意图
(a) 均匀电场（中间部分）；(b)、(c)、(d)、(e) 不均匀电场

高，容易发生局部放电，如图1-1（a）与（e）所示。这种现象称为尖端效应或边缘效应，是极不均匀电场的重要标志。工程上常需改善电极形状，避免电极表面曲率过大或出现尖锐

边缘。

三、静电感应

不带电导体受邻近带电体的影响，在其表面不同部位出现正、负电荷的现象称为静电感应。在邻近带电体电场的作用下，不带电导体内的自由电子将发生宏观位移，当达到新的静电平衡后，在靠近带电体一侧的表面出现与带电体极性相反的电荷分布，远离带电体的另一侧表面出现与带电体上电荷极性相同的电荷分布，整个导体表面的总电荷量仍维持原来的数值。

在高电压设备附近的导体，虽然它们与高电压设备之间没有直接的电连接，但导体受高电压设备静电场的影响，会产生静电感应现象。在图 1-2 中，对地绝缘的导体 2 处于高压导体 1 周围的电场内，若导体 2 的对地电容为 C_{22}，而导体 1、2 之间的电容为 C_{12}，则导体 2 与地之间会出现感应电压

$$U_2 = \frac{C_{12}}{C_{12} + C_{22}} U_1$$

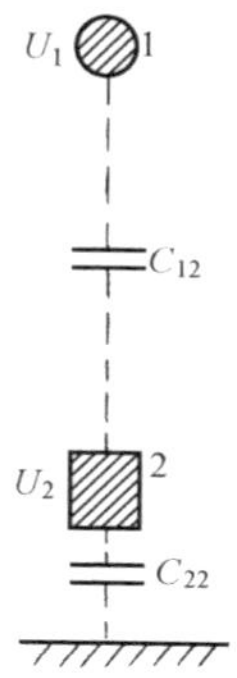

图 1-2　对地绝缘的导体在电场中的静电感应
1—导体；2—对地绝缘导体

当接地的导体或人与之接触时就会产生电流。在工频电场中，处于地电位的人接触对地绝缘的导体，或对地绝缘的人接触接地物体时，都可能产生电击。按严重程度不同，电击可分为三种：可感觉的电击、引起疼痛并使肌肉不自觉反应的电击（第二类电击）和能造成直接伤亡的电击（第一类电击）。输电线路和变电站的设计，要考虑当人们接触输电线路下方或高压设备附近的车辆或物体时，不允许发生第一类电击，并尽可能地减轻第二类电击的程度。

静电感应除会引起人身、设备安全问题外，还会影响测量准确度，产生干扰信号等。可采用屏蔽、接地等方法减小静电感应的影响。

四、交流架空输电线路的工频电场

交流架空输电线路（参见附录图 B2、B3）的工频电场是指运行状态下三相输电线路在周围产生的电场。随输电电压的不断提高，交流架空输电线路的工频电场强度亦相应增强。应该控制输电线路下方地面附近的电场强度值，使其处于规定限值以内。

三相输电线路周围空间任一点的工频电场是一随时间变化的旋转场（除导线表面和地表面外），这是由于该点与各相导线的距离不等，且三相导线上按正弦变化的电荷相互间有 120° 的"相位差"，分别在该点产生的三个大小和方向不同、时间上又有 120° 相位差的电场分量合成的结果。

输电线路下方离地高度 2m 以内的空间，最大电场强度的方向接近于垂直地面，工程上一般就以最大场强的垂直分量作为某点的电场强度。在离地 2m 以内的范围内，输电线路下方地面某点垂线上的场强变化很小，可近似认为相同，一般以离地 1.5m 处的场强来表征该点电场水平。

导线的对地高度、相间距离和排列方式对输电线路下方地面附近的场强高低都有明显的影响。增大导线对地高度，地面附近场强显著降低，但当导线对地高度超过 20m 后则场强降低的幅度很小。缩小相间导线水平距离对减小地面附近场强也有一些效果。导线呈三角形排列比水平排列对减小地面附近场强较为有利。图 1-3 所示为 500kV 输电线路导线按水平、正三角和倒三角排列时，线下离地面 1m 高处的场强分布情况[1-1]。由图 1-3 可见，在导线对

地高度相同的条件下，线下最大场强及高场强范围以导线倒三角排列最小，正三角排列次之，水平排列最大。最大场强除倒三角排列时出现在中相导线下方外，其他排列一般出现在离边相导线线下外侧1～2m处。

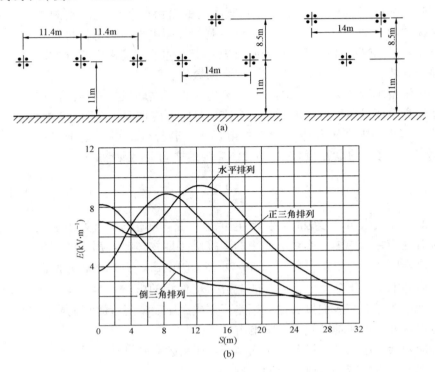

图 1-3　500kV 输电线路下方的工频电场
(a) 导线的三种排列方式；(b) 电场强度 E 与距线路中心横向距离 S 的关系

输电线路下方的工频电场可以准确计算。计算时，分裂导线可用等效的单根导线代替，并假设电荷集中在该等效导线的中心位置，而大地则用一系列位于地面以下的镜像电荷代替。根据线路电压和导线位置，先计算出以复数表示的单位长度导线的电荷量，再由此算出空间各点场强的垂直分量和水平分量。求合成场强时，除了考虑场强垂直分量和水平分量是空间相互垂直的两个矢量外，还应考虑它们之间在时间上的相位差。

五、直流架空输电线路的合成电场

(一) 线路电晕形成的空间电荷

运行状态下架空输电线路的导线可能产生电晕。

交流电压下，上半周期内因电晕放电产生的离子，在下半周期因电压极性改变又几乎全被拉回导线，因此离子只在导线周围很小区域内往返运动，在相导线之间和相导线与大地之间的大部分空间不存在带电离子。

直流电压下，线路电晕产生的离子分布与交流电压下差别很大。在直流架空输电线路(参见附录图 B16) 两极导线电晕产生的离子中，与导线极性相反的离子被拉向导线，而与导线极性相同的离子将被推离导线，沿电场线方向运动，这样在极导线之间和它们与大地之间的空间将存在很多离子。图 1-4 为双极直流输电线路的电场线和离子分布示意图[1-2]，正极导线与地之间充满正离子，负极导线与地之间充满负离子，正、负极导线之间同时存在正、负离子。

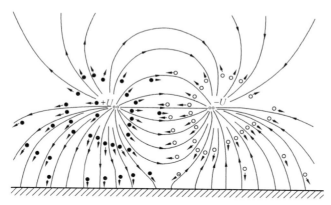

图 1-4　双极直流输电线路的电场线和离子分布示意图

●—正离子；○—负离子

（二）合成电场和离子电流

运行状态下直流架空输电线路导线上的电荷将在周围产生电场，因导线电晕而在周围空间出现的正、负离子（空间电荷）也将形成电场。为叙述方便，常将无空间电荷时、由导线电荷产生的电场称为标称电场，由空间电荷产生的电场称为离子电场，标称电场与离子电场叠加后的电场称为合成电场。

空间带电离子运动形成离子电流，简称离子流，穿过单位面积的离子流称为离子流密度。

导线的对地高度和极导线间的距离，对输电线路下方地面附近的标称场强有明显影响。而离子电场和合成电场的强弱，还取决于导线的电晕放电程度。最大合成电场有可能为标称电场的 3 倍左右。

合成电场的强弱与导线表面场强和电晕起始场强有关。导线表面场强越高，电晕起始场强越低，合成电场就越强、离子流密度也越大。因此，降低导线表面场强和提高电晕起始场强均可以降低离子流密度和合成电场。

导线表面场强与导线结构（分裂数、子导线直径）和导线对地高度等有关。增加导线分裂数和增大子导线截面有利于减小离子流密度和合成电场。提高极导线高度可以减小导线表面场强并增大离子扩散范围，从而减小地面离子流密度和合成电场。

风对直流线路合成电场的影响较大，即使是很小的风也将使合成电场的分布发生变化。由于风的作用增加了离子的扩散范围，使得离子流密度减小，地面合成电场最大值一般也会减小。

应该控制直流架空输电线路下方地面附近的合成电场强度值和地面离子流密度值，使其处于规定限值以内。我国电力行业标准规定[1-3]，±800kV 直流架空输电线路邻近民房时，民房处地面的合成场强限值为 25kV/m，且 80% 的测量值不得超过 15kV/m，线路跨越农田、公路等人员容易达到区域的合成场强限值为 30kV/m，线路在高山大岭等人员不易达到区域的限值按电气安全距离校核；±800kV 直流架空输电线路下方的离子流密度限值为

$100\mathrm{nA/m^2}$。

（三）合成电场的求解方法

高压直流架空线路出现离子流后，周围空间的合成场强 E_s、空间电荷密度 ρ 和离子流密度 j 满足下列三式

$$\nabla \cdot \boldsymbol{E}_s = \rho/\varepsilon_0 \tag{1-1}$$
$$\boldsymbol{j} = b\rho\boldsymbol{E}_s \tag{1-2}$$
$$\nabla \cdot \boldsymbol{j} = 0 \tag{1-3}$$

式中　ε_0——真空介电常数；

b——离子平均迁移率。

由此三式，得

$$\boldsymbol{E}_s \cdot \nabla(\nabla \cdot \boldsymbol{E}_s) + (\nabla \cdot \boldsymbol{E}_s)^2 = 0 \tag{1-4}$$

上述描述合成电场的方程是非线性的，需作一些假设才能求解。Sarma 等人的假设[1-4]有：①空间电荷只影响场强幅值而不影响其方向，即 $\boldsymbol{E}_s = a\boldsymbol{E}$，其中 a 为标量函数；②正、负极导线的起始电晕电压相等，电晕后导线表面的场强保持为起始电晕场强值，并忽略离子层的厚度；③离子迁移率是常数（与电场强度无关），且双极线路下正、负离子迁移率相同；④忽略离子的扩散。

根据线路的几何尺寸及施加的电压值 U，可以求得标称场强值 E。只要再求得 a 和 ρ，根据 $E_s = aE$ 即可求得合成场强值 E_s，根据式（1-2）即可求得离子电流密度 j。关于 a 和 ρ 的求解方法见本章参考文献［1-5］。

沿标称电场场强线，求得各点的 a 及 ρ 值后，便可进一步算出 E_s 及 j。

（四）实例

对某±500kV 直流输电线路（正、负极性线路间距 12.5m，离地高度 14m），计算和实测了线路下方地面的合成场强和离子流密度，其结果见图 1-5 和图 1-6。

图 1-5 所示为线路下方地面合成场强 E_s 与离线路中心横向距离 x 的关系，图中实线为计算值，垂直线段为实测值的变化范围。由图 1-5 可看出，负极性导线下地面合成场强的计算值与实测值比较接近，而正极性导线下两者的差别较大。其原因是求解合成场强方程时作了一些假设，例如：正、负极导线的电晕起始电压相等，正、负离子的迁移率相同。

一般情况下，负极性导线下的地面合成场强最大值比正极性导线下的大，合成场强的最大值出现在极导线外侧约 4m 处；地面合成场强的最小数值为零，一般出现在两极导线的中心附近。

图 1-6 所示为线路下方地面离子流密度的分布图，图中实线为计算值，垂直线段为实测值的变化范围。由于正、负极导线电晕特性的差别，以及在电场作用下负离子的迁移率比正离子的大，所以实测的负离子电流密度比正离子电流密度大。

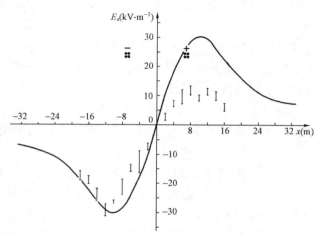

图 1-5　直流输电线路下方地面合成场强分布图

六、电场力及杂质的运动

电气设备的绝缘中可能存在杂质，例如油浸式变压器中的纤维、水分、金属颗粒，SF_6气体绝缘设备中的短金属丝等。杂质的存在影响电介质的绝缘性能，有必要分析杂质在电场中的运动。先分析平板电容器中的电场力，引出法拉第看法；再应用法拉第看法来分析电场作用下液体或气体电介质中杂质的运动。

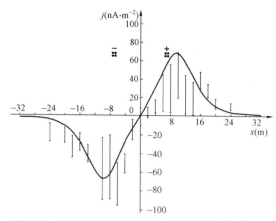

图 1-6　直流输电线路下方地面离子流密度分布图

（一）平板电容器中的电场力

图 1-7 所示平板电容器的极板面积为 S，极间距离为 d，极间电介质的介电常数为 ε，电容量为 C。设极板 A、B 的电位分别为 U 和 0，分析极板 B 所受的电场力。

图 1-7　平板电容器

应用虚位移法来求此电场力。此电容器的电场能量 $W = 0.5CU^2$。固定极板 A 不动，假设极板 B 沿 x 轴正方向有虚位移。依据虚位移法原理，极板 B 所受的电场力为

$$\boldsymbol{F}_B = \frac{\mathrm{d}W}{\mathrm{d}x}\mathbf{e}_x = -\frac{\varepsilon SU^2}{2d^2}\mathbf{e}_x = -\frac{DE}{2}S\mathbf{e}_x = -\frac{D^2}{2\varepsilon}S\mathbf{e}_x \tag{1-5}$$

式中　$\mathbf{e}_x$——x 方向的单位矢量。

法拉第对电场力的看法是，电场中每一个电位移管沿轴线方向受到纵拉力，而在垂直于轴线方向受到侧压力，单位面积纵拉力和侧压力的数值相等，为 $DE/2$。因此，电位移管本身好像被拉紧了的橡皮筋，它在轴线方向有缩短的趋势，在垂直于轴线方向有向外扩张的趋势。

（二）双层电介质分界面上的电场力

分析图 1-8 所示平板电容器中两种电介质分界面上单位面积所受的电场力。

跨分界面，沿电场方向作一很短的电位移管，其截面积为 ΔS。电位移管左侧端面受到向左的拉力 $\boldsymbol{F}_1 = -(D^2/2\varepsilon_1)\Delta S\mathbf{e}_x$，右侧端面受到向右的拉力 $\boldsymbol{F}_2 = (D^2/2\varepsilon_2)\Delta S\mathbf{e}_x$。使电位移管的长度趋于零，得分界面的 ΔS 上所受电场力为

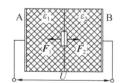

$$\boldsymbol{F} = \boldsymbol{F}_1 + \boldsymbol{F}_2 = \frac{D^2}{2}\left(\frac{1}{\varepsilon_2} - \frac{1}{\varepsilon_1}\right)\Delta S\mathbf{e}_x$$

图 1-8　双层电介质
平板电容器

或分界面上的单位面积所受电场力为

$$\boldsymbol{f} = \frac{\boldsymbol{F}}{\Delta S} = \frac{D^2}{2}\left(\frac{1}{\varepsilon_2} - \frac{1}{\varepsilon_1}\right)\mathbf{e}_x \tag{1-6}$$

（三）杂质在电场中的运动

分析图 1-9 所示球-板电极间杂质所受电场力的情况。设电极间充有介电常数为 ε_1 的液体（或气体）电介质，其中混有一介电常数为 ε_2 的受潮杂质，$\varepsilon_2 > \varepsilon_1$。

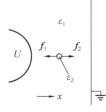

图 1-9　杂质受力
分析示意图

根据以上分析，杂质左侧所受电场力 $\boldsymbol{f}_1 = \dfrac{D_1^2}{2}\left(\dfrac{1}{\varepsilon_2} - \dfrac{1}{\varepsilon_1}\right)\mathbf{e}_x$，由于

$\varepsilon_2 > \varepsilon_1$，$f_1$ 指向负 x 方向。杂质右侧所受电场力 $f_2 = \dfrac{D_2^2}{2}\left(\dfrac{1}{\varepsilon_1} - \dfrac{1}{\varepsilon_2}\right)\mathbf{e}_x$，$f_2$ 指向正 x 方向。考虑到 $D_1 > D_2$，所以 $f_1 > f_2$，杂质将向左方移动，即介电常数大的杂质将向电场强的方向运动，例如油中纤维较易向曲率半径小、场强高的电极表面聚集。

第二节 静电场的解析计算

静电场的计算分为解析计算和数值计算两大类。解析计算适用于电极和电介质形状比较简单的电场，以及某些形状稍微复杂的结构的近似计算。数值计算则可解决边界条件复杂的电场问题。随着计算机技术的发展，数值计算的应用日益广泛。

绝缘结构的静电场总是存在于三维空间内。若电场内所有等位面都为柱形，表征电场特性的各个量只与两个坐标 x 和 y 有关，而在与等位面垂直的各平面内，电场分布一致，这样的场称为二维场或平行平面场，如两个无限长平行圆柱导体间的电场。若带电体绕公共轴旋转，则在任一通过公共轴的平面内电场分布相同，这种场称为轴对称电场，如支柱绝缘子周围的电场。二维场或轴对称场的计算比三维场简单，因而工程上在合理的情况下常将各类实际问题简化为轴对称场或二维场，以简化计算。

一、单一电介质中简单电场的计算

（一）平行平板电极间的电场

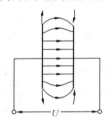

图 1-10 平行平板
电极间的电场

图 1-10 所示平行平板电极边缘的电场分布不均匀，中间部分是均匀电场。若极间电介质的介电常数为 $\varepsilon_r\varepsilon_0$（$\varepsilon_r$ 为相对介电常数；ε_0 为真空介电常数，其值为 $8.85\times10^{-12}\,\mathrm{F/m}$），极间距离为 d，电场均匀部分的极板面积为 A，则当外施电压为 U 时，电场均匀部分的电场强度 E 及极间电容 C 分别为

$$E = U/d \tag{1-7}$$
$$C = \varepsilon_0\varepsilon_r A/d \tag{1-8}$$

（二）同轴圆柱电极间的电场

图 1-11 所示同轴圆柱电极间电场是不均匀电场，内电极表面电场线最密，场强最大；离内电极越远场强越小；外电极内表面场强最小。离圆柱轴线距离为 x 处的电场强度为

$$E_x = \frac{Q}{\varepsilon_0\varepsilon_r A} = \frac{Q}{2\pi\varepsilon_0\varepsilon_r xl} \tag{1-9}$$

式中　Q——在长度为 l 的电极上的电荷；

　　　A——半径 x、长度 l 的圆柱等位面的面积。

内、外电极间电压 U 为

$$U = \int_r^R E_x \mathrm{d}x = \frac{Q}{2\pi\varepsilon_0\varepsilon_r l}\ln\frac{R}{r}$$

所以长度为 l 的电极间电容 C 为

$$C = \frac{Q}{U} = 2\pi\varepsilon_0\varepsilon_r l \Big/ \ln\frac{R}{r} \tag{1-10}$$

将式（1-10）代入式（1-9），可得

图 1-11　同轴圆柱电极
间的电场（内、外电极
半径分别是 r、R）

$$E_x = U \Big/ \left(x \ln \frac{R}{r} \right) \qquad (1\text{-}11)$$

最大场强出现在内圆柱表面，其值为

$$E_r = U \Big/ \left(r \ln \frac{R}{r} \right) \qquad (1\text{-}12)$$

当 R 为常数，且外施电压 U 不变时，改变 r，E_r 将有一极小值 $E_{r,\min}$。由式（1-12）找出分母出现极大值的条件，解得 $r = R/e$，代入式（1-12），得

$$E_{r,\min} = eU/R \qquad (1\text{-}13)$$

图 1-12 是外半径 R 恒定，改变内半径 r 时，最大场强 E_r 的变化情况。如电极间电介质为气体，而 E_r 超过临界场强，则内电极表面发生电晕（气体中的局部放电），可以认为这相当于内电极半径增大。当 $r > R/e$ 时，由于电晕层表面场强更

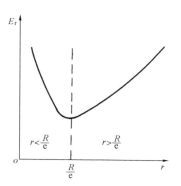

图 1-12　外圆柱半径 R 恒定，变化内圆柱半径 r 时，最大场强的变化情况

大，它将不断扩大直至间隙击穿，即不会发生稳定的电晕。当 $r < R/e$ 时，由于电晕层表面场强下降，它可以稳定在某一半径处，所以在电压较低、气体击穿前会出现稳定的电晕。此后，随着电压升高电晕层不断扩大，当电晕层半径达到 R/e 时，再升高电压就发生击穿了。如以击穿前是否出现稳定电晕为电场不均匀程度的划分标志，则同轴圆柱电极间电场的不均匀程度与 r/R 有关，$r/R < 1/e$ 时为极不均匀电场，$r/R > 1/e$ 时为稍不均匀电场。

实际绝缘结构中，为满足多方面的要求，并不总是使 $r = R/e$，常见情况是 $r > R/e$。由图 1-12 可知，r/R 略大于 $1/e$ 时，E_r 比 $E_{r,\min}$ 大得并不多。

（三）同心圆球电极间的电场

在高电压技术中，某些电极结构，例如球形电极对离其很远的建筑物，可近似当作同心圆球来分析。同心圆球电极间的电场线发散得比同轴圆柱更为厉害（见图 1-13），电场更不均匀。

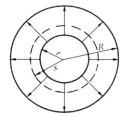

图 1-13　同心圆球电极间的电场（内、外球半径分别为 r、R）

离球心距离为 x 处的电场强度为

$$E_x = \frac{Q}{4\pi\varepsilon_0\varepsilon_r x^2} \qquad (1\text{-}14)$$

式中　Q——电极上的电荷。

内、外电极间电压为

$$U = \int_r^R E_x \mathrm{d}x = \frac{Q(R-r)}{4\pi\varepsilon_0\varepsilon_r R r}$$

所以极间电容为

$$C = \frac{Q}{U} = 4\pi\varepsilon_0\varepsilon_r \frac{Rr}{R-r} \qquad (1\text{-}15)$$

将式（1-15）代入式（1-14），可得

$$E_x = \frac{Rr}{(R-r)x^2}U \qquad (1\text{-}16)$$

最大场强出现在内球表面，其值为

$$E_r = \frac{R}{(R-r)r}U \qquad (1\text{-}17)$$

和同轴圆柱电极相似，当外球半径 R 不变，改变内球半径 r 时，E_r 有一极小值。不难证明，当 $r = R/2$ 时，E_r 最小，其值为

$$E_{r,min} = 4U/r \qquad\qquad (1\text{-}18)$$

二、最大场强的近似计算

（一）常见典型电极最大场强的近似计算

工程上，对一些形状比较复杂的电极，常通过近似计算来估算其最大场强。离场强区较远的电极或等位面的形状对最大场强的影响较小，可用形状简单、较易计算的电极来代替远处的电极或等位面。例如对球-板电极，可以用同心球面代替板电极，然后利用同心圆球公式估算最大场强。但这样算得的最大场强值偏大一些，所以要引进修正系数（通常取 0.9）。表 1-2 列出了常见典型电极最大场强 E_{max} 的近似计算公式。

表 1-2   **常见典型电极最大场强 E_{max} 的近似计算公式**

电 极 形 状	E_{max} 的近似计算公式
球-板	$E_{max} = 0.9U\dfrac{r+d}{rd}$
球-球	$E_{max} = 0.9\dfrac{U}{2} \times \dfrac{r+d/2}{r(d/2)} = 0.9U\dfrac{r+d/2}{rd}$
圆柱-板	$E_{max} = 0.9\dfrac{U}{r\ln\dfrac{r+d}{r}}$
圆柱-圆柱（两轴平行）	$E_{max} = 0.9\dfrac{U/2}{r\ln\dfrac{r+d/2}{r}} = 0.9\dfrac{U}{2r\ln\dfrac{r+d/2}{r}}$
圆柱-圆柱（两轴垂直）	$E_{max} = \dfrac{U}{2r\ln\dfrac{r+d/2}{r}}$
孤立圆环	$E_{max} = \dfrac{U\left(1+\dfrac{r}{2R}\ln\dfrac{8R}{r}\right)}{r\ln\dfrac{8R}{r}}$
双分裂导线	$E_{max} = \dfrac{U\left(1+2\dfrac{r}{S}-2\dfrac{r^2}{S^2}\right)^*}{r\ln\dfrac{(2H)^2}{rS}}$
三分裂导线（正三角形）	$E_{max} = \dfrac{U\left(1+2\sqrt{3}\dfrac{r}{S}-2\dfrac{r^2}{S^2}\right)^*}{r\ln\dfrac{(2H)^3}{rS^2}}$

续表

电 极 形 状	E_{max}的近似计算公式
四分裂导线 （正四边形） 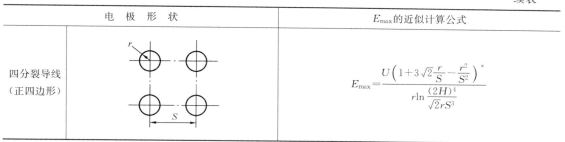	$$E_{max}=\dfrac{U\left(1+3\sqrt{2}\,\dfrac{r}{S}-\dfrac{r^2}{S^2}\right)^{*}}{r\ln\dfrac{(2H)^4}{\sqrt{2}\,rS^3}}$$

＊　式中，H 为离地高度；$H\gg S$，$S>10r$。

（二）电场的不均匀系数

从上述可知，电场的不均匀程度和电极形状有关：平行平板电极间是均匀电场，场强 E ＝常数；同轴圆柱电极间的电场不均匀，场强 $E\propto 1/x$；同心圆球电极间的电场更不均匀，场强 $E\propto 1/x^2$。

对于同一种形状的电极，电场的不均匀程度又随电极的几何尺寸比值 R/r 而变化。

为了比较各种结构电场的不均匀程度，引入不均匀系数 f，它是最大场强 E_{max} 和平均场强 E_{av} 的比值

$$f = E_{max}/E_{av} \tag{1-19}$$

$$E_{av} = U/d \tag{1-20}$$

式中　d——极间距离，在同轴圆柱和同心圆球电极中，$d=R-r$。

由式（1-19）及式（1-20），可得

$$U = E_{av}d = E_{max}d/f \tag{1-21}$$

所以对于任何不均匀电场，如果已知 f，则只要将极间距离 d 除以 f，作为一个等值距离，即可按均匀电场来计算其起始放电电压。

对同轴圆柱电极，由式（1-11）、式（1-19）、式（1-20）可算出其不均匀系数为 $f=\dfrac{d}{r}\Big/\ln\dfrac{r+d}{r}$。同样可算出同心圆球的不均匀系数为 $f=\dfrac{r+d}{r}$。引入参量 $p=(r+d)/r$，称为电场的几何特性系数。图 1-14 所示是不同电极结构的 f 与 p 的关系，对不同电场的不均匀程度给出了清楚的比较。

三、应用许瓦兹变换解静电场

（一）保角变换

复变数 $z=x+jy$ 的函数 $w=f(z)=f(x+jy)=\xi(x,y)+j\eta(x,y)$，若在 z 平面的某区域内单值、连续、有确定的连续导数，则称 w 在这区域内是 z 的解析函数。

由于解析函数 w 的导数存在，且与 Δz 趋近于零的方向无关，因此有

$$\frac{dw}{dz}=\frac{\partial w}{\partial x}=\frac{\partial}{\partial x}(\xi+j\eta)=\frac{\partial \xi}{\partial x}+j\,\frac{\partial \eta}{\partial x}$$

$$=\frac{\partial w}{\partial(jy)}=\frac{1}{j}\times\frac{\partial}{\partial y}(\xi+j\eta)=\frac{\partial \eta}{\partial y}-j\,\frac{\partial \xi}{\partial y}$$

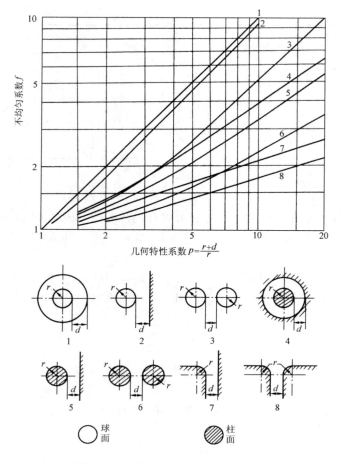

图 1-14　不同电极结构的不均匀系数

由此可得

$$\frac{\partial \xi}{\partial x}=\frac{\partial \eta}{\partial y}, \quad \frac{\partial \xi}{\partial y}=-\frac{\partial \eta}{\partial x} \qquad (1-22)$$

式(1-22)称为柯西-黎曼条件，是使复变函数 $w=f(z)$ 具有确定导数的必要条件，因而也是使 w 为解析函数的必要条件。w 的实部 $\xi(x, y)$ 与虚部 $\eta(x, y)$ 都满足二维拉普拉斯方程，即

$$\begin{cases} \dfrac{\partial^2 \xi}{\partial x^2}+\dfrac{\partial^2 \xi}{\partial y^2}=0 \\[3mm] \dfrac{\partial^2 \eta}{\partial x^2}+\dfrac{\partial^2 \eta}{\partial y^2}=0 \end{cases} \qquad (1-23)$$

所以复变函数可用来作为求解某些二维场的特殊工具。

由式（1-22）还可得到 $\dfrac{\partial \xi}{\partial x}\times\dfrac{\partial \eta}{\partial x}+\dfrac{\partial \xi}{\partial y}\times\dfrac{\partial \eta}{\partial y}=0$，这表明曲线族 $\xi=$ 常数和曲线族 $\eta=$ 常数互相垂直。因此如果 $\xi=$ 常数是一组等位面，那么 $\eta=$ 常数就是一组电场线。

例如，解析函数 $w=\ln z$（$z=0$ 点除外）可写成 $\xi+\mathrm{j}\eta=\ln (x+\mathrm{j}y)$，求解得

$$\begin{cases} \xi(x,y) = \ln\sqrt{x^2 + y^2} \\ \eta(x,y) = \tan^{-1}(y/x) \end{cases} \tag{1-24}$$

如以 $\eta = \tan^{-1}(y/x)$＝常数表示等位面（图 1-15 中以原点为中心的放射线），则 $\xi = \ln\sqrt{x^2 + y^2}$＝常数将是电场线（图 1-15 中以原点为圆心的半圆周）。

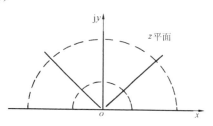

图 1-15　z 平面上的等位面 $\eta(x,y)$
＝常数（实线）及电场线
$\xi(x,y)$＝常数（虚线）

复变函数方法可用来把一个二维场问题变换为另一个较易计算的二维场问题。解析函数 $w = f(z)$ 把 z 平面内一点 $z = x + jy$ 变换到 w 平面内一点 $w = \xi + j\eta$。用 M 和 α 分别代表 w 在 z 点导数的模与辐角，可得

$$dw = Me^{j\alpha}dz \tag{1-25}$$

式(1-25)表明，当 $dw/dz \neq 0$ 时，变换 $w = f(z)$ 使 z 点处很短的线段伸长（$M > 1$）或缩短（$M < 1$），并旋转一个角度 α。z 点附近的很小图形变换到 w 平面时，新图形与原图形相似。z 平面内两相交曲线间的夹角变换到 w 平面时保持不变，所以 z 平面内正交的曲线族变换到 w 平面时仍然正交。因此，把应用解析函数的变换称为保角变换。

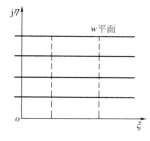

图 1-16　w 平面内的等位面
η＝常数（实线）及电场线
ξ＝常数（虚线）

例如，复变函数 $w = \ln z$ 可将图 1-15 所示 z 平面内电场变换为图 1-16 所示 w 平面内的电场。由于 w 平面内电场是平行平板间的电场，容易计算，因此 z 平面内的电场也就可知了。

z 平面、w 平面内相邻等位面间的电位差分别为 $d\varphi = E_z|dz|$ 和 $d\varphi' = E_w|dw|$，如果这些等位面是对应的，那么 $d\varphi = d\varphi'$，可得

$$E_z = \left|\frac{dw}{dz}\right|E_w \tag{1-26}$$

因此，有时可通过复变函数把 z 平面内的二维场问题变换为较易计算的 w 平面内的二维场问题，再由式(1-26)算得原电场的电场强度。

【例 1-1】 将一无穷大金属平板按直线划分为两块，并用绝缘材料隔开，两块极板之间加电压 U，求空间各点场强。

解 如图 1-15 所示，以正、负 x 轴分别表示金属平板 1、2，两板在原点 o 处由绝缘材料隔开，板间加电压 U。

用 $w = \ln z$ 将 z 平面内电场变换至 w 平面。由式(1-24)可知，z 面内金属板 1、2 分别相当于 w 面内电极 $\eta = 0$ 和 $\eta = \pi$，因极间电压为 U，所以 $E_w = U/(\pi - 0) = U/\pi$。由式(1-26)，得 z 平面内任一点 P 的电场强度为

$$E_z = E_w\left|\frac{dw}{dz}\right| = \frac{U}{\pi} \times \frac{1}{|z|} = \frac{U}{\pi\sqrt{x^2 + y^2}} = \frac{U}{\pi r} \tag{1-27}$$

式中　r——P 点到原点的距离。

（二）许瓦兹变换

许瓦兹变换函数可将 z 平面内不规则多边形的电极变换为 w 平面内沿 ξ 轴放置的电极，从而求解部分绝缘结构中的静电场。

1. 夹角为 α 的两电极间电场

如图 1-17 所示，z 平面内 A、B 两电极间夹角为 α，在 z_0 处有一小缝隙。电极间加电压 U，求电场分布。

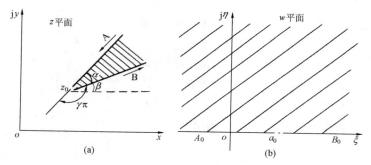

图 1-17　z 面内夹角为 α 的两电极间电场变换为 w 面内的上半平面电场
(a)z 平面；(b)w 平面

将上述 z 平面内电场变换至图 1-17 所示 w 平面内电场的方法是：①交点 z_0 移至原点（变换函数 $z'=z-z_0$）；②图形转动 $-\beta$ 角（$z''=z'e^{-j\beta}$）；③电极 A 转至负 x 轴（$z'''=z''^m$，其中 $m=\pi/\alpha$）；④改变图形比例并右移 a_0（$w=k_1z'''+a_0$）。综合得到变换函数 $w=k_1\left[(z-z_0)e^{-j\beta}\right]^m+a_0$，或

$$z=\left(\frac{1}{k_1}\right)^{\frac{1}{m}}(w-a_0)^{\frac{1}{m}}e^{j\beta}+z_0 \tag{1-28}$$

由于图 1-15 所示 w 平面内的电场是可以求得的，因此 z 平面内 A、B 两电极间的电场也就知道了。由式(1-28)可得

$$\frac{\mathrm{d}z}{\mathrm{d}w}=k(w-a_0)^{\gamma}e^{j\beta} \tag{1-29}$$

式中，$k=\dfrac{1}{m}\left(\dfrac{1}{k_1}\right)^{\frac{1}{m}}$ 为一常数；$\gamma=\dfrac{1}{m}-1=\dfrac{\alpha-\pi}{\pi}=-\dfrac{\pi-\alpha}{\pi}$。为以后计算方便，当由 A 的正方向（图 1-17 中 A 旁箭头所示）转至 B 的正方向是逆时针旋转时，规定 γ 为负值；反之，γ 为正值。

2. 不规则多边形电极间电场

对图 1-18 所示 z 平面内不规则多边形的电极，可以应用许瓦兹变换函数变换为 w 平面内沿 ξ 轴放置的电极，并使 z_1 点和 ξ_1 点对应，z_2 点和 ξ_2 点对应，……。由上述夹角为 α 的两电极的变换可以理解，许瓦兹变换函数为

$$\mathrm{d}z=ke^{j\beta}(w-\xi_1)^{\gamma_1}(w-\xi_2)^{\gamma_2}\cdots(w-\xi_n)^{\gamma_n}\mathrm{d}w \tag{1-30}$$

或

$$z=\int ke^{j\beta}(w-\xi_1)^{\gamma_1}(w-\xi_2)^{\gamma_2}\cdots(w-\xi_n)^{\gamma_n}\mathrm{d}w+A \tag{1-31}$$

上两式中，k 为常数；A 为复常数；γ 可为正值或负值，根据前一线段正方向（见图1-18）转至下一线段正方向的旋转方向而定，顺时针为正，逆时针为负。式(1-31)中有两个待定常数 k 及 A，所以当图 1-18 中 z_1、z_2、……、z_n 已知时，在 w 平面上只能任意指定两个 ξ 值，上述常数即可由这两个边界条件决定，而其余的 ξ 值则将由式(1-31)定出。

当用许瓦兹变换函数将 z 平面内 g 区域的电场变换至 w 平面上半面区域的电场后，根

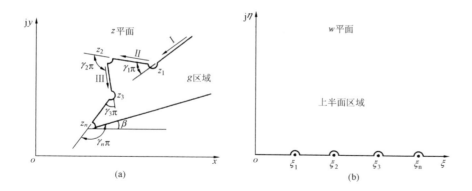

图 1-18　将 z 平面内多边形电极变换为 w 平面内沿 ξ 轴放置的电极

(a)z 平面；(b)w 平面

据式(1-26)就可求出不规则多边形电极内的电场。

（三）电容型绝缘极板边缘的电场

图 1-19 是电容型绝缘两层极板的示意图。由于极间绝缘厚度远小于极板半径，极板间轴对称场可近似看作是二维场，并用许瓦兹变换求解。

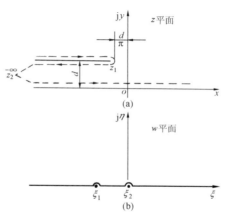

将 x 轴置于较长极板处，而 jy 轴置于离上极板端部距离为 d/π 处。假定两层极板在负 x 轴方向伸向无穷远处，并相遇（但有一缝隙将两极板隔开），这样就可应用许瓦兹变换。许瓦兹变换函数是

$$\mathrm{d}z = k\mathrm{e}^{\mathrm{j}\beta}(w - \xi_1)^{\gamma_1}(w - \xi_2)^{\gamma_2}\mathrm{d}w$$

由图 1-19 可知，$\gamma_1 = +1$，$\gamma_2 = -1$，$\beta = 0$；取 $\xi_1 = -1$，$\xi_2 = 0$；代入上式，得

$$\mathrm{d}z = k\frac{w+1}{w}\mathrm{d}w$$

图 1-19　z 平面内电容型绝缘的电场变换为 w 平面内上半面的电场

(a)z 平面；(b)w 平面

或

$$z = k(w + \mathrm{ln}w) + A = k(w + \mathrm{ln}w) + |A|\mathrm{e}^{\mathrm{j}\theta_A}$$

若 w 用极坐标 $w = R\mathrm{e}^{\mathrm{j}\Psi} = R\cos\Psi + \mathrm{j}R\sin\Psi$ 表示，可得

$$\begin{aligned}z &= x + \mathrm{j}y \\ &= [k(R\cos\Psi + \ln R) + |A|\cos\theta_A] + \mathrm{j}[k(R\sin\Psi + \Psi) + |A|\sin\theta_A]\end{aligned} \qquad (1\text{-}32)$$

式中，常数应由边界条件确定。由图 1-19 可知，边界条件如下：

（1）z 面内的 x 轴变换为 w 面内的正 ξ 轴，即 $y = 0$ 时，$\Psi = 0$；

（2）z 面内 z_1 点变换为 w 面内的 ξ_1 点，即当 $\begin{cases} x = -d/\pi \\ y = d \end{cases}$ 时，$\begin{cases} R = 1 \\ \Psi = \pi \end{cases}$。

由这些边界条件求得 $k = d/\pi$ 和 $|A| = 0$。将 k 及 A 之值代入式(1-32)，得

$$\begin{cases} x = d/\pi \times (R\cos\Psi + \ln R) \\ y = d/\pi \times (R\sin\Psi + \Psi) \end{cases} \qquad (1\text{-}33)$$

已经知道，w 面内等位面及电场线的方程分别为 $\Psi=$ 常数及 $R=$ 常数。从式(1-33)中消去 R，再令 $\Psi=$ 常数，即得 z 面内等位面的方程。类似地可得 z 面内电场线的方程。由此即可画出电场图(见图 1-20)。

由[例 1-1]可知，w 面内任一点的场强 $E_w=U/|\pi w|$，所以 z 面内电容型绝缘中任一点的电场强度为

$$E_z=E_w\left|\frac{\mathrm{d}w}{\mathrm{d}z}\right|=\left|\frac{U}{\pi w}\right|\times\left|\frac{\pi}{d}\times\frac{w}{w+1}\right|=\frac{U}{d}\times\left|\frac{1}{w+1}\right|$$

$$=\frac{U}{d}\times\left|\frac{1}{R\cos\Psi+\mathrm{j}R\sin\Psi+1}\right|=\frac{U}{d}\frac{1}{\sqrt{R^2+2R\cos\Psi+1}} \tag{1-34}$$

当离电容型绝缘上极板边缘极小距离的 s(见图 1-21)处的场强达到某一限值时，开始产生局部放电。图 1-21 中虚线圆周上 M 点处电场最强，此处 $x\approx-\dfrac{d}{\pi}+\dfrac{s}{2}$，$y<d$。将 M 点变换至 w 面时，其 $R\approx1$，而 Ψ 值可算得为 $\Psi\approx\cos^{-1}\left(\dfrac{\pi s}{2d}-1\right)$。代入式(1-34)，得 M 点电场强度为

$$E_M=\frac{U}{d}\bigg/\sqrt{\frac{\pi s}{d}}=\frac{U}{\sqrt{\pi s}\,\sqrt{d}}$$

或 $$U=\sqrt{\pi s}E_M\sqrt{d} \tag{1-35}$$

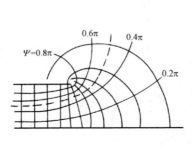 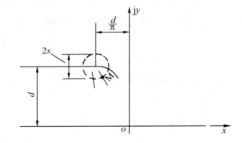

图 1-20　电容型绝缘　　　　　图 1-21　电容型绝缘上极
极板边缘的电场　　　　　　　板边缘处电场（s 已放大）

当 E_M 达某一限值时，发生局部放电，此时电压 U 即为局部放电起始电压。可知电容型绝缘的局部放电起始电压与绝缘厚度的平方根成正比。

(四) 茹柯夫斯基电极

平行平板电极中间部分的电场均匀，但边缘电场极不均匀，必须采取措施使之趋于均匀，提高其电气性能。若以图 1-20 所示某等位面作为电极外形，且该面上任一点的场强都不超过电极间均匀部分的场强，这样放电就可能发生在电极中间部分，电极形状可认为是满意的。

式(1-34)已给出了这种电场的场强计算公式，在任一等位面上电场强度可能出现最大值 E_{max}。为求 E_{max}，可令 $\Psi=$ 常数，并找出使 $R^2+2R\cos\Psi+1$ 为最小的条件，可解得 $E_{max}=\dfrac{U}{d}\dfrac{1}{\sin\Psi}$。$E_{max}$ 不应超过均匀分布的场强 U/d，于是 $\Psi=0.5\pi$，即等位面 $\Psi=0.5\pi$ 上任一

点的场强都不超过 U/d。因此可采用 $\Psi=0.5\pi$ 等位面的形状来设计电极，这种电极称为茹柯夫斯基电极。但是等位面 $\Psi=0.5\pi$ 伸向无穷远处，电极不可能完全按此设计，而需作适当变动。

四、多层电介质中的电场

实际绝缘结构中常由不同材料组成多层电介质。下面以双层电介质为例进行分析，多层电介质中的电场可按同样方法计算。

（一）平行平板电极间的电场

1. 交流电压下

如图 1-22 所示，由于电介质中各点电通密度的方向相同、大小相等，可得 $\varepsilon_1E_1=\varepsilon_2E_2$，即交流电压下，双层电介质中场强之比为 $E_1/E_2=\varepsilon_2/\varepsilon_1$。考虑到 $E_1=U_1/d_1$，$E_2=U_2/d_2$，$U_1+U_2=U$，可得

$$\left.\begin{array}{l}E_1=\dfrac{\varepsilon_2U}{\varepsilon_1d_2+\varepsilon_2d_1}\\[2mm]E_2=\dfrac{\varepsilon_1U}{\varepsilon_1d_2+\varepsilon_2d_1}\end{array}\right\}\tag{1-36}$$

及

$$\left.\begin{array}{l}U_1=\dfrac{\varepsilon_2d_1U}{\varepsilon_1d_2+\varepsilon_2d_1}\\[2mm]U_2=\dfrac{\varepsilon_1d_2U}{\varepsilon_1d_2+\varepsilon_2d_1}\end{array}\right\}\tag{1-37}$$

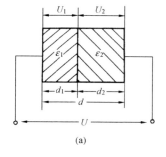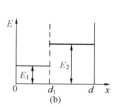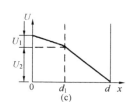

图 1-22　交流电压下双层电介质中的电场分布

（a）双层电介质；（b）电场分布；（c）电压分布

2. 直流电压下

由于电介质中各点电流密度的方向相同、大小相等，可得 $\gamma_1E_1=\gamma_2E_2$（γ 为电导率），即直流电压下双层电介质中场强之比为 $E_1/E_2=\gamma_2/\gamma_1$。同样可写出

$$\left.\begin{array}{l}E_1=\dfrac{\gamma_2U}{\gamma_1d_2+\gamma_2d_1}\\[2mm]E_2=\dfrac{\gamma_1U}{\gamma_1d_2+\gamma_2d_1}\end{array}\right\}\tag{1-38}$$

及

$$\left.\begin{array}{l}U_1=\dfrac{\gamma_2d_1U}{\gamma_1d_2+\gamma_2d_1}\\[2mm]U_2=\dfrac{\gamma_1d_2U}{\gamma_1d_2+\gamma_2d_1}\end{array}\right\}\tag{1-39}$$

（二）同轴圆柱电极间的电场

1. 交流电压下

图 1-23 是同轴圆柱形双层电介质中的电场分布图，内、外层电介质的介电常数分别为 ε_1、ε_2。电介质中的电通密度都取半径方向，大小分别为 $D_1 = \dfrac{\varepsilon_1 U_1}{r\ln\ (r_2/r_1)}$ 和 $D_2 = \dfrac{\varepsilon_2 U_2}{r\ln\ (r_3/r_2)}$（其中 r 为场中某点离轴线的距离）。

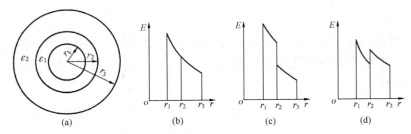

图 1-23　具有双层电介质的同轴圆柱电容器中的电场分布

(a) 双层电介质；(b) $\varepsilon_1=\varepsilon_2$；(c) $\varepsilon_1<\varepsilon_2$；(d) $\varepsilon_1>\varepsilon_2$

在电介质分界面处，不同电介质中电通密度的法向分量连续，于是得 $\dfrac{\varepsilon_1 U_1}{\ln\ (r_2/r_1)} = \dfrac{\varepsilon_2 U_2}{\ln\ (r_3/r_2)}$。考虑到 $U=U_1+U_2$，所以可写出两层电介质上的电压分别为

$$\left.\begin{aligned}
U_1 &= \frac{\dfrac{1}{\varepsilon_1}\ln\dfrac{r_2}{r_1}}{\dfrac{1}{\varepsilon_1}\ln\dfrac{r_2}{r_1}+\dfrac{1}{\varepsilon_2}\ln\dfrac{r_3}{r_2}}U \\[2em]
U_2 &= \frac{\dfrac{1}{\varepsilon_2}\ln\dfrac{r_3}{r_2}}{\dfrac{1}{\varepsilon_1}\ln\dfrac{r_2}{r_1}+\dfrac{1}{\varepsilon_2}\ln\dfrac{r_3}{r_2}}U
\end{aligned}\right\} \tag{1-40}$$

各层中的最大场强均在其内圆柱的外表面，根据式（1-10）得

$$\left.\begin{aligned}
E_{1,\max} &= \frac{U_1}{r_1\ln\dfrac{r_2}{r_1}} = \frac{U}{\varepsilon_1 r_1\left(\dfrac{1}{\varepsilon_1}\ln\dfrac{r_2}{r_1}+\dfrac{1}{\varepsilon_2}\ln\dfrac{r_3}{r_2}\right)} \\[2em]
E_{2,\max} &= \frac{U_2}{r_2\ln\dfrac{r_3}{r_2}} = \frac{U}{\varepsilon_2 r_2\left(\dfrac{1}{\varepsilon_1}\ln\dfrac{r_2}{r_1}+\dfrac{1}{\varepsilon_2}\ln\dfrac{r_3}{r_2}\right)}
\end{aligned}\right\} \tag{1-41}$$

可见，$\varepsilon_1 r_1 E_{1,\max}=\varepsilon_2 r_2 E_{2,\max}$。

对多层电介质，则有

$$\varepsilon_1 r_1 E_{1,\max}=\varepsilon_2 r_2 E_{2,\max}=\cdots=\varepsilon_n r_n E_{n,\max} \tag{1-42}$$

对双层电介质，分析以下三种情况：

（1）内、外层电介质的介电常数相同（$\varepsilon_1=\varepsilon_2$），如图 1-23 (b) 所示，这时 $E_{1,\max}/E_{2,\max}$ $=r_2/r_1$。这种情况在前面单一电介质中已分析过。

（2）内层电介质的介电常数比外层的小（$\varepsilon_1<\varepsilon_2$），如图 1-23 (c) 所示，这时 $E_{1,\max}>$

$E_{2,\max}$。例如纯瓷套管，导杆附近是空气腔，外面是瓷套，$\varepsilon_2/\varepsilon_1 = 6$，所以导杆附近场强极高。空气的电气强度远低于瓷，因而 $20 \sim 35\text{kV}$ 瓷套管中需采取措施将空气腔短路（见图 3-35），以免空气腔内发生电晕。

（3）内层电介质的介电常数比外层的大（$\varepsilon_1 > \varepsilon_2$），如图 1-23（d）所示，这时 $E_{1,\max}$ 和 $E_{2,\max}$ 较为接近，比较合理。35kV 充油套管在导杆上包绝缘纸层或加纸管，其目的就是降低导杆附近的场强（油浸纸的 ε 比油的大）。

2. 直流电压下

同轴圆柱形双层电介质中电场的计算公式和交流电压下相似，只要用电导率 γ 代替介电常数 ε 即可。所以直流电压下双层电介质中最大场强的关系为 $\gamma_1 r_1 E_{1,\max} = \gamma_2 r_2 E_{2,\max}$。

对多层电介质可写出

$$\gamma_1 r_1 E_{1,\max} = \gamma_2 r_2 E_{2,\max} = \cdots = \gamma_n r_n E_{n,\max} \tag{1-43}$$

绝缘的电导率 γ 与温度有很大关系，随温度上升而急剧下降，所以直流电缆中的稳态电场分布与载流量有关，设计时要考虑这种情况（交流电压下的电场分布随温度变化不大，因为油纸绝缘的 ε 随温度变化不大）。

第三节　静电场的数值计算

不存在自由电荷的、均匀电介质的电场中，电位 φ 满足拉普拉斯方程。求解此微分方程，就可得到 φ。实际电气设备中，通常电极形状比较复杂，当用解析法计算电场有困难时，可采用数值计算法求解。

有限差分法、有限单元法及模拟电荷法是常用的电场数值计算方法。前两类方法是将待求场域离散化为有限个节点，写出差分方程或有限元方程，求出离散点的场量，从而得到电场的近似描述。模拟电荷法则是将连续分布的电荷用一组离散化的模拟电荷等值代替，再将这些模拟电荷在空间产生的场量叠加，得到场量的空间分布。

下面以轴对称场为例分别介绍有限单元法和模拟电荷法。

一、有限单元法

有限单元法以变分原理和剖分插值为基础。由于静电场的电位分布必然使电场能量为最小，这样所需求解的电场问题就可表达为变分问题——求使静电场能量为最小的电位函数（泛函极值问题）。场域 D 的电场能量 $W = \iint_D \dfrac{1}{2}\left[\varepsilon\left(\dfrac{\partial \varphi}{\partial r}\right)^2 + \varepsilon\left(\dfrac{\partial \varphi}{\partial z}\right)^2\right] 2\pi r\, dr\, dz$，它是电位函数 $\varphi(r, z)$ 的函数，给 φ 以变分 $d\varphi$，并使 $d\varphi$ 引起的 $dW = 0$，即可求得满足 W 为最小值的 $\varphi(r, z)$，此即所求的电位分布。实际计算时，利用剖分插值将场域剖分为有限个单元，再将电场能量离散化为单元能量之和，并求出满足其为极小值的条件，这就导出了一组包含各单元节点电位的线性代数方程——有限元方程。求解此方程组就可得到电场的近似分布。

将场域 D 剖分为有限个互不重叠的三角形单元（见图 1-24），一三角形的顶点应也是相邻三角形的顶点。为保证准确度，同一三角形的顶点不宜相距过远。场域内不同电介质

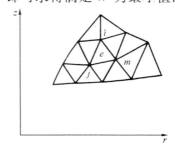

图 1-24　场域的剖分

的分界线应由单元边所组成的折线近似代替，不容许有跨越分界线的单元。

采用线性插值，即任一单元中各点电位应满足下列电位插值函数

$$\varphi = \alpha_1 + \alpha_2 r + \alpha_3 z \tag{1-44}$$

式中　α_1、α_2、α_3——随单元而异的系数。

取一单元 e 进行分析。此单元的三个节点为 i，j，m（逆时针排列），它们的电位 φ 及坐标 (r, z) 应符合下式

$$\varphi_s = \alpha_1 + \alpha_2 r_s + \alpha_3 z_s, \quad s = i, j, m$$

由此可得该单元的 α_1、α_2、α_3 值为

$$\left. \begin{aligned} \alpha_1 &= \frac{1}{2\Delta_e} \Big(\sum_{s=i,j,m} a_s \varphi_s \Big) \\ \alpha_2 &= \frac{1}{2\Delta_e} \Big(\sum_{s=i,j,m} b_s \varphi_s \Big) \\ \alpha_3 &= \frac{1}{2\Delta_e} \Big(\sum_{s=i,j,m} c_s \varphi_s \Big) \end{aligned} \right\} \tag{1-45}$$

其中

$$\left. \begin{aligned} a_i &= r_j z_m - r_m z_j \\ a_j &= r_m z_i - r_i z_m \\ a_m &= r_i z_j - r_j z_i \end{aligned} \right\} \tag{1-46}$$

$$\left. \begin{aligned} b_i &= z_j - z_m \\ b_j &= z_m - z_i \\ b_m &= z_i - z_j \end{aligned} \right\} \tag{1-47}$$

$$\left. \begin{aligned} c_i &= r_m - r_j \\ c_j &= r_i - r_m \\ c_m &= r_j - r_i \end{aligned} \right\} \tag{1-48}$$

$$\Delta_e = \frac{1}{2} \begin{vmatrix} 1 & r_i & z_i \\ 1 & r_j & z_j \\ 1 & r_m & z_m \end{vmatrix} = \frac{1}{2}(b_i c_j - b_j c_i) \quad （\Delta_e \text{ 为单元之面积}） \tag{1-49}$$

将式(1-45)代入式(1-44)，得单元 e 的电位插值函数为

$$\varphi(r,z) = \frac{1}{2\Delta_e} \big[(a_i + b_i r + c_i z)\varphi_i + (a_j + b_j r + c_j z)\varphi_j + (a_m + b_m r + c_m z)\varphi_m \big] \tag{1-50}$$

单元 e 的能量（指单元 e 绕 z 轴形成的旋转体的能量）为

$$W_e = \iint_e \frac{1}{2} \left[\varepsilon_e \left(\frac{\partial \varphi}{\partial r} \right)^2 + \varepsilon_e \left(\frac{\partial \varphi}{\partial z} \right)^2 \right] 2\pi r \mathrm{d}r \mathrm{d}z$$

由式(1-44)及式(1-45)得知

$$\left.\begin{array}{l} \dfrac{\partial \varphi}{\partial r} = \alpha_2 = \dfrac{1}{2\Delta_e}\Big(\sum_{s=i,j,m} b_s \varphi_s\Big) \\[4mm] \dfrac{\partial \varphi}{\partial z} = \alpha_3 = \dfrac{1}{2\Delta_e}\Big(\sum_{s=i,j,m} c_s \varphi_s\Big) \end{array}\right\} \qquad (1\text{-}51)$$

即单元 e 中任一点的 $\dfrac{\partial \varphi}{\partial r}$ 及 $\dfrac{\partial \varphi}{\partial z}$ 均为定值，与该点坐标$(r,\ z)$无关。因此

$$W_e = \frac{1}{2}(2\pi\varepsilon_e)\frac{(\Sigma b_s \varphi_s)^2 + (\Sigma c_s \varphi_s)^2}{4\Delta_e^2}\iint\limits_e r\mathrm{d}r\mathrm{d}z$$

可以证明

$$\iint\limits_e r\mathrm{d}r\mathrm{d}z = \frac{r_i + r_j + r_m}{3}\Delta_e = r_e\Delta_e$$

其中

$$r_e = (r_i + r_j + r_m)/3 \qquad (1\text{-}52)$$

所以

$$W_e = \frac{1}{2}\times\frac{2\pi\varepsilon_e r_e}{4\Delta_e^2}\big[(\Sigma b_s \varphi_s)^2 + (\Sigma c_s \varphi_s)^2\big] \qquad (1\text{-}53)$$

将式(1-53)展开并整理后得

$$W_e = \frac{1}{2}\boldsymbol{\Phi}_e^{\mathrm{T}}\boldsymbol{K}_e\boldsymbol{\Phi}_e \qquad (1\text{-}54)$$

式中　$\boldsymbol{\Phi}_e$——单元节点电位列向量，$\boldsymbol{\Phi}_e = [\varphi_i \quad \varphi_j \quad \varphi_m]^{\mathrm{T}}$；　　　　　　　　　$(1\text{-}55)$

$\boldsymbol{\Phi}_e^{\mathrm{T}}$——$\boldsymbol{\Phi}_e$ 的转置矩阵；

$\boldsymbol{K}_e$——单元电场能系数矩阵，即

$$\boldsymbol{K}_e = \begin{bmatrix} k_{ii}^e & k_{ij}^e & k_{im}^e \\ k_{ji}^e & k_{jj}^e & k_{jm}^e \\ k_{mi}^e & k_{mj}^e & k_{mm}^e \end{bmatrix} \qquad (1\text{-}56)$$

$$\left.\begin{array}{l} k_{ii}^e = \dfrac{2\pi\varepsilon_e r_e}{4\Delta_e}(b_i^2 + c_i^2) \\[4mm] k_{jj}^e = \dfrac{2\pi\varepsilon_e r_e}{4\Delta_e}(b_j^2 + c_j^2) \\[4mm] k_{mm}^e = \dfrac{2\pi\varepsilon_e r_e}{4\Delta_e}(b_m^2 + c_m^2) \end{array}\right\} \qquad (1\text{-}57)$$

$$\left.\begin{array}{l} k_{ij}^e = k_{ji}^e = \dfrac{2\pi\varepsilon_e r_e}{4\Delta_e}(b_i b_j + c_i c_j) \\[4mm] k_{im}^e = k_{mi}^e = \dfrac{2\pi\varepsilon_e r_e}{4\Delta_e}(b_i b_m + c_i c_m) \\[4mm] k_{jm}^e = k_{mj}^e = \dfrac{2\pi\varepsilon_e r_e}{4\Delta_e}(b_j b_m + c_j c_m) \end{array}\right\} \qquad (1\text{-}58)$$

由式(1-56)~式(1-58)可知，$\boldsymbol{K}_e$ 是一个对称矩阵，即 $k_{rs}^e = k_{sr}^e(r,\ s = i,\ j,\ m)$，且其元素的一般表达式可记为

$$k_{rs}^e = k_{sr}^e = \frac{2\pi\varepsilon_e r_e}{4\Delta_e}(b_r b_s + c_r c_s) \quad (r,s = i,j,m)$$

为了得到整个场域 D 的总电场能量，单元 e 电场能量的表达式(1-54)需做适当改写。设节点总数为 n_0，单元总数为 e_0。对某一单元 e，将由式(1-56)确定的三阶方阵 $\boldsymbol{K}_e$ 扩展为如下的 n_0 阶方阵

$$\overline{\boldsymbol{K}}_{\mathrm{e}} = \begin{array}{ccc} & i\,列 & j\,列 & m\,列 \\ \begin{bmatrix} \cdots & \cdots & \cdots & \cdots & \cdots \\ \cdots & k_{ii}^{e} & \cdots & k_{ij}^{e} & \cdots & k_{im}^{e} & \cdots \\ \cdots & \cdots & \cdots & \cdots & \cdots \\ \cdots & k_{ji}^{e} & \cdots & k_{jj}^{e} & \cdots & k_{jm}^{e} & \cdots \\ \cdots & \cdots & \cdots & \cdots & \cdots \\ \cdots & k_{mi}^{e} & \cdots & k_{mj}^{e} & \cdots & k_{mm}^{e} & \cdots \\ \cdots & \cdots & \cdots & \cdots & \cdots \end{bmatrix} \begin{array}{l} \\ i\,行 \\ \\ j\,行 \\ \\ m\,行 \\ \end{array} \end{array} \qquad (1\text{-}59)$$

式(1-59)中小黑点处的元素均为零。式(1-59)中已假定 $m > j > i$，否则各元素要作调整，以使行、列的次序符合由小到大的顺序。扩展后的矩阵 $\overline{\boldsymbol{K}}_{\mathrm{e}}$ 仍是对称矩阵。

若再将所有节点的电位值用 n_0 维列向量 $\boldsymbol{\Psi}$ 表示

$$\boldsymbol{\Psi} = \begin{bmatrix} \varphi_1 & \varphi_2 & \cdots & \varphi_{n0} \end{bmatrix}^{\mathrm{T}}$$

则单元 e 的能量可改写为

$$W_{\mathrm{e}} = \frac{1}{2}\boldsymbol{\Psi}^{\mathrm{T}}\boldsymbol{K}_{\mathrm{e}}\boldsymbol{\Psi}$$

由于整个场域已剖分为 e_0 个单元，所以总电场能量为

$$W = \sum_{e=1}^{e_0} W_{\mathrm{e}} = \frac{1}{2}\boldsymbol{\Psi}^{\mathrm{T}}\Big(\sum_{e=1}^{e_0}\overline{\boldsymbol{K}}_{\mathrm{e}}\Big)\boldsymbol{\Psi} = \frac{1}{2}\boldsymbol{\Psi}^{\mathrm{T}}\overline{\boldsymbol{K}}\,\boldsymbol{\Psi} \qquad (1\text{-}60)$$

式中，$\overline{\boldsymbol{K}}$ 为总电场能系数矩阵

$$\overline{\boldsymbol{K}} = \sum_{e=1}^{e_0}\overline{\boldsymbol{K}}_{\mathrm{e}} \qquad (1\text{-}61)$$

即 $\overline{\boldsymbol{K}}$ 的元素 k_{ij} 系由各单元 $\overline{\boldsymbol{K}}_{\mathrm{e}}$ 中相应的元素 k_{ij}^{e} 相加而得

$$k_{ij} = \sum_{e=1}^{e_0} k_{ij}^{e} \qquad (1\text{-}62)$$

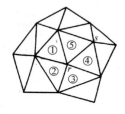

图 1-25　以 r 为顶点的
单元及以 rs 为
公共边的单元

实际上，元素 k_{rr}^{e} 具有非零值的只有以 r 为顶点的几个单元(图 1-25 中为 5 个单元 1、2、3、4、5)，元素 k_{rs}^{e} 具有非零值的只有以 rs 作为公共边的两个单元(图 1-25 中为 4、5 两个单元)，因此式(1-62)可改写为

$$\begin{cases} k_{rr} = \sum\limits_{\substack{以\,r\,为 \\ 顶点的\,e}} k_{rr}^{e} \\ k_{rs} = \sum\limits_{\substack{以\,rs\,为公 \\ 共边的\,e}} k_{rs}^{e} \end{cases}$$

单元电场能系数矩阵 $\overline{\boldsymbol{K}}_{\mathrm{e}}$ 是对称的，所以总电场能系数矩阵 $\overline{\boldsymbol{K}}$ 也是对称的。

由式(1-60)，总电场能量取决于各节点电位，即 $W = W(\varphi_1, \varphi_2, \cdots, \varphi_{n_0})$，又因静电场的电位分布必然使总电场能量为最小，因此节点电位值可由满足 W 为极值的条件求得。以下分两种情况进行讨论。

（一）已知全部边界节点电位

对任何一个内节点(非边界节点)i，由于节点电位 φ_i 是未知的，因而可以根据 W 为极值的条件，得到如下线性方程

$$\frac{\partial W}{\partial \varphi_i} = k_{i1}\varphi_1 + k_{i2}\varphi_2 + \cdots + k_{i n_0}\varphi_{n_0} = 0 \tag{1-63}$$

对边界节点，由于节点电位已知，就不存在如式(1-63)所示方程。这样，就得到一组线性方程，且方程数目等于内节点数(设为 n)，因而内节点的电位值就可以由这组线性方程 $\sum\limits_{j=1}^{n_0} k_{ij}\varphi_j = 0 (i = 1,2,\cdots,n)$ 求得。

在安排节点编号时，如将所有内节点都安排在边界节点前面，即节点 $1 \sim n$ 为内节点，而 $(n+1) \sim n_0$ 都是边界节点，这样上式可写成

$$\sum_{j=1}^{n} k_{ij}\varphi_j = -\sum_{j=n+1}^{n_0} k_{ij}\varphi_j \qquad (i = 1,2,\cdots,n) \tag{1-64}$$

式(1-64)等号左边所包含的 φ_j 都是未知值，等号右边所包含的 φ_j 都是已知值，因此可用矩阵形式表达为

$$\boldsymbol{K\Phi} = \boldsymbol{B} \tag{1-65}$$

式中　$\boldsymbol{K}$——系数矩阵(n 阶方阵，这里 n 为内节点数)，其元素可由式(1-57)及式(1-58)求得；

$\boldsymbol{\Phi}$——内节点电位列向量，$\boldsymbol{\Phi} = [\varphi_1 \quad \varphi_2 \quad \cdots \quad \varphi_n]^{\mathrm{T}}$; $\tag{1-66}$

$\boldsymbol{B}$——自由项列向量，即

$$\boldsymbol{B} = \begin{bmatrix} k_{1,n+1} & \cdots & \cdots & k_{1,n_0} \\ \cdots & \cdots & \cdots & \cdots \\ k_{i,n+1} & \cdots & \cdots & k_{i,n_0} \\ \cdots & \cdots & \cdots & \cdots \\ k_{n,n+1} & \cdots & \cdots & k_{n,n_0} \end{bmatrix} \begin{bmatrix} \varphi_{n+1} \\ \varphi_{n+2} \\ \vdots \\ \varphi_{n_0} \end{bmatrix} \tag{1-67}$$

解上述线性代数方程组，各节点电位值就可求得了。

(二)部分边界节点电位未知

有时，部分边界节点电位并未给定，这时若电位函数 φ 在边界法线方向上的变化率 $\partial\varphi/\partial n = 0$，则用上述变分原理，使电场能量最小所得之 φ 自然满足 $\partial\varphi/\partial n = 0$(这部分有关内容可参阅有关书籍)，因此 $\partial\varphi/\partial n = 0$ 可不必作为边界条件列入。

对电位未给定的边界节点，也可得到如式(1-63)所示的方程，因此线性方程的数目将等于内节点数和未给定电位的边界节点数之和。仍可用式(1-64)~式(1-67)来计算各点电位，但式中的 n 应为内节点数和未给定电位的边界节点数的和，$\boldsymbol{\Phi}$ 应为相应的两种节点电位列向量。

除了节点电位 φ 外，用有限单元法还可求出电场强度 E。单元 e 中的电场强度为

$$E = \sqrt{E_r^2 + E_z^2} = \sqrt{\left(\frac{\partial\varphi}{\partial r}\right)^2 + \left(\frac{\partial\varphi}{\partial z}\right)^2} \tag{1-68}$$

前面已经给出了计算 $\partial\varphi/\partial r$ 及 $\partial\varphi/\partial z$ 的式(1-51)，因此电场强度也就可以求得。不过，所得电场强度是单元 e 中的平均场强(因是线性插值，同一单元 e 中任一点的 $\partial\varphi/\partial r$ 及 $\partial\varphi/\partial z$ 均为定值)，可将该值作为该单元重心处的场强值，也可按其他方法处理(如节点 i 的场强值可由以 i 为顶点的各单元中场强的平均值求得等)。

为使算得的电场准确可靠，节点应较多，因此系数矩阵 $\boldsymbol{K}$ 的阶数很高。系数矩阵 $\boldsymbol{K}$ 是

对称的，且其中很多是零元素(只有当 rs 为单元的一边时，元素 k_{rs} 才不为零)，只要合理安排节点编号，非零元素可集中于对角线附近较狭范围内，对这样的大型稀疏对称正定矩阵，有现成的计算程序供使用。

二、模拟电荷法

模拟电荷法的基本原理是：将空间连续分布的电荷用有限数量的、布置在场域外的离散电荷代替，若这些模拟电荷在场域边界形成的电位或电场强度符合给定的边界条件，则可由这些离散电荷，根据叠加原理计算场域内的电位分布和电场强度。

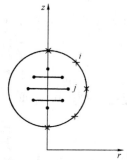

图 1-26　球电极内的模拟电荷和表面的轮廓点
●一点电荷；●─●一环线
电荷；×一轮廓点

孤立电荷 q 在空间任意点 P 产生的电位 φ 与 q 的电荷量成正比，即

$$\varphi = pq \tag{1-69}$$

式中，p 为 q 对 P 点的电位系数，它与 q 的电荷量无关，可根据 q 的形状、位置，P 点的几何位置，以及它们所处电介质的介电常数算得。应用模拟电荷法时，模拟电荷的数量、形状、位置预先选定，而其电荷量则由边界条件确定。以图 1-26 所示球电极外的电场计算为例，设球电极电位为 V，在球内设置 n_q(图中 $n_q=5$)个模拟电荷，其中两个为点电荷(位于 z 轴)，三个为环线电荷(圆环中心位于 z 轴)，在球电极表面相应设置 n_q 个轮廓点。由于电荷 q_j 在轮廓点 i 处所产生的电位为 $\varphi_{ij}=p_{ij}q_j$，根据叠加原理，n_q 个电荷在轮廓点 i 处所产生的电位为 $\varphi_i = \sum_{j=1}^{n_q} p_{ij}q_j$。对 n_q 个轮廓点写出 n_q 个方程，由 $\varphi_i(i=1,2,\cdots,n_i)=V$，$p_{ij}(i=1,2,\cdots,n_q;j=1,2,\cdots,n_q)$ 可以算得，解方程后就可得到 n_q 个电荷各自的电荷量。

轴对称场中，电荷 q 在 P 点的电场强度包括两个分量 E_r 和 E_z

$$\left. \begin{aligned} E_r &= -\frac{\partial \varphi}{\partial r} = -q\frac{\partial p}{\partial r} = f_r q \\ E_z &= -\frac{\partial \varphi}{\partial z} = -q\frac{\partial p}{\partial z} = f_z q \end{aligned} \right\} \tag{1-70}$$

式中　f_r、f_z——场强系数，与 p 一样，它们也可根据 q 的形状、位置，P 点的几何位置，以及它们所处电介质的介电常数算得。

已经知道了 n_q 个模拟电荷的形状、位置和电荷量，根据式(1-69)、式(1-70)及叠加原理，就可算得场域内各点的电位和电场强度。

轴对称场中，常用的电荷有点电荷、直线电荷和环线电荷，以下分别讨论它们的电位系数和场强系数。

(一)点电荷

图 1-27 所示是点电荷 $+q$ 及其镜像电荷 $-q$，它们分别位于 (r_q,z_q) 点和 $(r_q,-z_q)$ 点。由于轴对称场中的点电荷总是位于 z 轴，所以 $r_q=0$。

点电荷 $+q$ 在 rz 平面内任一点 P(r,z) 处形成的电位为 $\varphi = q/4\pi\varepsilon\rho_1$，其中 ρ_1 为 $+q$ 至 P 点的距离

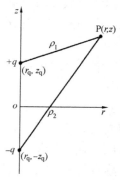

图 1-27　点电荷 $+q$ 及其镜像电荷 $-q$

$$\rho_1 = \sqrt{r^2 + (z - z_q)^2} \tag{1-71}$$

因此电位系数及场强系数分别为

$$p = \frac{1}{4\pi\varepsilon\rho_1} \tag{1-72}$$

$$\left.\begin{array}{l} f_r = -\dfrac{\partial p}{\partial r} = \dfrac{1}{4\pi\varepsilon} \times \dfrac{r}{\rho_1^3} \\[3mm] f_z = -\dfrac{\partial p}{\partial z} = \dfrac{1}{4\pi\varepsilon} \times \dfrac{z - z_q}{\rho_1^3} \end{array}\right\} \tag{1-73}$$

若需考虑地平面的影响，则应计及镜像电荷 $-q$，因此 P 点的电位为 $\varphi = \dfrac{q}{4\pi\varepsilon\rho_1} - \dfrac{q}{4\pi\varepsilon\rho_2}$，其中 ρ_2 为 $-q$ 至 P 点的距离，即

$$\rho_2 = \sqrt{r^2 + (z + z_q)^2} \tag{1-74}$$

此时的电位系数及场强系数分别为

$$p = \frac{1}{4\pi\varepsilon}\left(\frac{1}{\rho_1} - \frac{1}{\rho_2}\right) \tag{1-75}$$

$$\left.\begin{array}{l} f_r = -\dfrac{\partial p}{\partial r} = \dfrac{1}{4\pi\varepsilon}\left(\dfrac{r}{\rho_1^3} - \dfrac{r}{\rho_2^3}\right) \\[3mm] f_z = -\dfrac{\partial p}{\partial z} = \dfrac{1}{4\pi\varepsilon}\left(\dfrac{z - z_q}{\rho_1^3} - \dfrac{z + z_q}{\rho_2^3}\right) \end{array}\right\} \tag{1-76}$$

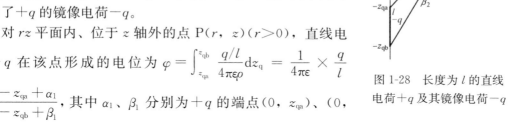

（二）直线电荷

图 1-28 所示是位于 z 轴的直线电荷 $+q$，它的两个端点的坐标分别为 $(0, z_{qa})$ 和 $(0, z_{qb})$，长度 $l = z_{qb} - z_{qa}$。图中同时画出了 $+q$ 的镜像电荷 $-q$。

对 rz 平面内、位于 z 轴外的点 $\mathrm{P}(r, z)$ $(r > 0)$，直线电荷 $+q$ 在该点形成的电位为 $\varphi = \displaystyle\int_{z_{qa}}^{z_{qb}} \frac{q/l}{4\pi\varepsilon\rho}\mathrm{d}z_q = \frac{1}{4\pi\varepsilon} \times \frac{q}{l}$

图 1-28　长度为 l 的直线电荷 $+q$ 及其镜像电荷 $-q$

$\ln\dfrac{z - z_{qa} + \alpha_1}{z - z_{qb} + \beta_1}$，其中 α_1、β_1 分别为 $+q$ 的端点 $(0, z_{qa})$、$(0, z_{qb})$ 至 P 点的距离

$$\left.\begin{array}{l} \alpha_1 = \sqrt{r^2 + (z - z_{qa})^2} \\[2mm] \beta_1 = \sqrt{r^2 + (z - z_{qb})^2} \end{array}\right\} \tag{1-77}$$

因此电位系数及场强系数分别为

$$p = \frac{1}{4\pi\varepsilon} \times \frac{1}{l} \times \ln\frac{z - z_{qa} + \alpha_1}{z - z_{qb} + \beta_1} \quad (r > 0) \tag{1-78}$$

$$\left.\begin{array}{l} f_r = -\dfrac{\partial p}{\partial r} = \dfrac{1}{4\pi\varepsilon} \times \dfrac{1}{rl}\left(\dfrac{z - z_{qa}}{\alpha_1} - \dfrac{z - z_{qb}}{\beta_1}\right) \\[3mm] f_z = -\dfrac{\partial p}{\partial z} = \dfrac{1}{4\pi\varepsilon} \times \dfrac{1}{l}\left(\dfrac{1}{\beta_1} - \dfrac{1}{\alpha_1}\right) \end{array}\right\} \quad (r > 0) \tag{1-79}$$

对位于 z 轴的点 $P(r, z)(r=0)$，存在两种情况：①$z>z_{qb}$；②$z<z_{qa}$。下面分别分析。

(1) $z>z_{qb}$。此时直线电荷$+q$对P点的电位系数及场强系数分别为

$$p = \frac{1}{4\pi\varepsilon} \times \frac{1}{l} \int_{z_{qa}}^{z_{qb}} \frac{1}{z-z_q} dz_q = \frac{1}{4\pi\varepsilon} \times \frac{1}{l} \ln \frac{z-z_{qa}}{z-z_{qb}} \quad (r=0, z>z_{qb}) \tag{1-80}$$

$$\left. \begin{array}{l} f_r = 0 \\[2mm] f_z = -\dfrac{\partial p}{\partial z} = \dfrac{1}{4\pi\varepsilon} \times \dfrac{1}{l} \left(\dfrac{1}{z-z_{qb}} - \dfrac{1}{z-z_{qa}} \right) \end{array} \right\} \quad (r=0, \ z>z_{qb}) \tag{1-81}$$

(2) $z<z_{qa}$。此时直线电荷$+q$对P点的电位系数及场强系数分别为

$$p = \frac{1}{4\pi\varepsilon} \times \frac{1}{l} \int_{z_{qa}}^{z_{qb}} \frac{1}{z_q-z} dz_q = \frac{1}{4\pi\varepsilon} \times \frac{1}{l} \ln \frac{z-z_{qb}}{z-z_{qa}} \quad (r=0, z<z_{qa}) \tag{1-82}$$

$$\left. \begin{array}{l} f_r = 0 \\[2mm] f_z = -\dfrac{\partial p}{\partial z} = \dfrac{1}{4\pi\varepsilon} \times \dfrac{1}{l} \left(\dfrac{1}{z-z_{qa}} - \dfrac{1}{z-z_{qb}} \right) \end{array} \right\} \quad (r=0, \ z<z_{qa}) \tag{1-83}$$

若需考虑地平面的影响，则应计及镜像电荷$-q$。若以 α_2、β_2 分别表示镜像电荷$-q$的两个端点$(0, -z_{qa})$、$(0, -z_{qb})$至 P 点的距离

$$\left. \begin{array}{l} \alpha_2 = \sqrt{r^2 + (z+z_{qa})^2} \\[2mm] \beta_2 = \sqrt{r^2 + (z+z_{qb})^2} \end{array} \right\} \tag{1-84}$$

则当点 $P(r, z)$ 不位于 z 轴$(r>0)$时，电位系数及场强系数分别为

$$p = \frac{1}{4\pi\varepsilon} \times \frac{1}{l} \ln \frac{(z-z_{qa}+\alpha_1)(z+z_{qa}+\alpha_2)}{(z-z_{qb}+\beta_1)(z+z_{qb}+\beta_2)} \quad (r>0) \tag{1-85}$$

$$\left. \begin{array}{l} f_r = -\dfrac{\partial p}{\partial r} = \dfrac{1}{4\pi\varepsilon} \times \dfrac{1}{rl} \left(\dfrac{z-z_{qa}}{\alpha_1} - \dfrac{z-z_{qb}}{\beta_1} + \dfrac{z+z_{qa}}{\alpha_2} - \dfrac{z+z_{qb}}{\beta_2} \right) \\[4mm] f_z = -\dfrac{\partial p}{\partial z} = \dfrac{1}{4\pi\varepsilon} \times \dfrac{1}{l} \left(\dfrac{1}{\beta_1} - \dfrac{1}{\alpha_1} + \dfrac{1}{\beta_2} - \dfrac{1}{\alpha_2} \right) \end{array} \right\} \quad (r>0) \tag{1-86}$$

当点 $P(r, z)$ 位于 z 轴，且若 $z>z_{qb}$，则电位系数及场强系数分别为

$$p = \frac{1}{4\pi\varepsilon} \times \frac{1}{l} \ln \frac{(z-z_{qa})(z+z_{qa})}{(z-z_{qb})(z+z_{qb})} \quad (r=0, z>z_{qb}) \tag{1-87}$$

$$\left. \begin{array}{l} f_r = 0 \\[2mm] f_z = \dfrac{1}{4\pi\varepsilon} \times \dfrac{1}{l} \left(\dfrac{1}{z-z_{qb}} - \dfrac{1}{z-z_{qa}} + \dfrac{1}{z+z_{qb}} - \dfrac{1}{z+z_{qa}} \right) \end{array} \right\} \quad (r=0, z>z_{qb}) \tag{1-88}$$

若 $z<z_{qa}$，则电位系数及场强系数分别为

$$p = \frac{1}{4\pi\varepsilon} \times \frac{1}{l} \ln \frac{(z-z_{qb})(z+z_{qa})}{(z-z_{qa})(z+z_{qb})} \quad (r=0, z<z_{qa}) \tag{1-89}$$

$$\left. \begin{array}{l} f_r = 0 \\[2mm] f_z = \dfrac{1}{4\pi\varepsilon} \times \dfrac{1}{l} \left(\dfrac{1}{z-z_{qa}} - \dfrac{1}{z-z_{qb}} - \dfrac{1}{z+z_{qa}} + \dfrac{1}{z+z_{qb}} \right) \end{array} \right\} \quad (r=0, z<z_{qa}) \tag{1-90}$$

（三）环线电荷

图 1-29 所示是一圆心位于 z 轴，距原点距离为 z_q，半径为 r_q 的环线电荷$+q$，以及其镜像电荷$-q$。

环线电荷$+q$ 在 rz 平面内任一点 $P(r, z)$ 形成的电位为

$$\varphi = \int_{-\pi}^{\pi} \frac{q/(2\pi)}{4\pi\varepsilon\rho}\mathrm{d}\omega = \frac{q}{4\pi\varepsilon} \times \frac{1}{\pi\alpha_1}\int_0^\pi \frac{\mathrm{d}\omega}{\sqrt{1-k_1^2(1+\cos\omega)/2}}$$

其中

$$\alpha_1 = \sqrt{(r+r_q)^2+(z-z_q)^2} \qquad (1\text{-}91)$$

$$k_1 = 2\sqrt{rr_q}\Big/\alpha_1 \qquad (1\text{-}92)$$

进行变量置换，令 $\theta = (\pi-\omega)/2$，得

$$\varphi = \frac{q}{4\pi\varepsilon} \times \frac{2}{\pi\alpha_1}\int_0^{\pi/2}\frac{\mathrm{d}\theta}{\sqrt{1-k_1^2\sin^2\theta}}$$

可以证明 $k_1^2 < 1$ 或 $|k_1| < 1$，所以积分式 $\int_0^{\pi/2}\mathrm{d}\theta\big/\sqrt{1-k_1^2\sin^2\theta}$ 是模数为 k_1 的第一类完全椭圆积分，记作 $K(k_1)$。因此电位 $\varphi = \frac{q}{4\pi\varepsilon} \times \frac{2}{\pi} \times \frac{K(k_1)}{\alpha_1}$，而电位系数为

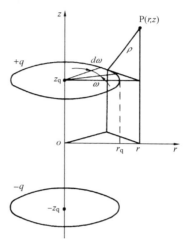

图 1-29　半径为 r_q 的环线电荷$+q$ 及其镜像电荷$-q$

$$p = \frac{1}{4\pi\varepsilon} \times \frac{2}{\pi} \times \frac{K(k_1)}{\alpha_1} \qquad (1\text{-}93)$$

在求取场强系数时会遇到对 $K(k_1)$ 求导的问题。有关书籍给出 $K(k_1)$ 的导函数为 $\frac{\mathrm{d}K(k_1)}{\mathrm{d}k_1} = \frac{E(k_1)}{k_1(1-k_1^2)} - \frac{K(k_1)}{k_1}$，其中 $E(k_1)$ 是模数为 k_1 的第二类完全椭圆积分。第一类及第二类完全椭圆积分之值可以查表，或用现成的计算机程序计算。

令

$$\beta_1 = \sqrt{(r-r_q)^2+(z-z_q)^2} \qquad (1\text{-}94)$$

则 $1-k_1^2 = \beta_1^2/\alpha_1^2$，所以 $\frac{\mathrm{d}K(k_1)}{\mathrm{d}k_1}$ 还可表达为 $\frac{\mathrm{d}K(k_1)}{\mathrm{d}k_1} = \frac{\alpha_1^2}{\beta_1^2} \times \frac{E(k_1)}{k_1} - \frac{K(k_1)}{k_1}$。

环线电荷的场强系数 f_r 为

$$\left.\begin{aligned}
f_r &= 0 && (r=0)\\
f_r &= -\frac{\partial p}{\partial r} = \frac{1}{4\pi\varepsilon} \times \frac{1}{\pi r}\left[\frac{K(k_1)}{\alpha_1} - \frac{\gamma_1 E(k_1)}{\alpha_1\beta_1^2}\right] && (r>0)
\end{aligned}\right\} \qquad (1\text{-}95)$$

其中

$$\gamma_1 = r_q^2 - r^2 + (z-z_q)^2 \qquad (1\text{-}96)$$

而场强系数 f_z 为

$$f_z = -\frac{\partial p}{\partial z} = \frac{1}{4\pi\varepsilon} \times \frac{2}{\pi} \times \frac{(z-z_q)E(k_1)}{\alpha_1\beta_1^2} \qquad (1\text{-}97)$$

若需考虑地平面的影响，则应计及镜像电荷$-q$。若令

$$\left. \begin{aligned} \alpha_2 &= \sqrt{(r+r_q)^2 + (z+z_q)^2} \\ k_2 &= 2\sqrt{rr_q}\big/\alpha_2 \\ \beta_2 &= \sqrt{(r-r_q)^2 + (z+z_q)^2} \\ \gamma_2 &= r_q^2 - r^2 + (z+z_q) \end{aligned} \right\} \tag{1-98}$$

则电位系数及场强系数分别为

$$p = \frac{1}{4\pi\varepsilon} \times \frac{2}{\pi}\left[\frac{K(k_1)}{\alpha_1} - \frac{K(k_2)}{\alpha_2}\right] \tag{1-99}$$

$$\left. \begin{aligned} f_r &= 0 \qquad\qquad\qquad\qquad\qquad\qquad\qquad\quad (r=0) \\ f_r &= \frac{1}{4\pi\varepsilon} \times \frac{1}{\pi r}\left[\frac{K(k_1)}{\alpha_1} - \frac{\gamma_1 E(k_1)}{\alpha_1\beta_1^2} - \frac{K(k_2)}{\alpha_2} + \frac{\gamma_2 E(k_2)}{\alpha_2\beta_2^2}\right] \quad (r>0) \end{aligned} \right\} \tag{1-100}$$

$$f_z = \frac{1}{4\pi\varepsilon} \times \frac{2}{\pi}\left[\frac{(z-z_q)E(k_1)}{\alpha_1\beta_1^2} - \frac{(z+z_q)E(k_2)}{\alpha_2\beta_2^2}\right] \tag{1-101}$$

第四节　电场和电介质表面电荷测量

一、工频电场测量

交流架空输电线路下方地面附近的工频电场强度可用工频场强仪测量，根据探头的形状，可分为球型(悬浮型)场强仪和平板型(接地型)场强仪[1-6]。

(一)球型场强仪

球型场强仪的探头是一个对地绝缘、电位悬浮的金属球，将此金属球置于地面附近的被测电场中，金属球上半部分和下半部分表面的感应电荷极性不同，可由感应电荷的数值来确定被测电场的强度。

1. 点电荷及金属球内的镜像电荷

空气(介电常数$\approx\varepsilon_0$)中有一金属球，球心位于 O 点，球半径为 r_0，如图 1-30(a)所示。

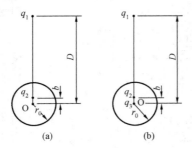

图 1-30　点电荷及金属球内的镜像电荷
(a)金属球接地；(b)金属球电位悬浮

首先分析金属球接地的情况，此时球电位为零。设球外有点电荷 q_1，距球心距离为 $D(D>r_0)$，它将在球表面产生感应电荷。面对点电荷的球表面的感应电荷与点电荷异号，而与点电荷同号的感应电荷则流入地中。

金属球外的电场由点电荷 q_1 和球表面的感应电荷共同产生。球表面感应电荷在球外产生的电场可由球内镜像电荷 q_2 产生的电场代替[1-7]。镜像电荷 q_2 位于 q_1 与 O 的连线上，镜像电荷 q_2 与源电荷 q_1 的关系为

$$q_2 = -\frac{r_0}{D}q_1 = -kq_1 \tag{1-102}$$

式中　k——比例系数，$k=r_0/D$。

镜像电荷距球心的距离为

$$b = \frac{r_0^2}{D} = kr_0 \tag{1-103}$$

其次分析金属球不接地的情况，此时球电位悬浮。面对点电荷的金属球上半部分表面的感应电荷与点电荷异号，而金属球下半部分表面的感应电荷则与点电荷同号。金属球外电场由点电荷 q_1 和球表面的异号、同号感应电荷共同产生。球表面感应电荷在球外产生的电场可由球内镜像电荷 q_2 和 q_3 产生的电场代替[1-8]，如图 1-30(b)所示。镜像电荷 q_2 的位置及其与源电荷 q_1 的关系同前，而镜像电荷 q_3 位于球心 O，q_3 与源电荷 q_1 的关系为

$$q_3 = \frac{r_0}{D}q_1 = kq_1 \tag{1-104}$$

2. 电位悬浮金属球表面的电场和电荷面密度

无金属球时，点电荷 q_1 在其正下方、地面附近某点 O 处形成的电场强度为

$$E_0 = \frac{q_1}{4\pi\varepsilon_0 D^2} \tag{1-105}$$

为测量 E_0，将金属球探头置于 O 点（球心与 O 点重合），金属球不接地、电位悬浮，此时金属球外的电场由源电荷 q_1 和镜像电荷 q_2、q_3 分别产生的电场叠加而得。

参照图 1-31 和式(1-105)，不接地、电位悬浮金属球壳外表面 $P(r,\theta,\varPhi)$ 点的电场强度 $\boldsymbol{E}_P$ 为[1-9]

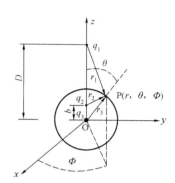

图 1-31　金属球壳表面 p 点场强与源电荷、镜像电荷的关系

$$\boldsymbol{E}_P = \frac{1}{4\pi\varepsilon_0}\left[\frac{q_1}{r_1^2}\mathbf{e}_{r1} + \frac{q_2}{r_2^2}\mathbf{e}_{r2} + \frac{q_3}{r_3^2}\mathbf{e}_{r3}\right] \tag{1-106}$$

式中　$r_2 = \sqrt{D^2 + r_0^2 - 2r_0 D\cos\theta} = D\sqrt{1 + k^2 - 2k\cos\theta}$，$r_3 = \sqrt{b^2 + r_0^2 - 2r_0 b\cos\theta} = r_0\sqrt{1 + k^2 - 2k\cos\theta}$，$\mathbf{e}_{r1}$、$\mathbf{e}_{r2}$、$\mathbf{e}_{r3}$ 是单位矢量。

考虑到式(1-102)～式(1-104)，对式(1-106)进行运算后得到

$$E_P = \frac{q_1}{4\pi\varepsilon_0 r_0 D}\left[1 + \frac{k^2 - 1}{\sqrt{(1 + k^2 - 2k\cos\theta)^3}}\right] \tag{1-107}$$

将式(1-105)代入式(1-107)，可得

$$E_P = \frac{E_0}{k}\left[1 + \frac{k^2 - 1}{\sqrt{(1 + k^2 - 2k\cos\theta)^3}}\right] \tag{1-108}$$

式(1-108)反映了待测电场强度 E_0 与球壳外表面 P 点电场强度 E_P 的关系。

由高斯定理，球壳外表面 P 点的电荷面密度 $\sigma_P = \varepsilon_0 E_P$。将式(1-108)代入，可知金属球壳表面的电荷面密度为

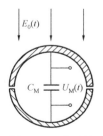

图 1-32　球型场强仪探头示意图

$$\sigma_P = \frac{\varepsilon_0 E_0}{k}\left[1 + \frac{k^2 - 1}{\sqrt{(1 + k^2 - 2k\cos\theta)^3}}\right] \tag{1-109}$$

3. 球型场强仪测量原理

球型场强仪的探头由两个相互绝缘的金属半球构成，如图 1-32 所示。

当不接地、电位悬浮的金属球探头处于输电线路下方、地面附近时，考虑到输电线路的实际情况，前述相关公式中的 $k = r_0/D \rightarrow 0$，将式(1-109)所示的电荷面密度沿金属球上半球面积分，并考虑到被测电场是交变电场 $E_0(t)$，可得上半球面的感应电荷值为

$$Q(t) = \iint \sigma_P(t)\mathrm{d}S = \int_0^{2\pi} \int_0^{\pi/2} \sigma_P(t) r_0^2 \sin\theta \mathrm{d}\theta \mathrm{d}\Phi$$

$$= \frac{2\pi\varepsilon_0 r_0^2 E_0(t)}{k} \int_0^{\pi/2} \left[1 + \frac{k^2-1}{\sqrt{(1+k^2-2k\cos\theta)^3}} \right] \sin\theta \mathrm{d}\theta$$

$$= -3\pi\varepsilon_0 r_0^2 E_0(t)$$

$$(1\text{-}110)$$

若在球型探头的两个半球间接入测量电容 C_M，则该测量电容上的电压为

$$U_M(t) = \frac{-3\pi\varepsilon_0 r_0^2 E_0(t)}{C_M} = K_1 E_0(t) \tag{1-111}$$

式中　K_1——与探头几何形状有关的系数。

由式(1-111)可知，测量电容两端的电压与被测点的电场强度成比例关系，通过测量电压 $U_M(t)$ 就可以得到 $E_0(t)$。

球型工频场强仪显示的读数是最大值，由式(1-111)可知，读数 R_M 与场强 E_0 的关系为

$$E_0 = KR_M \tag{1-112}$$

式中　K——刻度系数，由校准确定。

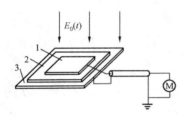

图 1-33　平板型场强仪探头示意图
1—上金属板；2—绝缘层；3—下金属板；
接地；M—测量仪表

（二）平板型场强仪

平板型场强仪的探头是一对平行金属平板，相互间由一薄绝缘层分隔，下板接地，如图 1-33 所示。

将平板型探头置于地面附近的被测电场 $E_0(t)$ 中，在上金属板中将产生感应电荷。忽略电场的边缘效应，感应电荷的数值为

$$Q(t) = \varepsilon_0 S E_0(t) \tag{1-113}$$

式中　S——上金属平板的面积。

设两平行平板间的电容为 C_M，则该电容上的电压为

$$U_M(t) = \frac{\varepsilon_0 S E_0(t)}{C_M} = K_1 E_0(t) \tag{1-114}$$

式中　K_1——与探头几何尺寸有关的系数。

由式(1-114)可知，测量电容两端的电压与被测点的电场强度成正比，通过测量电压 $U_M(t)$ 就可以得到 $E_0(t)$。平板型工频场强仪的读数 R_M 与场强 E_0 的关系见式(1-112)。

（三）工频场强仪的校准

工频场强仪的刻度系数 K 需要用校准装置来校准[1-6]。

校准装置用来产生校准电场——已知场强的均匀电场，装置需满足：①校准电场尺寸足够大，探头的引入不致对校准电场电极表面的电荷分布产生明显干扰；②均匀场区域足够大，以使探头位置处的场强变化减小到可接受的水平；③校准电场不因邻近物体、地面或进行校准的操作人员而产生明显畸变。

当两平行金属板的间距相对板的尺寸来说足够小时，平行极板间可以产生大小和方向已知的均匀场区域。均匀场强值 E_{av} 为 U/d，其中 U 是所加电压，d 是平行极板的间距。图 1-34 所示为半无限大平行极板间电场标幺值 E/E_{av} 与距离标幺值 x/d（x 从平板边缘算起）的关

系曲线。图 1-34 表明，在离极板边缘一个板间距 d 以后，电场已基本趋于均匀。所以，可以用间距相对于板的尺寸足够小的平行金属板来产生校准电场。

将场强仪的探头置于校准装置中，在极板上施加若干个电压值 $U_i(i=1,2,\cdots,n)$，以获得不同的校准场强 $E_i=U_i/d(d$ 为极板间距)。在场强仪量程的 33%～100% 范围内，均匀地选取 n 个校准场强 E_i 值，根据国家标准[1-6]的规定，n 至少应为 3。

如果校准场强为 E_i 时，场强仪的读数为 R_{Mi}，则刻度系数 $K_i=E_i/R_{Mi}$。取几个测量点 K_i 的平均值，并将其作为场强仪的刻度系数 K。

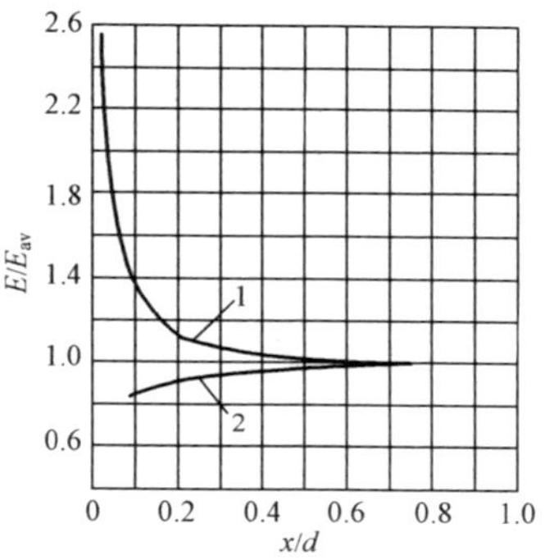

图 1-34　半无限大平行板间的电场
1—沿极板表面；2—与两极板
距离相同的位置

二、直流电场测量

直流架空输电线路下方地面附近的直流电场强度可用直流场强仪测量，IEEE 标准[1-2]中给出了几种类型的直流场强仪，包括旋转型、圆筒型和震板型，并作了较详细的说明；我国电力行业标准[1-10]对旋转型直流场强仪也有详细介绍。

为了测量直流输电线路线下的合成电场，所使用的场强仪应能准确测量合成的直流电场，并能把截获的离子电流泄流入地，尽可能不影响场强的正常读数。

对直流微弱信号来说，它的处理比交流微弱信号困难，所以测量微弱的直流量时，一般都将其转换为交流量，然后再来处理。旋转型直流场强仪就是通过旋转测试元件，将待测量——直流电场强度转换成交流物理量，再进行测量。具体来说，就是使场强仪探头接收到的电场线总数发生周期性的变化，相应的感应电荷量也随之变化，根据感应电荷周期性变化形成的电流即可得到待测场强。

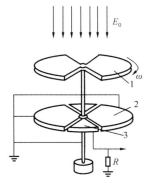

图 1-35　旋转型直流场强仪
探头的原理结构
1—动片；2—静片；
3—感应电极

旋转型直流场强仪探头的原理结构如图 1-35 所示，探头由两个同轴安装的圆片构成，两圆片隔开一定距离，相互绝缘。上圆片随轴由电机驱动转动，称为动片。动片上每隔一定角度共开有 n 个(图 1-35 中 $n=2$)扇形孔，并接地。下圆片固定不动，称为静片。静片上每隔一定角度共有 n 个扇形片(感应电极)，通过电阻 R 接地。

设探头位置处的直流电场为 E_0，动片定速旋转时，其上扇形孔也跟着转动，因此静片感应电极暴露于电场 E_0 的面积也呈周期性变化。静片是接地的，其上会积聚感应电荷，当电场强度 E_0 指向地面时感应电极积聚负电荷，相应的正电荷经电阻 R 流散至地；当电场强度 E_0 指向上空时感应电极积聚正电荷，相应的负电荷经电阻 R 流散至地。这样，在感应电极与地之间便产生了一个与被测直流电场有关的交变电流信号，通过测量该交变电流可以推知直流电场的大小。

感应电极上随时间变化的感应电荷量为

$$q_s(t) = \varepsilon_0 E_0 A(t) \qquad (1\text{-}115)$$

式中　ε_0——真空介电常数；

E_0——所测点的电场强度；

$A(t)$——静片暴露于电场下随时间而变化的面积。

与 $q_s(t)$ 相应的电流为

$$i_s(t) = dq_s(t)/dt = \varepsilon_0 E_0 dA(t)/dt \qquad (1\text{-}116)$$

设圆片上共有 n 个扇形孔[1-11]，每个扇形孔面积为 A_1，动片转动的角速度为 ω。这样当动片转动时，静片曝露于直流电场的总面积随时间的变化为

$$A(t) = nA_1(1 - \cos n\omega t) \qquad (1\text{-}117)$$

将式(1-117)代入式(1-116)，可得

$$i_s(t) = \varepsilon_0 E_0 n^2 A_1 \omega \sin n\omega t \qquad (1\text{-}118)$$

由式(1-118)可知，流经电阻 R 的交变电流 $i_s(t)$ 信号与被测直流电场有正比关系，通过测量 R 上的压降即可获知探头所在位置的电场强度。

旋转型直流场强仪的读数 R_M 与场强 E_0 的关系为

$$E_0 = KR_M \qquad (1\text{-}119)$$

式中　K——刻度系数。

图 1-36　旋转型直流场强仪探头($n=18$，$\omega=90\text{s}^{-1}$)

如同工频场强仪一样，旋转型直流场强仪的刻度系数 K 也需要用校准装置来校准。

需要指出的是，沿电场线移动的离子电流也会通过动片上的扇形孔进入静片，若离子电流密度为 j，则进入到静片的离子电流为 $i_j(t) = j \cdot A(t)$。由于 $i_j(t) << i_s(t)$，$i_j(t)$ 对 $i_s(t)$ 的读数影响很小，故可忽略 $i_j(t)$ 而由 $i_s(t)$ 来确定场强 E_0 的数值。

图 1-36 所示是开孔数为 18 的旋转型直流场强仪探头[1-11]。

三、离子电流密度测量

高压直流架空输电线路下方、地面附近的离子电流密度可通过测量对地绝缘的金属板(接收电极)截获的离子电流，再经计算获得。

为了减少微弱离子电流测量带来的误差，金属板的面积应足够大，使其截获的离子电流数值能在电气测量仪表的量程范围以内。金属板的尺寸一般为 $1\text{m} \times 1\text{m}$。为了避免金属平板电极边缘电场畸变引起的测量误差，金属板四周应有一圈一定宽度的屏蔽接地金属环。

进入接收电极的离子电流可用能测微弱电流的电流表测量，也可在接收电极与地之间并联一个电阻，通过测量电阻上的压降，来得到流过电流的数值。

设接收电极的面积为 A，测得的离子电流为 J，则离子电流密度 $j = J/A$。

四、电晕特性测量

电晕是大曲率电极周围小范围空间内发生的局部放电现象，详见第二章第五节。高压架空输电线表面电场强度较高，也有可能产生电晕现象。输电线路的电晕特性，包括无线电干扰、可听噪声、电晕损耗和直流线路的离子电流等，是输电线路设计和运行中必须考虑的问题。对超、特高压交、直流输电线路的电晕特性，一般是在试验线段或在电晕笼中用较短的线段进行研究的，本小节讨论的是用电晕笼来测量输电线路的电晕特性。

(一)电晕笼结构

电晕笼为方形或圆形截面的网状金属笼，在电晕笼中轴线处设置的试验导线(交流为单相导线，直流为单极或双极导线)用来模拟输电线路，而通过低阻抗测量装置与地相接的电

晕笼则用来模拟大地（见图1-37）[1-12]。由于试验导线与电晕笼之间的距离较输电线与大地间的距离近，在导线上施加较低的电压时便可使其表面场强达到实际架空输电线表面的场强，呈现出高电压等级下输电线的电晕特性。

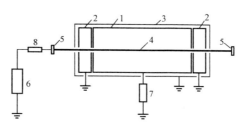

图1-37　电晕笼示意图

1—电晕笼测量段；2—防护段；3—屏蔽笼；4—试验导线；5—挂线圆盘；6—试验电源；7—低阻抗测量装置；8—电阻

为防护干扰，电晕笼外层通常还设有接地、同轴的金属网状屏蔽笼，内、外两笼用绝缘支撑隔开。

为避免电晕笼端部的影响，电晕笼被分隔成中段较长的有效测量段和两端较短的防护段，防护段还需有一定长度，以保证测量段部分的试验导线表面电场强度分布均匀。

（二）电晕笼尺寸

电晕笼的横截面尺寸需满足两个要求：①试验导线的起晕电压不超过试验导线与笼壁间击穿电压的50%，以防止发生击穿；②交流情况下，电晕产生的空间电荷在半个工频周期内不会到达电晕笼笼壁，以保证试验导线周围的空间电场分布和实际输电线路相同或相近。

电晕笼测量段的长度应大于10倍导线与笼壁间的距离。

在挂线圆盘四周安装均压环，调整均压环的结构参数，使计算得到的均压环表面最大场强小于其电晕起始场强，以保证在最高试验电压下均压环不发生电晕。

（三）电晕笼实例

北京直流特高压试验基地的电晕笼（参见附录图B24）是世界上最大的电晕笼[1-13]，既可进行单极试验，也可进行双极试验，试验电压最高可达±1200kV。

电晕笼为两厢式、悬链形，长70m，宽22m，高15m。电晕笼由内、外两层金属网组成，内层是测量网，外层是屏蔽网，内、外两层用绝缘子保持绝缘。电晕笼两端设置塔架和绝缘子串来固定导线，导线从电晕笼的内层测量网中穿过。内层测量网由并排的两个10m×10m的厢体组成，其邻近面相互绝缘，可拆卸。电晕笼沿长度方向设计成悬链形，其弧度根据特高压直流工程推荐的$6 \times 720 mm^2$导线能接受的最小弧度考虑。

（四）测量方法

1. 电晕电流测量

电晕电流可在电晕笼壁和地间串接微安表测量；或在电源和试验导线间串接电阻取信号，从测得电流中减去固定试验导线的绝缘子串的泄漏电流，即得试验导线的电晕电流。

2. 电晕损耗功率测量

对直流线路的电晕损耗功率，可通过测量试验导线中的电晕电流和导线对地电压获得。电晕电流的测量装置可串接在电源与试验导线之间（高压侧）或笼壁与地之间（地侧）。对于双极性导线的直流试验，电晕电流的测量装置须放置在高压侧。

对交流线路的电晕损耗，可同步采集电晕电流和电压信号，将同一时刻的电晕电流和电压值相乘，再求若干周期内的平均功率。电晕电流信号取自连接在电晕笼与地之间的采样电阻，电压信号则取自电容型电压互感器。

3. 无线电干扰测量

测量无线电干扰的仪器是电磁干扰（EMI）接收机。测量的一种方法是在电晕笼与地之间

接入由 C、R 串联组成的测量装置，C 滤除低频信号，R 与 EMI 接收机匹配，由 EMI 接收机测量无线电干扰电流。

4. 可听噪声测量

可听噪声主要使用声级计或噪声分析仪测量。测量时，将拾音器置于电晕笼中点垂直方向上外侧的某一位置，拾音器与导线的直线距离至少大于最小测量频率的一个波长。根据声学理论，若距导线距离为 d 的拾音器测得的声压级为 L_p(dB)，则不同测量距离之间的声压级关系为 $L_{p2}=L_{p1}-20\log(d_2/d_1)$。可据此将测得的声压级修正为标准位置的声压级。

5. 直流离子电流密度测量

直流离子电流密度的测量见本节有关内容(三、离子电流密度测量)。

五、表面电荷测量

电容探头法是测量电介质表面电荷的常用方法，它利用静电感应原理，通过电容探头测量待测电介质表面的对地电压，最后获得电介质表面的电荷密度。

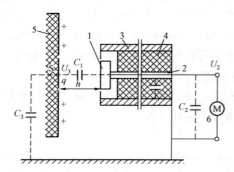

图 1-38　电容探头结构及测量原理示意图
1—测量电极；2—导杆；3—外壳；
4—支撑绝缘；5—待测电介质；6—测量仪器

图 1-38 给出了电容探头的结构[1-14]，探头由测量电极、导杆、外壳和支撑绝缘组成，测量电极的面积为 A，测量时它与被测电介质的距离 h 远小于测量电极的直径(为能看清，图中的 h 被放大了)。图 1-38 中，C_1 是探头电极与待测电介质表面 S(正对探头电极的那部分表面)之间的电容，C_2 是导杆对地电容(包括导杆、引线的对地电容和测量仪表的输入电容)，C_3 是电介质表面 S 的对地等效电容。

若待测电介质表面 S 的电荷量为 q，则待测的面电荷密度 $\sigma=q/A$。设 S 部分的对地电压为 U_3，探头的输出电压为 U_2，则有

$$U_3 = q/\left(\frac{C_1 C_2}{C_1 + C_2} + C_3\right) \tag{1-120}$$

$$U_2 = \frac{C_1}{C_1 + C_2} U_3 \tag{1-121}$$

由式(1-120)和式(1-121)，得待测的面电荷密度为

$$\sigma = \frac{q}{A} = \frac{C_1 C_2 + C_2 C_3 + C_3 C_1}{C_1 A} U_2$$

由于 $C_2 \gg C_1$，$C_1 \gg C_3$，所以

$$\sigma = (C_2/A)U_2 = KU_2 \tag{1-122}$$

即探头的输出电压 U_2 与被测表面的电荷密度 σ 有正比关系，式中 $K=C_2/A$，为刻度系数。

为了能可靠地测量表面电荷，要求测量过程中探头电极上感应电荷的泄漏要小，即电容 C_2 的放电时间常数要大。

可以通过试验来求取刻度系数 K 的数值。依据图 1-38 进行试验，只是用一面积较大的金属平板代替被测电介质。对平板电极施加直流电压 U_i，电容探头的输出电压为 U_o，此时 $U_i/U_o = 1 + C_2/C_1$，换算后得

$$C_2 = C_1\left(\frac{U_i}{U_o} - 1\right) = KA$$

假设探头与金属板电极之间的电场为均匀电场，C_1 可按平板电极间的电容计算，得刻度系数

$$K = \frac{\varepsilon_0}{h}\left(\frac{U_i}{U_o} - 1\right) \tag{1-123}$$

由式(1-123)可知，根据施加的电压 U_i 和探头输出电压 U_o，计及 h 和 ε_0 值，由式(1-123)即可算得刻度系数 K。

第五节　电　场　的　调　整

工程绝缘结构中，电场大多是不均匀的。若局部电场很强，则在不太高的电压下，就会出现局部放电，甚至导致击穿。因此，需要采取措施改善电场分布，降低局部过高的场强，以提高绝缘结构的整体电气强度。这就是电场的调整，也是研究高压下电场的目的之一。

一、改变电极形状

图 1-39 给出了一些改变电极形状以调整电场的方法。这些方法可归纳为：

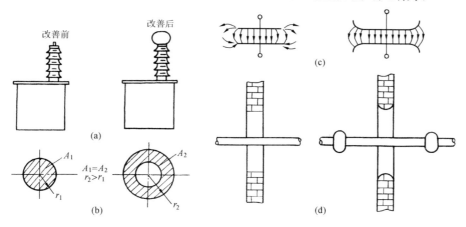

图 1-39　改变电极形状调整电场

(a)套管端部加屏蔽罩；(b)采用扩径导线；
(c)改善电极边缘；(d)使电极具有最佳外形

1. 增大电极曲率半径

可增大电极曲率半径来减小表面场强，如图 1-39(a)所示的变压器套管端部加球形屏蔽罩，或如图 1-39(b)所示的采用扩径导线(截面相同，半径增大)。

2. 改善电极边缘

将边缘做成弧形，或尽量使其与某等位面相近，如图 1-39(c)所示，以消除边缘效应。

3. 使电极具有最佳外形

如穿墙高压引线上加金属扁球，墙洞边缘做成近似垂链线旋转体，如图 1-39(d)所示，

以改善其电场分布。

二、改善电极间电容分布

改善电极间的电容分布可以调整电场，图1-40是这类措施的一些例子。

1. 加屏蔽环

绝缘支柱、分压器等可在高压端加屏蔽环，增大高压电极对本体的电容，从而使对地电容电流得到补偿而改善电压分布，如图1-40(a)所示。

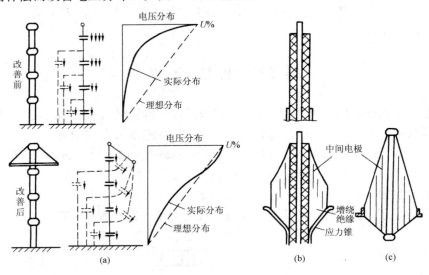

图 1-40　改善电极间电容分布以调整电场

(a)加屏蔽环；(b)、(c)增设中间电极

2. 增设中间电极

在电极间增设一定数量的中间电极，可以调节轴向及径向电场，如图1-40(b)所示的电容锥式电缆终端，或如图1-40(c)所示的电容式套管。通常按各绝缘层等电容的原则计算中间电极极板长度，详见第八章。

三、利用其他措施调整电场

1. 采用不同电介质

根据多层电介质串联时其电通密度保持不变($D=\varepsilon_1 E_1=\varepsilon_2 E_2=\cdots=\varepsilon_n E_n$)的原理，在交流电气设备中可采用介电常数不同的电介质以调整电场分布。如在原强电场区用介电常数较大的电介质，而在原弱电场区用介电常数较小的电介质，如图1-41(a)所示，可使电场分布改善。交流高压电力电缆的分阶绝缘就是应用这种方法的实例。

2. 利用电阻压降

利用一与电极相连的半导电层伸入极间电场，达到调整局部电场的目的。如高压电机绕组槽口部分即采用此法，如图1-41(b)所示，以提高电晕起始电压，详见第九章。

3. 利用外施电压强制电压分布

有些静电电压表利用电阻分压器固定各均压环电位，从而使极间产生均匀电场，如图1-41(c)所示。串级试验变压器的绝缘支柱，各中间法兰分别与各级变压器的出线端或器身相连，从而使支柱上电压分布均匀。

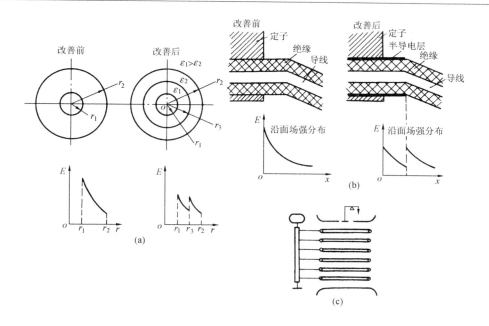

图 1-41　改善电场的其他方法
(a)采用不同电介质；(b)利用电阻压降；(c)利用外施电压强制电压分布

习　　题

1-1　棒-棒电极和棒-板电极间的电场都属于极不均匀电场，对同样的棒电极和极间距离，哪一种电极间的电场更不均匀？

1-2　对外半径为 R、内半径为 r 的同轴圆柱电极(不考虑边缘效应)，写出电场不均匀系数 f 的表达式；计算出 f 分别为 2、4 时的比值 R/r。

1-3　对直径为 D、间距为 S 的球-球电极，应用表 1-2 中的最大场强近似计算公式，写出电场不均匀系数 f 的表达式；计算出 f 分别为 2、4 时的比值 S/D。

1-4　用有限元法计算如图 1-42 所示无限长同轴圆柱电极间部分场域的电位分布。直线

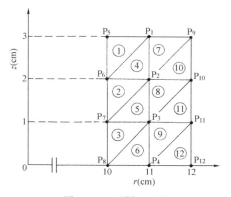

图 1-42　习题 1-4 图

P_5P_8、P_9P_{12}为电极，其电位分别为 100V 及 0V；直线 P_5P_9、P_8P_{12} 为第二类边界，其上的电位法向梯度为零。极间电介质为空气。

1-5　用模拟电荷法计算球板电极间电场。球直径 75cm，电位为 100V，板电极接地，极间距离 75cm。计算球心与板电极垂线上，离板电极 0、25、50、75cm 处的电场强度。

本 章 参 考 文 献

[1-1]　中国电力百科全书·输电与配电卷. 2 版. 北京：中国电力出版社，2001：459-460.

[1-2]　IEEE 标准 1227《IEEE Guide for the Measurement of DC Electric-Field Strength and Ion Related Quantities》，1990.

[1-3]　DL/T 1088—2008《±800kV 特高压直流线路电磁环境参数限值》. 北京：中国电力出版社，2008.

[1-4]　M. P. Sarma，等. Analysis of corona losses on DC transmission lines，Part II-Bipolar lines. IEEE Trans. on PAS，1969(10)：1476-1491.

[1-5]　傅宾兰. 高压直流输电线路地面合成场强与离子流密度的计算. 中国电机工程学报，1987(5)：57-64.

[1-6]　GB/T 12720—1991《工频电场测量》. 北京：中国标准出版社，1991.

[1-7]　雷银照. 电磁场. 2 版. 北京：高等教育出版社，2010：77-79.

[1-8]　冯慈璋. 电磁场. 北京：人民教育出版社，1979：62-63.

[1-9]　刘聪汉，等. 便携式工频电场测量装置的设计. 高压电器，2012(3)：57-62.

[1-10]　DL/T 1089—2008《直流换流站与线路合成场强、离子流密度测试方法》，北京：中国电力出版社，2008.

[1-11]　张波，等. 特、超高压交、直流并行输电线路周围混合电场的测量方法. 高电压技术，2012(9)：2157-2162.

[1-12]　关志成，等. 电晕笼设计与应用相关问题的探讨. 高电压技术，2006(11)：74-77/106.

[1-13]　彭敏文，等. 特高压直流试验基地电晕笼结构设计. 电力建设，2008(1)：4-5.

[1-14]　任春荣. 气体放电表面电荷和空间电荷测量方法. 电子测量技术，2009(11)：46-50.

第二章　气体击穿的理论分析和空气间隙绝缘

电力系统和电气设备中常用气体作为电介质。例如带电导体裸露于空气中就是利用了空气的绝缘性能。但是，当气体电介质承受的电场强度达到一定数值后就会失去绝缘能力，从而造成事故。为了能正确构成气体绝缘，就需要了解气体中的放电过程，掌握气体击穿的一些理论知识和分析，如带电质点的产生、运动和消失的规律以及气体击穿过程的发展等。对气体放电过程的研究也有助于阐明固体及液体电介质中的放电过程。

气体绝缘的工程应用问题主要是如何选择合适的绝缘距离和提高气体间隙的击穿电压。气体击穿电压和电场分布、电压种类以及气体状态等很多因素有关。由于气体放电理论还很不完善，目前实际上还无法对击穿电压准确地进行理论计算。工程设计问题常借助于各种实验规律来分析解决，或直接由试验决定。各种典型电极空气间隙击穿电压的试验数据，击穿电压和各种影响因素间的实验关系，这些对气体绝缘的工程应用是十分重要的。

本章介绍气体击穿的理论分析和空气间隙绝缘，叙述次序大致是：气体放电的主要形式；气体分子的碰撞电离、光电离、热电离，金属的表面电离；带电质点的消失；均匀电场中的气体击穿，包括汤逊气体放电理论和流注放电理论；不均匀电场中的气体击穿，包括电晕放电、长空气间隙中的先导放电和极性效应；持续作用电压、雷电冲击电压、操作冲击电压下的击穿电压；最后介绍提高气体间隙击穿电压的措施，包括改进电极形状、利用空间电荷或屏障、提高气体压力和采用高电气强度气体或高真空。

第一节　气体放电主要形式简介

气体中流通电流的各种形式统称为气体放电。

处于正常状态并隔绝各种外电离因素作用的气体是完全不导电的。由于来自空中的紫外线、宇宙射线及来自地球内部辐射线的作用，通常，气体中总存在少量带电质点。例如大气中每立方厘米中就总是存在着约 1000 对正、负离子（气体分子带电后称为离子，按其所带为正电或负电而相应称为正离子或负离子）。在电场作用下，这些带电质点沿电场方向运动形成电导电流，所以气体通常并不是理想的绝缘介质。但当电场较弱时，由于带电质点极少，气体的电导也极小，仍为优良的绝缘体。

当提高气体间隙上的外施电压达到一定数值后，电流突然剧增，从而气体失去绝缘性能。气体这种由绝缘状态突变为良导电态的过程，称为击穿，击穿是气体放电的一种特殊过程。当击穿过程发生在气体与液体或气体与固体的交界面上时，称为沿面闪络（击穿和闪络有时也笼统地称为放电）。气体中发生击穿及闪络时除电导突增外，通常还伴随有发光及发声等现象。发生击穿或闪络的最低临界电压称为击穿电压 U_b 或闪络电压 U_f（击穿电压或闪络电压有时也笼统地称为放电电压）。均匀电场中击穿电压与间隙距离之比称为击穿场强 E_b，它反映了气体耐受电场作用的能力，故也就是气体的电气强度。不均匀电场中击穿电压与间隙距离之比称为平均击穿场强，这是和电场分布有关而决定于具体结构的量，可用来衡量该电极结构利用气体绝缘能力的程度。

根据气体压力、电源功率、电极形状等因素的不同，击穿后气体放电可具有多种不同形式。利用图 2-1 所示放电管可以观察放电现象的变化。

当气体压力不大、电源功率很小（放电回路中串入很大阻抗）时，外施电压增到一定值后，回路中电流突增至明显数值，管内阴极和阳极间整个空间忽然出现发光现象。这种放电形式称为辉光放电。它的特点是电流密度较小，放电区域通常占据了电极间的整个空间。霓虹管中的放电就是辉光放电的例子。管中所充气体不同，发光颜色也不同。减小外回路中的阻抗，则电流增大。电流增大到一定值后，放电通道收细，且越来越明亮，管两端电压则更加降低，说明通道的电导越来越大，这时的放电形式称为电弧放电。

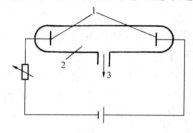

图 2-1　气体放电管示意图
1—电极；2—放电管；3—接真空泵

人们更关心的是大气条件下的放电。如图 2-1 所示，当增加放电管中的气压时，放电通道逐渐收细，放电不再占满整个电极间的空间。在较高气压（例如大气压力）下，击穿后总是形成收细的发光放电通道，而不再扩散于间隙中的整个空间。当外回路中阻抗很大，限制了放电电流时，电极间出现贯通两极的断续的明亮细火花，称为火花放电❶。火花间断的原因是：间隙击穿后形成火花，电流突增，结果外回路中阻抗上压降增加，导致放电间隙上电压降低，以致火花不能维持而熄灭；火花熄灭后，回路中电流减小，阻抗上压降又降低，放电间隙上电压重又增加，使间隙重又击穿而再形成火花。如此周而复始，形成断续的火花放电。如外回路阻抗很小、电源功率足够大，则间隙击穿后可立即转入电弧放电，形成明亮而电导极大的放电通道。电弧通道和电极的温度都很高，电流密度极大，电路具有短路的特征。

如果电极曲率半径和电极间距离的比值较大，即电场比较均匀，则当电压升高到一定值后，整个间隙突然击穿；反之，如果电极曲率半径很小或电极间距离很远，即电场极不均匀，则当电压升高到一定值后，首先紧贴电极在电场最强处出现发光层，回路中出现用一般仪表即可察觉的电流，随着电压升高，发光层扩大，放电电流也逐渐增大。这种放电称为电晕放电。发生电晕放电时，气体间隙的大部分尚未丧失绝缘性能，放电电流很小，间隙仍能耐受电压的作用。如电压继续升高，从电晕电极伸展出许多较明亮的细放电通道，称为刷状放电；电压再升高，最后整个间隙才被击穿，根据电源功率的大小而转为电弧放电或火花放电（如电场比较均匀，则可能不出现刷状放电，而由电晕放电直接转入击穿）。

电气设备中经常遇到采用大气（即设备周围的空气，压力为一个大气压）作为绝缘的情况。综上所述，这时可能发生的是电晕放电、刷状放电、火花放电及电弧放电。

气体击穿后就丧失其绝缘能力，所以，应主要讨论气体的击穿，而气体的各种放电形式（除电晕放电以外）就不在此研究了。

---

❶　火花放电的特征是具有收细的通道形式，并且放电过程不稳定，大气中冲击电压下的放电也属于火花放电。

第二节　带电质点的产生——气体分子的电离和金属的表面电离

如上所述，在电场作用下气体间隙中能发生放电现象，说明其中存在大量带电质点。这些带电质点的产生及消失决定了气体中的放电现象。因此在分析气体击穿的特有规律前，首先讨论在气体空间和从金属电极产生带电质点的一般规律。

一、原子的激励和电离

（一）原子的能级

原子结构可用行星系模型描述。原子中有一带正电的核，周围有若干电子沿一定轨道绕核旋转。

原子中绕核旋转的电子具有确定的能量（位能和动能）。电子的能量不同，其轨道也各异。通常轨道半径越小，能量越小。原子中电子的能量只能取一系列不连续的确定值。原子的位能（内能）取决于其中电子的能量，即取决于原子核及电子的相互配置。当各电子具有最小的能量，即位于离原子核最近的各轨道上时，原子的位能最小。正常状态下的原子就具有最小的位能。当电子从其轨道跃迁到标志着能量更高的离原子核较远的轨道上时，原子的位能也相应增加，反之亦然（发生跃迁的通常是最外层的价电子）。因此，根据其中电子的能量状态，原子具有一系列可取的确定的能量状态，称为能级。原子的能级可用能级图表示。图 2-2 为氢原子的能级图。原子的正常状态相当于最低的能级，可人为地选它作为零值。离底线（零值）不同距离的直线对应于原子的不同能级。微观系统中的能量常采用电子伏（eV）作单位，1eV 的能量相当于一个电子行经 1V 电位差的电场所获得的能量。电子的电荷为 1.6×10^{-19} C，所以

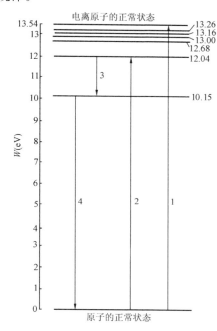

图 2-2　氢原子的能级

1—吸收能量 13.54eV 而电离；2—吸收能量 12.04eV 而激励；3—由高能级转到低能级，放出能量 1.89eV（波长 6.563nm）；4—激励原子恢复正常态，放出能量 10.15eV（波长 1.216nm）

$$1eV = 1 \times 1.6 \times 10^{-19} = 1.6 \times 10^{-19} (J) \tag{2-1}$$

（二）原子的激励

原子通常处于正常状态。但在外界因素作用下，原子中的电子可跃迁到能量较高的状态，这个过程称为激励，该原子称为激励状态的原子。高于正常状态（但低于电离能）的能级均称为激励能级。

激励过程所需能量称为激励能 W_e；有时为简便起见，以激励电位 V_e 来反映激励能，其数值等于以电子伏表示的激励能，即

$$V_e = \frac{W_e}{e} \quad (V) \tag{2-2}$$

式中　　W_e——激励能，J；

　　　　e——电子电荷，C。

最低的激励电位称为第一激励电位。表 2-1 列出了一些气体及金属蒸气的激励电位。

原子处在激励状态的平均"寿命"通常只有 $10^{-8} \sim 10^{-7}$ s 数量级，然后就自发地迅速恢复到正常状态。原子由激励状态恢复到正常状态时，将释放出数值等于激励能的能量；原子由较高激励能级 W_{e2} 跃迁至较低激励能级 W_{e1} 时也将释放出其能量差。通常都采取辐射出相应能量的光子的形式。光子（光辐射）的频率可由下式决定，即

$$W_e = h\nu \tag{2-3}$$

或

$$W_{e2} - W_{e1} = h\nu \tag{2-4}$$

式中　　h——普朗克常数，$h = 6.62 \times 10^{-34}$ J・s。

表 2-1　　　　　　　　　几种气体和金属蒸气的激励电位和电离电位

气体或金属蒸气	第一激励电位 V_{e1} （V）	第二激励电位 V_{e2} （V）	第一电离电位 V_{i1} （V）	第二电离电位 V_{i2} （V）
H	10.2	—	13.6	—
H_2	11.2	—	15.4	—
N	6.3	—	14.5	29.6
N_2	6.1	—	15.5	—
O	9.1	—	13.6	35.2
O_2	—	—	12.2	—
He	19.8	40.6	24.6	54.1
Cs	1.38	—	3.88	23.4
CO_2	10	—	13.7	—
H_2O	7.6	—	12.7	—

原子处于激励状态的平均寿命极短。然而原子也可能具有所谓亚稳激励状态，原子处于亚稳激励状态时极不容易直接恢复到正常状态（直接跃迁的概率极小），一般必须先从外界获得能量跃迁到更高能级后，才能恢复到正常状态。原子处于亚稳状态的平均寿命较长，可达 $10^{-4} \sim 10^{-2}$ s。

（三）原子的电离

原子在外界因素作用下，使其一个或几个电子脱离原子核的束缚（电子离原子核很远时实际上和原子核已没有相互作用）而形成自由电子和正离子的过程称为原子的电离。所谓正离子就是原子失去一个或几个电子而形成的带正电的质点。电离过程所需要的能量称为电离能 W_i(eV)，也可用电离电位 V_i(V)表示。

一般情况下，原子最外层的电子首先电离，因为它受原子核的束缚最弱。正常状态下的中性原子失去一个最外层电子从而产生一个自由电子和一个正常状态下（不是激励状态）的正离子时称为一次电离；相应的电离电位称为第一电离电位。使原子继续失去电子，显然就

需要更大的能量，相应地称为二次电离及第二电离电位等。一般情况下，气体放电中主要只涉及一次电离的过程，在表 2-1 中列出了某些气体及金属蒸气的电离电位。

原子先经过激励阶段（通常是亚稳激励状态），然后接着发生电离的情况称为分级电离。显然这时所需外来能量小于使原子直接电离所需的能量。

二、气体中质点的自由行程

（一）平均自由行程

气体中的分子和带电质点都处于热运动之中。气体中质点在其运动中不断发生碰撞，其轨迹为一不规则的折线，每碰撞一次就会出现一次转折，如图 2-3 所示。一个质点在相继两次碰撞之间自由地通过的距离称为自由行程。气体中质点运动的特点是：参与的质点数目极多，

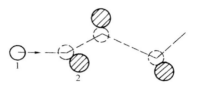

图 2-3　质点自由行程的示意图
1—碰撞质点；2—被碰撞质点

各个质点的运动速率和方向很不一样，具有统计性的特征。因而每两次碰撞间的自由行程也长短不一，具有统计性。引入平均自由行程 λ 的概念，将 λ 定义为质点自由行程的平均值。

在气体放电中碰撞过程是产生带电质点极重要的来源。电子在其自由行程内从外电场获得动能，如外电场足够强，则电子的动能可达甚大数值，以致在和分子碰撞时能使后者分裂出自由电子。这样能不断引起电子增殖，从而导致气体间隙击穿。显然，电子从电场中获得的能量除决定于电场强度外，还和其自由行程有关。

在通常的气体放电情况下，气体中带电质点的数密度（单位体积中的带电质点数）较分子的数密度要小得多，带电质点自身相互间的碰撞可以忽略不计。所以气体中电子和离子的自由行程是指它们和气体分子发生碰撞时的行程。

电子的尺寸及质量比分子的小得多。离子是分子失去电子或获得电子而形成的带电质点，所以其尺寸及质量都和分子的差不多。因为电子的尺寸小，运动中不易发生碰撞，所以电子的平均自由行程要比分子和离子的大得多。

气体分子的数密度 n 越大，其中的质点就越容易发生碰撞，因而它们的平均自由行程也就越小。对于同一种气体，其分子数密度和该气体的密度成正比，于是可得

$$\lambda \propto \frac{T}{p} \tag{2-5}$$

即质点的平均自由行程 λ 和气体的压力 p 成反比，和气体的绝对温度 T 成正比，这是一个很重要的关系。

在大气压力和常温下，空气中电子的平均自由行程在 10^{-5} cm 数量级。

（二）自由行程的分布

如上所述，每个质点的自由行程都长短不一，具有统计性的规律。设质点的自由行程大于 x 的概率为 $f(x)$。当此质点行过 x 长度后，在其后 $\mathrm{d}x$ 距离内遭受碰撞的概率应为 $\mathrm{d}x/\lambda$。显然质点在 $\mathrm{d}x$ 距离内未发生碰撞的概率应为 $1-\mathrm{d}x/\lambda$。因此质点的自由行程大于 $x+\mathrm{d}x$ 的概率为 $f(x+\mathrm{d}x)$，而质点在 x 的距离内及其后 $\mathrm{d}x$ 的距离内都不发生碰撞的概率应为 $f(x)(1-\mathrm{d}x/\lambda)$，或写成

$$f(x+\mathrm{d}x) = f(x) + \frac{\partial f(x)}{\partial x}\mathrm{d}x = f(x)(1-\mathrm{d}x/\lambda)$$

由此可得

$$\frac{\partial f(x)}{\partial x} = -\frac{f(x)}{\lambda}$$

其解为

$$f(x) = e^{-x/\lambda} \tag{2-6}$$

积分常数由 $f(0)=1$ 决定。

式(2-6)表明了质点的自由行程大于 x 的概率，也就是质点行过 x 距离后尚未发生碰撞的概率。可见自由行程越长的质点出现的机会越小，并按指数规律衰减。

如果起始有 n_0 个质点(或一个质点的相继 n_0 次碰撞)，则其中行过距离 x 后，尚未被碰撞的质点数(或次数)$n(x)$ 应为

$$n(x) = n_0 e^{-x/\lambda}$$

从上式可知，自由行程大于平均自由行程 λ 的质点占全部质点的 37%；大于 2λ 的 14%；而大于 10λ 的在平均每 22000 多个质点中就只有 1 个了。

三、气体中带电质点的产生

气体分子的电离可由下列因素引起：①电子或正离子与气体分子的碰撞(碰撞电离)；②各种光辐射(光电离)；③高温下气体中的热能(热电离)。

(一)碰撞电离

在电场作用下，电子及离子被加速而获得动能。当它们的动能积累到一定数值后，在和气体分子发生碰撞时可以使后者激励或电离。这是气体放电中带电质点极重要的来源。

气体放电中，碰撞电离主要是由电子和气体分子碰撞而引起的。这是因为电子的自由行程较长，它在电场中能获得较大的动能。此外从日常经验和理论分析可知，质量很小的小球(如乒乓球)在和质量很大的球(如篮球)发生弹性碰撞时，小球将遭到弹射而几乎不损失其动能；但质量相近的球碰撞时，能量将发生交换，高速的球将损失动能。电子质量极小，在和分子发生弹性碰撞(没有造成激励或电离的碰撞)时几乎不损失其动能，因而在电场中它能继续积累能量。离子则不然，一方面离子的自由行程较短，它在两次碰撞间的自由行程中获得的动能小；另一方面在它和分子发生弹性碰撞时又容易将已积累的动能损失掉。因此和电子相比，离子要积累起足以产生碰撞电离能量的可能性是很小的。

当电子从电场获得的动能等于或大于气体分子的电离能时，就可能因碰撞而使气体分子分裂为电子和正离子，即电子的能量满足下式是引起电离的必要条件

$$\frac{1}{2} m_e \nu_e^2 \geqslant W_i \tag{2-7}$$

式中　　m_e——电子质量；

　　　　ν_e——电子的速度；

　　　　W_i——气体分子的电离能。

但是，由于其他因素的影响即使满足式(2-7)，也不一定每次碰撞都能引起电离。通常每次碰撞造成电离的概率很小。

也可能发生分级电离，这时电子所需具有的能量就可小于式(2-7)所示。

(二)光电离

光辐射引起的气体分子的电离过程称为光电离。

光是频率不同的电磁辐射。它也具有粒子性，即同时又像质点，称为光子。光子的速度为光速($c = 3 \times 10^{10}$ cm/s)，而其能量 W 决定于其频率 ν(s^{-1})，具有如式(2-3)所示关系

$$W = h\nu$$

例如，频率为 $3 \times 10^{15} s^{-1}$ 的光子，其能量为

$$h\nu = 6.62 \times 10^{-34} \times 3 \times 10^{15} = 19.9 \times 10^{-19}(J) = 12.4(eV)$$

当气体分子受到光辐射作用时，如光子能量满足条件

$$h\nu \geqslant W_i \tag{2-8}$$

就有可能引起光电离。由此可得光辐射能够引起光电离的临界波长(即最大波长)为

$$\lambda_0 = \frac{hc}{eV_i} = \frac{1234}{V_i} (nm) \tag{2-9}$$

式中　V_i——气体分子的电离电位，V；

　　　e——电子电荷，1.6×10^{-19}C。

表 2-2 是几种气体的光电离临界波长。在各种气体或金属蒸气中，铯的电离电位最低，等于 3.88V，它的光电离临界波长为 318nm，相当于紫外线的范围。因此对所有气体来说，在可见光($400 \sim 750$nm)的作用下，一般是不能直接发生光电离的。

表 2-2　几种气体的光电离临界波长

气　　体	电离电位 V_i(V)	临界波长 λ_0(nm)
铯 Cs	3.88	318
汞 Hg	10.4	119
氦 He	24.5	51
空气	16.3	76.2

光子能量小于气体分子的电离能时，有时仍能由于分级电离而造成电离现象。

光子的能量比气体分子的电离能大时，引起光电离后，光子多余的能量或者以能量较小的光子形式释放出来，或者转变成新产生的电子的动能。

导致气体光电离的光子可以由自然界(如空中的紫外线、宇宙射线等)或人为照射(如紫外线、X射线等)提供，也可以由气体放电过程本身产生：气体放电过程中，异号带电质点会不断复合为中性质点，这时电离能将以光子形式释放出来(见本章第三节)。激励状态的分子恢复到正常状态时，也将以光子形式释放出激励能。虽然分子由激励状态恢复正常状态时释放出的光子不能直接电离同类分子，但引起分级电离是可能的。此外气体中还可能存在多重电离的分子或者激励状态的离子，它们具有很大的位能，可释放出能量很大的光子。

由此可知，频率很高的光辐射也可来自气体放电本身，后者引起光电离后又可促进放电进一步发展。所以气体放电中光电离是很重要的电离方式。

(三)热电离

一切因气体热状态引起的电离过程称为热电离。

由于气体分子热运动的统计性，分子瞬间运动速度大小不一，其动能也大小不一，气体温度是其分子热运动剧烈程度的标志。气体分子的平均动能和气体温度的关系为

$$W_m = \frac{3}{2}KT \tag{2-10}$$

式中　K——玻尔兹曼常数，$K = 1.38 \times 10^{-23}$J/K；

　　　T——绝对温度，K。

随着温度升高，气体分子动能增加。这样，在它们相互碰撞时，就可能引起激励或电离。

在室温(20℃)下，气体分子的平均动能为 10^{-2} eV 数量级，这还不足以引起碰撞电离。虽然由于气体分子热运动的统计性，有的分子的速度会超过其平均值，但运动速度和平均速度相差越大的分子存在的概率也越小，所以室温下热电离实际上是不存在的。但在高温下，例如发生电弧放电时，气体温度可达数千度，这时气体分子动能就足以在相互碰撞时导致发生明显的碰撞电离了。

所有的气体都能发出热辐射，所以气体空间里交织着热辐射，这也是电磁辐射。热辐射光子的能量也具有统计性，其平均能量也随温度增高而加大。所以高温下高能热辐射光子也能造成气体的电离。

由一切热电离过程所产生的电子也处于热运动中。因此，高温下电子也能由于热运动靠碰撞作用而造成分子的电离。

由此可见，从本质上说，热电离和前述碰撞电离及光电离是一致的，都是能量超过临界数值的质点或光子碰撞分子，使之发生电离，只是直接的能量来源不同罢了。热电离由热能决定(当然热能可由其他形式的能量转化而来，例如在气体放电中由电能转化而来)，这时质点作着无规则热运动；而电场中造成碰撞电离的电子由电场获得能量，在电场方向作定向运动，这时就和无规则的热运动完全不同了。

（四）负离子的形成

在气体放电过程中，除电子和正离子外，还存在着带负电的负离子。这是因为有时电子和气体分子碰撞非但没有电离出新电子，反而是碰撞电子附着于分子，形成了负离子。

有些气体形成负离子时可释放出能量。这类气体容易形成负离子，称为电负性气体(如氧、氟、氯等)。已发现的负离子有 O^-、O_2^-、OH^-、H_2^-、F^-、Cl^-、Br^-、I^-、SF_6^- 等。

如前所述，离子的电离能力不如电子，电子为分子俘获而形成负离子后，电离能力大减。因此在气体放电中，负离子的形成起着阻碍放电的作用，和本节前述各种电离作用相反，这是应该注意的。

四、金属的表面电离

以上讨论了气体空间内带电质点的产生过程。气体放电中还存在着阴极发射电子的过程，称为表面电离。

使金属释放出电子同样也需花费一定能量，称为逸出功(或以逸出电位来反映逸出功，逸出电位的单位是伏，数值上等于以电子伏表示的逸出功)。这可粗略说明如下：金属中的自由电子作着无规则的热运动，但当电子刚一离开金属，就会受到它在金属中感应所生正电荷的吸引。因此，为使电子脱离金属的束缚，就得克服这吸引力而花费一定的能量。

逸出功和金属的微观结构有关，不同金属的逸出功也各异。逸出功和金属表面状态(氧化、吸附层等)也有很大关系。逸出功和金属的温度基本上没有关系。表 2-3 中列出了一些金属和金属氧化物的电子逸出功。

金属表面电离有多种方式，即可以有多种方法供给电子以逸出金属所需的能量，以下简述主要的几种。

（一）正离子碰撞阴极

正离子在电场中向阴极运动，碰撞阴极时将动能传递给电子而使其逸出金属；而逸出的电子中有一个和正离子结合成为原子，其余的就成为自由电子。所以正离子必须碰撞出一个以上电子时才能出现自由电子。

正离子在和电子中和时，还可放出电离能。实验表明，低速离子也能从金属中释放出电子，说明正离子的位能对释放电子也起作用。显然这时电离能必须至少等于两倍逸出功时，才有可能造成表面电离。比较表2-1和表2-3可知，大多数情况下是可以满足这个条件的。

表 2-3　　一些金属和金属氧化物的逸出功

金属和金属氧化物	逸出功(eV)
铝	1.8
银	3.1
铂	3.6
铜	3.9
铁	3.9
氧化钡	1.0
氧化铜	5.34

即使正离子能量足够，也不是每次碰撞阴极都能造成自由电子。在气体放电中，平均每个正离子从金属释放出的自由电子的概率为10^{-2}数量级。

（二）光电效应

金属表面受到光的照射时也能放射出电子，这种现象称为物体表面的光电效应。为了能产生光电效应，光子的能量必须大于逸出功。

光照射到金属表面时，有相当一部分光子被反射而并不引起光电效应。金属所吸收的光能中也有一大部分转为金属的热能，只有一小部分用以使电子逸出。所以释放出来的电子数比相应的入射光子数少得多，其比值不超过10^{-2}数量级。

（三）场致发射

在阴极附近加以很强的外电场也能使阴极放射出电子，称为场致发射或冷发射。由于场致发射所需外电场极强，在10^7V/cm数量级，所以在一般气体间隙的击穿过程中不会发生。场致发射对高气压、高真空的击穿及某些电弧放电有重要意义。

（四）热电子放射

阴极达到很高温度时，其中电子可获得巨大动能而逸出金属，称为热电子放射。热电子放射对某些电弧放电有重要意义。电子、离子器件中常利用热电子放射作为电子来源。

对于工程上常见气体间隙的击穿过程来说，在这些表面电离方式中起主要作用的是正离子碰撞引起的表面电离和光电效应。

第三节　带电质点的消失

气体中发生放电时，除了有不断形成带电质点的电离过程外，还存在着与其相反的过程——带电质点的消失过程。在电场作用下，气体中放电是不断发展以至击穿还是气体尚能保持其电气强度而起绝缘作用，取决于上述两种过程的发展。带电质点的消失主要有三种方式：一种方式是一部分带电质点在电场作用下作定向运动，从而消失于电极（造成电流）；另外两种方式是带电质点的扩散和复合。

一、电场作用下气体中带电质点的运动

带电质点产生以后，在外电场作用下将作定向运动，形成电流。电流的大小决定于带电质点的浓度及其在电场方向的速度。

真空中带电质点在电场作用下的运动较易分析。这时带电质点在电场力作用下做着加速运动。若电场均匀，则带电质点在电场方向作等加速运动，带电质点的动能不断增加，速度不断上升。

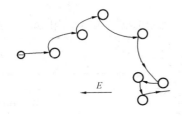

图 2-4　电场作用下电子
在气体中的运动轨迹

在气体放电空间，情况就不同了。这时带电质点是在气体中运动，经常和分子碰撞。带电质点初速度具有任意方向，在其自由行程中受到电场加速，而在和分子碰撞后将发生散射。因此带电质点的运动轨迹将如图 2-4 所示，在每两次碰撞间所经过的路径是弯向电场方向的抛物线，逐渐由一个电极移向另一电极，形成定向运动。但是此定向运动速度不会不断增加。因为带电质点一方面受到电场加速而获得动能，另一方面又因和气体分子碰撞而损失动能。在电场作用下，带电质点起初速度较低，以后逐渐增加；但是随着其速度的增加，碰撞时损失掉的能量也增加。因此带电质点就不像在理想真空中那样可以一直加速下去，在一定的电场强度下运动终将达到某种稳定状态。这时带电质点在电场方向的平均速度也就保持不变了。在此速度下，带电质点自电场获得的动能恰好等于因不断碰撞所损失的动能。这一平均速度称为带电质点的驱引速度，它决定了通过该气体间隙的传导电流。

驱引速度 ν_d 和外施电场强度 E 有关，即 $\nu_d = f(E)$。一般写为

$$\nu_d = bE \tag{2-11}$$

式中　b——迁移率，表示单位电场强度下带电质点的驱引速度。有些情况下，b 基本上和 E 无关，而在一般情况下，b 是 E 的函数。

实验表明，离子迁移率在很大范围内和电场强度无关，但在很强的电场中则和电场强度有关。迁移率还和气体状态及离子种类有关，气体压力越高或者离子质量越大，其值就越小。同一种气体的正、负离子的迁移率相差不大。在标准状态下，干燥空气中正、负离子的迁移率分别为 $1.36(\text{cm} \cdot \text{s}^{-1})/(\text{V} \cdot \text{cm}^{-1})$ 及 $1.87(\text{cm} \cdot \text{s}^{-1})/(\text{V} \cdot \text{cm}^{-1})$。

电子迁移率比离子迁移率大得多。和离子不同，即使在很弱的电场中，电子迁移率也随场强而变。实验表明，电子的驱引速度和 E^n 成正比，其中 $0.5 < n < 1$。

二、带电质点的扩散

同一种气体处于不同容器中，如它们的温度相同而压力不等，则当容器连通以后，压力差会逐渐消失，直到连通着的容器中到处压力相等为止。分别处于不同容器中的不同气体，即使温度和气压都相等，在容器连通以后这些气体也会逐渐混合起来，直到混合均匀为止，这种现象称为气体的扩散。造成扩散的原因是气体分子的热运动。气体分子在空间作着热运动，从一处迁移到另一处，因此气体中各处状态的差别会趋于消失。因为在热运动中气体分子不断发生碰撞而改变着运动方向，所以尽管它们的热运动速度极高，但其扩散速度却相对要小得多。

如果气体中带电质点分布不均匀，例如放电通道中带电质点浓度就比通道周围空间中大得多，这时也会出现带电质点的扩散，它们从浓度高的地方向浓度低的地方移动，趋向是使带电质点的浓度变得均匀。带电质点的扩散通常不是静电斥力造成的，因为大多数情形下气体中带电质点的浓度不超过 10^{12} 个$/\text{cm}^3$，这相当于带电质点间的平均距离为 10^{-4}cm，在这样的距离下，相互间的静电作用力是很小的。所以带电质点的扩散和气体分子的扩散一样，都是由于热运动造成，带电质点的扩散规律和气体的扩散规律也是相似的。

气体中带电质点的扩散和气体状态有关。气体压力越高或者温度越低，扩散过程也就越

弱。由于电子的质量远小于离子，所以电子的热运动速度很高，它在热运动中受到的碰撞也较少，因此电子的扩散过程比离子的要强得多。

三、带电质点的复合

正离子和负离子或电子相遇，发生电荷的传递而互相中和，并还原为原子或分子的过程称为复合过程。复合可在气体空间进行，也可在容器壁上发生。若放电空间离器壁较远，则显然前者是主要的。因此，以下只讨论带电质点在气体中进行的复合过程。

在带电质点的复合过程中会发生光辐射。气体放电通常总伴随有光辐射，光辐射除了由激励状态恢复到稳定状态时形成外，就是由复合过程形成。如前所述，这种光辐射在一定条件下又可能成为导致电离的因素。正、负带电质点复合时发生光辐射的原因是随着电荷的转移还将发生能量的转换。正、负离子复合后形成两个原子，故释放出的能量为电离能和从负离子剥夺电子所耗能量之差，通常以光子形式释放出来，离子的动能则变为复合后原子的动能。正离子和电子复合时形成一个原子，这时电离能和电子的动能将一起以光子的形式释放出来，正离子的动能则将变为复合后原子的动能。

并不是异号带电质点每次相遇都能引起复合。只是在参加复合的异号带电质点相互接近一定时间的条件下，复合过程才能实现。质点间的相对速度越大，由于相互作用时间越短，复合的可能性也越小。气体中电子的速度比离子的要大得多，所以正、负离子间的复合概率要比离子和电子间的复合概率大得多。通常放电过程中离子间的复合更为重要。

一定空间内带电质点由于复合而减少的速度决定于其浓度。正、负带电质点的浓度越大，则它们相遇的机会也越多，因此复合过程的速度，即带电质点消失的速度也就越快。设空间只有正、负带电质点各一种，其浓度分别为 N_+ 及 N_-，则其浓度变化率为

$$\frac{dN_+}{dt} = \frac{dN_-}{dt} = -\rho N_+ N_- \tag{2-12}$$

式中 ρ——复合系数。

一般情况下，正、负带电质点的浓度相等 $N_+ = N_- = N$，于是

$$\frac{dN}{dt} = -\rho N^2 \tag{2-13}$$

在大气压力和常温下，离子间的复合系数约为 $10^{-6} \mathrm{cm}^3/\mathrm{s}$。

第四节 均匀电场中气体击穿的发展过程

本节讨论均匀电场中气体的击穿过程，介绍汤逊气体放电理论和流注理论，这两种理论互相补充，可以说明广阔的 pd（压力和极间距离的乘积）范围内气体放电的现象。

一、非自持放电和自持放电

气体放电通常可分为非自持放电和自持放电两类。如去掉外电离因素的作用后放电随即停止，则这种放电称为非自持放电；反之，能仅由电场的作用而维持的放电称为自持放电。随着外施电压增加，放电逐渐发展，由非自持放电转入自持放电。

如图 2-5 所示，在外部光源（天然辐射或人工光源，例如紫外线）照射下，两平行平板电极间气体由于电离而不断产生带电质点；同时正、负带电质点又不断复合。在这两种过程作用下，气体空间产生了一定浓度的自由带电质点。电极间施加电压后，带电质点沿电场运

动，回路中出现电流，外施电压 U 逐渐升高时，电流 I 也发生变化，如图 2-6 所示。起初电流随电压而升高，这是由于间隙中带电质点运动速度加大，因复合导致带电质点消失的数目减少，而消失于电极的数目加大之故。当电压升高到 U_A 附近，电流趋于饱和。这是由于间隙中因电离产生的带电质点已全部落入电极，故电流便取决于外电离因素而和电压无关了。饱和电流密度数值极小(在 10^{-19} A/cm² 数量级)，所以这时气体间隙仍处于良好绝缘状态。当电压增加到 U_B 附近时，又出现电流的增长。这时间隙中必然出现了新的电离因素，这就是电子的碰撞电离。电子在足够强的电场作用下，已积累起足以引起碰撞电离的动能了。电压升高到某临界值 U_0 后，电流急剧增加，气体间隙转入良好的导电状态，并伴随着明显的外部特征，如发光、发声等，说明这时间隙中的物理过程又具有新的特点了。

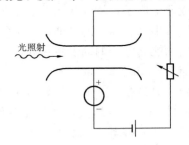

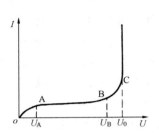

图 2-5　测定气体中电流的　　　　　　图 2-6　气体中电流 I
回路示意图　　　　　　　　　　与电压 U 的关系

外施电压小于 U_0 时，间隙内虽有电流，但其数值甚小，通常远小于微安级，因此气体本身的绝缘性能尚未被破坏，即间隙还未被击穿。而且这时电流要依靠外电离因素来维持，如果取消外电离因素，电流也将消失。因此，这类放电称为非自持放电。当电压达到 U_0 后，情况就有了变化：气体中发生了强烈的电离，电流剧增；同时气体中电离过程只靠电场的作用已可自行维持，而不再继续需要外电离因素了。因此 U_0 以后的放电形式也称为自持放电。由非自持放电转入自持放电的电压称为起始电压。如电场比较均匀，间隙将被击穿，此后根据气压、外回路阻抗等条件形成辉光放电、火花放电或电弧放电，而起始电压 U_0 也就是间隙的击穿电压 U_b。如电场极不均匀，则当放电由非自持转入自持时，在大曲率电极表面电场集中的区域发生电晕放电，这时起始电压是间隙的电晕起始电压，而击穿电压可能比起始电压高很多。

以下介绍气体击穿的发展过程，对于比较均匀的电场，此即放电由非自持转入自持的过程。

二、汤逊气体放电理论

20 世纪初汤逊(J. S. Townsend)根据大量实验事实，提出了比较系统的气体放电理论，阐述了放电中的过程，并在一系列假设的前提下，提出了放电电流和击穿电压的计算公式。实验表明，汤逊理论虽然只是对 pd 较小时的放电比较适用，但其中描述的基本过程具有普遍意义。

(一)α 过程引起的电流

1. 电子崩的形成

如图 2-6 所示，当电压超过 U_B 后，电流急剧增长，说明气体中受电场的影响而开始出现了新的电离过程，即电子碰撞电离过程。由于外电离因素光辐射的作用，气体间隙中存在自由电子。这些起始电子主要是由于光电效应从阴极产生的，因为表面光电效应较空间光电离强烈得多。在电场作用下，电子在其奔向阳极的过程中得到加速，动能增加。同时，电子在其运动过程中又不断和气体分子碰撞。当电场很强，电子动能达到足够数值后，就有可能引起碰撞电离。分子电离后新产生的电子和原有电子一起又将从电场获得动能，继续引起电离。这样就出现了一个连锁反应的局面：一个起始电子自电场获得一定动能后，会碰撞电离生成一个第二代电子；这两个电子作为新的第一代电子，又将电离生成新的第二代电子，这时空间已存在 4 个自由电子；这样一代一代不断增加的过程，会使电子数目迅速增加，如同冰山上发生雪崩一样，这样就形成了所谓电子崩（见图 2-7）。由于强电场中出现了电子崩过程，带电质点大增，所以放电电流也随之剧增。

2. α 过程引起的电流

为了分析出现电子碰撞电离后的电流，引入电子电离系数 α，它代表一个电子沿着电场方向行经 1cm 长度，平均发生的碰撞电离次数。设每次碰撞电离只产生一个电子和一个正离子，因此 α 也就是一个电子在单位长度行程内新电离出的电子数或正离子数。因此，在强电场中出现电子崩的过程也称 α 过程。

如图 2-8 所示，设在外电离因素光辐射的作用下，单位时间内阴极单位面积产生 n_0 个电子。如前所述，表面光电效应较空间光电效应强烈得多，所以后者可以忽略不计。在电场作用下，这 n_0 个电子在向阳极运动的过程中不断引起碰撞电离，电子数越来越多。设放电过程稳定后，在距离阴极为 x 的横截面上，单位时间内单位面积有 n 个电子飞过。这 n 个电子飞过 $\mathrm{d}x$ 之后，产生了 $\mathrm{d}n$ 个新的电子，其数值应为

$$\mathrm{d}n = n\alpha\mathrm{d}x \text{ 或} \frac{\mathrm{d}n}{n} = \alpha\mathrm{d}x$$

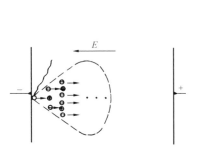
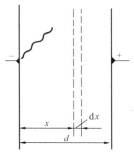

图 2-7　电子崩形成示意图　　　图 2-8　推导式(2-16)
用的示意图

将此式积分，并考虑到 $x=0$ 时，$n=n_0$，于是可得电子的增长规律为

$$n = n_0 \exp\int_0^x \alpha\mathrm{d}x$$

对于均匀电场，α 不随空间位置而变，所以

$$n = n_0 \mathrm{e}^{\alpha x} \tag{2-14}$$

将等号两边都乘以电子电荷及电极面积，得相应的电子电流增长规律为

$$I = I_0 e^{\alpha x} \tag{2-15}$$

式中　I_0——外电离因素引起的起始光电流。

令 $x=d$，可得进入阳极的电子电流，此即外回路中的电流❶

$$I = I_0 e^{\alpha d} \tag{2-16}$$

从式(2-16)可知，当 $I_0=0$ 时，$I=0$，即只有 α 过程时，放电不能自持，其理由也是明显的。

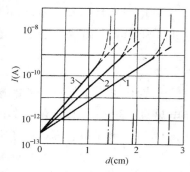

图 2-9　氮气中不同 E/p 值
下电流和极间距离的关系
1—$E/p=41V/(cm \cdot 133Pa)$；
2—$E/p=43$；3—$E/p=45$

式（2-16）还表明，在一定的 α 值下，即当电场强度及气体状态不变时，电流和极间距离成指数关系，这也为实验所证实。图 2-9 所示为氮气中不同 E/p 值下电流 I 和极间距离 d 的关系（镍电极），压力 $p=300$（133Pa）❷，当极间距离在一定范围内时，在单对数坐标系中，电流和极间距离的关系为一直线。此直线的斜率就是 α。在直线部分任择两点，求得相应的 I_1、d_1 及 I_2、d_2 值，即可算出该 E/p 值下的 α 值

$$\alpha = \frac{1}{d_2 - d_1} \ln \frac{I_2}{I_1} \tag{2-17}$$

由此可见，非自持放电阶段的放电电流规律可以从电子碰撞电离过程得到解释；反过来，这又为 α 过程的分析提供了实验根据。

3. 电子电离系数 α 的分析

电子能否引起碰撞电离，决定于它从电场中获得的动能。电场越强或电子的自由行程越长，它在相继两次碰撞间从电场得到的能量也越大，因此电子电离系数 α 应和电场强度及自由行程也即气体状态等因素有关。在进行理论分析时，为使问题简化，需作如下一系列假设。

（1）每次碰撞时电子失去自己的全部动能，然后从速度为零的起始状态重新被电场加速。

（2）在电场作用下，电子的驱引速度比热运动速度大得多，故忽略后者。又由于已假定每次碰撞时电子都失去全部动能，所以可认为，在均匀电场中，两次碰撞之间，电子均沿电场方向做直线运动。

（3）当电子动能小于气体分子的电离能时，每次碰撞都不会使分子发生电离；而当电子动能大于气体分子的电离能时，每次碰撞必定使分子电离。前者是忽略了分级电离的可能性，后者则忽略了此时电子碰撞不能引起电离的概率。

设电子在均匀电场中行经距离 x 而尚未发生碰撞，则此时电子自电场获得的能量为

❶　电极间还有正离子，它们向阳极运动也形成电流，所以各处总电流(电子形成的电流及正离子形成的电流之和)是连续的。

❷　按照我国法定计量单位制，压力的单位为 Pa。但历史上气体放电研究中低气压下压力的单位常采用 mmHg（1mmHg=133Pa）。本章中引用历史文献数据时，保持原来数值不变，而仅在单位中将 mmHg 改为 133Pa。

eEx，因此，电子如要能够引起碰撞电离，必须满足条件

$$eEx \geqslant W_i \qquad 或 \qquad Ex \geqslant V_i$$

式中　W_i、V_i——分别为气体分子的电离能及电离电位。

可见，只有那些自由行程超过 $x_i = V_i/E$ 的电子，才能与分子发生碰撞电离。若电子的平均自由行程为 λ，由前述可知，自由行程大于 x_i 的概率为 $e^{-x_i/\lambda}$。在 1cm 长度内，一个电子的平均碰撞次数为 $1/\lambda$，其中只有 $(1/\lambda)e^{-x_i/\lambda}$ 次是电子的自由行程超过 x_i 之后而发生的碰撞，即电离碰撞次数，这也就是电离系数 α。于是

$$\alpha = (1/\lambda)e^{-x_i/\lambda} = (1/\lambda)e^{-V_i/(E\lambda)} \tag{2-18}$$

当气体温度不变时，平均自由行程 λ 和气压 p 成反比，$1/\lambda = Ap$（A 为比例系数）。代入式(2-18)，并令 $AV_i = B$，可得

$$\alpha = Ape^{-(Bp/E)} \tag{2-19}$$

或写成更普遍的形式

$$\alpha/p = f(E/p) \tag{2-20}$$

式（2-20）完全为实验所证实。α/p 反映了电子每碰撞一次平均所产生的自由电子数，E/p 则代表了电子在其平均自由行程上从电场获得的动能，所以两者间应具有一定的函数关系。而式（2-19）是在一系列假设条件下获得的，所以不可能和所有情况下的实验结果都完全一致。但 A、B 值如选择合适，则在一定的 E/p 范围内式（2-19）和实验值能很好符合（见图 2-10）。表 2-4 中列出了某些气体的系数 A 及 B 的经验数据。

图 2-11 所示为标准大气条件（$p = 0.1013\text{MPa}$，$t = 20℃$）下空气中电子电离系数和场强的关系。标准大气条件下均匀电场中空气的击穿场强大致为 30kV/cm，从图 2-11 可知，此时电子电离系数约等于 11cm^{-1}。

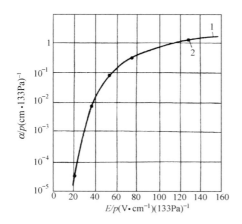

图 2-10　空气的 α/p 和 E/p 的关系

1—曲线由式(2-19)计算而得［计算时取

$A = 8.5(\text{cm} \cdot 133\text{Pa})^{-1}$，$B = 250(\text{V} \cdot \text{cm}^{-1}) \cdot (133\text{Pa})^{-1}$］；

2—圆点为实验值

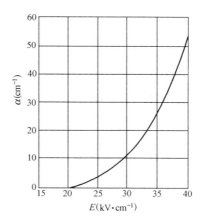

图 2-11　标准大气条件下空气
中电子电离系数 α 和电
场强度 E 的关系

表 2-4　　　　　　　式（2-19）中系数 A、B 的经验数据

气　体	E/p $[(\text{V}\cdot\text{cm}^{-1})\cdot(133\text{Pa})^{-1}]$	系数 A $[(\text{cm}\cdot133\text{Pa})^{-1}]$	系数 B $[(\text{V}\cdot\text{cm}^{-1})\cdot(133\text{Pa})^{-1}]$
空气	20～150	8.5	250
空气	150～600	14.6	365
N_2	150～600	12.4	342
CO_2	500～1000	20.0	466

注　$t=20\text{℃}$。

（二）α 及 γ 过程同时引起的电流

1. γ 过程

从图 2-9 可知，在一定范围内，电流随极间距离按指数规律增长；但当极间距离较大时，电流增长得比指数规律更快，说明这时除 α 过程外，还应考虑其他的电离过程。

电子的碰撞电离除引起电子增殖外，还造成正离子。可以想象，间隙中的正离子也会从电场获得动能而引起新的碰撞电离，从而和电子崩过程类似地造成离子崩。历史上，也曾把正离子电离作为主要的二次过程来考虑过，并称之为 β 过程。和系数 α 类似，引入系数 β，β 为一个正离子沿着电场方向行经 1cm 长度，平均发生的碰撞电离次数。同时考虑 α 及 β 过程后，可以导得电流和极板间距离的关系。但是，根据上述观点由电流实验曲线反推得到的 β 值偏大很多，和直接从离子碰撞电离所得实验结果出现了矛盾。如前所述，由于离子的自由行程比电子的要小得多，并且在和分子发生弹性碰撞时容易损失掉从电场中获得的动能，因而和电子相比，正离子在间隙中造成的空间电离过程（β 过程）不可能具有显著的作用。

虽然正离子在空间的碰撞电离过程可以忽略不计，但这些正离子向阴极移动，依靠它所具有的动能及位能，在撞击阴极时能引起表面电离，使阴极释放出自由电子来。气体空间由于激励状态跃迁回正常状态及复合过程而释出的光子也能在阴极表面引起光电离。这些过程统称为 γ 过程。间隙中电流和阴极材料及表面状态有关的事实，也说明了阴极过程——γ 过程的作用。因此应该是 γ 过程将和 α 过程一起决定了间隙中的电流。

2. α 过程和 γ 过程同时引起的电流

为了分析同时考虑 α 过程及 γ 过程时间隙中的电流，引入系数 γ，表示折算到每个碰撞阴极表面的正离子，阴极金属平均释放出的自由电子数。

由外电离因素在阴极表面引起的起始电子在气体空间引起电离，电离造成的正离子到达阴极后将引起阴极发射二次电子，这些电子在空间同样又能造成正离子……这些过程重复叠加，形成总的电流。如能达到稳定状态，则电流将为定值。推导电流时仍采用图 2-8。仍以 n_0 表示在外电离因素作用下单位时间内阴极单位面积产生的电子数，并以 Δn 表示单位时间内阴极单位面积由于 γ 过程产生的电子数，则单位时间内阴极单位面积产生的电子总数 n_c 应为

$$n_c = n_0 + \Delta n \tag{2-21}$$

如从阴极飞出 n_c 个电子，则到达阳极后，电子数将增加为

$$n_a = n_c e^{\alpha d} \tag{2-22}$$

这时形成的正离子数应为 $n_a - n_c$，因为除去从阴极释出的电子外，每个新增加的电子都伴随有一个正离子。于是

$$\Delta n = \gamma(n_a - n_c) \tag{2-23}$$

联解式（2-21）～式（2-23），可得

$$n_a = n_0 \frac{e^{ad}}{1 - \gamma(e^{ad} - 1)}$$

因此回路中电流应为

$$I = I_0 \frac{e^{ad}}{1 - \gamma(e^{ad} - 1)} \tag{2-24}$$

式中　I_0——由外电离因素决定的起始电流。

实际上，$e^{ad} \gg 1$，故式（2-24）可化简为

$$I = I_0 \frac{e^{ad}}{1 - \gamma e^{ad}} \tag{2-25}$$

将式（2-24）和式（2-16）相比可知，γ 过程使电流增加更快。当电极间距离较小或电场较弱时 $\gamma(e^{ad} - 1) \ll 1$，于是式（2-24）就恢复为式（2-16），表明这时 γ 过程可忽略不计。

3. 系数 γ 的大致数值

系数 γ 同样可根据电流 I 和电极间距离 d 的实验曲线决定。从式（2-25）可得

$$\gamma = \frac{I - I_0 e^{ad}}{I e^{ad}} = e^{-ad} - \frac{I_0}{I} \tag{2-26}$$

如图 2-9 所示，先从 d 较小时的直线部分决定 α，然后根据上式从 d 较大时电流增加更快的部分决定 γ。γ 值还可从击穿电压实验值决定，这样更方便些，实际上很多数据就是用这个方法得出的。

γ 显然和电极的逸出功有关，因而和电极材料及其表面状态有关。离子的动能和光子的能量决定于 E/p 值，所以一般来说，γ 也应是 E/p 的函数 $\gamma = \phi(E/p)$。但在以后击穿电压的计算中，γ 常当作常数，因为击穿电压对 γ 的反应不灵敏。表 2-5 列出了一些气体中铝、铜、铁的 γ 的大致数值（这是在气压较低，因而 E/p 值较大时所得的数值）。

表 2-5　　　　　　　　　　　　　系数 γ 的大致数值

气体 金属	氩	氢	氦	空气	氮	氖
铝	0.12	0.1	0.02	0.035	0.1	0.052
铜	0.06	0.05	—	0.025	0.065	—
铁	0.06	0.06	0.015	0.02	0.06	0.022

（三）均匀电场中的击穿电压

1. 自持放电条件

式（2-24）、式（2-25）概括了间隙中电流的变化规律，当电压增加，电场增强时，α 随之增加，分母逐渐减小，电流迅速增大。当电压增到一定程度，致使分母趋近于零时，电流就将趋于无穷，这意味着间隙击穿。这时如取消外电离因素（$I_0 = 0$），间隙仍能靠自身的电离，维持很大的电流。而在这之前，取消外电离因素将使放电熄灭（这时 $I = 0 \times$ 定数 $= 0$）。因此，放电由非自持转入自持的条件可写为

$$\gamma(e^{ad} - 1) = 1 \tag{2-27}$$

或

$$\gamma e^{\alpha d} \approx 1 \tag{2-28}$$

或

$$\alpha d \approx \ln \frac{1}{\gamma} \tag{2-29}$$

而在均匀电场中，这也就是间隙击穿的条件。

　　式（2-27）具有清楚的物理意义。$(e^{\alpha d}-1)$ 是从阴极产生的一个电子消失在阳极之前，由 α 过程所形成的正离子数；而 $\gamma(e^{\alpha d}-1)$ 表示了这些正离子消失在阴极之前，由 γ 过程又在阴极上释放出的电子数。所以式（2-27）表示：由于外电场不断增强，阴极发射出的一个电子，在间隙中引起了如此强烈的碰撞电离，以致电离产生的全部正离子到达阴极而中和后，又能由 γ 过程而在阴极上重新释放出一个电子；后者又可继续在空间造成碰撞电离，重复以上的过程。即每个电子消失时，都能由于自身引起的过程重新造成一个"替身"。这样显然就能不再凭借外电离因素，而依靠间隙本身的过程来使电离维持发展，即转入自持放电了。

　　由式（2-24），放电转入自持后电流似将趋于无穷。实际当然不是这样，间隙中只建立起一定数值的放电电流。因为一方面在以上计算中没有考虑空间电荷的作用，而当转入自持放电后电流猛增，空间电荷畸变了间隙中的电场分布，电流就不能再用式（2-24）来计算了；另一方面，外电路阻抗也将产生限制电流的作用。故而这时将根据气体状态及回路条件，建立起辉光放电或电弧放电等不同的放电形式。

　　气体击穿后的放电形式，这里就不讨论了。但在气体转入自持放电之前，间隙中的电流仍是不大的，空间电荷的影响也是不大的，所以利用式（2-27）、式（2-28）来决定刚能引起自持放电的击穿电压时，不会由于空间电荷的影响而造成很大误差。

　　2. 击穿电压、巴申定律

　　根据自持放电条件可以导得击穿电压，从中可以看到它和气体状态等因素间的关系。将 α 的计算式（2-19）代入自持放电条件式（2-29），且因均匀电场中场强 E 和外施电压 U 间的关系为 $E=U/d$，于是可得

$$Apd e^{-Bpd/U_b} = \ln \frac{1}{\gamma}$$

即

$$U_b = \frac{Bpd}{\ln\left[\dfrac{Apd}{\ln \dfrac{1}{\gamma}}\right]} \tag{2-30}$$

式中　U_b——均匀电场中气体的击穿电压。

　　式（2-30）中对 γ 需取两次对数，因此 U_b 对 γ 的变化不敏感，这就是 γ 可取为常数的原因。

　　普遍情况下，$\alpha/p=f(E/p)$，$\gamma=\phi(E/p)$，代入自持放电条件，可得

$$pdf\left(\frac{U_b}{pd}\right) = \ln\left[\frac{1}{\phi\left(\dfrac{U_b}{pd}\right)}\right] \tag{2-31}$$

　　由式（2-30）、式（2-31）可知，温度不变时均匀电场中气体的击穿电压 U_b 是气体压力

和电极间距离的乘积 pd 的函数，即

$$U_b = f_1(pd) \qquad (2\text{-}32)$$

这个规律在碰撞电离学说提出之前，就已从实验中总结出来了，称为巴申（Paschen）定律。巴申定律可由碰撞电离学说加以阐明，因此反过来也就成为这一学说的有力支持。图 2-12 为几种气体击穿电压和 pd 关系的实验结果。

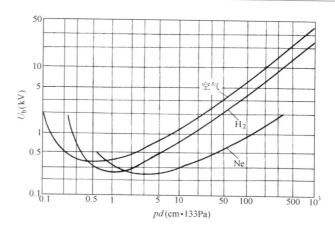

图 2-12　均匀电场中几种气体击穿电压和 pd 的关系

以上分析中假设气体温度没有变化，实际上式（2-30）中的系数 A 及 B 和温度有关。由式（2-5）可导得系数 A 应和绝对温度成反比，所以若标准温度为 T_0，而式（2-30）中的系数为 A_0 及 B_0，则当温度由 T_0 改变到 T 后，系数 A_0 及 B_0 应代以 A_1 及 B_1：$A_1 = A_0 \dfrac{T_0}{T}$，$B_1 = A_1 V_i = B_0 \dfrac{T_0}{T}$，因而式（2-30）应改为

$$U_b = \frac{B_0\, pd\left(\dfrac{T_0}{T}\right)}{\ln\left[\dfrac{A_0\, pd\left(\dfrac{T_0}{T}\right)}{\ln\dfrac{1}{\gamma}}\right]} = f_2\left(\frac{pd}{T}\right) \qquad (2\text{-}33)$$

通常取 $T_0 = 293\mathrm{K}$（20℃），A_0、B_0 为标准温度下的值，即表 2-4 中所列的数值。

比值 p/T 和气体密度成正比。气体的密度和其在标准大气条件（$p_0 = 0.1013\mathrm{MPa}$，$T_0 = 293\mathrm{K}$）下密度之比称为相对密度 δ，显然

$$\delta = \frac{T_0}{p_0} \times \frac{p}{T} = 2892 \times \frac{p}{T} \qquad (2\text{-}34)$$

式中，p 以兆帕计，T 以绝对温度表示。因此式（2-33）可写为

$$U_b = f_3(\delta d) \qquad (2\text{-}35)$$

这是巴申定律的更普遍的形式。由此可知，气体的击穿电压除和气体种类有关外，还决定于气体的状态。

图 2-12 表明，随着 pd 的变化，击穿电压将出现极小值。对于空气，对应于击穿电压极小值的 $(pd)_{\min} = 0.57(\mathrm{cm}\cdot133\mathrm{Pa})$；这时如设 $d = 1\mathrm{cm}$，与此对应的气压为 $0.57(133\mathrm{Pa})$，已远小于大气压了。将式（2-30）对 pd 求导，并令一次导函数等于零，可从理论上导得出现该极小值的条件

$$(pd)_{\min} = \frac{e\ln\dfrac{1}{\gamma}}{A} \qquad (2\text{-}36)$$

由此可得

$$U_{b,\min} = B(pd)_{\min} \tag{2-37}$$

击穿电压 U_b 具有极小值可用汤逊理论解释。为使放电达到自持,每个电子在从阴极到阳极的行程上需引起足够多的碰撞电离次数。设 d 不变,改变压力 p。当压力很小时(小 pd 范围),气体稀薄,λ 很大,这时虽然电子在两次碰撞间可积累起很大动能,容易引起电离,但碰撞次数太少,因此随着 p 进一步减少(pd 减少),击穿电压势必增大;当压力很大时(大 pd 范围),气体密度很大,λ 很小,这时虽然碰撞次数增多,但电子不易积累动能,引起电离的可能性大减,故随着 p 继续加大(pd 增大),击穿电压同样也将增加。因此随着 pd 变化,击穿电压必将出现极小值。

由此可见,为了提高间隙的电气强度,可以抽成高真空或加大气压。这两种措施在工程实践中都有采用,如真空电容器或压缩气体电容器。

（四）汤逊放电理论的适用范围

汤逊气体放电理论是在气压较低、pd 值较小条件下进行的放电实验的基础上建立起来的。pd 过小或过大,放电机理将出现变化,汤逊理论就不适用了。

图 2-12 中极小值左边,当 pd 越来越小时,U_b 将越来越大。过小的 d 实际上是不采用的,所以 pd 极小时相当于气压极低的情况。气压极低时,电子的自由行程可远大于极间距离,使得碰撞电离实际上不可能发生,故按碰撞电离学说,pd 极小时,U_b 应趋于无穷。但是,在强电场作用下,阴极会出现强场放射而导致击穿,也即高真空下击穿的机理改变了。所以这时按式(2-30)求得的 U_b 计算值和实验值的偏差也就越来越大。

电力工程上经常接触到的是气压较高的情况(从一个大气压到数十个大气压),间隙距离通常也很大。pd 很大时,气体击穿的很多实验现象也都无法在汤逊理论的范围内加以解释。两者间的主要差异可概述如下。

1. 放电外形

根据汤逊理论,气体放电应在整个间隙中均匀连续地发展。低气压下气体放电发光区确实占据了整个电极空间,如辉光放电。但大气压力下气体击穿时出现的却是带有分枝的明亮细通道。

2. 放电时间

根据汤逊理论,间隙完成击穿需要好几次这样的循环:形成电子崩,电子崩中正离子到达阴极造成二次电子,这些电子中又形成更多的电子崩。由正离子的迁移率可以计算出完成击穿所需的时间,即所谓放电时间。这样计算得到的放电时间和低气压下的放电时间比较一致,但比火花放电时的放电时间实测值要大得多。

3. 击穿电压

在 pd 值较小时,选择适当的 γ 值,根据汤逊自持放电条件求得的击穿电压和实验值比较一致。但在 pd 值很大时,如仍采用原来的 γ 值,则击穿电压计算值和实验值将有很大出入。

4. 阴极材料的影响

根据汤逊理论,阴极材料的性质在击穿过程中应起一定作用。实验表明,低气压下阴极材料对击穿电压有一定影响,但大气压力下空气中实测得到的击穿电压却和阴极材料无关。

由此可见,汤逊理论只适用于一定的 pd 范围。通常认为,空气中 $pd > 200$（cm·133Pa）

后，击穿过程就将发生改变，不能用汤逊理论来分析了。

三、气体击穿的流注理论——火花击穿的发展

工程上感兴趣的是压力较高气体的击穿，如大气压力下空气的击穿，应该采用流注理论来说明。这一理论的特点在于它认为电子碰撞电离及空间光电离是维持自持放电的主要因素，并强调了空间电荷畸变电场的作用。流注理论目前还很粗糙，实际上只限于放电过程的定性描述。由于流注理论的发展是和实验研究密不可分的，所以以下将首先介绍一些实验研究方法及实验现象，然后讨论对放电现象的理论解释。

（一）在电离室中进行的放电发展的实验研究

电离室也称云室，利用它进行了均匀电场短间隙内放电的实验研究，所得结果对说明放电发展的机理很有帮助。还有其他一些实验研究方法，这里就不介绍了。

电离室的结构如图 2-13 所示。它是由一对平行平板电极和玻璃侧壁等组成的密封结构。电离室内充以需要研究的气体，气体中含有饱和的水蒸气或酒精蒸气。极板间施加电压，以电离室外火花间隙放电的光辐射点燃电离室内的放电，同时立刻将橡皮膜往下拉，使电离室中气体适当膨胀，于是温度下降，蒸汽转入过饱和状态。结果，蒸汽就能在气体放电形成的离子周围凝结，使得放电途径成为可见，并可透过玻璃侧壁摄制照片。为了便于观察放电的发展，采用适当的电路，可以改变电离室中的电压作用时间。如图 2-14 所示，当电容器 C_1、C_2 充电到一定电压后，球间隙 S 击穿，于是电离室几乎立刻受到电压的作用。电离室还连有导线 l'、l'' 及短路臂 K，由短路端反射回来的异号电压波使电离室电压下降到零。l'、l'' 的长度可以调节。用这样的方法就可以在很短的时间范围内改变电离室上的电压作用时间。逐级改变电压作用时间，就可摄得一系列放电轨迹的照片。由此就可研究放电的发展过程。

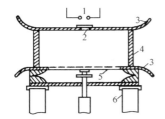

图 2-13　电离室结构示意图

1—照射火花间隙；2—石英窗；
3—电极；4—玻璃壁；5—橡
皮膜；6—绝缘柱

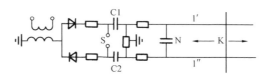

图 2-14　研究放电时的电路图

N—电离室；S—火花间隙；
l'、l''、K—短路回路

图 2-15 是放电起始阶段摄得的照片。电离区具有球头圆锥体的形状，头部朝向阳极。随着电压作用时间增加，电离区由阴极向阳极发展，数目也增多了。电离区的数量还随照射阴极的强度增加而加多。这就是前述的电子崩的大致形状。在电子由阴极向阳极运动的过程中，电离增强，带电质点数增多，由于电子的扩散作用，半径也逐渐增加，于是就具有了锥体的形状。每个电子崩由一个起始电子造成，故电子崩的数目决定于阴极释放出的起始电子数量，也即应和电压作用时间、照射强度等因素有关。改变电压作用时间，摄得一系列照片，比较其中电子崩的长短，可得 $E/p=40\mathrm{V/}$（cm·133Pa）时，电子崩在空气中的发展速度约为 $1.25\times10^{7}\,\mathrm{cm/s}$，这和由 $E/p=40\mathrm{V/}$（cm·133Pa）时的

电子迁移率计算所得结果很好地符合。

　　从图 2-15 可见，放电的开始阶段是间隙中出现一系列独立的电子崩，且不断发展的阶段，这一阶段称为电子崩阶段。

　　若间隙上电压已达击穿电压，则当电子崩从阴极发展到接近阳极时，电子崩头部电离强度显著增加，如图 2-16 所示 [$p=273$ (133Pa)，$E=12$kV/cm]。这时，需要减小电离室中气体体积的膨胀比率，使得雾滴只能在电离更强的区域内形成，以减小仪器的灵敏度，才能分辨出以后的放电发展过程。这个新出现的电离特强的放电区域称为流注，它迅速由阳极向阴极发展，故称为正流注（或阳极流注）。放电的这一新的阶段称为流注阶段。正流注的发展速度较同样条件下电子崩的发展速度要大一个数量级，达 $1 \times 10^8 \sim 2 \times 10^8$ cm/s，它的发展过程如图 2-17 所示（电离室的灵敏度较图 2-15、图 2-16 中所用者为低）。当流注贯通整个间隙后，回路中电流大增，通道中电离更为增强，间隙就被击穿。火花击穿时，明亮的火花通道就是这样形成的。由实验可知，电子崩是沿着电场线直线地发展的，而流注却会出现曲折的分支；电子崩可以同时有多个互不影响地向前发展，但流注却不然，当某个流注由于偶然的原因向前发展得更快时，其周围的流注会受到抑制。这样，火花击穿途径就具有细通道的形式，并带有分支，而不是弥散的一片了。

图 2-15　在电离室中得到的
初始电子崩的照片
（注：$p=270$ (133Pa)，$E=10.5$kV/cm；
(a) 和 (b) 之间的时间间隔为 1×10^{-7}s。）

图 2-16　初始电子崩转变
为流注瞬间的照片

图 2-17　在电离室中得到的阳极流注发展过程的照片

　　若间隙上电压比击穿电压高很多，也观察到负流注（或阴极流注）的形成。这时电子崩在间隙中经过很短一段距离后，立刻转入流注阶段，流注随即迅速向阳极发展。负流注的发展速度约 $7 \times 10^7 \sim 8 \times 10^7$ cm/s，即比正流注要稍低一些。

　　根据上述实验结果可以知道，间隙的放电过程先从电子崩开始，然后电子崩转为流注，最后由流注发展为击穿。现分述如下。

（二）电子崩

在电场作用下，电子在奔向阳极的过程中不断引起碰撞电离，电子崩不断发展。由于电子的迁移速度比正离子的要大两个数量级，因此在电子崩发展过程中，正离子留在其原来的位置上，移动不多，和电子相比可看成是静止的。由于电子的扩散作用，电子崩在其发展过程中半径将逐渐增大。这样，电子崩中出现了大量的空间电荷，崩头最前面集中着电子，其后直到尾部则是正离子，而其外形则好似球头的锥体，如图 2-18（a）所示。如前所述，随着电子崩的发展，电子崩中的电子数 n 是按 $n = e^{\alpha x}$ 指数地增加的。例如，正常大气条件下，若 $E = 30\text{kV/cm}$，则 $\alpha \approx 11\text{cm}^{-1}$，这时可算得随着电子崩向阳极推进，崩头中的电子数如表 2-6 所示。由此可见，当 $x = 1.0\text{cm}$ 时，差不多所有电子中的 60% 都是在电子崩发展途径上最后 1mm 内形成的。所以电子崩的电离过程集中于头部，空间电荷的分布也是极不均匀的，如图 2-18（b）所示。这样，当电子崩发展到足够程度后，空间电荷将使外电场明显畸变，大大加强了崩头的电场也加强了崩尾的电场，而削弱了崩头内正、负电荷区域之间的电场，如图 2-18（c）、（d）所示。

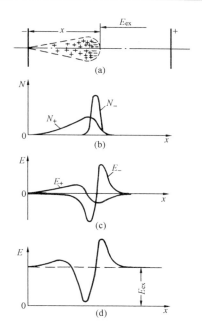

图 2-18　平板电极间电子崩
空间电荷对外电场的畸变
（a）电子崩示意图；（b）电子崩中
空间电荷的浓度分布；（c）空间
电荷的电场；（d）合成电场

电子崩头部电荷密度很大，电离过程强烈，再加上电场分布受到上述畸变，结果崩头将放射出大量光子：崩头前后，电场明显增强，有利于发生分子和离子的激励现象，当它们从激励状态恢复到正常状态时，就将放射出光子；而崩头内部正、负电荷区域之间电场大大削弱，则有助于发生复合过程，同样也将发射出光子。当外电场相对较弱时，这些过程不很强烈，不致引起什么新的现象。电子崩经过整个电极间隙后，电子进入阳极，正离子也逐渐在阴极上发生中和而失去其电荷。这样，这个电子崩就消失了。因而放电没有转入自持。但当外电场甚强，达到击穿场强时，情况就起了质的变化，电子崩头部就开始形成流注了。

表 2-6　　　　　　　　　　　　　　　　电子崩中的电子数

x（cm）	0.2	0.3	0.4	0.5	0.6	0.7	0.8	0.9	1.0
n	9	27	81	245	735	2208	6634	19930	59874

（三）流注的形成

1. 正流注的形成

图 2-19 表示了电压等于击穿电压时电子崩转入流注、实现击穿的过程。由外电离因素从阴极释放出的电子向阳极运动，形成电子崩，如图 2-19（a）所示。随着电子崩向前发展，其头部的电离过程越来越强烈。当电子崩走完整个间隙后，头部空间电荷密度已如此之大，以致大大加强了尾部的电场，并向周围放射出大量光子，如图 2-19（b）所示。这些光子引

起了空间光电离，新形成的光电子被主电子崩头部的正空间电荷所吸引，在受到畸变而加强了的电场中，又激烈地造成了新的电子崩，称为二次电子崩，如图 2-19（c）所示。二次电子崩向主电子崩汇合，其头部的电子进入主电子崩头部的正空间电荷区（主电子崩的电子已大部进入阳极了），由于这里电场强度较小，因此电子大多形成负离子。大量的正、负带电质点构成了等离子体❶，这就是所谓正流注，如图 2-19（d）所示。流注通道导电性良好，其头部又是二次电子崩形成的正电荷，因此流注头部前方出现了很强的电场。同时，由于很多二次电子崩汇集的结果，流注头部电离过程将蓬勃发展，向周围放射出大量光子，继续引起空间光电离。于是在流注前方出现了新的二次电子崩，它们被吸引向流注头部，从而延长了流注通道，如图 2-19（e）所示。这样，流注不断向阴极推进，且随着流注接近阴极，其头部电场越来越强，因而其发展也越来越快。当流注发展到阴极后，整个间隙就被电导良好的等离子通道所贯通，于是完成间隙的击穿，如图 2-19（f）所示。

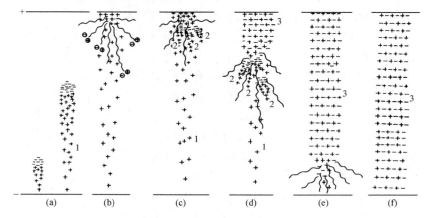

图 2-19　正流注的产生及发展
（a）形成电子崩；（b）放射大量光子；（c）二次电子崩；
（d）、（e）正流注的形成及发展；（f）完成间隙的击穿
1—起始电子崩（主电子崩）；2—二次电子崩；3—流注

2. 负流注的形成

以上介绍的是电压较低，电子崩需经过整个间隙方能形成流注的情况。这个电压就是击穿电压。如果外施电压比击穿电压高，则电子崩不需经过整个间隙，其头部电离程度已足以形成流注了（见图 2-20）。流注形成后，向阳极发展，所以称为负流注。负流注发展中，由于电子的运动受到电子崩留下的正电荷的牵制，所以其发展速度较正流注的要小。当流注贯通整个间隙后，击穿就完成了。

（四）均匀电场中的击穿电压

1. 自持放电条件

由上述可知，一旦形成流注，放电就进入了新的阶段，放电可以由本身产生的空间光电离而自行维持，即转入自持放电了。如果电场均匀，间隙就将被击穿。所以流注形成的条件就是自持放电条件，在均匀电场中也就是导致击穿的条件。

---

❶　等离子体是指气体中电离强烈的区域，其中正、负离子密度大致相等，电导良好，因而其内部电场强度不大。

　　如上所述，只有当起始电子崩头部电荷达到一定数量，使得电场畸变而加强到一定程度及造成足够的空间光电离后，方能转入流注。也就是说流注的形成直接决定于起始电子崩头部的电荷，后者大致等于电子崩中全部电荷。所以均匀电场中的自持放电条件，也即其击穿条件可以写为

$$e^{ad} = 常数 \tag{2-38}$$

式（2-38）也可写为

$$\gamma e^{ad} = 1❶ \tag{2-39}$$

或

$$\alpha d = \ln\frac{1}{\gamma} \tag{2-40}$$

式中　γ——某个常数。

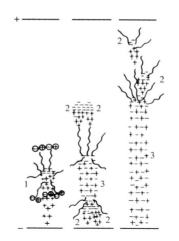

图 2-20　负流注的产生和发展
1—起始电子崩；2—一、二次电
子崩；3—流注

　　可以看到，由此导出的自持放电条件和前述汤逊理论中的自持放电条件具有完全相同的形式。这种相似并不是偶然的，它说明了无论 pd 值为多少，击穿过程中电子碰撞电离总是起着关键的作用。但是也应强调指出，汤逊放电过程和流注放电过程中自持放电条件只是形式上的相似，而维持放电自持的具体过程则是不同的。在两种放电过程中，系数 γ 不仅数量上有很大差别，而且具有不同的物理意义。

　　2. 击穿电压

　　由自持放电条件的式（2-40）及计算 α 的式（2-19）就可导出击穿电压。由于自持放电条件和汤逊理论中的形式相同，因此击穿电压的公式应和前述汤逊理论中所得的式（2-30）、式（2-33）完全一样。这就是为什么在广阔的 pd 范围内，尽管放电过程有了变化，却仍然都符合巴申定律的缘故（见图 2-12）。但必须记住，击穿电压公式也只是形式上相同而已，两种情况下的放电过程有很大差别。

　　3. 系数 γ

　　要在理论分析的基础上求出 γ 值是非常困难的，它也应和气体状态、电场强度等因素具有复杂的关系。但在击穿电压公式中对 γ 需取两次对数，击穿电压对 γ 的变化不灵敏，所以 γ 可看作常数。γ 值可以通过比较击穿电压实测值和计算值求取。表 2-7 中列举了选择不同 γ 值时击穿电压的计算值和实测值〔平板空气间隙，间距 $d=1$、2、3cm 三种，标准大气条件，计算时取 $A=8.5(\text{cm}\cdot133\text{Pa})^{-1}$ 及 $B=250(\text{V}\cdot\text{cm}^{-1})\cdot(133\text{Pa})^{-1}$〕。从表 2-7 可知，选择 $\ln\dfrac{1}{\gamma}=20$ 时，计算值和实验值比较一致。于是自持放电条件可写成

$$\alpha d = \ln\frac{1}{\gamma} = 20 \tag{2-41}$$

也就是说初始电子崩中离子数达到某个很大的数值 $e^{ad} > 10^8$ 时，放电过程就将由于空间光电离而发生质变，转入自持放电了。

---

❶　所以要写成这样的形式，是为了和低气压下击穿的自持放电条件取得形式上的一致。

表 2-7　　　标准大气条件（$p=0.1013\text{MPa}$，$t=20℃$）下均匀电场中的击穿电压

d (cm)	击穿电压计算值（kV）				击穿电压实测值 U_b (kV)	击穿场强实测值 E_b (kV·cm^{-1})
	$\ln\frac{1}{\gamma}=10$	$\ln\frac{1}{\gamma}=15$	$\ln\frac{1}{\gamma}=20$	$\ln\frac{1}{\gamma}=25$		
1	29.4	31.3	32.9	34.2	31.4	31.4
2	53.0	56.2	58.7	60.8	58.7	29.4
3	75.3	79.6	82.9	85.7	85.8	28.6

如前所述，pd 较小适用汤逊理论时，空气中的 γ 值约为 0.025，即 $\ln\frac{1}{\gamma}=4$。可见两种情况下，γ 在数量上相差悬殊，这显然是因为它们所具有的物理意义不同之故。

（五）流注理论对 pd 很大时放电现象的解释

流注理论可以解释汤逊理论不能说明的 pd 很大时的放电现象。

1. 放电外形

pd 很大时，放电具有通道形式，这从流注理论可以得到说明。流注中的电荷密度很大、电导很大，故其中电场强度很小。因此流注出现后，将减弱其周围空间内的电场（但加强了其前方电场），并且这一作用伴随着其向前发展而更为增强（屏蔽作用）。因而电子崩形成流注后，当某个流注由于偶然原因发展更快时，它就将抑制其他流注的形成和发展，并且随着流注向前推进，这种作用将越来越强烈。这从图 2-17 可以看得很清楚，开始流注很短时有三个，随后减为两个，而最后只剩下一个流注贯通整个间隙了。电子崩则不然，由于其中电荷密度较小，故电场强度还很大，因而不致影响到邻近空间内的电场，所以不会影响其他电子崩的发展，如图 2-15 所示。这就可以说明，汤逊放电呈弥散一片，而 pd 很大时放电具有细通道的形式。由于二次电子崩在空间的形成和发展带有统计性，所以火花通道常是曲折的，并带有分支。

2. 放电时间

光子以光速传播，二次崩是跳跃式发展，所以流注发展速度极快，这可以说明 pd 很大时放电时间特别短的现象。

3. 阴极材料的影响

根据流注理论，维持放电自持的是空间光电离，而不是阴极表面的电离过程，这可说明为何 pd 大时击穿电压和阴极材料基本无关。

流注理论和汤逊理论互相补充，可以说明广阔的 pd 范围内放电的不同实验现象。

（六）pd 不同时放电过程发生变化的解释

pd 很小，即压力很小或间隙距离很短时，电子崩过程中散发出来的光子不易为气体吸收而容易到达阴极，引起表面电离。金属表面光电离比气体空间光电离来得容易。此外气压低时带电质点容易扩散，电子崩头部电荷密度不易达到足够的数值。所以在流注出现之前，就已可由阴极上的过程导致自持放电了。这就是汤逊所描述的放电形式。随着 pd 增加，电子崩散发出来的光子越来越多地为气体所吸收，而达不到阴极，因此难以靠阴极上的过程维持自持放电，而随着场强增加，空间光电离越来越强烈，于是放电就转入流注形式了。如前所述，一般认为当 $pd>200$（cm·133Pa）时，空气中放电就将由汤逊形式过渡为流注形式了。

应该强调的是放电理论,尤其是流注理论还很粗糙。具体绝缘结构的击穿电压目前还无法根据理论来精确计算。工程上设计、改进绝缘结构常直接依靠实验方法或利用各种典型电极的试验数据。但上述放电的理论解释还是很重要的,它提供了放电发展的图景,阐明了击穿电压和各种影响因素间至少是定性的关系,对分析、总结试验规律和解决有关气体绝缘结构的问题是很有帮助的。

第五节 不均匀电场中气体击穿的发展过程

在电气设备的绝缘结构中,电场大多是不均匀的,而且通常间隙距离很大,电场极不均匀。本节讨论不均匀电场中气体击穿的发展过程,并且着重分析极不均匀电场中的击穿过程。极不均匀电场中击穿前先发生电晕,因而电晕放电也在本节中讨论。

一、稍不均匀电场和极不均匀电场的特征

如前所述,均匀电场中,流注形成,放电达到自持,间隙就被击穿。而不均匀电场中情况就不同了。图 2-21 画出了间隙距离 d 在很大范围内变动时,球间隙的工频放电电压的变动情况。当 d 小于 d_0 时电场还比较均匀,随着电压升高,在击穿以前间隙中看不到什么放电迹象,流经间隙的放电电流也极小,这和均匀电场中的击穿情况相似;当 d 大于 d_0 后电场已不均匀,在电压还明显低于击穿电压时,在紧贴电极、电场强度局部增强的区域内将出现白紫色的晕光,可以听到咝咝声,间隙中的放电电流也增大到工程仪表可以测得的数值,但电流还是很小,按照工程观点,间隙还保持其绝缘性能。不均匀电场中的这种局部放电现象称为电晕放电,刚出现电晕放电的电压称为电晕起始电压。随着电压升高,电晕层逐渐扩大,咝咝声增大,然后开始出现刷状的细火花,咝咝声中不时伴随有爆裂声,这种放电形式称为刷状放电。电压继续升高,刷状火花越来越长,最终才导致间隙完全击穿。当 $d<d_0$ 时,击穿电压和电晕起始电压重合,而当 $d>d_0'$ 时,电晕起始电压已开始变得低于击穿电压了。d_0 和 d_0' 之间是过渡区域,放电过程不很稳定,击穿电压分散性很大。d_0 及 d_0' 和球电极直径 D 等因素有关,$d_0 \approx 2D$、$d_0' \approx 4D$。

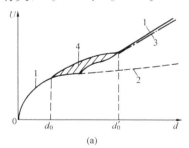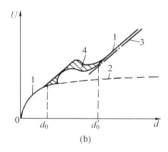

图 2-21 直径较大及较小的球电极间电晕起始电压及击穿电压和间隙距离的关系

(a) 直径较大时;(b) 直径较小时

1—击穿电压;2—电晕起始电压;3—刷状放电电压;4—过渡区域

从上述实验可知,随着电场不均匀程度增加,放电现象不同,说明其中放电过程也相异。以下再以同轴圆柱间隙作进一步的分析。

同轴圆柱间隙中,内圆柱表面电场最强,离内圆柱越远,电场越弱。电子碰撞电离系数

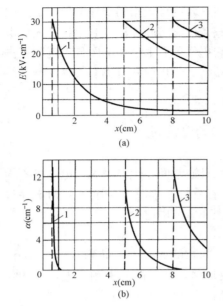

图 2-22　同轴圆柱间隙中电
场强度 E 的分布图和电子
电离系数 α 的分布图
(a) 电场强度 E 的分布图；
(b) 电子电离系数 α 的分布图
r，U：1—0.6cm，52kV；2—5cm，104kV；
3—8cm，54kV

α 和场强 E 密切有关，故 α 也随之不同。图 2-22 为同轴圆柱间隙中沿半径方向（图 2-22 中横坐标 x 为离中心的距离）电场强度和电离系数 α 的分布，图中外电极半径 $R=10$cm，内电极半径 r 不同，因而电场不均匀程度不同。为便于比较，令各内电极表面场强相等，故所加电压 U 不同。由图 2-22 可知，当电场比较均匀时（$r=8$cm），间隙中各处 α 都有相当数值；电场不均匀程度稍增（$r=5$cm），间隙中相当一部分区域的 α 已小到可以忽略不计；而到电场极不均匀时（$r=0.6$cm），显然碰撞电离只能在内电极附近一个很小范围内发生了。因此，根据电场不均匀程度和气体状态，可以出现下述不同情况。

（1）电场比较均匀的情况下，放电达到自持时，α 在整个间隙中都已达到相当数值。这时和均匀电场中情况类似：初始电子崩经过整个间隙后，形成阳极流注；流注随即贯通整个间隙，导致间隙完全击穿。

（2）电场不均匀程度增大但仍比较均匀的情况下，当大曲率电极附近 α 达到足够数值时，间隙中很大一部分区域 α 也都已达相当数值。这时起始电子崩在间隙中强电场区内发展起来，经过间隙中相当一部分距离后，形成流注。流注一经产生，随即发展至贯通整个间隙，导致间隙完全击穿。

（3）电极间距离和电极曲率半径之比非常大，从而电场极不均匀的情况下，当大曲率电极附近很小范围内 α 已达相当数值时，间隙中大部分区域 α 值都仍然很小，实际上可以忽略不计。这时，初始电子崩只能在大曲率电极附近很小范围内发展，放电自持时形成的流注也不能发展至贯通整个间隙。这时放电虽已转入自持，但电离区只是局限于大曲率电极附近很小范围内，因此间隙尚未击穿。这种情况下，达到自持放电后，只是在大曲率电极附近出现薄薄的紫色晕光层，电流虽较前突增，但仍然很小，间隙没有击穿。这种放电现象就是电晕放电。电晕放电的伏安特性是上升的，随着电压增加，电晕层扩大，电晕电流增大。电压必须继续增加到一定值后，才会形成贯通两电极的放电通道，导致击穿。电场越不均匀，击穿电压和电晕起始电压间的差别也越大。

因此在前两种情形下，电场还比较均匀时，击穿电压仍旧是其自持放电电压，可按自持放电条件计算。而在最后一种情况下，电场极不均匀时，自持放电电压只是开始发生电晕的电压，即电晕起始电压。发生电晕后，由于空间出现了许多带电质点，改变了电场分布，间隙的击穿电压就难以计算了。极不均匀电场中的电晕放电及击穿将在以后讨论。由此可见，从放电的观点来看，电场的不均匀程度可以根据能否维持电晕放电来划分：如果不均匀到可以维持电晕放电的程度，就称为极不均匀电场；虽然电场不均匀，但还不能维持稳定的电晕放电，一旦放电达到自持，必然会导致整个间隙立即击穿，就称为稍不均匀电场。

要在稍不均匀电场和极不均匀电场之间划出清楚的界线是困难的。为了比较各种结构的电场的不均匀程度，如式（1-19）所述，引入电场不均匀系数 f，它是最大场强 $E_{\max}$ 和平均场强 E_{av} 的比值。根据放电的特征，大致可以这样区分：不均匀系数 $f<2$ 时，还是稍不均匀电场；而当 $f>4$ 后，极不均匀电场的特点就开始明显地表现出来了。

二、稍不均匀电场中的自持放电条件和击穿

如上所述，稍不均匀电场中击穿形成过程和均匀电场中类似。利用球间隙放电测量电压就是稍不均匀电场中放电的一个例子。和均匀电场类似，这种情况下自持放电条件就是其击穿条件。但不均匀电场中的电场强度，从而其电离系数 α 都是空间坐标的函数，而自持放电条件式（2-41）应改为积分的形式

$$\int_0^d \alpha \mathrm{d}x = \ln \frac{1}{\gamma} \approx 20 \tag{2-42}$$

式中，积分路程是沿着最短的电场线从一个电极到另一个电极。已知 $\alpha = Ap\mathrm{e}^{-Bp/E}$，若又知电场分布的解析式为 $E=U/f(x)$，则由式（2-42），原则上就可找出其自持放电电压亦即击穿电压了。

现以同轴圆柱电极为例，计算稍不均匀电场中的击穿电压。同轴圆柱电极间隙中电场分布的解析式如式（1-11）所示

$$E = \frac{U}{x \ln \dfrac{R}{r}}$$

式中　r、R——同轴圆柱电极的内、外半径；

$\quad\quad\quad x$——电极间隙中的半径坐标。

对于同轴圆柱电极，自持放电条件式（2-42）可写为

$$\int_r^R \alpha \mathrm{d}x = \ln \frac{1}{\gamma} \tag{2-43}$$

根据式（2-19），将 α 代入式（2-43），得

$$\int_r^R Ap \exp\left(-\frac{Bp}{E}\right) \mathrm{d}x = \int_r^R Ap \exp\left[-\frac{Bpx\ln(R/r)}{U_0}\right]\mathrm{d}x = \ln \frac{1}{\gamma}$$

积分后可得

$$\frac{A}{B} \frac{U_0}{\ln \dfrac{R}{r}} \left\{ \exp\left[-\frac{B\ln(R/r)}{U_0}pr\right] - \exp\left[-\frac{B\ln(R/r)}{U_0}\frac{R}{r}pr\right] \right\} = \ln\frac{1}{\gamma} \tag{2-44}$$

从式（2-44）可知，同轴圆柱电极的起始电压为 pr 及 R/r 的函数。

普遍而言，起始电压（稍不均匀电场中即为击穿电压）可写成

$$U_0 = f\left(pl, \frac{R_1}{l}, \frac{R_2}{l}, \cdots\right) \tag{2-45}$$

式中　l、R_1、R_2、$\cdots$——间隙的各几何尺寸。

式（2-45）是放电相似定律的数学表达式。放电相似定律是：不均匀电场中，温度不变时，对于几何相似间隙，其起始电压为气体压力和决定间隙形状的某个几何尺寸间乘积的函数。亦即对于几何相似间隙，只要气体压力和间隙尺寸呈反比变化，间隙的起始电压可保持不变。放电相似定律可以根据汤逊放电理论加以证明。不难看出，巴申定律是放电相似定律应用于均匀电场的一个特殊例子。

由于理论很不成熟，一般情况下计算又很复杂，所以工程问题中需要定量时常借助经验

公式估算或直接通过实验确定。

三、极不均匀电场中的电晕放电

（一）电晕放电的一般描述

1. 电晕放电现象

如前所述，极不均匀电场中，在空气间隙完全击穿之前，大曲率电极附近会发生电晕放电。在黑暗中可以看到该电极周围有薄薄的发光层，有些像"月晕"，因此定名为"电晕"放电。这种特殊的晕光是电离区的放电过程造成的。电离区中的电离、复合、从激励状态恢复到正常状态等过程都可能产生大量的光辐射。电晕电极周围的电离层称为电晕层，电晕层以外电场很弱，因而不发生电离过程的空间称为外区。爆发电晕放电时，还可听到咝咝的声音，闻到臭氧的气味，回路中电流明显增加（但绝对值仍很小），可以测量到能量损失。

2. 电晕起始电压和电晕起始场强

电晕放电是一种自持放电形式。当外施电压甚低时，间隙中的放电过程取决于外电离因素，是非自持放电，放电电流极小，一般仪器难以测量。爆发电晕后，放电电流突然增加到可以察觉的数值，而且此时放电过程也无需外电离因素来维持。因此，电晕放电是极不均匀电场所特有的一种自持放电形式。开始爆发电晕时的电压称为电晕起始电压 U_c，而电极表面的场强称为电晕起始场强 E_c。若电极很光滑，则电晕爆发时，各种现象的变化十分急剧，容易凭视觉、听觉及一般仪表判断出电晕起始电压 U_c 的数值。但若电极粗糙不平，具有许多电场局部加强的部位，则随着电压增加，电晕将在这些部位陆续发生，现象的变化就比较平缓，起始电压也就不太容易确定了。

3. 外区中空间电荷的作用

电晕这种自持放电具有自己的特点。发生电晕时，电离区局限于电晕电极附近，放电电流受到不发生电离过程的外区的限制。这一方面是由于电场分布极不均匀所造成，另一方面空间电荷也起着重要的作用。仍以同轴圆柱为例作进一步说明。同轴圆柱间，内、外径相差很大时，电场衰减极快。当内电极表面场强达到 E_c 时，只是在内电极附近不大的范围内，电子电离系数 α 才达到了显著的数值，而在离内电极较远的广大空间中，α 实际上等于零。因此，首先在内电极周围强场区内爆发强烈的电离过程，形成大量电子崩，放电转入自持。伴随着放电过程间隙中出现大量空间电荷。当内电极为正极性时，电晕层中积聚起正离子，出现在弱电场区的也是正离子。当内电极为负极性时，电晕层中积聚起正离子，而电子向外电极运动，进入弱电场区后形成负离子，也就是说，外区中的离子与电晕电极同号，如图 2-23 所示。和电晕电极同号的空间电荷加强了外区中的电场，减少了电晕层中的场强，因此放电过程稳定下来了。随着电压升高，电离加强，电流增大。但随之外区中空间电荷密度也加大，其中的电场进一步加强，限制了电晕层上的压降，因而电晕层稍稍扩大后，放电过程中又得到平衡。因此外区中不发生电离，电导不大，所以放电电流很小，间隙还没有完全击穿。由于空间电荷的作用，使得电晕层中的电场分布始终和起始电压下

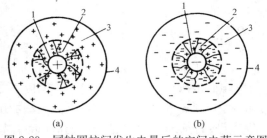

图 2-23 同轴圆柱间发生电晕后的空间电荷示意图

（a）内电极为正极性；（b）内电极为负极性

1—电晕电极；2—电晕层（图中厚度有意放大了，没有按比例画）；3—外区；4—外电极

没有空间电荷时的电场分布基本一致；而且内电极表面场强在负极性下稍大于 E_c，正极性下稍小于 E_c，但和 E_c 始终相差不大。由此可见，比较均匀的空间电荷改善了间隙中的电场分布，所以有些情况下可以利用电晕来提高间隙的击穿电压。

4. 电晕放电的两种不同形式

根据电晕层中放电过程的特点，电晕有两种基本形式：电子崩形式和流注形式的电晕。起晕电极曲率很大时，电晕层很薄，且比较均匀，放电电流比较稳定，自持放电采取汤逊放电的形式，即出现电子崩形式的电晕。随着电压升高，电晕层不断扩大，个别电子崩形成流注，出现放电的脉冲现象，开始转入流注形式的电晕放电。电极曲率半径加大，则电晕一开始就很强烈，一旦出现就采取流注的形式。电压进一步升高，个别流注强烈发展，出现刷状放电，放电的脉冲现象更加强烈，最后流注贯通间隙，导致间隙完全击穿。冲击电压下，电压上升极快，来不及出现分散的大量的电子崩，因此电晕也是一开始就具有流注的形式。

5. 电晕放电的危害

工程上经常遇到极不均匀电场。架空输电线就是一个例子。雨、雪等恶劣天气下，在高压输电线附近常可听到电晕的咝咝声，夜晚还可看到导线周围有紫色晕光。一些高压设备上也会出现电晕。电晕放电会带来许多不利影响。气体放电过程中的光、声、热等效应以及化学反应等都能引起能量损失。电晕放电过程中，由于起始阶段的放电特点，或电压较高时流注的不断熄灭和重新爆发，会出现放电的脉冲现象，因此电晕放电会形成高频电磁波，引起干扰。电晕放电还能使空气发生化学反应，造成臭氧及氧化氮等产物，引起腐蚀作用。所以应当力求避免或限制电晕放电。例如建设超、特高压输电线时，导线电晕造成的能量损失及电磁波干扰就是必须加以考虑的重要问题。当然事物都是一分为二的，电晕放电在某些特定情况下还有其有利的一面。例如电晕可削弱输电线上雷电冲击电压波的幅值及陡度；可以利用电晕放电改善电场分布，提高击穿电压以及利用电晕放电除尘等。

（二）电晕放电的脉冲现象

在电晕放电的起始阶段及向击穿过渡的阶段会出现放电的脉冲现象，它是造成电磁波干扰的原因。以下扼要介绍一下这种现象。

1. 实验装置和放电现象

通常采用尖-板电极来研究这种脉冲现象。实验装置如图 2-24 所示，其中微安表及示波器用来观测电晕电流的平均值及波形。实验表明，针尖极性不同时，虽然细节不同，但其放电现象大致都有以下几个阶段。

（1）电压很低时，放电电流极小（平均值小于 $0.1\mu A$），电流波形不规则。

（2）当电压升高到一定数值（与极性有关）后，突然出现比较显著的电流，同时在示波器上可看到电流具有规律性的重复脉冲波形，如图 2-25 所示。

（3）电压继续升高，电流脉冲幅值不变，但频率增高，脉冲更形密集，甚至前后交叠，平均电流不断加大（极性不同时，脉冲波形有些不同，同一电压下的频率也不同）。

（4）电压继续升高到一定程度（与极性有关）后，高频脉冲突然消失，转入持续电晕阶段，但电流仍继续随电压增高而加大。

（5）电压再进一步增加，临近击穿时出现刷状放电，这时又出现不规则的强烈电流脉冲，这种现象在正极性下更为明显。

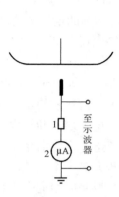

图 2-24　尖-板电极
电晕起始阶段实
验装置示意图
1—电阻，几百欧；
2—微安表

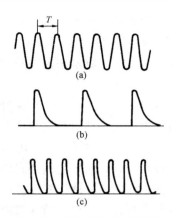

图 2-25　负极性下尖-板间隙
中的电晕电流波形（尖电极端
部为半球形，半径 0.25mm，
间隙距离为 3cm）
(a) 时间刻度，$T=125\mu s$；
(b)电晕电流平均值等于 0.7μA 时；
(c) 电晕电流平均值等于 2μA 时

（6）最后发生击穿。

2. 脉冲现象的解释

电晕起始阶段的电流脉冲现象一般是利用空间电荷的影响来解释的，如图 2-26 所示。

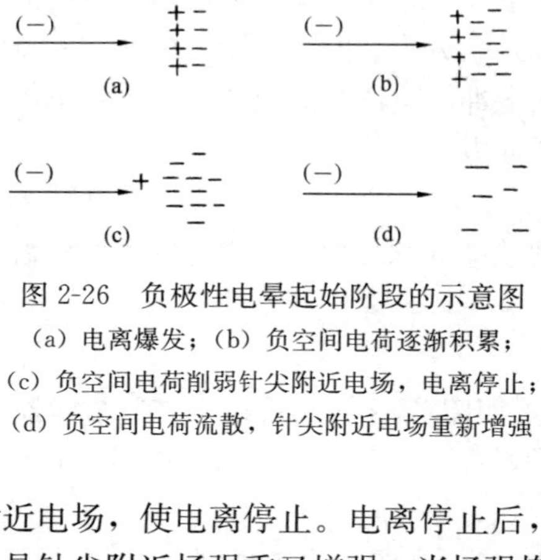

图 2-26　负极性电晕起始阶段的示意图
(a) 电离爆发；(b) 负空间电荷逐渐积累；
(c) 负空间电荷削弱针尖附近场强，电离停止；
(d) 负空间电荷流散，针尖附近电场重新增强

先讨论负极性下的情况。由于电压很低时，针尖附近电子崩的形成带有偶然性，且电离很弱，所以电流没有规律性，平均值也极小。随着电压提高，电离逐渐加强。电离产生的正离子向针尖运动，不断在电极上发生中和而失去电荷，同时在紧贴针尖附近形成了正空间电荷。电离产生的电子向外运动，由于电场衰减很快，所以速度变慢，大多形成了负离子。电子形成为负离子后，速度又显著下降，从而在针尖外围积聚起了显著的负空间电荷。负空间电荷积聚到一定数量后，严重削弱针尖附近电场，使电离停止。电离停止后，负离子继续向外流散（正离子也不断消失于电极），于是针尖附近场强重又增强。当场强恢复到一定程度后，电离又重新爆发。此后，上述过程不断重复，这样就造成了放电的脉冲现象。电压增高，负离子能更快地向外流散，因此针尖附近电场更迅速地得到恢复，因而脉冲频率上升。电压甚高时，电子迅速向外运动，要在离针尖更远的地方才能成为负离子，故不能形成足以使电离中止的密集的负空间电荷，于是脉冲现象消失，电晕就转入持续阶段了。

正极性下，情况类似，正空间电荷削弱了针尖附近的电场，使电离中止，造成脉冲现象。

电压很高引起刷状放电时，不断形成强烈的流注，因而造成了强烈的电流脉冲。由于流注的形成带有统计性，所以电流脉冲也就没有规则了。

　　上述现象对工程实践有重要意义。因为伴随着高频脉冲将产生电磁波并传播到空间。特别是工频电压下的电晕，由于每半周内都存在起始及熄灭阶段，总能辐射出大量电磁波。所以，交流输电线路发生电晕后，将造成电磁波干扰。此外，电晕起始阶段的研究，也有助于阐明电晕放电的机理。

　　（三）电晕放电的起始场强和起始电压

　　电晕放电是极不均匀电场中的自持放电，所以其起始电压 U_c 在原理上可以根据式 (2-42) 所示的自持放电条件 $\gamma \exp \int_0^d \alpha \mathrm{d}x = 1$ 求取。其中 d 为电晕层厚度，根据电晕层外缘处 α 实际上等于零这一条件确定。但由于计算繁复，且理论计算本身也并不精确，所以实际上电晕起始电压是根据由实验总结出来的经验公式估算的。电晕的产生既然决定于电极表面场强，所以研究电晕起始场强 E_c 和各种因素间的关系将更直接而单纯一些。以下介绍比克 (F. W. Peek) 提出的不同电极结构的 E_c 经验公式。求得 E_c 后，根据电极布置就可估算电晕起始电压。

　　1. 平行导线

　　当平行导线轴线间距离 d 和导线半径 r 之比甚大时，导线表面场强 E 和导线对中性平面的电压 U（线间电压之半）之间有如下简单关系

$$E = \frac{U}{r \ln \dfrac{d}{r}} \tag{2-46}$$

所以测得 U_c 后，即可求得 E_c。比克进行的大量实验表明，E_c 和电极尺寸、气候条件等很多因素有关，现分述如下。

　　（1）导线尺寸。E_c 和导线间距离 d 无关，但随导线半径 r 而变，且和 $1/\sqrt{r}$ 呈线性关系。总结实验结果可得标准状态下平行导线的 E_c（峰值）具有如下形式

$$E_c = 30.3\left(1 + \frac{0.298}{\sqrt{r}}\right) \quad (\mathrm{kV/cm}) \tag{2-47}$$

式中　r——导线半径，cm。

　　（2）大气状态。根据在密闭装置中改变压力及温度的实验结果，可得非标准状态下平行导线 E_c（峰值）的经验公式为[1]

$$E_c = 30.3\delta\left(1 + \frac{0.298}{\sqrt{r\delta}}\right) \quad (\mathrm{kV/cm}) \tag{2-48}$$

式中　δ——空气的相对密度。

　　（3）大气湿度。湿度对间隙击穿电压是有影响的，但如电极表面尚无水滴出现，则湿度对 E_c 影响不大。

　　（4）电极材料。试验中导线采用过铜、铝、铁、钨等不同材料，发现 E_c 和电极材料无关。

　　（5）电源频率。在所试验过的 $25 \sim 1000\mathrm{Hz}$ 的频率范围内，E_c 实际上和电源频率无关。直流电压下 E_c 的极性效应不大（负极性下稍低于正极性），数值和工频电压下的基本相同。所以本节所述各经验公式对于工频电压、直流电压都适用。

---

　　[1]　实际上比克只是利用同轴圆柱电极进行了改变大气状态的实验，求得相对密度的修正公式。平行导线及球-球电极的修正公式是由此推断而得的。

（6）导线表面状态。导线表面状态对 E_c 有很大影响。对于光滑导线，电晕的爆发比较突然，起始电压具有比较明确的数值。但对于表面不光滑的导线，例如绞线，情况就不同了。这时，较低电压下，在一些电场局部增强的部位就已开始发生电晕，然后在相当一段电压范围内，电晕（电流、能量损失以及声光等效应）随电压升高而逐渐增强；不过，当电压高于某一数值后，电晕在全线爆发，电晕增强的陡度就大为增加了。前一阶段称为局部电晕，其起始电压比较分散；后一阶段称为全面电晕，其起始电压比较容易确定。如将绞线看作外径相同的光滑导线，则从起始电压可以求出其等值的起始场强。试验结果表明，绞线的等值起始场强仍可采用式（2-48）计算，只是需要乘上表面粗糙系数 m❶加以修正，即

$$E_c = 30.3m\delta\left(1+\frac{0.298}{\sqrt{r\delta}}\right) \quad \text{(kV/cm)} \tag{2-49}$$

式中　m——表面粗糙系数，对于全面电晕 $m=0.82$，对于局部电晕 $m=0.72$，显然对于光滑导线 $m=1$。

导线表面有污秽或受到损伤时，情况和上述类似，起始场强也将大为降低，这时同样可以采用不同的表面粗糙系数加以修正。

知道导线的电晕起始场强 E_c 后，就可根据导线的布置求取电晕起始电压 U_c 了。对于两根平行导线，由式（2-46）可知 U_c（导线对中性面的电压即线间电压之半，峰值）为

$$U_c = E_c r\ln\frac{d}{r} \quad \text{(kV)} \tag{2-50}$$

式中　E_c——电晕起始场强，可由式（2-48）或式（2-49）计算而得；

　　　r——导线半径，cm；

　　　d——导线间距离，cm。

2. 地面上单根导线

地面上单根导线的 E_c 及 U_c 也可用式（2-49）、式（2-50）求取，但式中 d 为导线和其镜像间的距离为导线离地高度 h 的两倍，即 $d=2h$，电压为导线对地电压。

3. 同轴圆柱

根据类似的方法，可得同轴圆柱的 E_c（峰值）及 U_c（峰值）相应为

$$E_c = 31.5\delta\left(1+\frac{0.305}{\sqrt{r\delta}}\right) \quad \text{(kV/cm)} \tag{2-51}$$

$$U_c = E_c r\ln\frac{R}{r} \quad \text{(kV)} \tag{2-52}$$

式中　r、R——内、外电极的半径，cm。

4. 球-球

球-球电极的电晕起始场强 E_c（峰值）为

$$E_c = 27.7\delta\left(1+\frac{0.337}{r\delta}\right) \quad \text{(kV/cm)} \tag{2-53}$$

从图 1-14 查得其不均匀系数后，就可估算间隙的电晕起始电压 U_c。

---

❶ 实际上表面粗糙系数 m 值的大小是由绞线的电晕起始电压 U'_c 和同样外径光滑圆形导线的电晕起始电压 U_c 的比值决定，即 $m=U'_c/U_c$。

式（2-48）、式（2-51）、式（2-53）❶ 实际上是达到自持放电时，间隙中最大电场强度的经验公式。如上所述，在电场比较均匀（如导线间当 d/r 较小时）的情况下，自持放电电压就是其击穿电压。因此，由这些公式算得的就是发生击穿时间隙中的最大电场强度。于是根据这些经验公式，就可估算相应稍不均匀电场间隙的击穿电压。

四、极不均匀电场中的击穿、极性效应

（一）长空气间隙中放电过程的实验研究

随着电力系统电压等级的提高，工程上经常遇到长空气间隙绝缘（极不均匀电场），例如高压输电线的绝缘、高压实验室高压设备对墙壁或天花板的绝缘等。雷闪是自然界的长空气间隙放电。因此从积累击穿电压数据到探讨其放电发展过程，对长间隙放电展开了广泛的试验研究。

1. 长空气间隙的放电图像

从放电的展开图像可以看到放电的不同阶段。

（1）图 2-27 所示为由像变换管摄得的正棒-负板间隙放电的展开图像（电极间距离 400cm，波形＋320/10000μs）。由图 2-27 可见，放电首先由棒向板发展，发光较弱，这是流注发展阶段。在长间隙放电中，流注汇集，形成通道状且不断发展，称为先导放电（先导中出现热电离过程，因而电导更大，详见后）。先导通道头部最亮，因为如果在发展过程中整个通道一样明亮，则在底片上将出现一片感光区。这说明强烈电离及随之大量释放出光子的现象，集中发生在发展着的通道头部附近，可见此处电场最强。图 2-28 所示为静止照相机摄得的正先导图像（电极间距离 200cm），该图像是在先导还没有来得及贯通整个间隙时就

图 2-27　正棒-负板间隙放电展开图像

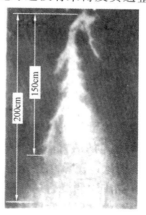

图 2-28　正棒-负板间隙的先导

---

❶ 比克按美国标准（以 760mmHg 及 25℃作为标准状态）提出了平行导线、同轴圆柱和球-球结构的经验公式如下（均为峰值）

$$E_c = 29.8\delta\left(1+\frac{0.301}{\sqrt{r\delta}}\right) \quad (\text{kV/cm}) \tag{2-48a}$$

$$E_c = 31\delta\left(1+\frac{0.308}{\sqrt{r\delta}}\right) \quad (\text{kV/cm}) \tag{2-51a}$$

$$E_c = 27.2\delta\left(1+\frac{0.34}{\sqrt{r\delta}}\right) \quad (\text{kV/cm}) \tag{2-53a}$$

本书已按我国国家标准将此三式修改为式（2-48）、式（2-51）、式（2-53）。

设法切除电压而摄得的。当先导头部流注发展达到板极时，立刻又有一个放电过程从板极向棒反向发展，称为主放电。主放电过程的发展速度比先导放电的要快得多。主放电通道也比先导通道要明亮得多。

先导的发展速度和回路中串联的电阻有很大关系。随着先导向前推进，其发展越来越快。当回路中串有几百千欧的电阻时，先导速度为 $10^6 \sim 10^7 \mathrm{cm/s}$，而主放电速度不低于 $10^8 \mathrm{cm/s}$，没有串联电阻时，主放电速度可达 $10^9 \mathrm{cm/s}$。

（2）棒-板间隙中，棒的极性不同时，放电也具有不同的特点。棒为负极性时放电同样具有先导和主放电两个阶段。但棒为正极性时，先导通道具有很多分支，可接近板极；而当棒为负极性时，随着先导向极板推进，从极板上出现了一系列相迎流注，后者是从极板表面由于粗糙不平而电场局部集中的地方发展起来的。当由负棒出发的先导和相迎流注之一相遇时，立刻就转入主放电阶段，主放电过程由相遇处迅速向两端发展。迎面流注对负先导的发展有很大影响。棒为负极性时间隙的击穿电压比正极性时要高，而负先导的发展速度则比正先导的低一个数量级。图2-29为负棒-正板间隙先导的静止图像。

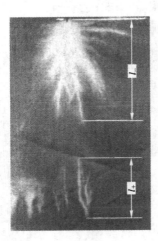

图 2-29　负棒-正板
间隙的先导

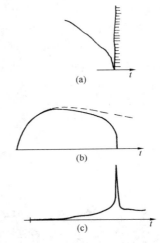

(a)

(b)

(c)

图 2-30　放电展开图像和间隙电压、
电流示波图（示意图）
（a）放电展开图像；（b）电压示波图
（虚线为没有放电时的波形）；
（c）电流示波图

（3）棒-棒间隙中，放电时从两棒都可发展起先导，正、负先导相遇后，立即转入主放电，正先导开始较早，且发展速度更快，因此先导相遇处离负棒较近。

（4）用示波器可摄得放电过程中电极间电压及间隙中电流的变化。放电展开图像和电压及电流示波图的对照比较如图 2-30 所示。由图 2-30 可见，在先导通道开始传播的瞬间，间隙中出现先导电流，随着先导向前推进，先导电流逐渐增加，并且增加的陡度也越来越大。由于先导电流在回路串联电阻上的压降，间隙上的电压较不发生放电过程时稍有降低。但在先导阶段，电流仍然有限，间隙的击穿还没有完成。先导转入主放电时，电流突增，间隙上的电压突降。主放电完成后，通道中的电阻降到极小数值，而间隙上电压实际上可认为减小至零，间隙的击穿就完成了。

2. 棒-棒空气间隙的放电图像

对 3m 棒-棒间隙施加正或负极性标准操作冲击电压，用两台高速摄影仪（FASTCOM SA5 型）观测放电发展过程，两台摄影仪布置在棒-棒间隙的同一侧[2-1]。

进行正极性操作冲击电压试验时，1 号高速摄影仪（拍摄速度 3×10^5 帧/s）记录整个间隙的放电发展过程，2 号高速摄影仪（9.3×10^5 帧/s）记录下棒上方约 1.3m 区域内的放电发展过程，观测到的放电过程如图 2-31 所示。

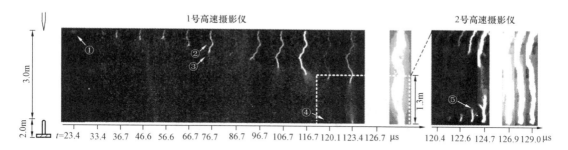

图 2-31　正极性操作冲击电压，棒-棒间隙放电过程典型观测结果
①—正极性初始电晕；②—正极性下行先导；③—正极性流注；
④—负极性迎面流注；⑤—负极性迎面先导

图 2-31 中，在施加电压后 23.4μs 出现初始电晕（图中①所指处）；经过一段暗区，在 36.7μs 时上棒出现下行先导，随后先导伴随其前方流注区向下棒发展；当下行的正极性先导-流注趋近下棒时，下棒端部附近电场增强，在 120.1μs 时产生负极性迎面流注（图中④所指处）；123.4μs 时迎面流注与下行先导前方的正极性流注相遇，放电进入跃变阶段；在跃变阶段的流注区内，迎面流注转化为迎面先导并与下行先导相向发展（如 2 号高速摄影仪记录结果所示），最终在 126.7μs 时间隙击穿。

进行负极性操作冲击电压试验时，1 号高速摄影仪（4.5×10^5 帧/s）记录整个间隙的放电发展过程，2 号高速摄影仪（9.3×10^5 帧/s）记录下棒上方约 1.7m 区域内的放电发展过程，观测到的放电过程如图 2-32 所示。

如图 2-32（a）所示，在施加电压后 44.5μs 出现初始电晕；经过一段暗区，上棒间歇性地出现发展失败的负极性先导（86.7μs 和 122.2 μs）；195.6μs 时，间隙上电压达某一临界值，负极性先导起始并以梯级形式向前发展；下行的负极性先导加强了下棒附近电场，导致下棒产生正极性迎面流注，197.8μs 时转化为正极性迎面先导；若负极性下行先导的前方流注与正极性迎面先导的前方流注相遇，则放电进入跃变阶段（197.8μs）；在正、负极性流注区相遇点极易产生空间芯柱，其具有双极结构，两端分别为正极性流注和负极性流注，且正、负极性流注根部相连，该流注根部可能发展为空间先导，如图 2-32（b）中 2 号高速摄影仪记录结果中 359.1μs 时所示，两端的正极性流注和负极性流注也分别发展为正极性先导-流注体系和负极性先导-流注体系，可分别拦截负极性下行先导和正极性迎面先导，负极性下行先导、正极性迎面先导以及空间先导的相接最终导致间隙击穿。

3. 自然雷击过程的放电图像

文献报道[2-2]，使用高速摄像机在 2011 年 7 月 31 日 18 点 57 分 23 秒拍摄到了一次自然

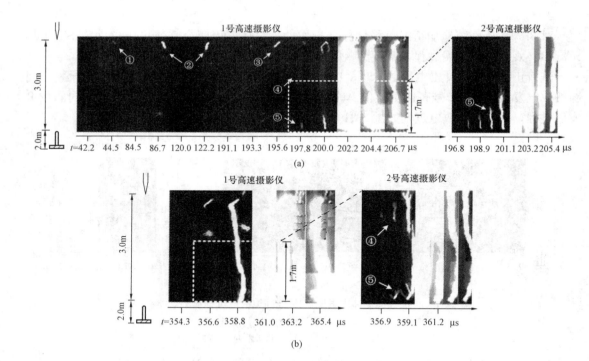

图 2-32　负极性操作电压，棒-棒间隙放电试验典型观测结果
①—初始电晕；②—发展失败的负极性先导；③—负极性梯级先导；
④—空间芯柱/空间先导；⑤—正极性迎面先导

雷击过程。雷电流为−19.1kA，落雷点在建筑物 A 前的绿化带附近，观测点距建筑物 A 约583m。建筑物 A 高度110m，楼顶竖立两根高约20m的避雷针，总高度约130m，接近我国交流特高压同塔双回输电线路杆塔高度。图 2-33 为拍摄到的雷击下行先导与迎面先导照片，高速摄像机的拍摄速度为 5×10^4 帧/s。

图 2-33 中给出了 12 帧不同时刻的放电图像，右下角的"一片白光"是雷击通道形成时的图像，以此作为计时起点。在计时起点前 721.5μs（记为−721.5μs）观测到下行先导；在−573.5μs 时下行先导朝向建筑物 A。在图 2-33 中，−462.5μs 时观测到由 A 楼顶避雷针起始的迎面先导，迎面先导持续发展，但未能成功拦截下行先导；−315.5μs 时下行先导朝向地面，直至形成雷击通道。0μs 前的一帧照片显示，靠近下行先导头部的地面附近出现长约 2m 的光亮，下行先导最终击中出现光亮的地方。由图 2-34 可看出，下行先导呈现多个分支相互竞争的关系，雷击通道形成前下行先导共有 4 个较长的分支。

根据二维图像，统计了先导的二维发展速度，如图 2-35 所示。负极性下行先导主通道的发展速度在$(2\sim7)\times10^5$m/s 范围，平均速度 3.8×10^5m/s。

（二）极不均匀电场中的放电过程

如前所述，极不均匀电场中，电压还不足以导致击穿时，大曲率电极附近、电场最强处，已可发展起电离现象。极不均匀电场中，空间电荷的积聚给放电过程的发展带来不少特点。

均匀电场中，电极间的电压低于击穿电压时，间隙中的电离过程实际上可以忽略不计。

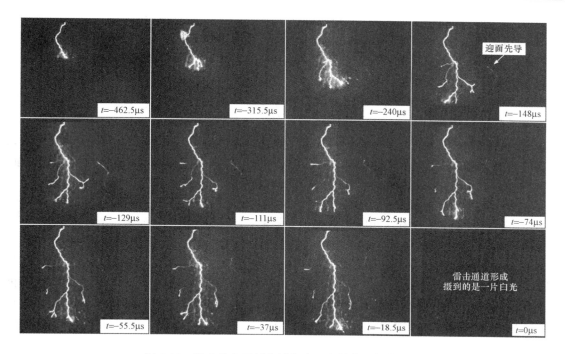

图 2-33 雷击放电下行先导与迎面先导高速摄像照片

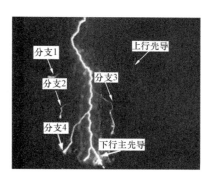

图 2-34 负极性下行先导分支编号

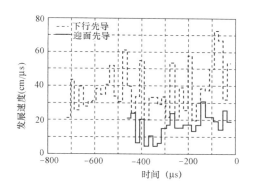

图 2-35 下行先导主通道与迎面先导发展速度

例如，$d=3$cm 时，标准状态下空气的击穿场强等于 28.6kV/cm，电子电离系数 $\alpha=8.5$cm^{-1}（见图 2-11），而当电压降低仅 10% 后，α 就减小一半，电子崩中的电子也降至只有万分之一。因此均匀电场中，随着电压升高直至击穿电压，间隙中的空间电荷实际上是可以忽略的。因而可以认为放电是在事先没有积累起空间电荷的条件下开始发展的。

在极不均匀电场中，放电发展的条件就不同了。例如，内、外半径分别等于 0.1cm 及 5cm 的同轴圆柱电极间，标准状态下空气的击穿电压为 90kV，出现电晕的电压约 30kV，因而内电极表面的外电场强度（不计入空间电荷的电场）相应地可分别达 230kV/cm 及 77 kV/cm。也就是说，即使当电压低于电晕起始电压一半并只及击穿电压的 1/6 时，内电极表面的外电场强度也超过 30kV/cm，而电子电离系数已高达约 50cm^{-1}。所以随着电极间电压逐渐升高，这里甚至早在爆发电晕（自持放电）之前，就已发展起相当强烈的电离现象（非自持放电)了。大量空间电荷使电场畸变，对放电过程的发展有很大影响。

棒-板间隙是典型的极不均匀电场。因此，以下讨论棒-板间隙中的放电过程。这种间隙中，电离过程总是先从棒电极附近开始。棒的极性不同时，空间电荷的作用是不同的，所以还存在着所谓极性效应。

1. 非自持放电阶段

电晕起始前棒极附近已经发展起相当强烈的电离过程。

（1）当棒具有正极性时，间隙中出现的电子向棒运动，进入强电场区，开始引起电离现象而形成电子崩，如图 2-36(a)所示。随着电压逐渐上升，到放电达到自持、爆发电晕之前，这种电子崩在间隙中已相当多了。当电子崩达到棒极后，其中的电子就进入棒极，而正离子仍留在空间，相对来说缓慢地向板极移动。于是在棒极附近，积聚起正空间电荷，如图 2-36(b)所示，从而减少了紧贴棒极附近的电场，而略微加强了外部空间的电场，如图 2-36(c)曲线 2 所示。这样，棒极附近的电离被削弱，难以造成流注，这就使得自持放电，也即电晕放电难以形成。

（2）当棒具有负极性时，阴极表面形成的电子立即进入强电场区，造成电子崩，如图 2-37（a）所示。当电子崩中电子离开强电场区后，就不再能引起电离了，而以越来越慢的速度向阳极运动。一部分直接消失于阳极，其余的可为氧原子所吸附而形成负离子。电子崩中的正离子逐渐向棒极运动而消失于棒极，但由于其运动速度较慢，所以在棒极附近总是存在着正空间电荷。结果在棒极附近出现了比较集中的正空间电荷，而在离棒较远处则是非常分散的负空间电荷，如图 2-37（b）所示。负空间电荷由于浓度小，对外电场的影响不大，而正空间电荷则将使电场畸变，如图 2-37（c）曲线 2 所示。由于棒极附近的电场得到增强，

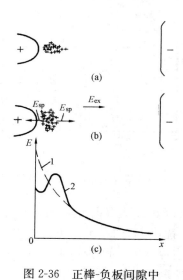

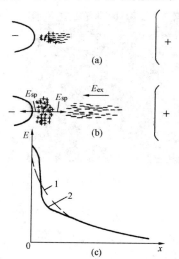

图 2-36　正棒-负板间隙中非自持放电阶段空间电荷对外电场的畸变作用

（a）形成电子崩；（b）棒极附近的正空间电荷；（c）电场分布图

1—外电场分布；2—（b）情况下的电场分布

E_{ex}—外电场；E_{sp}—空间电荷的电场

图 2-37　负棒-正板间隙中非自持放电阶段空间电荷对外电场的畸变作用

（a）形成电子崩；（b）电子崩中电子离开强电场区；（c）电场分布图

1—外电场分布；2—（b）情况下的电场分布

E_{ex}—外电场；

E_{sp}—空间电荷的电场

因而自持放电条件就易于得到满足、易于转入流注而形成电晕放电。

实验表明，棒-板间隙中棒为正极性时电晕起始电压比负极性时略高。这从上述分析可以得到说明。

2. 流注发展阶段

随着电压升高，紧贴棒极附近形成流注，爆发电晕；以后，不同极性下空间电荷对放电进一步发展所起的影响就和上述相异了。

（1）棒具有正极性时，如电压足够高，棒极附近形成流注，由于外电场的特点，流注等离子体头部具有正电荷，如图 2-38(a)、(b)所示。头部的正电荷减少了等离子体中的电场，而加强了其头部电场，如图 2-38(d)曲线 2 所示。流注头部前方电场得到加强，使得此处易于产生新的电子崩，它的电子吸引入流注头部的正电荷区内，加强并延长了流注通道，其尾部的正离子则构成了流注头部的正电荷，如图 2-38(c)所示。流注及其头部的正电荷使强电场区更向前移，如图 2-38(d)曲线 3 所示，好像将棒极向前延伸了似的（当然应考虑到通道中的压降），于是促进了流注通道进一步发展，逐渐向阴极推进。

（2）当棒具有负极性时，虽然在棒极附近容易形成流注、产生电晕，但此后流注向前发展却就困难得多了。电压达到电晕起始电压后，紧贴棒极的强电场使得同时产生了大量的电子崩，汇入围绕棒极的正空间电荷而形成流注。由于同时产生了许多电子崩，造成了弥散分布的等离子体层。如图 2-39 (a)、(b) 所示（基于同样原因，负极性下非自持放电造成的正空间电荷也比较分散，这也有助于形成弥散分布的等离子体层），这样的等离子体层起着类似增大了棒极曲率半径的作用，因此将使前沿电场受到削弱，如图 2-39 (d) 曲线 2 所示。继续升高电压时，在相当一段电压范围内，电离只是在棒极和等离子体层外沿之间的空间内发展，使等离子体层逐渐扩大和向前延伸一些，直到电压很高，使得等离子体层前方电场足够强后，这里才可能发展起电子崩。电子崩的正电荷使得等离子体层前沿的电场进一步加强，又形成了大量二次电子崩。它们汇集起来后使得等离子体层向阳极推进，如图 2-39 (c)所示。可是，由于同时形成了许多电子崩，通道头部也是稍呈弥散状，通道前方电场被加强的程度也比正极性下要弱得多，如图 3-39 (d) 曲线 3 所示。

根据上述分析，可知负极性下，通道的发展要困难得多，因此负极性下的击穿电压应较正极性下为高。这就说明了实验中的现象。

根据电压高低，随着流注向前发展，其头部电场可能逐渐减弱，也可能反而越来越得到加强。前一种情况下（电压较低时），流注深入间隙一段距离后，就停滞不前了，从而形成电晕放电或刷状放电；后一种情况下（电压足够高），流注将一直达到另一电极，从而导致间隙完全击穿。

3. 先导放电

间隙距离较长时（如棒-板间隙距离大于 1m 时），在流注还不足以贯通整个间隙的电压下，仍可能发展起击穿过程。这时流注发展到足够的长度后，将有较多的电子循通道流向电极，通过通道根部的电子最多，于是流注根部温度升高，出现了热电离过程。这个具有热电离过程的通道称为先导[1]，如图 2-40 所示。先导中由于出现了新的电离过程，电离加强，

---

[1]　实验表明，间隙较长时由于流注汇集，电流密度较大，产生了更强烈的电离，形成了先导。但对于先导中是否发生热电离，则还有不同看法。

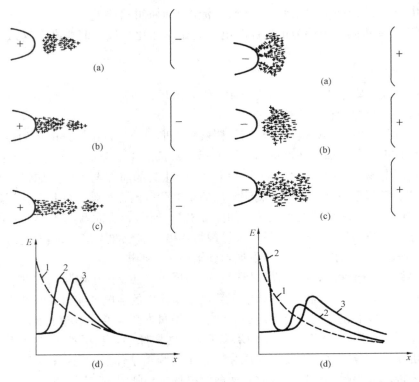

图 2-38　正棒-负板间隙中
正流注的形成与发展

（a）、（b）流注等离子体头部具有正电荷；
（c）流注头部正电荷；（d）电场分布图
1—外电场分布；2—(b)情况下的电场分布；
3—(c)情况下的电场分布

图 2-39　负棒-正板间隙中负
流注的形成与发展

（a）、（b）弥散分布的等离子体层；
（c）等离子体层向阳极推进；
（d）电场分布图
1—外电场分布；2—(b)情况下的电场
分布；3—(c)情况下的电场分布

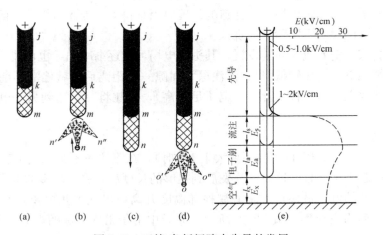

图 2-40　正棒-负板间隙中先导的发展

（a）先导 jk 和流注 km；（b）km 头部的电子崩；（c）km 由流注转变为先导和形
成流注 mn；（d）mn 头部的电子崩；（e）沿着先导和空气间隙的电场分布

更为明亮，电导增大，轴向场强比流注通道中的场强低得多，从而加大了其头部前沿区域中的场强，引起新的流注，导致先导不断伸长。如外施电压足够高，先导贯通间隙，间隙将击穿。间隙中如出现先导放电阶段，则平均击穿场强降低，这也就是长空气间隙的平均击穿场强远低于短间隙的原因。

4. 主放电阶段

不论极性正负，先导头部的流注放电区到达板极（短间隙时为流注到达板极），都将导致完全击穿，但这时击穿过程尚未完成。先导的导电性很好，场强较小，因而好像将棒极延长了似的，通道头部的电位接近棒极的电位（当然还应减去通道中的压降）。因此，当先导头部极为接近板极时，这一很小的间隙中的场强可达极大数值，以致引起强烈的电离，使这一间隙中出现了离子浓度远大于先

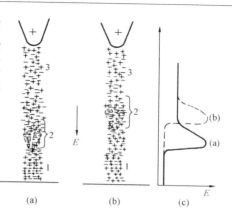

图 2-41　主放电过程的发展图和通道
中轴向电场强度 E 的分布图
(a)、(b) 主放电过程；
(c) 电场强度 E
1—主放电通道；2—主放电通道和先
导通道的交界区；3—先导通道

导的等离子体，如图 2-41(a) 所示（图中以正棒-负板为例，负极性下情况相似）。新出现的通道大致具有板极的电位，因此在它和先导通道交界处总保持着极高的电场强度，如图 2-41(c) 所示，继续引起强烈的电离。于是高场强区也即强电离区迅速向阳极传播，强电离通道也迅速向前推进，如图 2-41(b) 所示。这就是前述的主放电过程。由于其头部场强极大，所以主放电通道的发展速度及电导都远大于先导通道。主放电通道贯穿电极间隙后，间隙就类似被短路，失去绝缘性能，击穿过程完成。

所以，如实验现象所表明的那样，长间隙的放电大致可分为电晕放电、先导放电和主放电三个阶段，而先导放电阶段中包括了电子崩和流注的形成及发展过程（不太长的间隙中则分为电子崩、流注阶段和主放电阶段）。主放电阶段也称为"最后跳跃"阶段。

第六节　持续作用电压下空气的击穿电压

以上介绍了气体击穿的发展机理，可用来说明有关气体击穿的一些实验现象和实验规律。

气体间隙绝缘主要就是如何选择绝缘距离、如何提高间隙击穿电压等问题。由于气体放电理论还很不完善，气体间隙的击穿电压实际上还无法精确计算。工程上大多是参照一些典型电极的击穿电压试验数据来选择绝缘距离（或者需在尽量符合实际的条件下通过实验方法来决定）。所以下面将介绍气体击穿电压的一些试验数据和实验规律。（附录图 B22、B23 给出了空气间隙的放电图形）

气体的击穿电压和气体种类有关。由于工程上大量遇到空气绝缘问题，所以本节和以下两节集中介绍空气中的试验数据。有一些气体的电气强度特别高，称为高电气强度气体，例如六氟化硫气体在工程上已大量应用，它们的特性将在第五章讨论。

气体间隙的击穿电压和电压种类有关。直流电压和工频电压统称为持续作用电压。这类

电压的变化速度很小，相比之下放电发展所需时间可以忽略不计。电力系统中的操作过电压和雷电过电压则持续时间极短，以微秒计，所以实验室中也应以持续时间极短的电压来模拟这些过电压，相应地称为操作冲击电压和雷电冲击电压。在冲击电压下，放电发展速度就不能忽略不计，这时间隙的击穿特性就具有新的特点了。所以，以下分别介绍不同种类电压作用下的击穿电压试验数据。

本节介绍持续作用电压下的击穿电压。不少情况下间隙的距离由持续作用电压决定。

气体的击穿电压和电场分布有很大关系。当间隙距离相同时，通常电场越均匀击穿电压越高。所以以下将根据不同的电场分布，分别介绍其试验数据。

气体的击穿电压还和气体状态有关，因此在国家标准[2-3]中规定了标准参考大气条件为温度 $t_0=20℃$，压力 $b_0=0.1013MPa$，绝对湿度 $h_0=11g/m^3$。大气状态不同时，击穿电压可根据一些实验规律进行换算（见第三章第八节）。本章第六～八节列举的击穿电压试验数据如不特别说明，一般都已折算到标准大气状态下的数值。在实际使用这些数据时，应考虑到具体大气条件不同所造成的影响。

实验表明，不论采用分级升压法还是连续升压法，空气间隙在持续作用电压下的击穿电压都相等，因此以下列举的工频及直流击穿电压都是将电压从较小的数值缓慢地连续升高到击穿而求得的。

一、均匀电场中的击穿电压

工程上极少遇到很大的均匀电场间隙。因为间隙距离很大时，要消除电极的边缘效应就得采用极大尺寸的电极。因此，在均匀电场中，通常只有间隙不太大时的击穿电压试验数据。

均匀电场中直流及工频击穿电压（峰值）以及50%冲击击穿电压❶实际上都相同。击穿电压的分散性较小。

均匀电场中空气的击穿电压（峰值）如图 2-42 所示，相应的经验公式为

$$U_b = 24.22\delta d + 6.08\sqrt{\delta d} \quad (kV) \quad\quad (1cm \leqslant d \leqslant 10cm) \quad\quad (2-54)$$

式中　d——间隙距离，cm；

　　　δ——空气相对密度。

从图 2-42 可知，当 d 不过于小时（$d>1cm$），均匀电场中空气的电气强度（峰值）大致等于 30kV/cm。

二、稍不均匀电场中的击穿电压

（一）击穿电压试验数据

1. 击穿的一般规律

工程上经常遇到的是不均匀电场。如前所述，根据放电现象的特点，不均匀电场可区分为稍不均匀电场和极不均匀电场。和均匀电场中相似：稍不均匀电场中击穿前不发生电晕；电场不对称时，极性效应不很明显；直流下及工频下的击穿电压（峰值）以及50%冲击击穿电压实际上都相同；击穿电压的分散性也不大。

---

❶　这是多次施加冲击电压时其中50%导致击穿的电压值，详见本章第七节。

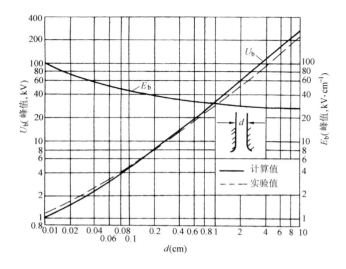

图 2-42　均匀电场中空气间隙的击穿电压 U_b
及击穿场强 E_b 和间隙距离 d 的关系

在稍不均匀电场中，击穿电压和电场不均匀程度关系极大，所以没有能概括各种电场分布的试验数据。具体间隙的击穿电压需要通过实验才能准确确定。但从实验中可得出这样一个规律，即电场越趋于均匀，同样间隙距离下的击穿电压就越高，其极限就是均匀电场中的击穿电压。

2. 球-球间隙

测量电压用的球隙就是典型的稍不均匀电场间隙，这是一对直径相同的球形电极。一球接地时，球电极间击穿电压 U_b 和间隙距离 d 的关系如图2-43所示。实验表明，当间隙距离 d 小于球极直径 D 的 1/4 时（$d<D/4$），电场比较均匀，无论是直流电压、工频电压还是冲击电压作用下，其击穿电压都相同；然而当 $d>D/4$ 后，电场不均匀程度增加，大地对电场的畸变作用也加强了，从而使不接地球处电场增强，间隙中电场分布变得不对称了（见图2-44）。结果是不论直流电压还是冲击电压，不接地球为正极性时的击穿电压开始变得大于负极性下的数值。工频电压下由于击穿发生在容易击穿的半周，所以其击穿电压和负极性下的相同。也就是说，稍不均匀电场中也有极性效应，而且和极不均匀电场中的极性效应相反，电场最强处的电极为负极性时的击穿电压反而略低于正极性时的数值。这种现象的产生也是由于空间电荷的影响。如第五节所述，极不均匀电场棒-板间隙中，由于非自持放电形成的空间电荷的影响，负极性下电晕起始电压比正极性下略低。在稍不均匀电场中，不能形成稳定的电晕放电，电晕起始电压就是其击穿

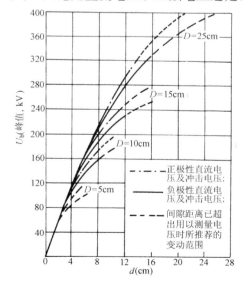

图 2-43　球-球空气间隙的击穿电压和
间隙距离的关系（一球接地）

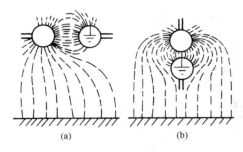

图 2-44　一球接地时的电场分布

(a) 水平放置；(b) 垂直放置

电压，所以负极性下击穿电压就将略低于正极性下的数值。使用球间隙来测量电压时，为了保证必要的测量准确度，国家标准规定了对电极装置的要求[2-4]，其中也列出了不同球径及不同距离下的击穿电压。从图 2-43 还可看到，同一间隙距离下，球电极直径越大时，由于电场不均匀程度减弱，击穿电压也越高。

3. 球-板间隙

图 2-45 是球-板空气间隙中电晕起始电压及工频击穿电压和间隙距离的关系，变化趋势和图 2-43 是相同的。随着距离 d 增加，开始时击穿电压和电晕起始电压重合，但由于电场越来越不均匀，故击穿电压上升的陡度逐渐降低。当 d 超过相当于前图 2-21 中的 d'_0 后（图中没有画出过渡区域），击穿前先出现电晕及刷状放电。随着 d 增大，电晕起始电压增加不多，这是因为 d 很大时间隙中最大场强和 d 的关系很小的缘故。这时，由于击穿前电晕造成的空间电荷起了改善电场分布的作用，击穿电压上升的陡度却增大了。$d > d'_0$ 后，由于击穿前先出现刷状放电，刷状的火花和尖端相似，因此不论球径大小，其击穿电压都和尖-板电极下的击穿电压相近。这说明间隙距离很大时，电极形状对击穿电压的影响就较小了。从图 2-21 还可看到，$d > d'_0$ 后，球-板的击穿电压还比尖-板的稍低，而且球径越大，击穿电压反而越低。这是由于电极曲率越大，击穿前电晕发展得越强烈，空间电荷使电场均匀的作用越大，从而使刷状放电不易形成之故。所以，在一定条件下，利用空间电荷可以提高间隙的击穿电压，关于这个问题以后还会谈到。

（二）击穿电压的估算

因为稍不均匀电场中没有能概括各种电场分布的击穿电压试验数据，所以有些研究者提出了击穿电压的一些估算方法。

例如可以根据起始场强经验公式估算击穿电压。如前所述，放电过程决定于大曲率电极表面的场强，即间隙中的最大场强 E_{max}。而外施电压 U 和 E_{max} 间的关系从式（1-21）可知为

$$U = E_{max} \frac{d}{f}$$

式中　d——电极间距离；

　　　f——不均匀系数。

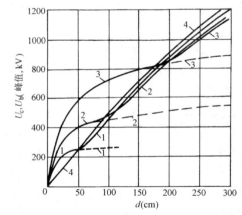

图 2-45　球-板空气间隙中电晕起始电压及工频击穿电压和间隙距离的关系

1—球直径 $D = 12.5$cm；2—$D = 25$cm；

3—$D = 50$cm；4—尖-板间隙

- - - 电晕起始电压；——— 击穿电压

如第一章所述，f 决定于电极布置，可通过计算或实验求得。

从均匀电场中的试验数据（见图 2-42）可知，场强（峰值）达到约 30kV/cm 时，间隙将击穿。因此可以认为，稍不均匀电场中 E_{max}（峰值）达到临界值 $E_0 = 30$kV/cm 时，间隙也将击穿，于是击穿电压（峰值）可根据下式估算，即

$$U_b = E_0 d/f = 30d/f \text{ (kV)} \tag{2-55}$$

式中　d——极间距离，cm。

E_0 实际上和电极布置有关。对于同轴和偏心圆柱，E_0（峰值）可按如下经验公式计算（和偏心度关系较小），即

$$E_0 = 27.2 + \frac{13.35}{\sqrt{r}} \quad (\text{kV/cm}) \tag{2-56}$$

式中　r——内电极半径，cm。

对于同心和偏心圆球，E_0（峰值）可按如下经验公式计算（和偏心度关系较小），即

$$E_0 = 24\left(1 + \frac{1}{\sqrt{r}}\right) \quad (\text{kV/cm}) \tag{2-57}$$

式中　r——内电极半径，cm。

其他如球-板、球-球、平行圆柱等典型电极，它们的击穿电压数据在文献中也可以查到，因而其 E_0 也可求得。

实际电极结构可能复杂得多。这时 E_0 需在上述各种电极结构中选取类似的结构进行估算。知道 f 和 E_0 后，起始电压即击穿电压也就能估算了。

三、极不均匀电场中的击穿电压

如图 2-45 所示，在间隙距离很大时，不同球径电极击穿电压的差别已不大，而且都接近于棒（尖）-板电极的数值。也就是说，极不均匀电场中，影响击穿电压的主要因素是间隙距离。这是由于击穿前发生了电晕，此后放电就是在电晕空间电荷已强烈畸变了外电场的情况下发展之故。这个事实有很大的实际意义。因为根据这个现象，就可以选择电场极不均匀的极端情况——棒（尖）-板和棒（尖）-棒（尖）作为典型电极。它们的击穿电压具有代表性，工程上遇到很不均匀的电场时，就可根据这些典型电极的击穿电压数据来估计绝缘距离了。如果电场分布不对称，可参照棒（尖）-板电极的数据；如果电场分布对称，则参照棒（尖）-棒（尖）电极的数据。

和均匀及稍不均匀电场中不同，极不均匀电场中直流、工频及冲击击穿电压间的差别比较明显，分散性也较大，且极性效应显著。

（一）直流电压下的击穿电压

图 2-46 所示是尖-板及尖-尖空气间隙的直流击穿电压和间隙距离的关系。从图 2-46 可知，对于电场分布极不对称的尖-板间隙，击穿电压和尖电极的极性有很大关系，这就是前述所谓极性效应。尖电极具有正极性时击穿电压比负极性时低得多。从图 2-46 还可知，尖-尖电极间的击穿电压介乎极性不同的尖-板电极之间，这是可以理解的。一方面，尖-尖电极装置中有正极性尖端，放电容易由此发展，所以其击穿电压应比负尖-正板的低；但另一方面，尖-尖电极有两个尖端，即有两个强电场区域，而同样间隙距离下强电场区域加多后，通常其电场不均匀程度会减弱，因此尖-尖电极间外电场的最大场强应比尖-板电极间的为低，从而其击穿电压又应比正尖-负板的为高了。

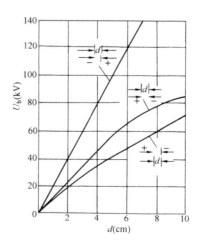

图 2-46　尖-板及尖-尖空气间隙的
直流击穿电压和间隙距离的关系

棒-板及棒-棒长空气间隙（$d<300\text{cm}$）的直流击穿电压如图 2-47 及图 2-48 所示。棒具有正方截面，每边长 16mm，端面和轴垂直；板的尺寸是 5m×5m。由图 2-47 可知，棒-板间隙的击穿具有明显的极性效应：棒具有正极性时，平均击穿场强约为 4.5kV/cm；负极性时约为 10kV/cm。测量棒-棒间隙的击穿电压时，棒水平放置于离地 7.5m 的针式支柱绝缘子柱上，棒长 4.5m。由图 2-48 可知，棒-棒的击穿电压介乎不同极性棒-板的击穿电压之间，略高于正棒-负板。一极接地的棒-棒间隙的击穿仍具有微弱的极性效应。它之所以仍具有不大的极性效应是因为一极接地后，大地使电场分布稍有不对称，加强了高压电极处电场之故。不接地棒具有正极性时，棒-棒间隙的平均击穿场强约为 4.8kV/cm，负极性时约为 5.0kV/cm。在所有各种情况下，在图 2-48 所示距离范围内，击穿电压和距离都呈直线关系。

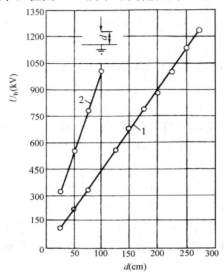

图 2-47　棒-板空气间隙直流击穿
电压和间隙距离的关系
1—正极性；2—负极性

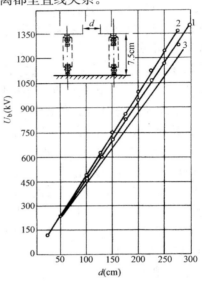

图 2-48　棒-棒空气间隙直流击穿
电压和间隙距离的关系
1—正极性；2—负极性；3—正棒-负板

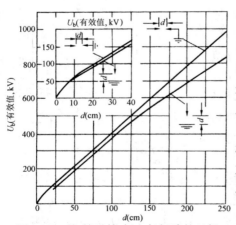

图 2-49　棒-棒及棒-板空气间隙的工频
击穿电压和间隙距离的关系

（二）工频电压下的击穿电压

图 2-49 是棒-棒及棒-板空气间隙（$d<250\text{cm}$）的工频击穿电压和间隙距离的关系曲线。棒-板电极间施加工频电压时，击穿总是在棒的极性为正、电压达到峰值时发生，并且其击穿电压（峰值）和直流电压下正棒-负板的击穿电压相近。从图2-49可知，除了起始部分外，击穿电压和距离近似成直线关系，棒-棒间隙的平均击穿场强约为 3.8kV/cm（有效值）或 5.36kV/cm（峰值），棒-板间隙的稍低一些，约为 3.35kV/cm（有效值）或 4.8kV/cm（峰值）。

随着电力系统电压等级不断提高，国内外对更长的空气间隙的击穿电压进行了很多实验研究。各个实验室所得数据常有些出入，造成的原因可能有：周围接地体的影响，电极尺寸及布置不同和大气条件校正不当等。如棒-棒间隙的击穿电压受下棒长度的影响很大。因此，要求试验场地很大，才能符合超高压、特高压输变电设备的实际情况。实验表明，当间隙距离大于 2m 后，大气条件对击穿电压的影响和短间隙下也不同。关于大气条件校正在第三章第八节中还要讨论。根据上述，在分析不同实验结果时，要注意它们的试验条件。

图 2-50 是长空气间隙的工频击穿电压（$d < 10m$），对于棒-板电极（曲线 3），棒电极是截面为 $10 \times 10 mm^2$ 的钢棒，棒长 5m，地面铺 $8 \times 8 m^2$ 薄钢板；对于棒-棒电极，电极为外径 50mm 的钢管，曲线 1 上棒长 5m、下棒长 6m，曲线 2 上棒长 5m、下棒长 3m。从图 2-50 可知，随着距离加大，平均击穿场强明显降低，棒-板间隙尤为严重，即具有所谓"饱和现象"：例如当 $d = 1m$ 时，平均击穿场强约为 3.5kV/cm（有效值）或 5kV/cm（峰值）；而在 $d = 10m$ 时，就已降到约 1.5kV/cm（有效值）或 2kV/cm（峰值）了。因此在电气设备中希望用具有"棒-棒"类型的电极结构而避免"棒-板"类型。

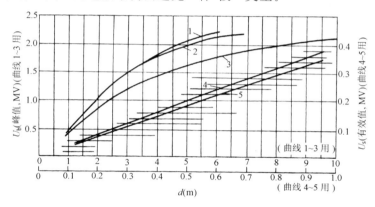

图 2-50　棒-棒及棒-板长空气间隙的工频击穿电压和间隙距离的关系
1、2、4—棒-棒；3、5—棒-板

对特高压交流输电工程空气间隙的工频放电特性进行了试验研究[1]。输电塔模型（简称模拟塔）由垂直塔柱（宽 1.4m、长 20m）和水平横担（宽 1.4m、长 12m）组成，模拟横担离地高度 36m。四分裂导线或六分裂导线离地约 26m。图 2-51 是分裂导线-塔柱空气间隙的工频击穿电压与间隙距离的关系曲线。

空气间隙工频击穿电压的分散性不大，标准偏差 σ[2] 可取为 3%。

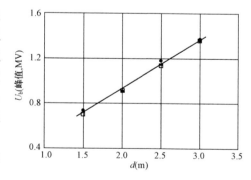

图 2-51　分裂导线-塔柱空气间隙的工频击穿电压与间隙距离的关系
□—四分裂导线；●—六分裂导线

---

❶ 试验数据和曲线由国网电科院万启发、谢梁提供。
❷ 本章中击穿电压的标准偏差均以 50% 击穿电压（持续作用电压下是平均击穿电压，冲击电压下是 50% 击穿电压）的百分数表示。

第七节　雷电冲击电压下空气间隙的击穿电压及伏秒特性

一、雷电冲击电压标准波形

（一）造成雷电过电压的原因

电力系统中雷电造成的过电压是一种冲击电压，持续时间极短。在冲击电压下空气间隙的击穿具有与持续电压下不同的新特性。

雷击能造成极高的电压，因此是对高压电力设备绝缘的重大威胁，是电力系统造成事故的重要因素。雷闪是雷云中积聚了大量电荷而在大气中引起的放电现象。出现了雷雨天气后，由于雷云的作用，局部地面上的电场强度剧增，一旦平均场强达到足够数值，就能使雷云和大地间的空气发生火花放电，形成所谓雷闪放电。雷云中存在异号电荷，所以雷云内部也可发生雷闪放电。但能造成危害的则显然主要是由雷云向地面发生的放电。绝大多数的雷闪放电是负极性的（雷云带负电荷），但也发现有正极性的雷闪放电。

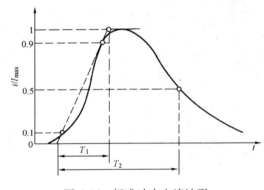

图 2-52　标准冲击电流波形

T_1—波前时间；T_2—半峰值时间；$I_{\max}$—冲击电流峰值

雷闪放电会在设备上造成高电压。在未发生雷闪放电之前，雷云相对于地表面可具有极高的静电位，达 $10^7 \sim 10^8$ V 数量级。然而被击中物体的电位和放电前的雷云电位却是性质不同的两件事。实际上，地面上物体为雷闪击中时所出现的高电压，是由于雷闪放电的巨大冲击电流在物体及接地阻抗上产生了甚高的电压降落所引起的。当输电线路附近落雷时，由于雷电流引起附近电场及磁场发生强烈突变，线路上也可感应出很高的电压。因此，雷闪巨大的冲击电流是其破坏力的根源，它能引起电位突然升高，同时还有热效应和力效应，损害设备，危害人身安全。

雷电流具有冲击波形。国家标准[2-5]规定的模拟雷电流的标准冲击电流波形如图 2-52 所示。电流由零迅速上升到峰值，然后较缓慢地下降至零。雷电流的参数（峰值、波前时间、半峰值时间等）具有统计性。根据实测结果，其波前时间多为 $0.5 \sim 10\mu s$，半峰值时间多为 $20 \sim 90\mu s$，电流峰值最大可达 200kA 以上，大多数低于 100kA。

雷电流为冲击波形，故由雷闪放电引起的高电压也具有冲击波形，所以需要研究冲击电压下空气间隙的击穿特性。

（二）雷电冲击电压标准波形

实验室中利用冲击电压发生装置产生冲击电压以模拟雷闪放电引起的过电压。为使所得结果可以互相比较，需规定标准波形。标准波形是根据大量实测得到的雷闪造成的电压波形制订的。我国国家标准[2-3]规定的标准波形如图 2-53 所示，这是非周期性指数衰减波。雷电冲击电压波形由（视在）波前

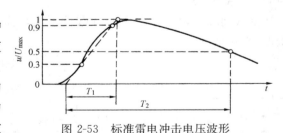

图 2-53　标准雷电冲击电压波形

T_1—波前时间；T_2—半峰值时间；$U_{\max}$—冲击电压峰值

时间 T_1 及（视在）半峰值时间 T_2 加以确定。由于实验室中获得的冲击电压的波前起始部分及峰值部分比较平坦，在示波图上不易确定原点及峰值的位置，因此采用了等值的斜角波前（见图 2-53）。国家标准规定的雷电冲击电压标准波形参数为：峰值容许偏差 $\pm3\%$；$T_1 = 1.2\mu s$，容许偏差 $\pm30\%$；$T_2 = 50\mu s$，容许偏差 $\pm20\%$。冲击电压除了 T_1 及 T_2 外，还应指出其极性（不接地电极相对于地而言的极性）。标准雷电冲击电压波形可以表示为 $+1.2/50\mu s$ 或 $-1.2/50\mu s$。

二、放电时延

设对气体间隙施加冲击电压，电压随着时间迅速由零上升至峰值后，又逐渐衰减（或保持不变），如图 2-54 所示。可以发现，当时间经过 t_0，电压升高到持续作用电压下的击穿电压 U_0（称为静态击穿电压）时，间隙并不立刻击穿，而需经过 t_d 后，才能完成击穿。也就是说，为要造成击穿，不仅需要有足够的电压，而且还必须有充分的电压作用时间，

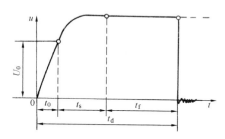

图 2-54　放电时间的各组成部分

这是由于放电的发展需要一定时间之故。于是间隙的冲击击穿电压就可能和电压随时间的变化规律有关，而不再是一个固定的数值，从而使间隙的冲击击穿特性的确定复杂化了。现先讨论放电时间的一些规律，为以后研究间隙冲击特性作准备。

如图 2-54 所示，在 t_0 以前间隙中实际上不可能发展击穿过程。但即使达到 t_0 时，击穿过程也可能还没有开始。原因是：①间隙中受到外界因素的作用而出现自由电子需要一定时间；②那些自由电子中后来有的结合成了负离子，有的扩散到间隙外面去了，根本没有引起电离过程；③有的即使已经引起电离过程，但由于各种不利因素的巧合，电离又可能终止。因此，间隙中出现一个能引起电离过程并最终导致击穿的电子即所谓有效电子需要更长的时间。由于上述各种过程都具有统计性，故出现有效电子的时间也遵循统计规律。从 t_0 开始，到间隙中出现一个有效电子所需的时间称为统计时延 t_s。然而间隙中出现有效电子，击穿过程才只是开始。从出现有效电子，引起强烈的电离过程，到击穿通道完全形成即间隙完全击穿，还需要一定时间，称为放电形成时延 t_f。同样，t_f 也具有统计性。所以全部放电时间 t_d 由三部分组成，即

$$t_d = t_0 + t_s + t_f \tag{2-58}$$

而其中 t_s 及 t_f 之和通常称为放电时延 t_l，即

$$t_l = t_s + t_f \tag{2-59}$$

短间隙（如 1cm 以下）中，特别是电场比较均匀时，相比之下放电形成时延甚小，这时统计时延实际上就等于全部放电时延，可以直接用示波器测量。由于每次放电统计时延大小不一，故通常讨论其平均值，称为平均统计时延。

平均统计时延和电压高低、照射强度等很多因素有关。平均统计时延随间隙外施电压增加而减少，这是因为这时间隙中出现的自由电子转变为有效电子的概率增加之故。用紫外线等高能射线照射间隙，使阴极释放出更多电子，也能减少平均统计时延。利用球隙测量冲击电压时有时需采用这一措施。阴极材料不同时，由于释放出电子的能力不同，平均统计时延也相异。所以电极露置于空气中很久，或放电多次以后，由于金属表面氧化，其平均统计时延会大大增加。在极不均匀电场内，由于电场局部增强，出现有效电子的概率增加，所以其

平均统计时延较小，并且和外电离因素强度的关系也较小了。

较长的间隙中，放电时延主要决定于放电形成时延。在比较均匀的电场中，由于间隙中电场到处都很强，放电发展速度快，所以放电形成时延较短。在极不均匀电场中则放电形成时延较长。显然，间隙上外施电压增加，放电形成时延也会减小。

三、雷电冲击 50% 击穿电压

由于完成击穿过程需要一定时间，所以间隙的冲击击穿特性和外施电压波形有关。通常都采用标准波形评定绝缘的冲击特性。

前面介绍过持续作用电压下的击穿电压数据。在持续电压作用下，当气体状态不变时，一定距离的间隙的击穿电压具有比较确定的数值，当间隙上的电压升高达到击穿电压时，间隙击穿，使电极短路。

工程上当然也希望知道冲击电压下空气间隙的击穿电压。保持波形不变，逐渐升高电压的峰值。当电压峰值很低时，每次施加电压，间隙都不击穿。这或者是由于电压太低，间隙中电场太弱，电离过程根本不能发展；或者电离过程虽已可发展起来，但所需的放电时间超过了外施电压的作用时间（冲击电压虽可延续较长时间，但当电压降到很低时已不能引起放电过程），击穿仍不能实现。随着外施电压增高，放电时延缩短。因此当电压峰值增高到某一定值时，由于放电时延有分散性，对于较短的放电时延，击穿已有可能发生。也就是说，在多次施加冲击电压时，击穿有时发生，有时不发生。随着电压继续升高，多次施加电压时，间隙击穿的百分比越来越增加。最后，当电压超过某一值后，间隙在每次施加电压时都将发生击穿。从说明间隙绝缘耐受冲击电压的绝缘能力来看，当然希望求得刚好发生击穿时的电压。但这个电压值在冲击实验中难以准确求得。所以工程上采用 50% 冲击击穿电压，即在多次施加电压时，其中半数导致击穿的电压，以此来反映间隙的耐受冲击电压的特性。在实验中决定 50% 冲击击穿电压时，当然施加电压次数越多越准确。施加多次冲击的方法有多级法、升降法等[2-3]。最简单的方法是：调整电压至施加 10 次电压中有 4~6 次击穿，这个电压值就可作为 50% 冲击击穿电压。这对于工程上近似估算雷电冲击强度，基本上可以满足要求。采用 50% 冲击击穿电压决定绝缘距离时，显然应根据分散性的大小，保持一定的裕度。

1. 均匀电场和稍不均匀电场中的击穿电压

在均匀电场和稍不均匀电场中，击穿电压分散性小，其雷电冲击 50% 击穿电压和静态击穿电压（即持续作用电压下的击穿电压）相差很小，所以就可应用前述持续作用电压下的数据（直流击穿电压、工频击穿电压峰值）。50% 冲击击穿电压和持续作用电压下击穿电压之比（均取峰值）称为冲击系数。均匀电场和稍不均匀电场中的冲击系数等于 1。由于放电时延短，50% 击穿电压下，击穿通常发生在波头峰值附近。

2. 极不均匀电场中的击穿电压

在极不均匀电场中，由于放电时延较长，通常冲击系数大于 1，击穿电压的分散性也大一些，其标准偏差可取为 3%。在 50% 击穿电压下，当间隙较长时，击穿通常发生在波尾。

标准波形下，棒-棒及棒-板空气间隙的雷电冲击 50% 击穿电压和间隙距离的关系如图 2-55 所示，间隙距离更大时的数据如图 2-56 所示。从图 2-55 和图 2-56 可知，棒-板间隙有明显的极性效应，棒-棒间隙也有不大的极性效应。在图 2-55 和图 2-56 所示范围内（间隙距离很小时除外），击穿电压和间隙距离近似呈直线关系。

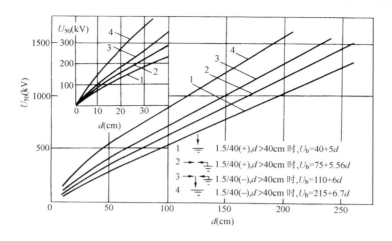

图 2-55　棒-棒及棒-板空气间隙的雷电冲击
50％击穿电压和间隙距离的关系

对特高压交流输电工程空气间隙的雷电冲击放电特性，在模拟塔和变电站构件架模型（简称模拟构架）上进行了试验研究❶。模拟塔的结构和尺寸与图 2-51 的相同。模拟构架的塔梁宽 5m、高 35m，塔柱宽 5m；绝缘子串的均压环用直径 70 mm 的铝管制成，环径为 2m，离地 14m。图 2-57 是模拟塔分裂导线-塔柱空气间隙的标准雷电冲击 50％击穿电压与间隙距离的关系曲线。图 2-58 是模拟构架均压环-构架柱的标准雷电冲击 50％击穿电压与间隙距离的关系曲线。

对直流输电工程空气间隙的雷电冲击放电特性进行了试验研究[2-6]。模拟塔使用六分裂导线，子导线直径 36.2mm，相邻子导线间距 450mm；用复合绝缘子悬挂导线，导线对地距离约 17m；复合绝缘子均压环的直径分别为 1120mm（导线侧）和 400mm（杆塔侧）。试验地点的海拔为 50m。图 2-59 所示是直流线路分裂导线-塔头间隙的雷电冲击击穿电压与间隙距离的关系。由图 2-59 可知，在 2～8m 范围内直流线路分裂导线-塔头间隙的雷电冲击击穿电压与间隙距离呈线性关系。

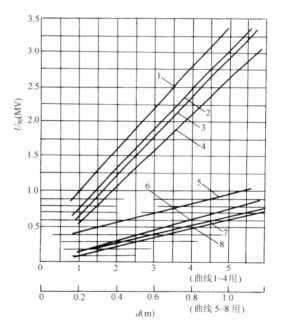

图 2-56　棒-棒及棒-板长空气间隙的
雷电冲击 50％击穿电压和间隙距离的关系
1、5—棒-板，负极性；2、6—棒-棒，负极性；
3、7—棒-棒，正极性；4、8—棒-板，正极性；
1、4—棒为 10×10mm² 钢棒，长 5m，板为 7×7m²；
2、3—棒为 φ50mm 钢管，上棒长 5m，下棒长 6m

————————————
❶　试验数据和曲线由国网电科院万启发、谢梁提供。

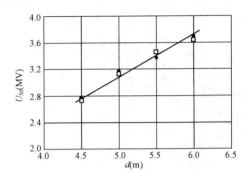

图 2-57　分裂导线-塔柱空气间隙的标准
雷电冲击 50％击穿电压与间隙距离的关系
□—四分裂导线；●—六分裂导线

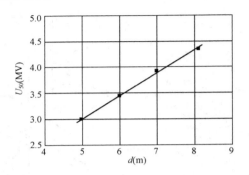

图 2-58　均压环-构架柱空气间隙的
标准雷电冲击 50％击穿电压
与间隙距离的关系

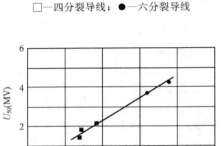

图 2-59　直流线路分裂导线-塔头
间隙的雷电冲击击穿电压与间隙距离的关系
■—500 kV 塔头模型；
●—800 kV 塔头模型

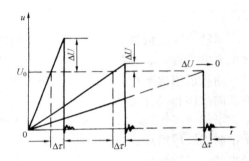

图 2-60　击穿电压和电压陡度的关系
(时间坐标轴上虚线前后比例尺不同)

四、伏秒特性

(一) 制订伏秒特性的必要性

由于雷电冲击电压持续时间短，放电时延不能忽略不计，所以仅取上述 50％冲击击穿电压不能完全说明间隙的冲击击穿特性。例如两个间隙并联，在不同峰值的冲击电压作用下，就不一定是 50％冲击击穿电压低的那个间隙击穿了。

现以斜角波电压为例来说明考虑放电时延的必要性。如图 2-60 所示，在间隙上如缓慢地施加直流电压，当它达到静态击穿电压 U_0 后，间隙中就开始发展起击穿过程。但击穿需一定时间 $\Delta\tau = t_1$ (t_1 为放电时延)，在此时间内电压还会继续上升一定数值 $\Delta U = \dfrac{\mathrm{d}u}{\mathrm{d}t}\Delta\tau$，于是击穿完成时间隙上的电压应为 $U_0 + \Delta U$。不过由于电压上升平缓，t_1 也极小，ΔU 相对于 U_0 来说，是微不足道的。因此这个间隙的直流击穿电压就可以认为是一个确定值，等于其静态击穿电压 U_0。还是这个间隙，现在施加斜角冲击电压，电压迅速上升，$\dfrac{\mathrm{d}u}{\mathrm{d}t}$ 极大，并设放电时延仍为 $\Delta\tau$。显然，这时 ΔU 的数值就不能随便忽略了。间隙的击穿电压不再是 U_0，

而是 $U_0 + \Delta U$ 了。ΔU 是随 $\dfrac{du}{dt}$ 而变化的。实际上 $\Delta \tau$ 也受 $\dfrac{du}{dt}$ 等的影响而有所不同。由此可见，现在必须和电压作用时间联系起来，才好确定间隙的击穿特性。什么情况下必须考虑到电压作用时间，应根据 ΔU 和 U_0 的相对比较来判断。例如一个间隙的静态击穿电压为 50kV，假如电压上升的平均陡度为 $50 \times 10^3 \text{V}/(5 \times 10^{-3})\ \text{s} = 10^7 \text{V/s}$，放电时延是 10^{-6} s，则可得 ΔU 只不过 10V 左右，和 50kV 相比，完全可以忽略不计。还是这个间隙，假如电压上升的陡度为 $50 \times 10^3 \text{V}/(5 \times 10^{-6})\ \text{s} = 10^{10}$ V/s，则在放电时延 10^{-6} s 内，ΔU 将达 10kV，和 50kV 相比就不能忽略了。

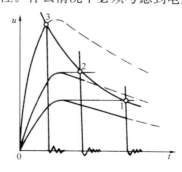

图 2-61　伏秒特性绘制方法示意图
（虚线表示没有击穿时的电压）
1、2—波尾击穿；3—波头击穿

工频电压及直流电压作用下，间隙上电压升高的速度相对于放电过程来说，总是非常缓慢的，故可用某一比较确定的击穿电压值表示间隙的电气强度。如两个间隙并联，在持续作用电压下，也总是击穿电压低的那个间隙击穿。然而冲击电压作用时间以微秒计，情况不同，间隙的击穿特性就必须考虑到放电时间了。

（二）伏秒特性的制订方法

工程上用间隙上出现的电压最大值和放电时间的关系来表征间隙在冲击电压下的击穿特性，称为伏秒特性。

伏秒特性用实验方法求取。保持标准波形不变，逐级升高电压。电压较低时，击穿发生在波尾。电压甚高时，放电时间减至很小，击穿可发生在波头。在波尾击穿时，以冲击电压峰值作为纵坐标，而以放电时间为横坐标。在波头击穿时，还以放电时间作为横坐标，但以击穿时的电压作为纵坐标。这样，如每级电压下只有一个放电时间，则可绘得伏秒特性如图 2-61 所示。但放电时间具有分散性，于是每级电压下可得一系列放电时间，如图 2-62（a）、（b）所示，所以实际上伏秒特性是以上、下包线为界的一个带状区域，如图 2-62（c）所示。

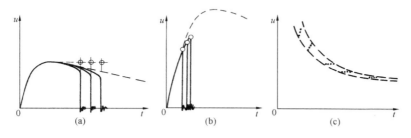

图 2-62　伏秒特性绘制方法示意图
（a）波尾击穿；（b）波头击穿；（c）伏秒特性带

工程上还采用所谓 50% 伏秒特性，或称平均伏秒特性。如图 2-63 所示，每级电压下，放电时间小于下包线横坐标所示数值的概率为 0%，小于上包线所示数值的概率为 100%。现于上下限间选择一个数值，使放电时间小于该值的概率等于 50%，即每个电压下多次击穿中放电时间小于该值者恰占一半，这个数值可称为 50% 概率放电时间（注意：并非放电时间具有该数值的概率等于 50%）。如图 2-63 所示，以 50% 概率放电时间为横坐标（纵坐标则仍为该电压值）连成曲线，就是所谓 50% 伏秒特性。同理，上、下包线可相应地称为

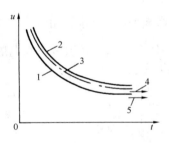

图 2-63　50％伏秒特性
1—0％伏秒特性；2—100％伏
秒特性；3—50％伏秒特性；
4—50％冲击击穿电压；5—0％
冲击击穿电压

100％及 0％伏秒特性。上、下包线需通过较多次实验才能准确测定，而 50％伏秒特性则可以从较少次数实验中比较容易地得到。但在采用 50％伏秒特性时，应注意到它只是大致地反映了该间隙的伏秒特性，在其两侧都还有一定的分散范围。

（三）伏秒特性的用途

间隙伏秒特性的形状决定于电极间的电场分布。极不均匀电场中平均击穿场强较低，放电时延较长，因此其伏秒特性在放电时间还相当大时（约几微秒），就已随后者减少而明显地翘向上方了（见图 2-64 中 S_1）。在均匀及稍不均匀电场中，平均击穿场强较高，相对来说放电时延较短，所以其伏秒特性就比较平坦（见图 2-64 中 S_2）。

伏秒特性对于比较不同设备绝缘的冲击击穿特性具有重要意义。若某间隙 S_1 的 50％冲击击穿电压高于另一间隙 S_2 的数值，并且间隙 S_1 的伏秒特性始终位于间隙 S_2 之上，如图 2-64 所示，则在任一电压作用下，S_2 都将先于 S_1 而击穿。于是若将两间隙并联，S_2 就可对 S_1 起保护作用。但若如图 2-65 所示，间隙 S_2 及 S_1 的伏秒特性相交，则虽然在冲击电压峰值较低时，S_2 能对 S_1 起保护作用，但在高峰值冲击电压作用下，S_2 就不起保护作用了。也就是说，虽然 S_1 的 50％冲击击穿电压高于 S_2 的数值，但在较高峰值的冲击波作用下，反而是 S_1 先击穿。这就和持续作用电压下的情况不同。由此可见，仅由 50％冲击击穿电压不能充分说明间隙的冲击击穿特性。在考虑不同间隙冲击电压下的电气强度配合时，为了更全面地反映间隙的冲击击穿特性，就必须采用间隙的伏秒特性。从图 2-65 可知，保护设备的伏秒特性总希望平坦一些，即采用电场较均匀的结构。

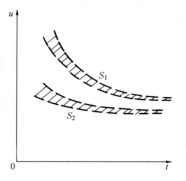

图 2-64　极不均匀电场间隙（S_1）
和均匀及稍不均匀电场间隙
（S_2）的伏秒特性

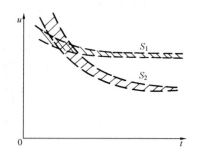

图 2-65　两个间隙的伏秒
特性交叉的情况

（四）50％冲击击穿电压和 $2\mu s$ 冲击击穿电压

用实验方法求取伏秒特性非常繁复。因此前述 50％冲击击穿电压仍是表征间隙冲击击穿特性的重要参量，它反映了间隙能耐受多大峰值的冲击电压作用而还不致被击穿的能力（考虑到一定的分散性）。在图 2-63 中定性地标出了 50％击穿电压的位置。

工程上有时还采用所谓 $2\mu s$ 冲击击穿电压，这是击穿时放电时间小于或大于 $2\mu s$ 的概率各为50％的冲击电压值。它也是击穿发生在标准波峰值附近的电压。均匀及稍不均匀电场中，其值和50％击穿电压相差不多，但在极不均匀电场中，则要比50％冲击击穿电压高得多。

用$2\mu s$冲击击穿电压和50％冲击击穿电压这两个数值可以大致反映出伏秒特性的陡度，而其测定却简单得多了。

（五）长空气间隙的伏秒特性试验曲线

图2-66所示是正极性标准波形雷电冲击电压下，间隙距离d不同时的空气间隙的伏秒特性曲线。由图2-66可知，极不均匀电场中，从较长的放电时间开始，击穿电压就已随着放电时间的减少而增加了。间隙距离越大，对应于伏秒特性开始向上翘的放电时间也越长。

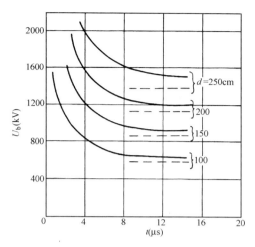

图2-66　棒-棒空气间隙的伏秒特性
（虚线表示该间隙在工频电压下的击穿电压）

第八节　操作冲击电压下空气间隙的击穿电压

一、操作冲击电压推荐波形

由于电力系统中存在电感和电容，所以在进行操作或发生事故时会引起振荡过程，造成很高的电压，称为操作过电压（以别于雷击引起的雷电过电压）。操作过电压的类型很多，其频率约几十赫到几千赫，峰值最高可达$3\sim4$倍最大相电压。显然，电力系统的绝缘要能耐受操作过电压的作用。

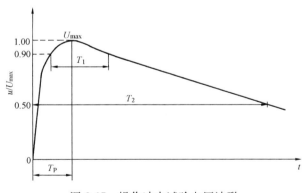

图2-67　操作冲击试验电压波形
T_P—波前时间；T_2—半峰值时间；U_{max}—冲击电压峰值；
T_1—超过90％峰值以上的时间

直到20世纪50年代，各国都还认为操作冲击下空气间隙的击穿电压及绝缘子的闪络电压和其工频放电电压差别不大，且操作冲击的波形对放电电压的影响可忽略不计，所以可用工频放电电压乘以操作冲击系数来反映操作冲击放电电压。对各级电压下的绝缘子和220kV及以下电力网的空气间隙，一般取冲击系数1.1；对电压超过220kV电力网的长间隙，冲击系数取1.0。随着电力系统工作电压不断提高，操作过电压下的绝缘问题越来越突出。因而广泛开展了操作过电压波形下气体绝缘放电特性的研究，发现了一系列新的特点，例如波形对放电电压有很大影响，因此现在认为操作过电压下气体绝缘应直接根据操作冲击电压波形下的放电电压进行设计。

国家标准[2-3]规定，采用非周期性指数衰减波模拟操作过电压，如图2-67所示。它和模拟雷电过电压的雷电冲击电压波形类似，也是利用冲击电压发生装置产生，只是波前时间

T_P 和半峰值时间 T_2 都长得多。按照规定，标准操作冲击是波前时间 T_P 为 $250\mu s$，半峰值时间 T_2 为 $2500\mu s$ 的冲击电压，称为 $250/2500\mu s$ 冲击电压。有时因特殊目的，认为用标准操作冲击不能满足要求或不适合时，在有关设备标准中可以规定其他非周期性或振荡波形两类特殊的操作冲击。如果在有关设备标准中未作其他规定，对于标准和特殊操作冲击，规定值和实测值之间容许下列偏差：峰值为 $\pm3\%$；波前时间为 $\pm20\%$；半峰值时间—$\pm60\%$。在某些情况下，如低阻抗试品，难以将波形调节到推荐的容许偏差。此时，在有关设备标准中可规定其他容许偏差或其他冲击波形。

二、操作冲击 50%击穿电压

操作冲击电压下气体绝缘的击穿电压也具有分散性，也采用 50%击穿电压反映间隙的电气强度。考虑绝缘配合时，也应采用伏秒特性，这些概念在第七节中已讨论过。

（一）均匀电场和稍不均匀电场中的击穿电压

操作冲击电压的作用时间介于工频电压和雷电冲击标准波的作用时间之间。所以均匀电场及稍不均匀电场中，气体间隙的操作冲击 50%击穿电压和雷电冲击 50%击穿电压以及工频击穿电压（峰值）实际上相同，击穿电压的分散性也较小，击穿同样发生在峰值。

（二）极不均匀电场中的击穿电压

图 2-68、图 2-69 是棒-板、棒-棒空气间隙在操作冲击作用下的 50%击穿电压和间隙距离的关系。极不均匀电场中操作冲击击穿有很多特点，现分述如下。

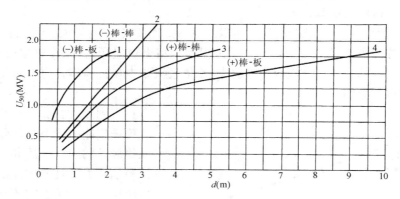

图 2-68　操作冲击电压（$500/5000\mu s$）作用下棒-板及棒-棒
空气间隙的 50%击穿电压和间隙距离的关系

1、4—$10\times10mm^2$ 钢棒，地面铺 $7\times7m^2$ 钢板；2、3—$\phi50mm$ 钢管，上棒长 5m，下棒长 6m

1. 极性效应

极不均匀电场中同样有极性效应。正极性下 50%击穿电压比负极性下低，所以也更危险。

2. 电场分布的影响

电场分布情况对操作冲击 50%击穿电压影响很大。接地物体靠近放电间隙会显著降低其正极性击穿电压，但能多少提高一些负极性击穿电压，即存在显著的"邻近效应"。电极形状对间隙的击穿电压也有很大影响。例如超、特高压输变电设备中空气间隙结构不同时，其操作冲击击穿电压的差别是很大的。

3. 波形的影响

极不均匀电场中操作冲击电压的波形对击穿电压有很大影响。由前述可知，极不均匀电场中标准波形雷电冲击击穿电压比工频击穿电压高。似乎可以设想，操作冲击击穿电压将介乎标准波形雷电冲击击穿电压和工频击穿电压之间。但实际上操作冲击 50％击穿电压甚至会比工频击穿电压还要低。图 2-70 是棒-板空气间隙的正极性操作冲击 50％击穿电压和波前时间的关系。操作冲击下击穿通常发生在波前部分，因此波尾对击穿电压没有影响。从图 2-70 可知，50％击穿电压曲线具有极小值，对应于极小值的波前时间随着间隙距离加大而增加，对 7m 以下的间隙，大致在 $50 \sim 200 \mu s$ 之间。此 50％击穿电压极小值可能比同一间隙的工频击穿电压还要低很多。对于输电线路和变电站的各种形状的气体间隙，操作冲击电压波形也都具有类似的影响，都呈现出所谓"U 形曲线"。正极性下，尤为明显。这种现象现在认

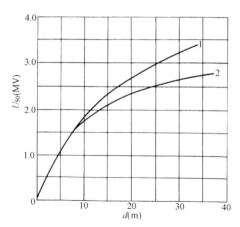

图 2-69　操作冲击电压作用下棒-板
长空气间隙的 50％击
穿电压和间隙距离的关系

1—波形为 $+250/2500 \mu s$；
2—正极性下的最小 50％击穿电压

为是由于放电时延和空间电荷（它的形成及迁移）这两类不同因素的影响所造成的。由于放电发展需要一定时延（见第七节），所以 U 形曲线极小值左边的半枝中，击穿电压随着波前缩短（相当于放电时间缩短）而上升。随着波前增长，放电时延这个因素的作用逐渐减少了，但击穿前电晕电极附近放电过程所产生的空间电荷的影响却突出起来了。电压作用时间较短时，电晕电极附近放电过程形成的空间电荷来不及迁移到离棒极较远的地方，于是集中在棒极附近，加强了前方电场，先导发展的条件比较有利，故导致击穿电压值降低。电压作用时间增大后，空间电荷迁移的范围增大，扩大了的空间电荷层起着减少电晕电极附近电场从而改善电场分布的作用，故相应提高了击穿电压。因此在 U 形曲线极小值右边的半枝中，击穿电压随着波前增加而上升，逐渐接近持续作用电压下的数值。间隙距离增加，和极小值相应的放电时间也随之增大。

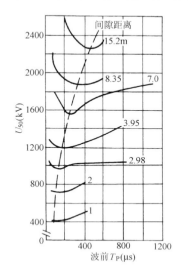

图 2-70　棒-板空气间隙的正极性
操作冲击击穿电压和波前时间的关系

4. 分散性大

空间电荷的形成、扩散和放电时延有很大统计性，所以操作冲击击穿电压的分散性很大，一般比雷电冲击击穿电压的要大得多。对于波前时间在数十到数百微秒的操作冲击电压，极不均匀电场间隙击穿电压的标准偏差 σ 约为 5％；波前时间超过 $1000 \mu s$ 后，σ 可达 8％左右（工频及雷电冲击电压下均约为 3％）。

5. "饱和"现象

和工频电压下类似，极不均匀电场中操作冲击 50％击穿电压和间隙距离的关系具有明显的"饱和"特征。这也是因为形成先导后，放电易于发展之故。但对于雷电冲击电压，则

由于作用时间太短，间隙距离加大后，需要提高先导发展速度，才能完成放电，因而导致击穿电压提高，所以雷电冲击 50%击穿电压和距离大致呈线性关系。

　　6. 50%击穿电压极小值的经验公式

　　正棒-负板空气间隙 U 形曲线中 50%击穿电压极小值 U_{50min} 可归纳为如下经验公式

$$U_{50mim} = \frac{3.4}{1 + \frac{8}{d}} \quad (MV) \tag{2-60}$$

式中　d——间隙距离，m。

　　式（2-60）对于 1～20m 的长间隙和试验结果很好地符合。

　　综上所述，影响操作冲击 50%击穿电压的因素很多。因此在工程实践中，例如设计超、特高压线路外绝缘时，通常希望采用在 1∶1 模型上试验所得的数据，工作量是非常巨大的。

　　对特高压交流输电工程空气间隙的操作冲击放电特性进行了试验研究，其结果示于图 2-71～图 2-73❶。

　　图 2-71 是模拟塔分裂导线-塔柱的操作冲击 50%击穿电压与间隙距离的关系，模拟塔的结构和尺寸与图 2-51 的相同。

　　图 2-72 是模拟构架均压环-构件柱的操作冲击 50%击穿电压与间隙距离的关系，模拟构架的结构和尺寸与图 2-58 的相同。

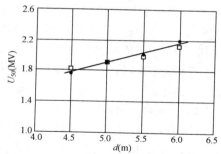

图 2-71　分裂导线-塔柱空气间隙的标准操作冲击
50%击穿电压与间隙距离的关系
□—四分裂导线；
●—六分裂导线

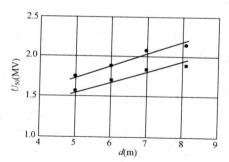

图 2-72　均压环-构件柱的操作冲击
50%击穿电压与间隙距离的关系
■—标准操作冲击电压；
●—1000μs/5000μs 操作冲击电压

　　图 2-73 是导线相间空气间隙的操作冲击放电特性。将两根 4 分裂导线通过绝缘子分别悬挂于空中，分裂间距为 600mm，子导线外径为 70mm，4 分裂导线距地面高 22m。对两相导线分别施加幅值为 U^+ 的正极性操作冲击电压和幅值为 U^- 的负极性操作冲击电压，电压分配系数 $\alpha = U^-/(U^+ + U^-) = 0.4$。

　　在特高压直流输电系统中，导线上持续施加有幅值较高的直流电压，国内外的研究结果表明，"直流预电压"会影响空气间隙的操作冲击放电特性。正直流预电晕能提高气体间隙的正操作冲击击穿电压，而负直流预电晕却能降低气体间隙的正操作冲击击穿电压[2-7]。杆

---

❶　试验数据和曲线由国网电科院万启发、谢梁提供。

塔空气间隙的正极性操作冲击击穿电压低于负极性击穿电压，因此仅考虑正极性直流电压叠加正极性操作冲击的情况。

图 2-74 所示为直流＋800 kV 叠加标准正极性操作冲击电压下，空气间隙的 50％击穿电压 U_{50} 与间隙距离 d 的关系曲线[2-8]。

试验用门型塔架高 60m、宽 50m，导线为 6 分裂导线，子导线直径 32.2mm，相邻子导线间距 450mm。使用复合绝缘子悬挂导线，导线对地距离为 18m。复合绝缘子均压环的直径分别为 1120mm（导线侧）和 400mm（杆塔侧）。试验地点的海拔为 50m。

图 2-75 中列出了 4 条试验曲线[2-6]，试验分别在

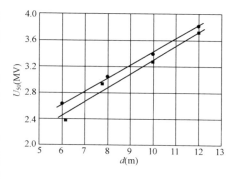

图 2-73　分裂导线相间空气间隙的操作冲击
50％击穿电压与间隙距离的关系
■—标准操作冲击电压；
●—1000μs/5000μs 前操作冲击电压

500kV 或 800kV 直流线路模拟塔头进行，两条曲线是无"直流预电压"时的正极性操作冲击空气间隙的击穿电压，另两条曲线是正极性直流叠加正极性操作冲击时的空气间隙击穿电压试验结果。

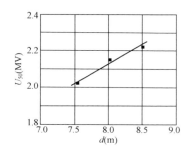

图 2-74　直流＋800kV 叠加标准正
极性操作冲击下，分裂导线-塔头
空气间隙的击穿电压

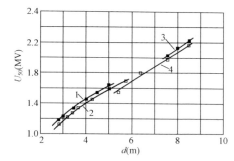

图 2-75　分裂导线-塔头空气间隙的操作冲击击穿
电压 U_{50} 与间隙距离 d 的关系
1—500kV 塔头，直流＋500kV 叠加正极性操作冲击；2—500kV 塔头，
正极性操作冲击；3—800kV 塔头，直流＋800kV 叠加正极性操作冲击；
4—800kV 塔头，正极性操作冲击

从图 2-75 可看出，对 800kV 直流线路塔头的空气间隙，直流＋800kV 叠加正极性操作冲击的 U_{50} 比无"直流预电压"的正极性操作冲击的 U_{50} 提高约 2％～4％；对 500 kV 直流线路塔头的空气间隙，直流＋500kV 叠加正极性操作冲击的 U_{50} 比无"直流预电压"的正极性操作冲击的 U_{50} 提高约 3％～5％。可知，有"直流预电压"后正极性操作冲击的 U_{50} 约提高了 2％～5％。从偏于安全的角度考虑，可按单纯的正极性操作冲击击穿电压来考虑空气间隙距离。

图 2-76 所示为换流站极母线-遮栏间隙的 50％操作冲击放电电压与间隙距离的关系（极母线与遮栏垂直布置）[2-6]。极母线采用硬母线或软母线，对遮栏击穿电压的差值在 3％以内。

特高压换流站户内直流开关场的高压电气设备的连接线主要采用管母线，在连接处或拐

弯处有均压环。试验时用于模拟管母线的为长 6m（或 11.5m）、直径 150mm（或 250mm）的铝管，用于模拟墙的是 6m×16m 的金属网。试验中，带电体的对地高度不小于 16m。操作冲击电压的波头在 200～250μs 之间。

图 2-77 所示为两端部带均压环的管母线对单模拟墙的空气间隙的 50％操作冲击放电电压[2-6]。

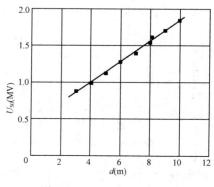

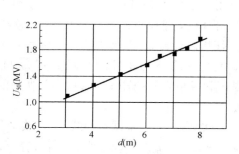

图 2-76　极母线-遮栏间隙
的操作冲击击穿电压

图 2-77　管母线对单模拟墙的空气
间隙的 50％操作冲击放电特性曲线

在阀厅和户内直流场内，管母线可能与两面墙平行，或与一面墙平行而与另一面墙垂直。此时，母线的放电特性将受到两面墙的影响。管母线对两面模拟墙的操作冲击击穿电压比对单模拟墙有较明显的下降，试验表明下降值在 8％～10％之间。

空气间隙的击穿电压随空气密度的减小而降低，因此与低海拔地区相比，同样的空气间隙在高海拔地区的击穿电压将下降。在海拔 2000m 及以上的四个高海拔地区进行了塔头（分裂导线对杆塔）空气间隙的正极性操作冲击放电试验，作为对比也进行了海拔 50m 地区的塔头间隙击穿试验，结果示于图 2-78 和图 2-79[2-9]。图 2-78 是塔头空气间隙的 $U_{50.h}$（海拔为 h 时的正极性操作冲击 50％击穿电压）与间隙距离 d 的关系，可以看出 $U_{50.h}$ 随海拔高度 h 的增加而明显下降。图 2-79 是 $U_{50.0}/U_{50.h}$（$U_{50.0}$ 为海拔 0m 时的正极性操作冲击 50％击穿电压）与海拔 h 的关系，可以看出随间隙距离的增大，$U_{50.h}$ 随海拔 h 增加而下降的幅度减小。

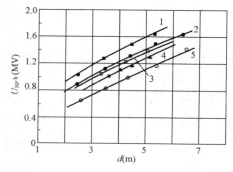

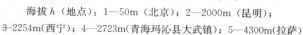

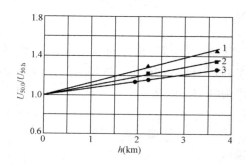

图 2-78　正极性操作冲击 50％
击穿电压 $U_{50.h}$ 与间隙距离 d 的关系

海拔 h（地点）：1—50m（北京）；2—2000m（昆明）；
3—2254m（西宁）；4—2723m（青海玛沁县大武镇）；5—4300m（拉萨）

图 2-79　$U_{50.0}/U_{50.h}$ 与海拔 h 的关系
间隙距离 d：1—2.3m；2—3.7m；3—5m

第九节　提高气体间隙击穿电压的措施

在高压电气设备中经常遇到气体绝缘间隙。为了减小设备尺寸，一般希望间隙的绝缘距离尽可能缩短。为此需要采取措施，以提高气体间隙的击穿电压。根据前述分析可以想到，提高气体击穿电压不外乎两个途径：一方面是改善电场分布，使之尽量均匀；另一方面是利用其他方法来削弱气体中的电离过程。改善电场分布也可以有两种途径：一种是改进电极形状；另一种是利用气体放电本身的空间电荷畸变电场的作用。以下举例介绍一些提高气体间隙击穿电压的方法。但应注意，这些措施只是提供了解决问题的方向，在解决工程问题时，应根据具体情况灵活处理，才能得出比较合适的具体办法。

一、改进电极形状以改善电场分布

如前所述，均匀电场和稍不均匀电场间隙的平均击穿场强比极不均匀电场间隙的要高得多。稍不均匀电场中，电场分布越均匀，平均击穿场强也越高。因此，可以改进电极形状、增大电极曲率半径，以改善电场分布，提高间隙的击穿电压。同时，电极表面应尽量避免毛刺、棱角等以消除电场局部增强的现象。

如不可避免出现极不均匀电场，则尽可能采用对称电场（棒-棒类型）。

即使是极不均匀电场，不少情况下，为了避免在工作电压下出现强烈电晕放电，必须增大电极曲率半径。

改变电极形状以调整电场的方法不外乎：①增大电极曲率半径；②改善电极边缘；③使电极具有最佳外形等，详见第一章。

调整电场，降低局部过高的场强，不只对于气体间隙，而且对于其他各种绝缘结构也是提高其电气强度的有效措施。对于不同绝缘结构，除改善电极形状外，还可采用其他调整电场的方法，详见有关章节。

二、利用空间电荷畸变电场的作用

极不均匀电场中击穿前先发生电晕放电，所以在一定条件下，可以利用放电自身产生的空间电荷来改善电场分布，提高击穿电压。

例如导线-板间隙中，当导线直径减小到一定程度后，空气间隙的工频击穿电压反而可能显著提高。在图 2-80 中给出了空气中导线-板间的工频击穿电压和间隙距离的关系曲线。如图 2-80 所示，随着距离增加，击穿电压开始上升很陡，然后逐渐平缓，最后又以一定陡度大致成直

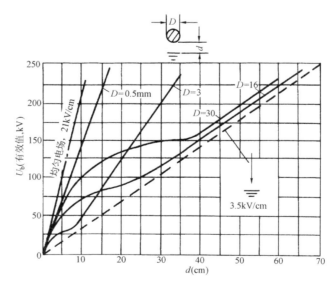

图 2-80　导线-板空气间隙的工频
击穿电压和间隙距离的关系

线地上升。击穿电压曲线由弯曲过渡到直线部分意味着电场已极不均匀，这时击穿前已先出现电晕了。图 2-80 中还同时画出了均匀电场及尖-板间隙的击穿电压曲线。由图 2-80 可见，当导线直径 D 为 30mm 及 16mm 时，击穿电压曲线的直线部分和尖-板间隙相近。但当导线直径减为 3mm 直至 0.5mm 时，其击穿电压曲线的直线部分的陡度却大为增加，击穿电压曲线反倒逐渐变得和均匀电场中的相近了。

这种现象可解释如下：导线直径很小时，导线周围容易形成比较均匀的电晕层，电压增加，电晕层也逐渐扩大。电晕放电所形成的空间电荷使电场分布改变。由于电晕层比较均匀，电场分布改善了，从而提高了击穿电压。当导线直径较大时，情况就不同了。电极表面不可能绝对光滑，总存在电场局部加强的地方，电离过程的发展也具有统计性，因此总是存在着电离局部加强的现象。由于导线直径较大，导线表面附近的强场区扩大，电离一旦发展，就比较强烈。电离局部增强如果相当强烈，就将显著加强电离区前方的电场，而削弱了周围附近的电场（类似于出现了金属尖端），从而使该电离区进一步发展。这样电晕就易于转入刷状放电。出现刷状放电后，好似出现了金属尖端，所以粗导线在间隙距离较大时，其击穿电压就和尖—板间隙的相近了。

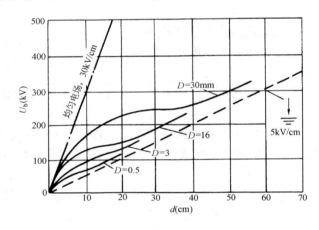

图 2-81　导线-板空气间隙的正极性雷电
冲击击穿电压和间隙距离的关系

但应该指出，只是在一定的间隙距离范围之内，才存在上述细线效应。间隙距离超过一定值，细线也将产生刷状放电，从而破坏比较均匀的电晕层，此后其击穿电压也就和尖-板或尖-尖间隙的相近了。

实验表明，雷电冲击电压下就没有细线效应了。如图 2-81 所示，在击穿电压曲线的直线部分，不同直径导线-板间隙的击穿电压都接近于尖-板间隙的数值。这主要是由于雷电冲击电压作用时间太短，来不及形成充分的空间电荷层之故。

细线的采用只是利用空间电荷畸变电场、提高击穿电压的一个例子。在其他适当的电极结构下，也可以采用类似原理，利用空间电荷（均匀的电晕）来提高间隙的击穿电压。只是应该注意，这种办法仅在持续作用电压下才有效，在雷电冲击电压下就不适用了。并且此时在击穿前将出现持续的电晕，这在很多场合下也是不允许的。

三、极不均匀电场中屏障的作用

在电场极不均匀的空气间隙中，放入薄片固体绝缘材料（例如纸或纸板），在一定条件下，可以显著提高间隙的击穿电压。所采用的薄片固体绝缘材料称为屏障。屏障很薄、本身的击穿电压很低时，同样存在屏障效应。所以屏障效应不是由于屏障分担电压的作用而造成的。屏障本身的击穿电压没有重要意义。屏障的作用和电压种类有关，以下分别讨论。

（一）直流电压下屏障的作用

图 2-82 给出了直流电压下尖-板空气间隙中击穿电压和屏障位置的关系曲线。由图 2-82

可知，间隙中加入屏障后，随着屏障位置不同，击穿电压发生了很大的变化。尖电极的极性不同，屏障的影响也有差别。

1. 正极性

当尖电极为正极性时，设置屏障可显著提高间隙的击穿电压，这是由于屏障积聚空间电荷，改善了电场分布之故。没有屏障时，尖电极附近的正离子形成了集中的正空间电荷，它加强了前方电场，促进了电离区向前发展，所以击穿电压较低（见第五节）。间隙中设置屏障后，正离子将在屏障上积聚起来，并由于同号电荷的推斥作用，将沿着屏障表面比较均匀地分布开来，

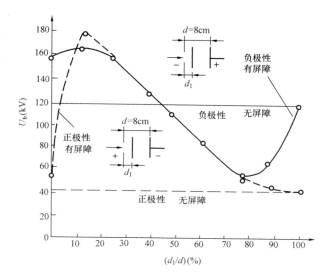

图 2-82　直流电压下尖-板空气间隙的击穿电压和
屏障（以绘图纸制成）位置的关系

如图 2-83（a）所示，从而在屏障前方形成了比较均匀的电场，改善了整个间隙中的电场分布，如图 2-83（b）所示，消除了图 2-38 在电离区前方电场剧烈加强的现象。所以正尖-负板间隙中设置屏障可以提高间隙的击穿电压，而且屏障效应显然还应和屏障位置有关。当屏障移近尖电极时，屏障和板电极间比较均匀的电场区扩大，故间隙的击穿电压也应随之上升。但当屏障离尖电极过近后，屏障上正电荷的分布将变得很不均匀，屏障前方又将出现极不均匀电场，造成了电离发展的有利条件，因而这时屏障效应又将随之而减弱了。这就说明了实验中所得结果。

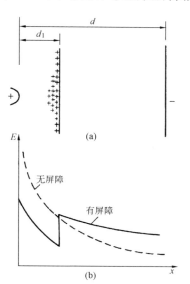

图 2-83　正尖-负板间隙中设置
屏障后的电场分布示意图
（a）间隙中设置屏障；
（b）电场强度分布示意图

2. 负极性

当尖电极具有负极性时，电子形成负离子，积聚于屏障之上，同样在屏障前方形成了比较均匀的电场。所以负极性下设置屏障后，除了屏障过分靠近电极之外，由于情况类似，间隙击穿电压和屏障位置的关系曲线应该和正极性下的相近，如图 2-82 中实线所示。所不同的是，负极性下设置屏障后，一定条件下反而可能造成更有利于击穿的条件。因为没有屏障时，负离子扩散于空间，有一部分消失于电极。而设置屏障后，屏障上集中了大量负离子，它将加强前方电场。因此可以设想，当屏障离开尖电极一定距离后，设置屏障反而将降低间隙的击穿电压。当屏障过分靠近尖电极时，情况和正极性下也有些不同。这时由于尖电极附近电场很强，电子速度很高，已可穿透屏障，故屏障上已不可能积聚大量负电荷。相反地，屏障另一面的电离过程所造成的正离子将为屏障所阻挡，使

后者带正电,从而削弱了屏障前方的电场。所以当屏障紧靠尖电极时,负极性下仍有相当的屏障效应。

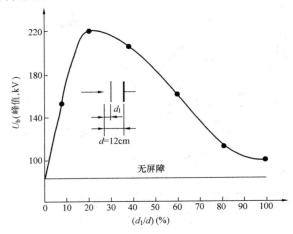

图 2-84 工频电压下尖-板空气间隙的击穿电压和屏障(以绘图纸制成)位置的关系

如上所述,当屏障位于间隙中间一段范围内时,不同极性下间隙的击穿电压彼此接近。可以认为,这时整个间隙的击穿电压主要决定于电场相当均匀的屏障和极板间一段距离的击穿电压。均匀电场中空气的电气强度约 30kV/cm,故整个间隙的击穿电压可按 $U_b \approx 30(d - d_1)$ kV 估计。这从图 2-82 可以得到证实。

从图 2-82 还可看到,在图 2-82 所示的条件下,当屏障离尖电极约为间隙距离的 15%~20% 时,间隙的击穿电压提高得最多。因此屏障应靠近尖电极,这样更为有利。

(二)工频电压下屏障的作用

图 2-84 给出了工频电压下尖-板空气间隙中设置屏障后的击穿电压曲线。工频电压下极不均匀电场中同样能形成大量空间电荷,故屏障同样具有积聚空间电荷、改善电场的作用。此外,如前所述,没有屏障时,尖-板间隙中工频电压下击穿是在尖电极具有正极性的半周内发生的。所以工频电压下,设置屏障可以显著提高间隙的击穿电压。

(三)雷电冲击电压下屏障的作用

雷电冲击电压下,尖-板电极间设置屏障后,间隙击穿电压的变化如图 2-85 所示。从图 2-85 可见,尖电极具有正极性时,屏障也可显著提高间隙的击穿电压。负极性时设置屏障后,间隙的击穿电压和没有屏障时相差不多。雷电冲击电压的作用时间极短,故和持续作用电压下不同,屏障上来不及积聚起显著的空间电荷。所以冲击电压下的屏障效应应该另有原因。有人认为,屏障妨碍了光子的传播,从而影响了流注的发展,提高了间隙的击穿电压。实验表明,屏障如具有小孔,雷电冲击电压下就不能提高间隙的击

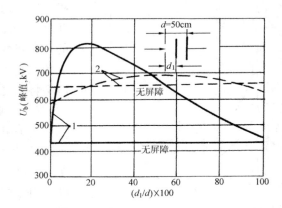

图 2-85 雷电冲击电压下尖-板空气间隙的击穿电压和屏障位置的关系
1—正尖负板;2—负尖正板

穿电压了。而在持续作用电压下,只要屏障不是过分靠近尖电极,即使屏障具有小孔,对其积聚空间电荷的作用影响很小,从而对屏障效应的影响也是不大的。

综上所述,极不均匀电场中,在一定条件下可以利用屏障提高间隙的击穿电压。但应指出,在均匀电场及稍不均匀电场中,实验表明,设置屏障是不能提高气体间隙的击穿电压

的。因为这时击穿前没有电晕放电阶段，且击穿前间隙中各处场强都已达很高数值，所以屏障不能积聚空间电荷而起改善电场的作用，也不能妨碍流注的发展，因而屏障也就起不到提高击穿电压的作用。

四、高气压的采用

大气压下空气的电气强度比较低，约为 30kV/cm。即使采取上述各种措施，尽可能改善电场，其平均击穿场强最高也不会超过这个数值。提高间隙击穿电压的另一个途径是采取其他方法来削弱气体中的电离过程。如前所述，提高气压可以减小电子的平均自由行程，削弱电离过程，从而提高气体的电气强度。例如，大气压力下空气的电气强度仅约为变压器油的 $1/5\sim1/8$，而提高压力至 $1\sim1.5$MPa❶后，空气的电气强度就和一般的液、固态绝缘材料，如变压器油、电瓷、云母等的电气强度相接近了。压缩空气绝缘及其他压缩气体绝缘在一些电气设备（如高压空气断路器、高压标准电容器等）中已得到应用。采用压缩气体的缺点是对设备容器的机械强度及密封等方面的要求提高了，从而增加了制造成本。

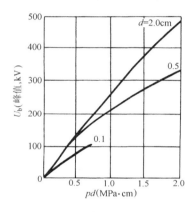

图 2-86　均匀电场中不同间隙距离下空气的击穿电压和 pd 的关系

（一）均匀电场中的击穿电压

均匀电场中不同间隙距离下空气间隙击穿电压和压力及间隙距离的乘积 pd 的关系如图 2-86 所示。从图 2-86 可知，当间隙距离不变时，击穿电压随压力提高而很快增加，但当压力增加到一定程度后，击穿电压增加的陡度逐渐减小，说明此后继续增加压力的效果就逐渐下降了。均匀电场中提高气压后，击穿场强的提高遵循第四节中所述的巴申定律，并且击穿场强大致和气压成正比。但是，巴申定律只是在一定的压力范围内才比较符合实际。大约从 1MPa 开始，实验结果和巴申定律的分歧就逐渐明显了，压力越高分歧越大。相同 pd 值下，压力越高者，其击穿电压也越低。

大气压力下，击穿电压和电极的表面状态及材料关系不大。而在高气压下，实验表明，击穿电压和电极（主要是阴极）的表面状态有很大关系。电极表面不光洁，实验时因充放气带进脏物，或静止时间不够、气体还有扰动等，击穿电压都将出现下降的现象，分散性也增大。对于刚加工过的电极，在最初若干次击穿中，击穿电压值都比较低，且分散性很大；经过多次击穿（击穿电流不能过大）后，击穿电压可显著提高，分散性也可大为减小，这一过程称为电极的击穿处理（老炼）。气压越高，击穿处理所需的击穿次数也越多。高气压下，电极的材料也有影响，如不锈钢电极的击穿电压较铝制电极的要高。这些现象可能和阴极上发生强场放射这一因素有关。高气压下，击穿场强很高，所以从电极上电场局部增强的地方可以发生剧烈的强场放射，从而导致击穿。多次击穿可烧去电极上的毛刺及尘埃杂物，所以可显著提高击穿电压，并减小其数值的分散性。在图 2-86 中，随着气压增加击穿电压上升减缓的现象，可能也是由于击穿场强增大后发生在电极上的过程的影响越来越严重的缘故。也有人认为高气压下的击穿主要是由热电离造成的：高气压下分子密度大，电离碰撞频繁，

❶　本书中对于气体压力，均采用绝对压力。

带电粒子又不易扩散，因此放电电流密度巨大，引起热电离，导致击穿。对于高气压下击穿的机理还有待于进一步研究。

（二）不均匀电场中的击穿电压

1. 电场不均匀程度的影响

不均匀电场中提高气压后间隙的击穿电压也将高于大气压力下的数值。但在高气压下，电场不均匀程度对击穿电压的影响比在大气压力下要显著得多，电场不均匀程度增加，击穿电压将剧烈降低。

2. 极不均匀电场中正极性下放电的异常情况

高气压下，极不均匀电场中的平均击穿场强显著低于均匀电场中的数值。尖-板间隙中直流电压下，当尖电极具有正极性时，击穿电压随压力变化会出现极大值，如图2-87所示（尖电极用直径0.025cm细线制成，头部磨圆，间隙距离为0.3cm）。压力较低时击穿前先出现电晕，随着压力上升，电晕起始电压和击穿电压一起增加。但当压力超过某临界值后，击穿电压反倒逐渐下降而具有极大值。此后在更高的压力下，击穿电压又逐渐上升，这时击穿前已不再发生电晕了。在极大值附近，击穿电压具有很大的分散性。负尖-正板间隙中，至少在图2-87所示的压力范围内，击穿电压随压力增加而上升，不出现极大值。尖-尖间隙中，由于总有一个尖电极具有正极性，所以击穿电压也具有极大值（见图2-88）。

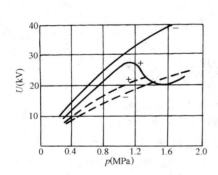

图2-87　尖-板空气间隙中，不同极性
直流电压下，击穿电压及电晕
起始电压和压力的关系
——击穿电压；- - -电晕起始电压

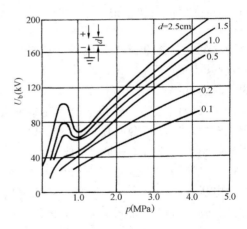

图2-88　尖-尖空气间隙中，直流电压下，
击穿电压和压力的关系

正极性下出现的这种现象，可能是由于正尖附近空间电荷的作用所造成的。随着压力增加，电子碰撞电离不易发生，所以电晕起始电压不断上升。在压力较低时，和大气压力下情况类似，由于外电场只是在尖电极附近局部增强，随着离开尖电极的距离加大而迅速衰减，所以发生电晕后，电离区还不能立即发展至贯通整个间隙，即还需增高电压才能导致击穿。压力提高后，电离区中的正离子越来越不易扩散，结果在正尖附近造成了密集的正空间电荷。当压力很高时，一爆发电离，正尖附近的极为密集的正空间电荷剧烈加强了前方电场，以致能立即导致击穿，所以这时击穿电压就和电晕起始电压一致了。这样，在正极性下一定

压力范围内，随着压力上升，当正空间电荷由较为弥散变得越来越集中时，击穿电压反将下降，因而击穿电压出现极大值。负尖-正板间隙中，由于电子容易扩散，负尖附近不容易形成非常集中的空间电荷，所以，至少在图中所示的压力范围内，击穿电压总是高于电晕起始电压，两者都随压力上升而单值地增加。

工频电压及正极性雷电冲击电压下，显然击穿电压也将具有起伏现象，如图 2-89 所示。雷电冲击电压下，由于空间电荷的作用减弱，可以预料，击穿电压极大值的突出情况应该比较缓和一些。

3. 湿度的影响

高气压下湿度对击穿电压也有很大影响。在压缩空气中湿度增加时，击穿电压明显下降；如电场不均匀，则下降程度更显著，如图 2-90 所示。

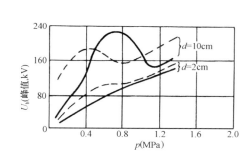

图 2-89　棒-棒间隙中，
氮气的击穿电压和压力的关系
——工频击穿电压；－ － －正极性雷电冲击电压

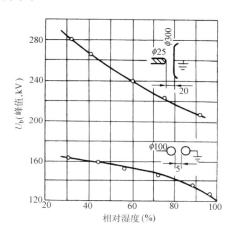

图 2-90　压缩空气中相对湿度对球间
隙及棒-板间隙工频击穿电压的影响
（$p=0.9$MPa，$t=18$℃）

综上所述，高气压下应该尽可能改进电极形状，改善电场分布。在比较均匀的电场中，电极应仔细加工使之光洁，如采用抛光、镀铬等。气体要过滤，滤去尘埃和水分。充气后需放置较长时间净化后再使用。如不可避免出现极不均匀电场，则应根据试验结果，正确选择压力，以便取得提高气压的较大效益。

五、高电气强度气体的采用

（一）高电气强度气体

虽然增加气压能提高空气的击穿电压，但如气压太高，则密封比较困难，且容器本身造价高，给运行也会带来麻烦。而且超过 1MPa 后，再继续提高气压，效果也越来越小。另外，空气中含有氧，高气压下易于因击穿时的火花而引起绝缘物燃烧。采用氮、二氧化碳代替空气，虽可解决燃烧问题，但电气强度也仅和空气类似。近几十年来，人们发现，许多含卤族元素的气体化合物，如六氟化硫（SF_6）、氟利昂（CCl_2F_2）等，其电气强度比空气的要高很多。这些气体通常称为高电气强度气体。采用这些气体代替空气可以大大提高间隙的击穿电压，或可大大减少工作压力（气压太高将使制造及运行复杂化）。空气中混用一部分高电气强度气体也可提高间隙的击穿电压。表 2-8 中列出了几种气体的相对电气强度，所谓相对电气强度是在压力及距离相同的条件下，气体的电气强度和空气的电气强度之比。表2-8 中还列出了这些气体的分子量及其在 0.1MPa 下的液化温度（或升华温度）。

表 2-8　几种气体的相对电气强度

气　　体	化学组成	分子量	相对电气强度	液化温度（℃）
氮	N_2	28	1.0	−195.8
二氧化碳	CO_2	44	0.9	−78.5
六氟化硫	SF_6	146	2.3～2.5	−63.8
氟利昂	CCl_2F_2	121	2.4～2.6	−28
四氯化碳	CCl_4	153.8	6.3	76

（二）卤化物气体电气强度高的原因

卤化物气体具有高电气强度的原因，可从以下几方面来分析：

（1）由于含有卤族元素，这些气体具有很强的电负性，气体分子容易和电子结合成为负离子，从而削弱了电子的碰撞电离能力，同时又加强了复合过程。

（2）这些气体的分子量都比较大，分子直径较大，使得电子在其中的自由行程缩短，不易积聚能量，从而减少了其碰撞电离能力。

（3）电子和这些气体的分子相遇时，还易于引起分子发生极化等过程，增加能量损失，从而减弱其碰撞电离能力。

（三）对高电气强度气体的要求

除了击穿特性之外，高电气强度气体应满足其他一系列要求，才能在工程上加以采用，这些要求主要有：

（1）液化温度要低，采用高电气强度气体时，常常同时提高压力，以便更大程度地提高间隙的击穿电压，缩小设备的体积和重量。所以这些气体的液化温度要低，以便在较低的运行温度下，还能施加相当的压力。

（2）应具有良好的化学稳定性，不易腐蚀设备中的其他材料，无毒，不会爆炸，不易燃烧，即使在放电过程中也不易分解等。

（3）经济上应当合理，价格便宜，能大量供应。

例如四氯化碳蒸汽虽然电气强度很高，但液化温度过高，在放电过程中易分解产生氯气，如有空气存在，放电过程中还能形成剧毒的物质（碳二酰氯—光气），所以工程上不能用作绝缘介质。

目前工程上已得到采用的是六氟化硫（SF_6）。SF_6 除了其电气强度很高以外，还具有优良的灭弧性能，故很适合用于高压断路器中。SF_6 不仅可用来制作单台电气设备（如 SF_6 断路器、避雷器、电容器等），而且还发展成了各种组合设备，即将整套送变电设备组成一体，密封后充以 SF_6 气体，如气体绝缘金属封闭开关设备 GIS、气体绝缘输电管道 GIL 等。这些 SF_6 组合设备具有很多优点，如可大大节省占地面积、简化运行维护等。六氟化硫绝缘详见第五章。

六、高真空的采用

采用高真空和提高气压类似，也可削弱间隙中的碰撞电离过程，从而显著增高间隙的击穿电压，如图 2-91 所示（作为阴极的球电极为不锈钢制，直径 25.4mm，板电极为钢制，直径 50.8mm，击穿场强 E_b 是根据击穿电压 U_b 计算得的阴极表面的最大场强）。剩余压力低于 10^{-4}（133Pa）后，击穿场强很高，且与剩余压力关系很小；但剩余压力高于 10^{-4}

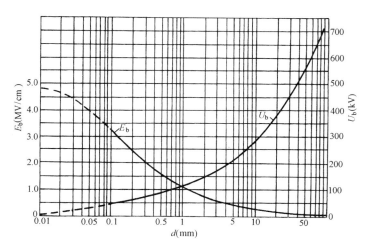

图 2-91　真空中直流电压下，球-板间隙的击穿电压
及击穿场强和间隙距离的关系

（133Pa）时，击穿场强急剧下降。

在高真空中，如按第四节所述气体碰撞电离理论分析，则所得击穿电压将极高，直至趋于无穷大。实际情况不是这样。这说明高真空中击穿机理发生了改变：由于与电极有关的某些过程使局部电极材料气化，局部气压的提高将进一步引发电离和放电过程，最终导致整个间隙的击穿。当前主要有两种真空击穿理论：场致发射引发击穿和微粒引发击穿。

1. 场致发射引发击穿

电极表面即使经过仔细加工，也仍存在微小凸点。在阴极凸点尖缘，局部微观电场增强，可引发显著的场致发射，造成很大的发射电流密度。当阴极上的凸点很尖时，它会发生爆发性的气化，产生微小的等离子体，进而可能引发整个间隙的击穿；当阴极上的凸点不太尖锐时，由它发射的电子束的功率密度很大，在阴极表面产生热点，引起阴极材料的气化，从而引发击穿。

2. 微粒引发击穿

电极表面不太紧密地附着许多尺寸为微米数量级的粒子。在强电场的作用下，它们带着电荷离开电极表面，并在间隙中加速，直至碰撞到对面电极。因它们的动能很大，引起对面电极材料的熔化、气化，为产生微小的等离子体创造条件。有两种说明飞行微粒产生微小等离子体的模型：①当带电微粒飞行到与对面电极相距几微米时，可产生强电场，导致强烈的场致发射，使局部电极或微粒气化，产生微小等离子体，从而可能引发整个间隙的击穿；②阳极上的微粒向阴极飞行，在途中被阴极发射电流加热、气化，产生微小等离子体。

在短间隙（$d<2mm$）中，场致发射过程起主要作用，击穿场强较高；在大间隙（$d>2mm$）中，微粒机制起主要作用，随距离的增加，击穿场强下降（见图 2-91）；中间的距离是过渡区。

真空击穿理论还在不断发展。近年来实验观测和理论模型说明，电极表面的绝缘杂物、电极表面与电极绝缘的金属和非金属微粒都是很强的场致电子发射点。

由于真空中击穿过程有上述特点，所以真空间隙的击穿电压和电极材料、电极表面的光洁度及清洁度（包括吸附气体的多少及种类）等多种因素有关，分散性很大，因而也可利用前述击穿处理法（老炼）来提高间隙的击穿电压。

在电力设备中目前还很少采用高真空。因为在电力设备的绝缘结构中，总还得采用各种固态、液态绝缘材料，而在真空中这些绝缘材料会逐渐释出气体，使真空无法保持。所以只是在一些特殊场合（如真空断路器——真空不仅绝缘性能好，而且还具有很好的灭弧能力），才采用高真空作绝缘。

习　题

2-1　氖气的电离电位为 21.56V。求引起碰撞电离时电子所需最小速度和引起光电离时光子所需最大波长。而如要使水蒸气发生光电离，其临界波长为多少？是否在可见光范围内？

2-2　氧分子（O_2）的电离能为 12.5eV。如果由气体分子的平均动能直接使 O_2 产生热电离，试问气体的绝对温度应该达到多少？

2-3　设在气体中电子的平均自由行程为 λ。并设在均匀电场中，$x=0$ 处有 n_0 个电子沿电场方向运动。求这 n_0 个电子在 x 为 $0\sim\lambda$、$\lambda\sim2\lambda$、$2\lambda\sim3\lambda$、$3\lambda\sim4\lambda$ 等各区间发生碰撞的电子数各为多少（用百分率表示）？

2-4　因紫外线、宇宙射线等辐射的作用，大气中存在着一定数量的正、负离子，浓度大约各为 $10^3\,cm^{-3}$，复合系数 $\rho\approx10^{-6}\,cm^3/s$。试估算离子的平均寿命。

2-5　在平行平板电极装置中，由于照射 X 射线，每立方厘米大气中每秒产生 10^7 对正、负离子。若两极间距离为 $d=5cm$，问饱和电流密度等于多少？

2-6　用实验方法求取某气体的电子电离系数 α。平行平板电极间距离是 0.4cm，电压为 8kV 时的稳态电流为 $3.8\times10^{-8}A$；维持场强不变，将距离减至 0.1cm 后，电流减为 $3.8\times10^{-9}A$。试计算 α，并计算每秒由外电离因素使阴极发射出的电子数。

2-7　设平行平板电极间气体受到 X 射线照射后引起均匀的光电离，电离速率为 $n_i\,cm^{-3}\cdot s^{-1}$。并设外施电压仅引起 α 过程，且略去阴极发射电子的过程。试推导单位时间到达单位面积阳极的电子总数表达式。

2-8　设平行平板电极间气体受到 X 射线照射，引起阴极光电效应和气体的光电离，阴极发射电子速率为 $n_0\,cm^{-2}\cdot s^{-1}$，气体光电离速率为 $n_i\,cm^{-3}\cdot s^{-1}$。外加电压后引起 α 过程和 γ 过程。试推导单位时间到达单位面积阳极的电子总数表达式。

2-9　平行平板电极间距离 $d=0.1cm$ 时，击穿电压为 4.6kV。气体为空气，压力为 760（133.3Pa），温度为 20℃，取 $A=8.5$ $(cm\cdot133.3Pa)^{-1}$，$B=250$ $(V\cdot cm^{-1})\cdot(133.3Pa)^{-1}$，试求电离系数 γ。又 $d=1.0cm$ 时，击穿电压为 31.6kV，再求 γ。

2-10　试计算均匀电场空气间隙的击穿电压最小值及气压与间隙距离乘积的最小值。取 $A=14.6$ $(cm\cdot133.3Pa)^{-1}$，$B=365$ $(V\cdot cm^{-1})\cdot(133.3Pa)^{-1}$，$\gamma=0.025$。

2-11　如图 2-92 所示密封容器内有两个并联的空气间隙，$d_1=10cm$，$d_2=40cm$。问在多大气压范围，d_2 先放电（用图 2-12 曲线）？

2-12　空气间隙具有均匀电场，距离 d 可变。在外电离因素光辐射作用下，阴极发射的初始光电流密度为 j_0。温度为 20℃，气压为 10(133.3Pa)，保持不变。在保持 $E/P=60(V\cdot cm^{-1})\cdot(133.3Pa)^{-1}$ 不变的条件下，改变距离 d 和电压 U，测得电流密度增长倍数 j/j_0，见表 2-9。

表 2-9 　　　　　　　　　　　　　　**电流密度增长倍数**

j/j_0	3.32	11.02	36.6	420	8008
$\ln j/j_0$	1.2	2.4	3.6	6.04	8.99
U (kV)	0.6	1.2	1.8	3.0	4.2

（1）从测量结果，计算电离系数 α 及 α/p。

（2）从测量结果，计算电离系数 γ。

（3）如保持 E/p 不变，进一步增大电压，最终将引起间隙击穿。问此时击穿电压 U_b 及所需的间隙距离 d 等于多少？

2-13　研究气体绝缘的击穿时，可以采用同心的圆球（内电极）和半球（外电极）电极装置（见图 2-93），间隙中电场强度可按同心球计算。内电极半径为 r，施加电压为 U；外电极半径为 R，接地。设在一定温度下 α 和场强 E 的关系为 $\dfrac{\alpha}{p}=A\left[\left(\dfrac{E}{p}\right)^2-B^2\right]$，其中 p 为气压，A、B 为常数。试推导间隙的击穿电压（写成隐函数形式即可）。

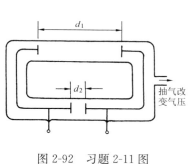

图 2-92　习题 2-11 图

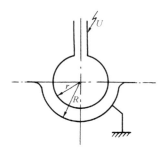

图 2-93　习题 2-13 图

2-14　同轴圆筒形电极，内电极直径为 0.5cm、外电极直径为 50cm，电极表面光滑；施加正弦交流电压。升至某电压值下，其电流急剧增加。问该电压有效值为多少？设测量时 $p=0.1013\text{MPa}$，$t=20℃$。

2-15　某高压实验室工频试验变压器的额定电压为 500kV，高压引线离地 4m。根据不发生电晕条件，试估算引线的半径应等于多少（引线表面粗糙系数取 0.7～0.8）？

2-16　某 110kV 输电线路的导线水平排列，相邻导线间距离 3.7m，导线对地悬挂高度 12.2m，导线型号 LGJ-185，其计算外径 19mm。假设大气为标准状态，试问：

（1）导线会发生全面电晕否？

（2）导线会发生局部电晕否？

2-17　为增加输送容量，将上题中的 110kV 线路升压至 220kV 运行，问电晕情况又将如何？

2-18　一台 500kV 的工频试验变压器，希望不发生电晕，其高压出线端的均压球（半径 20cm）离墙至少多远？

2-19　一台空气标准电容器，布置如图 2-94 所示。请问：

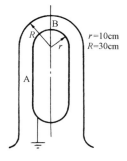

图 2-94　习题 2-19 图

（1）若升高外施电压，则在内圆柱表面的 A 处及内圆球表面的 B 处，哪里先放电？放电电压多少？

（2）如保持内半径 r 不变，而希望其放电电压至少 300kV（峰值），则外半径 R 应为多少？

2-20　试分别选择 750kV 工频试验变压器和 1.5MV 雷电冲击电压发生器离墙的安全距离（安全系数对于工频约取 1.8，对于雷电冲击约取 1.3）。

本 章 参 考 文 献

[2-1] 谢施君，贺恒鑫，等. 棒－棒间隙操作冲击放电过程的试验观测. 高电压技术，2012（8）：2083-2090.

[2-2] 谷山强，陈维江，等. 一次自然雷击过程的光学观测分析. 高电压技术，2014（3）：683-689.

[2-3] GB/T 16927. 1—2011《高电压试验技术　第一部分：一般试验要求》. 北京：中国标准出版社，2011.

[2-4] GB/T 311.6—2005《高电压测量标准空气间隙》. 北京：中国标准出版社，2005.

[2-5] GB/T 16927.4—2014《高电压和大电流试验技术　第 4 部分：试验电流和测量系统的定义和要求》. 北京：中国标准出版社，2014.

[2-6] 孙昭英，等. ±800kV 直流输电工程空气间隙放电特性试验及间隙距离选择. 电网技术，2008（22）：8-12.

[2-7] 王黎明，等. 棒－板间隙在交直流预电压作用下的冲击特性. 清华大学学报（自然科学版），2002（3）：285-287.

[2-8] 廖蔚明，等. ±800kV 直流线路杆塔塔头空气间隙的直流叠加操作冲击放电特性. 电网技术，2008（9）：6-9.

[2-9] 孙昭英，等. 青藏直流联网工程空气间隙的海拔校正. 电网技术，2010（5）：190-194.

第三章　气体中的沿面放电和高压绝缘子

　　电力系统和电气设备中广泛使用高压绝缘子，它的用途是将不同电位的导电体在电气上相互绝缘、在机械上相互连接。绝缘子由固体绝缘材料制成，周围的工作媒质是气体或液体。运行中的绝缘子可能丧失绝缘功能，沿绝缘子的外部表面、在气体或液体中发生连通两电极的外部闪络，部分绝缘子还可能发生贯穿固体绝缘材料的内部击穿。

　　气体中绝缘子闪络是一种气体电介质中、沿固体电介质表面的放电现象，从起始电晕到最终闪络，不同阶段各有特点。气体中的沿面放电与固体电介质表面的电场分布有很大关系，闪络电压还受气体状态（压力、温度和湿度）、固体绝缘材料的介电性能、作用电压形式（工频、直流、操作冲击或雷电冲击）和周围环境（清洁或污染）的影响。

　　本章讨论气体中的沿面放电和高压绝缘子。叙述次序大致是：说明高压绝缘子的用途、分类和性能要求；作为物理基础，讨论气体电介质中沿固体电介质表面的放电现象和影响因素；按绝缘结构分别介绍支柱绝缘子、瓷套管和线路绝缘子，并穿插棒形绝缘子的计算；讨论固体电介质表面脏污时的沿面放电现象、影响因素，介绍污秽地区绝缘子，说明直流污秽闪络的特点；分析大气条件和海拔高度对外绝缘放电电压的影响。

第一节　绝　缘　子　分　类

　　高压绝缘子可根据用途或所用材料进行分类。

一、高压绝缘子按用途分类

　　按用途和绝缘结构的不同，可将高压绝缘子分为支柱绝缘子、瓷套、套管和线路绝缘子四大类。

　　1. 支柱绝缘子

　　用作高压配电装置母线和高压电器带电部分的绝缘支柱。如隔离开关中用于固定触头的支柱绝缘子等。

　　2. 瓷套

　　用作电器内绝缘的容器，并使内绝缘免遭周围环境因素的影响。如电压互感器的瓷套、避雷器瓷套等。

　　3. 套管

　　用作导电体穿过电器外壳、接地隔板或墙壁的绝缘部件。如变压器绕组的出线套管、穿墙套管等。瓷套管以瓷作为主要绝缘，在本章介绍，电容套管、充油套管则以瓷套作为外绝缘，将在第八章介绍。

　　4. 线路绝缘子

　　用作高压架空线路悬挂或支承导线的绝缘部件。如用于悬挂导线的悬式绝缘子（参见附录图 B2～图 B4 和图 B16）、用于支撑导线的柱式复合绝缘子等。

二、高压绝缘子按材料分类

按所用绝缘材料的不同，可将高压绝缘子分为瓷绝缘子、玻璃绝缘子和复合绝缘子三大类。

绝缘子通常由绝缘件、机械固定用的金属附件、胶装绝缘件和金属附件的胶合剂组成（见图 3-1、图 3-2）。有些产品还带有传导电流用的导电体。

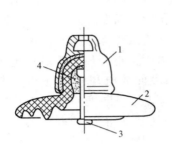

图 3-1　瓷质盘形悬式
绝缘子结构简图
1—铁帽；2—绝缘；
3—铁脚；4—水泥

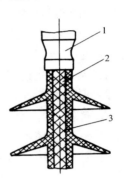

图 3-2　复合
绝缘子结构简图
1—铁帽；2—芯棒；
3—伞套

（一）瓷绝缘子

1. 电瓷

瓷绝缘子的使用广泛；使用的电瓷是无机材料，由石英、长石和黏土焙烧而成，能耐受不利大气环境和酸碱污秽等的长期作用而不受侵蚀，抗老化性好，且具有足够的电气性能和机械强度。电瓷的电气和机械性能与其配方和工艺有关。

均匀电场中，薄瓷片试样（厚度 1.5mm）有很高的电气强度（工频时为 17～22kV/mm）。随着瓷壁厚度 d 的增加，由于瓷质不均匀，瓷的电气强度显著降低，如图 3-3 所示（试样为纯瓷穿墙套管，法兰处有半导体釉）。通常瓷件厚度不超过 30～40mm，较厚的瓷壁宜用几个薄瓷件胶合而成。电瓷在雷电冲击电压下的电气强度比工频下高 50%～70%。

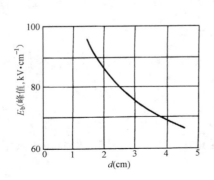

图 3-3　瓷的电气强度 E_b
与壁厚 d 的关系

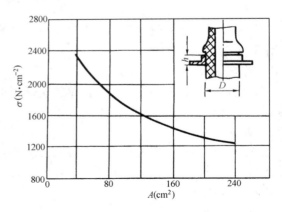

图 3-4　纯瓷穿墙套管弯曲破坏应力 σ
与危险断面面积 A 的关系

瓷是一种脆性材料，它的抗压强度比抗拉强度大得多。普通上釉电瓷试样（直径 2～3cm）的抗压强度达 50kN/cm²，抗弯强度也不低于 8kN/cm²，但抗拉强度却只约 3kN/cm²。不上釉的瓷，表面粗糙容易开裂，机械强度要低 10%～20%。瓷件截面积增加，机械强度也要下降，如图 3-4 所示（胶装处辊花不上釉，胶合剂为 500 号硅酸盐水泥，$h/D=0.4$）。电瓷的机械强度与其受力情况以及结构形状，也即附件的结构和组装方法有很大关系。为了使电瓷有较高的机械强度，设计时应尽可能使瓷件承受压应力。

2. 金属附件

绝缘子的金属附件主要由铸铁和钢制成，对一些需通过大电流的产品，为减少附件的涡流损耗，也有用硅铝合金做附件的。附件结构对绝缘子的机械强度影响很大。导电材料（如套管所用导杆）一般均采用铜杆或铜管，有些穿墙套管也采用铝导体。

3. 胶合剂

胶合剂是将瓷件和附件胶合连接的材料，最常用的是 500 号硅酸盐水泥。为减小水泥和瓷件温度膨胀系数不同而产生的内应力，用瓷粉或瓷砂作填充剂，并在附件胶装面刷沥青作缓冲层。现在很多电瓷产品，特别是大型瓷套都用卡装方法与附件固定，它避免了温度内应力，组装工艺时间也可缩短。

（二）玻璃绝缘子

玻璃也是一种良好的外绝缘材料，具有与电瓷同样的环境稳定性，生产工艺简单，较易实现机械化，生产效率高。普通玻璃的冷热性能差，机械强度也低，所以玻璃绝缘子绝缘件使用的是钢化玻璃。玻璃绝缘子的种类单一，主要是输电线路上的盘形悬式绝缘子，其结构形式与瓷质的盘形悬式绝缘子相似。

玻璃绝缘子的玻璃件经钢化处理后，可获得均匀分布的钢化内应力，显著提高了其机械强度和耐冷热急变性能，机械强度可比普通电瓷高 1～2 倍，电气强度也高于瓷。另外，这种钢化内应力属永久应力，不随运行时间的增加而改变，绝缘子在整个运行过程中能保持各项性能不下降，即不易老化。

玻璃绝缘子具有零值自破、耐雷击、抗舞动和不掉串等特性。

输电线路上的盘形悬式玻璃绝缘子损坏后一般能"自爆"，便于巡线时及时发现，失效检出率为百分之百，不会给输电线路留下事故隐患。

运行中的绝缘子遭受雷击时，绝缘子表面及金属附件均会有电弧灼伤的痕迹。瓷绝缘子的表面釉层剥落，露出粗糙的瓷体易吸潮积垢，加速瓷体老化。玻璃绝缘子表面虽剥落一层薄片（厚度 0.1～0.2mm），但新的表面仍是玻璃体，只要铁帽和钢脚不被灼伤，它仍能继续使用。复合绝缘子难以承受上述工频电弧，芯棒一旦受雷电冲击灼伤则必须更换。

由于材质、结构和制造工艺的因素，瓷和复合绝缘子的耐振动疲劳性能不如玻璃绝缘子。

至 2007 年，已有 3500 万片国产玻璃绝缘子投入电力企业运行，初步统计年失效率为 0.02%～0.06%，低于瓷绝缘子的 0.05%～0.66%[3-1]。

对安装有盘形悬式瓷绝缘子和玻璃绝缘子的某 220kV 输电线路，运行后每 4～6 年取样测试绝缘子性能，结果见表 3-1[3-1]。由表可知，玻璃绝缘子的老化性能优于瓷绝缘子。

（三）复合绝缘子

20 世纪 60 年代开始出现复合绝缘子，它由两种绝缘部件，即芯体和伞套组成，并装有端部装配件。芯体是绝缘子的中心部件，承受机械负荷作用。伞套保护芯体免受环境因素影响和提供必要的爬电距离。端部装配件用于将绝缘子连接至支持结构、导体、设备或另一绝缘子。

表 3-1   **绝缘子长期运行后机电性能试验结果**

运行年（a）	工频火花电压试验 损坏率（%）		一小时机电联合试验 损坏率（%）	
	瓷绝缘子	玻璃绝缘子	瓷绝缘子	玻璃绝缘子
10	7.0	5.2	54.0	5.6
16	41.0	0.0	88.0	0.0
20	60.0	0.0	12.5	5.6
25	55.6	2.4	75.0	7.5
30	—	0.0	—	0.0
36	—	0.0	—	0.0
40	—	0.0	—	0.0

复合绝缘子中的芯体大多是环氧树脂玻璃纤维引拔棒，它的机械强度比钢的还高，也具有良好的电气性能，是制造芯棒的合适材料。伞套由高分子聚合物——高温硫化硅橡胶制成，它具有一定的机械强度，良好的电气性能和环境稳定性，是制造伞套的合适材料。

进入 20 世纪 90 年代，复合绝缘子的设计、材料配方与制造工艺已趋成熟，使用量也日益增加，根据国际大电网会议（CIGRE）1997 年的统计，实际运行的复合绝缘子总量约已达 350 万支。复合绝缘子不仅有线路悬式、耐张、横担等，且已发展到支柱、穿墙套管、电器外套、绝缘拉杆等型式。

与瓷或玻璃绝缘子相比，硅橡胶复合绝缘子具有很多优点，除工艺简单、生产过程对环境污染小、重量轻、体积小、运输安装方便外，它的突出优点是耐污闪和湿闪的性能优异、运行维护费用低以及用于高电压等级的价格优势。复合绝缘子的伞套表面积污后，由于硅橡胶材料所特有的表面憎水性的迁移性能，使得复合绝缘子具有优良的耐污闪性能。

第二节　绝缘子性能要求

绝缘子是起电气绝缘和机械固定作用的绝缘部件，运行中的绝缘子会受到工作电压和过电压以及机械负荷的作用，在户外工作的绝缘子还会受到雨、雪、雾、露、日照，脏污空气中的酸、碱等腐蚀性导电尘埃和盐分的作用。因此，对绝缘子的基本要求是：有足够的电气强度；能承受一定的机械负荷；能经受不利的环境和大气作用。

一、电气性能

绝缘子的电气性能主要包括闪络电压、击穿电压和可见电晕电压等。

（一）闪络电压

绝缘子的闪络是在绝缘子外部沿其表面发生的一种贯穿性放电，导致不同电位的绝缘子两电极之间发生电气连接。绝缘子发生闪络时的电压称为闪络电压，是绝缘子外部绝缘的一个重要电气性能。按照表面状况的不同，绝缘子的闪络电压又可分为干闪络电压、湿闪络电压和污秽闪络电压。

1. 干闪络电压

干闪络电压是表面清洁、干燥绝缘子的闪络电压。对户内绝缘子来说，这是它的主要性能。

绝缘子不同电位的两个金属电极之间外部空间的最短距离称为干闪距离（见图 3-21），绝缘子的干闪络电压（或简称干闪电压）主要取决于其干闪距离。

根据电压形式的不同，干闪电压还分为工频干闪电压、雷电冲击干闪电压和操作冲击干闪电压。一般来讲，雷电冲击干闪电压高于工频干闪电压，操作冲击干闪电压与工频干闪电压相当，但干闪距离较大时，操作冲击干闪电压可能低于工频干闪电压。直流绝缘子还有直流干闪电压。

2. 湿闪络电压

湿闪络电压是表面洁净绝缘子在淋雨时的闪络电压，是户外绝缘子的主要性能。

在实验室测试绝缘子的湿闪络电压时应按照相关规定进行。GB 775.2—2003《绝缘子试验方法》规定了在实验室测试绝缘子湿闪络电压时的人工雨特性，见表 3-2。试验时喷出的雨滴应细小均匀，雨滴淋到的区域应能超出试品外形尺寸范围。测量到的雨水温度若不同于 20℃时，其体积电阻率应按 GB 775.2—2003 规定的方法进行换算。

表 3-2　　　　　　　　　　标准湿试验程序的淋雨状态

分类		单位	数值
所有测量点的平均淋雨率	垂直分量	mm/min	1.0～2.0
	水平分量	mm/min	1.0～2.0
单独每次测量和每个分量的极限值		mm/min	平均值±0.5
收集到的雨水温度		℃	周围环境温度±15
收集的雨水校正到 20℃的电阻率		Ω·m	100±15

绝缘子的湿闪络电压（或简称湿闪电压）不仅与其干闪距离，还与绝缘子的伞形结构有关。

由于电压持续时间较短，雷电冲击电压下绝缘子的干、湿闪电压基本相同。工频和操作冲击电压作用下，绝缘子的湿闪电压与干闪电压有差异，分别称为工频湿闪电压和操作冲击湿闪电压。直流绝缘子还有直流湿闪电压。

3. 污秽闪络电压

污秽闪络电压（或简称污闪电压）是表面脏污的绝缘子在受潮情况下的闪络电压。目前常用爬电距离来衡量绝缘子在污秽和受潮条件下的绝缘能力，爬电距离是指不同电位的绝缘子两电极之间沿其表面的最短距离或最短距离之和。

4. 干、湿闪电压的差异

工频电压下，绝缘子的干、湿闪电压相差较多，见表 3-3。由表可知，取决于类别和结构参数，绝缘子的工频湿闪电压比干闪电压低约 10%～30%。

前已述及，雷电冲击电压下，绝缘子的干、湿闪电压基本相同。

操作冲击电压作用下，绝缘子的干、湿闪电压差异与电压极性有关。由表 3-3 可知，正极性时，绝缘子的操作冲击湿闪电压比干闪电压低得不多，约为 7%～9%，有些情况下湿闪电压甚至比干闪电压还高 3%。负极性时，绝缘子的操作冲击干、湿闪电压差异大于正极性时，湿闪电压比干闪电压低约 13％。必须指出，对绝缘子的操作冲击干闪电压，负极性的比正极性的高，例如对 25 片线路玻璃绝缘子串，高约 13％；而对操作冲击湿闪电压，则是负极性的比正极性的低，低约 5％。

表 3-3　　　　　　　　工频和操作冲击电压下，绝缘子的干闪电压和湿闪电压

绝缘子类别	结构特性	作用电压形式	干闪电压 (kV)	湿闪电压 (kV)	湿、干闪电压比	数据来源
线路瓷绝缘子串	串长 1.75m	工频电压（50 Hz）*	630	450	0.71	参考文献 [3-2]
	串长 4.03m	操作冲击电压，正极性	1715	1587	0.93	
线路玻璃绝缘子串	串长 2.19m **	工频电压（60 Hz）*	753	580	0.77	参考文献 [3-3]
	串长 3.65m **	操作冲击电压，正极性	1615	1663	1.03	
	串长 3.65m **	操作冲击电压，负极性	1828	1590	0.87	
线路复合绝缘子	干闪距离 1.75m	工频电压（50 Hz）*	680	600	0.88	参考文献 [3-2]
	干闪距离 4.2m	操作冲击电压，正极性	1780	1622	0.91	

＊　工频闪络电压为有效值。

＊＊　淋雨率 5mm/min。

图 3-5 所示为操作冲击电压作用下支柱瓷绝缘子柱（3 节，总高度 4.7m，底座离地高度 6.5m）的湿闪络放电通道[3-3]，负极性时放电通道挨着绝缘子柱，放电受淋雨表面的影响较大；正极性时放电通道远离绝缘子柱，放电不受淋雨表面的影响。不同极性下，放电通道的差异决定了绝缘子操作冲击干、湿闪电压的差异。

(a)　　　　　　(b)

图 3-5　支柱瓷绝缘子柱操作冲击湿闪放电通道
(a) 正极性；(b) 负极性

5. 耐受电压

GB 311.1—2012《绝缘配合　第 1 部分：定义、原则和规则》中规定了各类电力设备的额定耐受电压（见附录 A）。试验时若大气状况与标准大气条件（气压 0.1013MPa，温度 20℃，绝对湿度 11g/m³）不符，还应对耐受电压值进行修正（见本章第八节）。

GB/T 8287.1—2008《标称电压高于 1000V 系统用户内和户外支柱绝缘子　第 1 部分：瓷或玻璃绝缘子的试验》中规定了绝缘子通过耐受电压试验的接受准则，对工频干、湿耐受电压试验，施加规定的电压 1min，绝缘子不应发生闪络或击穿；对雷电冲击干耐受和操作冲击干、湿耐受电压试验，有两种接受准则：①施加规定的冲击电压 15 次，绝缘子的闪络次数不超过 2 次；②进行闪络试验获得 50％冲击闪络电压，其值不低于规定的冲击耐受电压的 $[1/(1-1.3\sigma)]$ 倍，对雷电冲击试验 σ 取为 3％，对操作冲击试验 σ 取为 6％。

绝缘子的闪络电压具有分散性，通常认为其遵循正态分布规律，可用 50％闪络电压 U_{50}（对工频也称平均闪络电压）和标准差 σ 两个分布参数来表征。若 σ 以 U_{50} 的百分比表示，闪络概率小于 10％的闪络电压 U_{10} 与 U_{50} 的关系是 $U_{10}=(1-1.3\sigma)U_{50}$。由此可知，GB/T

8287.1—2008 中是将 U_{10} 当作耐受电压。

设计绝缘子时，可根据要求的耐受电压和标准差 σ 来确定绝缘子的 U_{50}，然后进一步确定结构参数和伞形等。σ 取决于电压形式和极性、干闪或湿闪，其值处于 2%～6% 的范围内，可参考有关文献[3-3],[3-4]。

（二）击穿电压

绝缘子的击穿是贯穿绝缘子固体绝缘材料且使其电气强度永久丧失的一种破坏性放电，绝缘子发生击穿时的电压称为击穿电压。有些绝缘子电极间的绝缘可能被击穿（见图 3-6）。为避免造成不可恢复的损坏，绝缘子的击穿电压应比干闪络电压高。

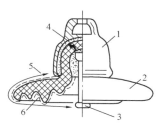

图 3-6　绝缘子的击穿、
闪络和爬电路径
1—铁帽；2—绝缘；3—铁脚；
4—击穿路径；5—闪络路径；
6—爬电路径

（三）可见电晕电压

运行中绝缘子的电晕将造成高频干扰、引起能量损失，通常要求正常工作电压下不出现这种有害的电晕，所以应测定绝缘子的可见电晕电压。

二、机械性能

绝缘子的机械性能主要包括拉伸负荷、弯曲负荷和扭转负荷等。

1. 拉伸负荷

拉伸负荷以作用在绝缘子两端的拉伸力来表示。如悬挂输电线的绝缘子受重力和导线拉力的作用。

2. 弯曲负荷

弯曲负荷以作用在绝缘子顶部的垂直力（垂直于绝缘支柱）来表示。如导线拉力、风力或短路电流电动力作用于支柱绝缘子，因它们的方向与支柱垂直而使支柱受到弯矩作用。

3. 扭转负荷

扭转负荷以作用在绝缘子顶部的扭矩来表示。如隔离开关的支柱绝缘子常以转动方式来开闭触头，转动时绝缘支柱将承受扭转力矩。

三、冷热性能

制造绝缘子最普遍的材料是电瓷。运行中因受日照，瓷件温度可能比周围高 20～30℃，若遇降雨，瓷件表面骤冷产生内部应力，可能造成开裂。因此要求瓷件在 70℃ 的温差剧变时不发生开裂。从温度膨胀系数来看，电瓷（$45～70 \times 10^{-7}℃^{-1}$）小于金属附件（$115 \times 10^{-7}℃^{-1}$）和胶合剂（如水泥为 $100 \times 10^{-7}℃^{-1}$），如设计不当，温度变化也会使它们间产生应力而破裂。

此外，运行中的绝缘子在长期工作电压和机械负荷作用下，会发生电介质的老化现象，因此要求绝缘子应具有一定的抗老化性能。

第三节　气体中沿固体电介质表面的放电

绝缘子和它所固定的带电导体绝大部分处于空气中，在绝缘子和空气的分界面上有时会出现放电现象，称为沿面放电。若沿面放电发展到贯穿性的空气击穿，称为闪络。气体中的沿面放电也是一种气体放电现象，沿面闪络电压比气体或固体单独存在时的击穿电压都低。电力设备的绝缘事故中，很多是沿面放电造成的。

沿面放电与固体电介质表面的电场分布有很大关系。固体电介质处于电极间电场中的形式，有以下三种典型情况：

（1）固体电介质处于均匀电场中，固体、气体电介质分界面平行于电场线，如图 3-7 （a）所示。工程上很少遇到这种情况，但常会遇到电介质处于稍不均匀电场中的情况，此时放电现象与均匀电场中的有很多相似之处。

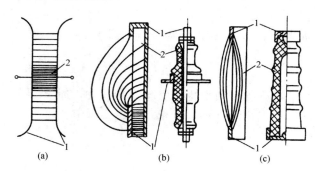

图 3-7　电介质在电场中的典型布置方式
（a）均匀电场；（b）有强垂直分量的极不均匀电场；
（c）有弱垂直分量的极不均匀电场
1—电极；2—固体电介质

（2）固体电介质处于极不均匀电场中，且电场强度垂直于电介质表面的分量（以下简称垂直分量）要比平行于表面的分量大得多，如图 3-7 （b）所示。套管就属于这种情况。

（3）固体电介质处于极不均匀电场中，但在电介质表面大部分地方（除紧靠电极的很小区域外），电场强度平行于电介质表面的分量要比垂直分量大，如图 3-7 （c）所示。支柱绝缘子就属于这种情况。

这三种情况下的沿面放电现象有很大差别，下面分别讨论。

一、均匀电场中的沿面放电

在平行平板电极间放一圆瓷柱，瓷柱表面与电场线平行，如图 3-7 （a）所示。瓷柱虽未影响极板间电场分布，但放电总是发生在瓷柱表面，且闪络电压比纯空气的击穿电压低得多。出现这种现象有多种原因。

首先，固体电介质与电极的接触面间可能存在气隙，由于气体的介电常数比固体电介质低，气隙中场强比平均场强大得多，将发生局部放电。放电产生的带电质点扩散到固体电介质表面，畸变电场分布，降低了沿面闪络电压（见图 3-8 中曲线 4）。所以，实际结构中应使电极与电介质紧密结合。

其次，空气湿度及固体电介质吸附水分的能力对闪络电压也有显著影响。在空气相对湿度低于 $50\%\sim60\%$ 时影响较小，但超过 $50\%\sim60\%$ 时闪络电压随湿度增加急剧降低。表面吸附水分能力大的电介质（如瓷和玻璃）受湿度的影响显著，其闪络电压较纯空气间隙的低很多；表面吸附水分能力小的电介质（如石蜡），受湿度影响较小（见图 3-8）。由此可知，闪络电压的降低也和电介质表面吸附水分形成水膜有关。水膜中离子受电场作用而移动，电极附近逐渐积聚起电荷，使电介质表面电压分布不均匀，因此沿面闪络电压低于纯空气的击穿电压。由于离子移动、电荷积聚需要一定时间，因此闪络电压的降低程度与作用电压的变化速度有关，电压变化较慢时的闪络电压比电压变化较快时的闪络电压要低（见图 3-9）。

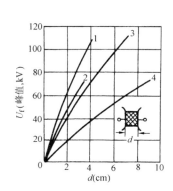

图 3-8　均匀电场中沿不同电介质
表面的工频闪络电压
1—空气间隙击穿；2—石蜡；3—瓷；
4—与电极接触不紧密的瓷

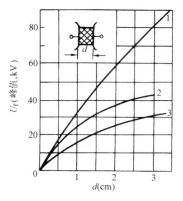

图 3-9　空气中沿玻璃表面
的闪络电压
1—空气间隙击穿；2—雷电冲击
闪络电压；3—工频闪络电压

此外，电介质表面电阻不均匀和电介质表面粗糙，也都会畸变电场分布，使闪络电压降低。

和空气间隙一样，增加气体压力也能提高闪络电压。气体必须干燥，否则电介质表面凝聚水滴，沿面电压分布更不均匀，甚至出现高气压下闪络电压反而降低的异常现象。图 3-10 给出干燥氮气中电介质表面闪络电压与气压的关系。随气压升高，闪络电压不像气体间隙击穿电压增加得那样快。

均匀电场中的沿面放电现象在实际结构中较少遇到，但人们常用改进电极形状的方法使电场接近均匀。如对圆柱形的支柱绝缘子，可采用环状附件改善沿面电压分布，使瓷柱处于稍不均匀电场中，它具有类似均匀电场沿面放电的规律。

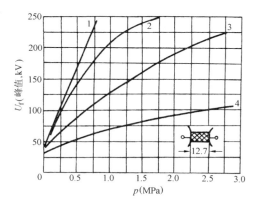

图 3-10　均匀电场中，气压对氮气中沿
圆柱固体电介质表面闪络电压的影响
1—氮气间隙；2—塑料；3—胶布板；4—瓷

二、极不均匀电场具有强垂直分量时的沿面放电

工程上这类绝缘结构很多［见图 3-7（b）］，沿面闪络电压较低，放电对绝缘的危害也大。因此对这种类型的沿面放电作详细讨论。

（一）基本过程

以简单套管（见图 3-11）为例进行讨论。由于法兰边缘电场极强，放电首先在这里开始。在不太高的电压下，法兰边缘出现微弱的发光圈（属电晕放电），如图 3-11（a）所示。随电压升高电晕延伸，逐渐形成由火花细线组成的光带，如图 3-11（b）所示。细线的光虽比电晕亮，但仍较弱；放电通道中电流密度较小，压降较大，伏安特性具有上升特征，属辉

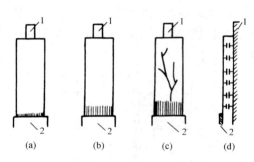

图 3-11　沿套管表面放电的示意图

(a) 电晕放电；(b) 细线状辉光放电；(c) 滑闪放电；

(d) 套管表面电容示意图

1—导杆；2—法兰

光放电性质。细线长度随电压正比增加。当电压超过某临界值后，放电性质发生变化，个别细线迅速增长，转变为树枝状、紫色、较明亮的火花，如图 3-11 (c) 所示。火花在法兰不同位置交替出现，一处出现后紧贴电介质表面向前发展，随即很快消失，而后又在新的位置产生。这种放电称为滑闪放电，通道中电流密度较大，压降较小，伏安特性具有下降特征。滑闪火花随外施电压增加迅速增长，因而电压只需增加不多，放电火花就延伸到另一电极，形成沿电介质表面气体中的完全击穿(闪络)。此后根据电源容量的大小，放电转入气体中的火花放电或电弧放电。如果法兰边缘为圆弧形，则辉光细线放电可能不很明显，而直接出现滑闪放电现象。

滑闪放电机理可概述如下：放电起始阶段，细线通道内因碰撞电离存在大量带电质点。在较强的电场垂直分量作用下，带电质点不断撞击电介质表面，使局部温度升高。电压增加，沿放电通道通过的带电质点增多，电介质表面局部温度也就升得更高。一定电压下，当温度高达足以引起气体热电离时，通道中带电质点剧增、电阻剧降，通道头部场强也剧增，导致通道迅速增长，放电转入滑闪放电阶段。所以，滑闪放电是以电介质表面放电通道中发生热电离作为特征的。

滑闪放电现象在交流和冲击电压下表现得很明显。图 3-12 是雷电冲击电压下，沿玻璃管表面的滑闪放电长度与电压的关系。随电压增加，放电长度增加得越来越快，因此单靠加长沿面距离来提高闪络电压的效果较差。玻璃管壁减薄，滑闪长度也有显著增加。

前面已分析，放电转入滑闪阶段的条件是通道中带电质点剧增。流过放电通道的电流，经过通道与另一电极间的电容构成通路，如图 3-11 (d) 所示。因此通道中的电流，或通道中带电质点的数目，随通道与另一电极间的电容量和电压变化速率的加大而增加。前者可用电介质表面单位面积与另一电极间的电容值来表征，称为比电容 C_0（F/cm^2）。根据上述分析，

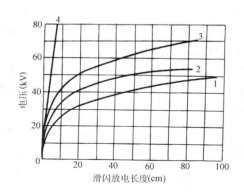

图 3-12　雷电冲击电压下，沿玻璃管表面的滑闪长度与电压的关系

1—直径为 0.79/0.97cm；2—直径为 0.63/0.9cm；3—直径为 0.6/1.01cm；4—空气间隙击穿电压

放电现象应和比电容及电压变化速率有关。由此可以理解，滑闪放电现象在交流和冲击电压下很明显；玻璃管壁减薄，比电容增大，滑闪火花长度显著增加。

（二）等值回路及分析

为分析套管电介质特性和尺寸对沿面放电的影响，将绝缘介质用电容、电阻表示，组成集中参数链形等值电路（见图 3-13）。

在导杆和法兰之间加交流电压，沿套管表面将有电流流过。由于 C_0 的分流作用，套管表面各处电流不等，越靠近法兰电流越大，单位距离上的压降也大，这就使套管表面的电压分布更不均匀。

电介质表面单位面积（1cm²）对导杆的电容（比电容）C_0、体积电导 G_V 及单位面积的表面电阻 R_s 分别为

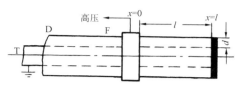

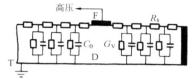

图 3-13　套管等值电路图

T—导杆；F—法兰；D—电介质

$$C_0 = \frac{\varepsilon_r}{4\pi \times 9 \times 10^{11} \times r_2 \ln \frac{r_2}{r_1}} \quad (\text{F/cm}^2)$$

$$(3\text{-}1)$$

$$G_V = \frac{1}{\rho_V r_2 \ln \frac{r_2}{r_1}} \quad (\text{S/cm}^2)$$

$$(3\text{-}2)$$

$$R_s = \rho_s \quad (\Omega)$$

$$(3\text{-}3)$$

上三式中　ε_r——电介质的相对介电常数；

ρ_V——电介质的体积电阻率，$\Omega \cdot \text{cm}$；

ρ_s——电介质的表面电阻率，Ω；

r_1、r_2——电介质圆柱的内、外半径，cm。

若电介质厚度与半径相比很小，则式（3-1）、式（3-2）可简化为平板电极间电容和电导的计算公式

$$C_0 = \frac{\varepsilon_r}{4\pi \times 9 \times 10^{11} \times d} \quad (\text{F/cm}^2)$$

$$(3\text{-}4)$$

$$G_V = \frac{1}{\rho_V d} \quad (\text{S/cm}^2)$$

$$(3\text{-}5)$$

式中　d——电介质厚度，cm。

由链形等值回路，可写出下列方程

$$\left. \begin{aligned} -\frac{\mathrm{d}I}{\mathrm{d}x} &= (G_V + \mathrm{j}\omega C_0)\underline{U} \\ -\frac{\mathrm{d}\underline{U}}{\mathrm{d}x} &= R_s \underline{I} \end{aligned} \right\}$$

进而得到 $\dfrac{\mathrm{d}^2 \underline{U}}{\mathrm{d}x^2} = \gamma^2 \underline{U}$，其中 $\gamma = \sqrt{R_s (G_V + \mathrm{j}\omega C_0)}$。解上述微分方程，并考虑到边界条件（见图 3-14）

$$\left. \begin{aligned} x &= 0, \underline{U} = \underline{U}_0 \\ x &= l, \underline{U} = 0 \end{aligned} \right\}$$

得到沿电介质表面的电压分布为

$$\underline{U} = \frac{\mathrm{sh}\gamma(l-x)}{\mathrm{sh}\gamma l} \underline{U}_0$$

$$(3\text{-}6)$$

沿电介质表面的电场强度为

$$\underline{E}_\mathrm{x} = -\frac{\mathrm{d}\underline{U}}{\mathrm{d}x} = \frac{\mathrm{ch}\gamma(l-x)}{\mathrm{sh}\gamma l}\gamma\,\underline{U}_0$$

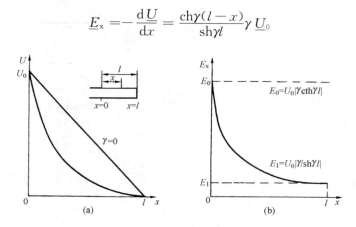

图 3-14　沿电介质表面的电压分布及场强分布

(a) 电压分布；(b) 场强分布

图 3-14 画出了沿电介质表面的电压分布及电场强度变化曲线。由图可知，沿电介质表面的电压分布极不均匀，紧靠法兰处场强最高，首先在此处发生局部放电。法兰（$x=0$）处电场强度为

$$\underline{E}_0 = \gamma(\mathrm{cth}\gamma l)\,\underline{U}_0$$

当 E_0 达到产生电晕（或细线状辉光，或滑闪）放电的场强时，此时的外施电压

$$\underline{U}_0 = \frac{\mathrm{th}\gamma l}{\gamma}\,\underline{E}_0 \tag{3-7}$$

即为电晕（或细线状辉光，或滑闪）放电的起始电压。

工频电压下，电介质的体积电导 $G_\mathrm{V}\ll\omega C_0$，故 $\gamma=\sqrt{\mathrm{j}\omega C_0\rho_\mathrm{S}}$ 。通常 l 足够长，$\mathrm{th}\gamma l\approx1$，因而式（3-7）可简化为

$$U_0 = \frac{E_0}{\sqrt{\omega C_0\rho_\mathrm{S}}} \tag{3-8}$$

由此可看出：①电压变化快，ω 大，放电电压低；②电介质厚度 d 小，相对介电常数 ε_r 大，即比电容 C_0 大，放电电压低；③电介质表面电阻率 ρ_S 大，表面电压分布不均匀，放电电压低。这些结论与实验结果一致。

由以上分析可知，改善沿面电压分布、提高放电起始电压的方法有：①减小比电容 C_0，如增加绝缘厚度 d（加大法兰处套管的外径）和采用介电常数小的电介质（如用瓷—油组合绝缘）；②减小表面电阻率，如在靠近法兰处涂半导电漆或上半导电釉。这些方法在实际结构中都有应用。

一定的电介质，ρ_S 由其表面状态决定，是定值；足以引起电晕、细线状辉光或滑闪放电的 E_0 也

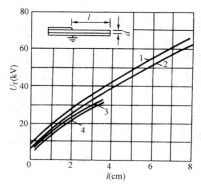

图 3-15　沿胶纸表面的直流闪络电压与沿面距离的关系

极性，d：1—正，4mm；2—负，4mm；3—正，1mm；4—负，1mm

分别为常数，于是可得工频电压下各种形式沿面放电起始电压和比电容的关系为

$$U_0 = \frac{K}{C_0^{0.5}}$$ (3-9)

式中　K——系数，由电介质性能和放电形式决定。

　　直流电压下没有明显的滑闪放电现象。图 3-15 是沿胶纸表面的直流闪络电压与沿面距离的关系，随着沿面距离增加，闪络电压增加也较快，且电介质厚度对闪络电压的影响也很小。平稳的直流电压下，图 3-13 的等值电路中只有表面电阻 R_s 和体积电导 G_v 起作用。对于一般工程电介质，$1/G_v \gg R_s$，通过电介质体积电导的电流很弱，它对表面电压分布的影响极小。所以在有强垂直分量的极不均匀电场中，直流电压下电介质表面的电压分布比交流电压下的要均匀些，放电通道中的电流也小，因此没有明显的滑闪放电现象，沿面闪络电压也高。如果是直流脉动电压，或直流电压常发生波动，此时沿电介质表面的放电和交流电压下类似，也有滑闪放电现象。在这些直流电压下工作的电气设备也需要考虑滑闪放电问题。

　　（三）滑闪放电电压的经验公式

　　由试验得到的工频电压下滑闪放电起始电压（有效值）与比电容的关系如图 3-16 所示，它可用经验公式表达为

$$U_{cr} = 1.36 \times 10^{-4}/C_0^{0.44} \quad \text{(kV)}$$ (3-10)

式中　C_0——比电容，F/cm^2。

　　当 $C_0 > 0.25 \times 10^{-12}$ F/cm^2 时，式（3-10）与试验结果比较符合；当 C_0 较小时，由式（3-10）所得的结果是近似的。

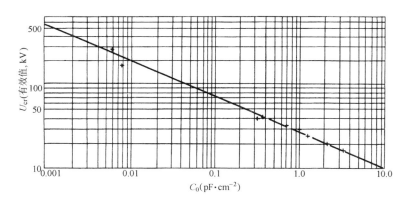

图 3-16　滑闪放电起始电压与比电容的关系

　　计算滑闪放电火花长度的经验公式为

$$l_{cr} = KC_0^2 U^5 \sqrt[4]{\frac{du}{dt}} \quad \text{(cm)}$$ (3-11)

式中　U——外施电压（峰值），kV；

　　　　du/dt——电压变化速率，取最大值，kV/μs；对于正弦交流电压，此值等于 ωU，ω 是角频率；

　　　　K——系数，负雷电冲击电压下为 33×10^{15}，正雷电冲击电压下为 39×10^{15}。

　　当滑闪放电火花长度发展到等于电极间的绝缘距离时，形成闪络。光滑电介质表面的闪络电压（峰值）可用下式计算

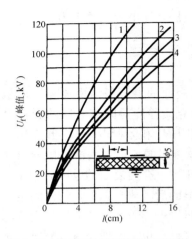

图 3-17　沿不同材料表面工频闪络
电压与极间距离的关系
1—空气间隙击穿；2—石蜡；
3—胶纸；4—瓷和玻璃

$$U_f = \sqrt[5]{\frac{l}{KC_0^2}} / \sqrt[20]{\frac{du}{dt}} \quad (kV) \qquad (3-12)$$

式中　l——两电极间距离，cm。

可见，要提高闪络电压，减小比电容比增大绝缘距离的效果要好得多。

计算滑闪放电起始电压，对设计有强垂直分量场强的绝缘结构十分重要。设备绝缘在工作电压下不允许出现有害的局部放电。为使绝缘结构尺寸不致过大，工频试验电压下只要求不出现滑闪放电，可允许有细线状辉光放电，但不得连通两电极而形成闪络。冲击试验电压下允许出现滑闪放电，但滑闪火花也不得连通两电极。

三、极不均匀电场具有弱垂直分量时的沿面放电

这种情况下电场已很不均匀〔见图 3-7（c）〕，因而电介质表面积聚电荷使电压重新分布所造成的电场畸变，不会显著降低沿面放电电压。另外电场垂直分量较小，沿表面不会有较大的电容电流流过，不会出现热电离现象，因此没有明显的滑闪放电。垂直于放电发展方向的电介质厚度对放电电压实际上没有影响。图 3-17 给出了沿不同材料表面工频闪络电压与极间距离的关系，从图中可知，闪络电压与空气击穿电压的差别比有强垂直分量时的要小得多。为提高沿面放电电压，一般从改进电极形状以改善电极附近的电场着手，具体方法将在下节讨论。

第四节　支柱绝缘子

支柱绝缘子是支撑高压配电装置母线和高压电器带电部分（如触头）的绝缘支柱，由绝缘（电瓷、树脂或复合材料）柱和上、下金属附件组成。按外形结构和工作条件的不同，分为户内、户外两大类。

一、户内支柱绝缘子

户内支柱绝缘子是不暴露在户外大气条件下使用的绝缘子，由空腔或实心圆柱形绝缘件和金属附件构成。按所用绝缘材料的不同，分为户内支柱瓷绝缘子和树脂绝缘子。按照金属附件和胶装方式的不同，户内支柱绝缘子分为外胶装、内胶装和内外联合胶装三种结构。图 3-18 所示为三种胶装结构的户内支柱瓷绝缘子。

外胶装绝缘子的金属附件胶装在瓷件外面。空心瓷件顶部的隔板用来防止沿内表面闪络。瓷件表面有棱，用以阻止放电发展和增长闪络距离，从而可提高闪络电压。棱的最有利位置是靠近上附件处，因为正极性闪络电压比负极性低，在正极性放电的起始阶段就阻止放电发展是最有效的。外胶装绝缘子不能充分利用瓷件高度，整个绝缘子较高，金属材料消耗也多。

内胶装绝缘子的金属附件胶装在瓷件内，因而尺寸和重量都比较小，使采用它的电器的尺寸和重量也减小了。瓷件内的金属附件还可使沿电介质表面的电压分布均匀一些，从而提高了闪络电压。内胶装绝缘子不能有效利用瓷件的机械强度，且容易因温度应力而损坏，因此目前它仅应用在 6～20kV 电压等级。

综合内、外胶装绝缘子的特点，发展了一种内、外联合胶装的绝缘子。这种绝缘子的上附件内胶装，降低了绝缘子的高度；而下附件外胶装，可有效地利用瓷件的机械强度，缩小瓷件直径。

图 3-19 所示为内胶装户内支柱树脂绝缘子。

二、户外支柱绝缘子

户外支柱绝缘子是暴露在户外大气条件下使用的绝缘子，按所用绝缘材料的不同，分为户外支柱瓷绝缘子和复合绝缘子。按绝缘子结构的不同，分为针式支柱绝缘子和棒形支柱绝缘子。

（一）户外针式支柱瓷绝缘子

针式支柱绝缘子由带伞的瓷件和伸入瓷件内的铁脚以及瓷件上面的铁帽胶装而成（见图 3-20）。由于铁脚一直伸到与铁帽差不多的高度，可直接承受机械负荷，所以针式绝缘子的抗弯性能较好。35kV 的针式绝缘子因瓷

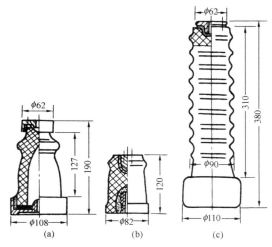

图 3-18　户内支柱瓷绝缘子
(a) 10kV，外胶装；(b) 10kV，内胶装；
(c) 35kV，内外联合胶装

壁较厚，瓷件分成 2～3 块烧成，再用水泥胶装在一起。由于性能不稳定，易击穿、老化，金属材料消耗多，体积大等缺点，针式绝缘子已逐渐被淘汰。但其泄漏距离长，耐污性能较好，有些污秽地区仍在使用。

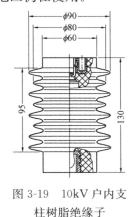

图 3-19　10kV 户内支
柱树脂绝缘子

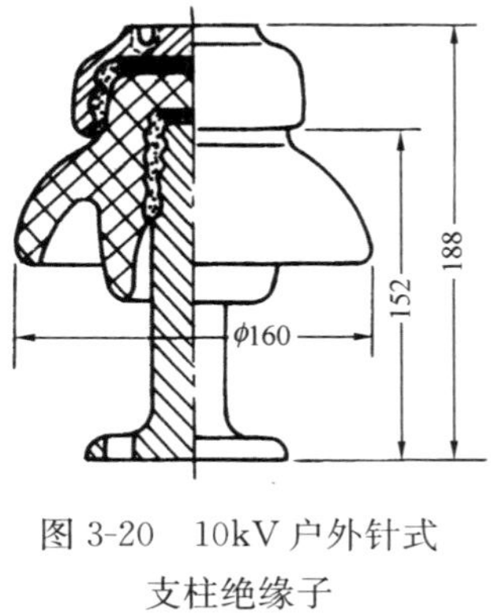

图 3-20　10kV 户外针式
支柱绝缘子

（二）户外棒形支柱瓷绝缘子

1. 棒形支柱绝缘子

户外装置的支柱绝缘子大量采用棒形结构——带伞的实心圆瓷柱（见图 3-21）。伞的作用是使雨天时绝缘子保持一部分干燥表面和增加电极间沿瓷表面的泄漏距离，以提高湿闪络电压。实心瓷柱沿外部空气间隙的闪络距离和内部贯穿击穿路径差不多相等，所以只会出现外部闪络而不会发生瓷绝缘的内部击穿，这对绝缘子的安全运行十分重要。

2. 支柱绝缘子柱的电压分布

　　对较高电压等级，常用几个支柱绝缘子组装成绝缘子柱（见图 3-22、图 2-23）。由于绝缘子柱的高度大，加在柱顶的允许外力又与高度成反比而减小，因此要使超、特高压支柱绝缘子具有较高的机械性能是个困难问题。此外，几个支柱绝缘子串接后，沿表面的电压分布不均匀，闪络电压不随绝缘子高度的增加而正比上升。一般常采用均压环，它减弱了电极边缘的场强；还由于流经均压环与电介质表面间的分布电容电流，部分补偿了电介质的对地电容电流，使表面电压分布比较均匀（见图1-40），从而提高了闪络电压。高度在 2m 以上的绝缘子柱采用均压装置后有良好的效果。例如 3.3m 高的绝缘子柱的闪络电压为 588kV，装上直径 1.5m 的圆形均压环后，闪络电压提高到 834kV，增加约 42%。

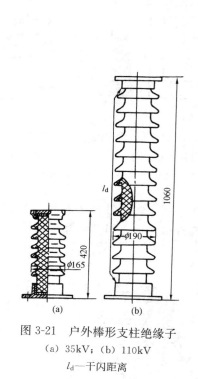

图 3-21　户外棒形支柱绝缘子

(a) 35kV；(b) 110kV

l_d—干闪距离

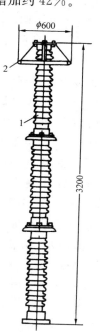

图 3-22　330kV 绝缘子柱

1—绝缘子；

2—均压环

3. 支柱绝缘子的机械强度

　　运行中，棒形支柱绝缘子会受到弯曲力矩作用。随电压等级升高，绝缘子高度增加，弯曲力矩也增加。若用增大瓷柱直径的方法来提高机械性能，一方面瓷件重量显著增加；另一方面工艺上也有较大困难。因此要用高强度瓷来制造棒形支柱绝缘子，以改进瓷质、提高瓷本身的机械强度来满足抗弯性能的要求。

　　根据电气性能的要求，1000kV 支柱绝缘子的结构高度约为 10m。高度较大的支柱瓷绝缘子可采用单柱式、双柱并列式和三角锥式三种结构。由于额定弯曲破坏负荷为 16kN，最大弯矩达 160kN·m，这就对采用单柱式结构的支柱绝缘子的设计和制造技术提出了相当高的要求。1000kV 单柱式支柱绝缘子由 5 个 2 m 高的单元件串接组成（见图 3-23），设计时增加了主体杆径和法兰高度，确定合理的胶装比，使其受力时应力较小，以提高机械弯曲强度。制造时还需解决大直径坯件成形及烧成技术。

4. 支柱瓷绝缘子的闪络电压

进行绝缘子的耐受电压试验或闪络电压试验时，支柱绝缘子要安装在金属支架上。金属支架的高度会影响支柱绝缘子的电场分布，支架较低时支柱绝缘子的电场接近棒－板间隙电场，支架较高时接近棒－棒间隙电场。因此，金属支架的高度对试验结果会有影响，特别是对操作冲击试验，影响更为显著。GB/T 8287.1—2008《标称电压高于1000V系统用户内和户外支柱绝缘子 第1部分：瓷或玻璃绝缘子的试验》中规定了对金属支架尺寸和高于地面高度的要求。

图3-24是支柱绝缘子柱操作冲击干闪电压受金属支架高度 h 影响的试验结果[3-5]。随支架高度增加，正极性操作冲击干闪电压增加，而负极性操作冲击干闪电压降低。对高度为2.1m的支柱绝缘子，当 h 从0增至5m时，正极性操作冲击干闪电压增加约30%，负极性则降低约5%；对高度为4.2m的支柱绝缘子，当 h 从0增至5m时，正极性操作冲击干闪电压增加约50%，负极性则降低约10%。

图3-25和图3-26（a）分别给出了高度小于5m的支柱绝缘子柱（没有均压环）的工频、雷电冲击和操作冲击闪络电压[3-6]，支架超出地面高度3m。图3-26（b）给出了高度4～10m支柱绝缘子柱（没有均压环）的操作冲击闪络电压[3-7]，支架超出地面高度8m，管母线直径250mm。

由图3-25可知，棒形支柱瓷绝缘子柱的工频湿闪电压比干闪电压低约30%。雷电冲击干闪电压大于工频干闪电压，正极性时的冲击系数约为1.25～1.35。由图3-26可知，在操作冲击电压作用下，负极性时干、湿闪电压的差异远大于正极性时，负极性湿闪电压略高于正极性湿闪电压。

（三）户外棒形支柱复合绝缘子

近年来出现了支柱复合绝缘子，它的构成部件是：①承受机械负荷的实心圆柱绝缘芯体；

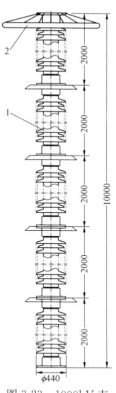

图3-23 1000kV支柱绝缘子柱
1—绝缘子元件；
2—均压环

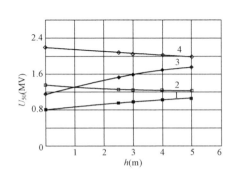

图3-24 金属支架高度 h 对支柱绝缘子柱操作冲击（250/2500 μs）干闪电压的影响极性，支柱绝缘子高度：
1—正，2.1m；2—负，2.1m；3—正，4.2m；4—负，4.2m

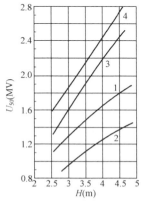

图3-25 棒形支柱瓷绝缘子柱的工频（60Hz）和雷电冲击（1.2/40 μs）闪络电压与绝缘子高度 H 的关系
1—工频，干闪，峰值；2—工频，湿闪，峰值；3—正极性，雷电冲击，干闪；4—负极性，雷电冲击，干闪

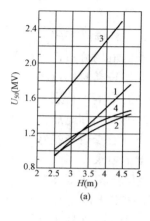
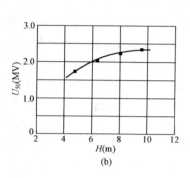

图 3-26　棒形支柱瓷绝缘子的操作冲击闪络电压与绝缘子高度 H 的关系

(a) 200/3200 μs；(b) 正极性 250/2500 μs，干闪

1—正极性，干闪；2—正极性，湿闪；3—负极性，干闪；4—负极性，湿闪

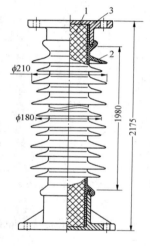

图 3-27　220kV 户外棒形支柱复合绝缘子的结构简图

1—芯棒；2—伞套；
3—金属部件

②外覆在圆柱芯体上的弹性绝缘（如硅橡胶）伞套；③固定在绝缘芯体上的金属附件。绝缘芯体用来保证绝缘子的机械特性，通常由浸渍树脂的玻璃纤维构成。伞套（护套和伞裙）是绝缘子的外绝缘部件，用来保护芯棒不受环境侵蚀，提高湿闪络电压和提供必要的爬电距离。图 3-27 所示为 220kV 户外棒形支柱复合绝缘子的结构简图。

不同电压等级支柱复合绝缘子的最小干闪距离见表 3-4，表中数据取自江苏电力公司企业标准 Q/GDW-10-J441—2009《12kV～252kV 隔离开关用支柱复合绝缘子技术条件》。

表 3-4　不同电压等级支柱复合绝缘子的最小干闪距离

电压等级（kV）	最小干闪距离（mm）
40.5	350
72.5	650
126	900
252	1900

三、棒形瓷绝缘子的计算

棒形绝缘子的高度和外形结构是影响闪络电压的主要因素。通常棒形绝缘子两电极间的最短空气距离（也称干闪距离 l_d，见图 3-21）决定了干闪络电压，而伞的形状和布置则决定了湿闪络电压。设计绝缘子时先根据干闪络电压的要求初步决定绝缘件高度，再按湿闪络电压的要求确定外形结构——伞数和伞形，并最终确定绝缘高度。

当采取措施不出现滑闪放电时，上述计算方法也适用于套管的外绝缘。

（一）干闪络电压

棒形支柱绝缘子属于具有弱垂直分量的极不均匀电场结构，它的闪络电压接近空气间隙的击穿电压。绝缘子的干闪络电压主要取决于干闪距离 l_d，其他因素如伞形、伞数和支柱直径等也有一些影响，但与 l_d 相比，这些影响可以忽略。棒形绝缘子干闪络电压与 l_d 的关系，可以用极不均匀电场棒-板空气间隙的相应关系来估算。

工频电压下，棒形绝缘子的干闪络电压可用如下经验公式估算

$$U_f = 5.6 l_d^{0.9} \quad [\text{kV(有效值)}] \quad 20\text{cm} \leqslant l_d \leqslant 250\text{cm} \tag{3-13}$$

操作冲击（+120/4000μs）、雷电冲击（+1.5/40μs）电压下，棒形绝缘子的50%干闪络电压可分别用式（3-14）、式（3-15）估算

$$U_{50} = 31.5 l_d^{0.6} \quad (\text{kV}) \qquad 200\text{cm} \leqslant l_d \leqslant 700\text{cm} \tag{3-14}$$

$$U_{50} = 7.8 l_d^{0.92} \quad (\text{kV}) \qquad 20\text{cm} \leqslant l_d \leqslant 250\text{cm} \tag{3-15}$$

干闪距离在 2m 以上的支柱，应采用能使沿绝缘子柱电压分布均匀的有效措施，如装设均压环等，以提高闪络电压。

（二）湿闪络电压

湿闪络电压是户外绝缘子最重要的性能指标，绝缘子在雨天应仍能承受住操作过电压的作用。湿闪络电压是决定户外绝缘子外形结构的最主要因素。

电介质表面完全淋湿时，雨水形成连续的导电层，泄漏电流增加，闪络电压大大降低。标准雨下，被雨淋湿表面的闪络电压仅为干燥状态的 40%～50%；若雨水电导率增加，则闪络电压还要降低，如图 3-28 所示（取雨水电导率 0.01S/m 时的闪络电压为1）。

完全淋湿表面的沿面放电过程与表面脏污时的沿面放电（见本章第七节）有些类似。它们的差别在于，淋雨时雨水能更快地将表面局部烘干的间隙重新润湿，恢复连续的导电层，所以泄漏电流两次跃变的时间间隔很短，甚至完全连续，没有明显的跃变现象。

1. 淋雨时的闪络路径

户外绝缘子常用伞来提高湿闪络电压。垂直安装的绝缘子淋雨时，其表面并未全部被雨淋湿（见图 3-29）。伞的上表面被水膜盖着，有较大的电导；伞的下表面和一部分圆柱表面 BCA' 不直接淋雨，只是被溅回的、或由电场吸入的微小水珠所沾湿，润湿程度小，表面电导也小。施加电压时，绝大部分电压由表面 BCA' 承受。当电压升高到一定值时，空气间隙 BA' 击穿或沿瓷表面 BCA' 闪络，全部电压加到 AB、$A'B'$ 等上，由于湿表面闪络电压低，若电源容量足够大，放电通道 ABA' 就发展为电弧放电，绝缘子完全闪络。可知绝缘子的湿闪

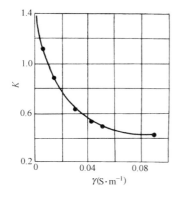

图 3-28　雨水电导率对湿闪
电压的影响

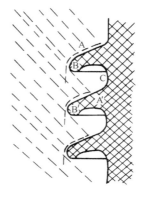

图 3-29　淋雨时绝缘子
的闪络路径

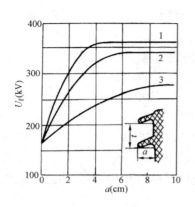

图 3-30　不同伞距时，湿闪
络电压与伞宽的关系

n, t 值：1—15，6cm；2—8，12cm；
3—4，25cm

络是一种沿着被雨淋湿的表面和空气间隙串联路径的放电。若雨量特别大，伞边缘 BB′ 线段大部分被雨水短路，则放电也可能沿 BB′ 产生。由此可知，湿闪络电压与绝缘子外形尺寸和伞形有密切关系。

2. 影响湿闪电压的因素

绝缘子的伞宽 a 和伞距 t 是影响闪络路径中湿表面和空气间隙比值的主要因素，图 3-30 给出了模型（试品高 1m，伞数 n）研究的结果。伞宽 a 较小时，表面干燥区域小，湿表面比例大，闪络电压低；a 增加，湿闪电压升高。当 $a>0.5t$ 时，闪络离开伞表面而在伞边缘空气间隙中发生，湿闪电压不再增加。减小伞距 t 也能提高湿闪电压，大多数情况下，t 的下限取 4～5cm，大尺寸的瓷套伞宽大，t 也应该大一些。伞形的合理关系 $a/t=0.5$ 只对大气洁净地区的绝缘子适用。运行中绝缘子表面会有脏污，要适当增加泄漏距离，应提高 a/t 值，一般 a/t 在 0.5～1 范围内。a 过大，不会提高湿闪电压，反而增加瓷件重量。合理的绝缘子外形设计应使在伞数和伞宽最小的条件下获得必要的湿闪电压。表 3-5 给出各种标称电压等级瓷绝缘子的推荐伞数 n。

表 3-5　　　　　　　　　　　　户外瓷绝缘子的伞数

标称电压（kV）	6	10	20	35	110	154	220
伞数 n	1	1～2	2～3	4～5	8～13	10～15	16～20

伞的倾斜角对绝缘子的湿闪电压也有影响。伞盘应向下倾斜，以使雨水能形成水珠下落。伞盘最合适的倾斜角为 20°～30°，为减少瓷件重量，推荐取下限值。

绝缘子的安装位置（垂直、水平或倾斜）影响表面淋湿状态，因而对湿闪电压也有影响。垂直安装时，绝缘子上部伞边缘流下的雨水局部短路了伞缘的空气间隙，因此闪络电压降低，这在大雨时特别明显。水平安装时，瓷表面全部淋湿，但雨水不会短路伞缘间空气间隙，它的湿闪电压由爬电距离决定，一般比垂直安装的要高。水平安装绝缘子的伞可改为棱，棱数和棱形主要需使绝缘子有足够的爬电距离，以使瓷表面完全淋湿时，绝缘子仍具有必要的闪络电压。

垂直安装有伞的棒形绝缘子在标准雨下的工频湿闪络电压（有效值）可用如下经验公式计算

$$U_f = E_1 l_1 + E_2 l_2 \quad (kV) \tag{3-16}$$

式中　E_1——淋雨表面的闪络场强（有效值），kV/cm；

　　　E_2——空气间隙的闪络场强（有效值），kV/cm；

　　　l_1——湿闪路径中的淋雨表面长度，cm；

　　　l_2——湿闪路径中的空气间隙部分长度，cm。

式（3-16）适用的 l_1、l_2 范围为 7～125cm。l_2 是指湿闪路径中各空气间隙最短距离之和。例如在图 3-31 中，$l_2 = AD + A'D' + A''F$，而 $l_1 = EA + DA' + D'A'' + FG$。$E_1$ 可由图 3-32 查得，E_2（有效值）可取为 3kV/cm。

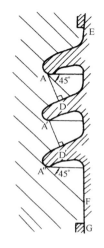

图 3-31　湿闪距
离计算图

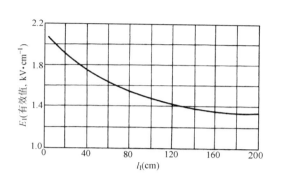

图 3-32　垂直安装，有伞棒形绝缘子淋雨表面
的闪络场强 E_1 与淋雨表面长度 l_1 的关系
（雨水电导率 0.01S/m）

　　操作和雷电冲击电压下，表面淋雨对闪络电压的影响比工频电压下要小。电压作用时间越短，湿闪电压越接近干闪电压。当电压作用时间约 0.01s 时，湿闪电压比干闪电压约低 10%。雷电冲击电压下湿闪电压与干闪电压的差别更小。

　　（三）机械强度

　　绝缘子是电气设备的支承固定部件，必须进行机械强度计算。棒形支柱绝缘子的机械强度由弯曲负荷决定，它的受力情况相当于一端固定的梁。在绝缘子顶部作用一个力 F（见图 3-33），绝缘柱承受弯曲力矩，下附件边缘Ⅰ-Ⅰ断面是最容易断裂的危险断面，Ⅰ-Ⅰ断面的弯曲力矩

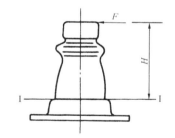

图 3-33　支柱绝缘子
承受弯曲负荷图

$$M = FH \qquad (3-17)$$

式中　H——力臂，力 F 到Ⅰ-Ⅰ断面的垂直距离。

　　危险断面Ⅰ-Ⅰ的抗弯性能，可以用断面系数 W 来表达。直径为 d 的实心圆柱的断面系数

$$W = 0.1d^3 \qquad (3-18)$$

内、外径分别为 d_1、d_2 的空心圆柱的断面系数

$$W = 0.1(d_2^4 - d_1^4)/d_2 \qquad (3-19)$$

Ⅰ-Ⅰ断面的弯曲应力

$$\sigma = \frac{M}{W} \qquad (3-20)$$

σ 应该小于绝缘件能够承受的弯曲应力。

　　瓷件能够承受的弯曲应力决定于瓷质。瓷件的截面积增大，瓷质不均匀，抗弯强度降低

（见图 3-4）。且电瓷是脆性材料，瓷质又很不均匀，抗弯强度分散性很大，最小值与平均值可相差 50％左右，因此设计时的使用数值要比电瓷试样的抗弯强度低得多。各厂工艺条件不同，强度也有所差别。截面积在 50cm² 以下时，设计时推荐采用的抗弯强度为 1800～2000N/cm²；截面较大时，取 1200～1500N/cm²。

用附件胶装固定的绝缘子需要有一定的胶装高度，以保证附件和瓷件间有足够的胶装强度。通常，附件内瓷件的水泥胶装高度为瓷件直径的 70％～80％时，胶装强度和瓷件的强度相当。现在一般瓷件的胶装高度都为直径的一半左右。

第五节　瓷　套　管

套管是将载流导体引入变压器或断路器等电气设备的金属箱内或母线穿过墙壁时的引线绝缘。套管是一种典型的电场具有强垂直电介质表面分量的绝缘结构，表面电压分布很不均匀，在中间法兰边缘处电场十分集中，很易从此处开始电晕及产生滑闪放电。同时，法兰和导杆间的电场也很强，绝缘介质易被击穿。为适应工作电压的提高，必须改善法兰及导杆附近的电场。

高压套管按结构特点及所用材料分类，如表 3-6 所示。本章讨论纯瓷套管，在第八章中将讨论充油套管及电容式套管。

表 3-6 　　　　　　　　　　　**高压套管按结构及材料的分类**

按结构特点分	按主要绝缘介质分	绝缘特点	主要应用范围
单一绝缘套管	纯瓷套管	电瓷（或还有空气）	35kV 及以下穿墙套管；10kV 及以下电器用套管
单一绝缘套管	树脂套管	树脂（或还有空气）	组合电器用
复合绝缘套管	充油套管	套管内为绝缘油（或包纸，加纸筒）	60kV 及以下电器用套管；试验变压器套管
复合绝缘套管	充气套管	套管内为 SF₆ 等压缩气体	组合电器用
电容式套管	油纸电容式	油浸纸	有许多极板使电场趋于均匀	110kV 及以上的穿墙套管或电器用套管
电容式套管	胶纸电容式	胶纸		
电容式套管	浸胶电容式	纸包后浸胶		

纯瓷套管以电瓷（或还有空气）为绝缘，结构简单、维护方便，目前广泛用作 35kV 及以下的穿墙套管和 10kV 及以下的电器套管。

图 3-34 为户外铝排穿墙套管，载流导体采用扁铝排。穿墙套管一般水平安装，所以户外部分不用伞盘，改用宽度小和数目多的波纹瓷棱。这样既可缩小瓷套外径，减轻重量，简化工艺，也可保证足够的爬电路径长度，满足湿闪电压的要求。户内部分表面的波纹更小。有些套管的法兰分成两个半圆形，用螺栓卡紧固定，省去了水泥胶装工序。这类套管适用于工作电压 10～20kV 以下。电压较高时导杆表面场强高，容易发生局部放电。在发生沿面放电前，瓷套内空气已强烈电晕，使比电容增加，加快了套管表面滑闪放电的形成和发展，因

而降低了闪络电压。

在 35kV 的套管中要设法提高导杆表面发生电晕和法兰周围发生电晕、滑闪放电的起始电压。套管（见图 3-35）内壁喷铝，并用弹簧片与导杆接触，使瓷套内腔的空气不承受电压，因而导杆表面不会电晕。由于内腔空气被短路，法兰附近的比电容加大，容易产生电晕和滑闪。加大紧靠法兰的伞的直径和瓷壁厚度，法兰到大伞的瓷壁喷铝或上半导电釉，这使得接地电极附近的瓷壁增厚，减小了比电容；喷铝层又将法兰边缘极不均匀电场的锐边电极延伸到伞槽下，减弱了法兰附近的电场强度，提高了电晕和滑闪放电的起始电压，相应地提高了闪络电压。运行中若铝层脱落或制造时喷铝不全，套管常会在工作电压下就产生局部放电，它不但形成无线电干扰，且因发热而可能促使瓷套发生热击穿。为了克服这种缺点并简化工艺，又生产了用铝管作导体的瓷套管。这种套管不喷铝，而用合适直径的铝管来减弱导杆表面的场强，提高电晕起始电压；法兰边缘也做成圆弧形，以减弱该处场强，提高电晕和滑闪放电的起始电压。由于取消了深槽大伞，套管结构简单。

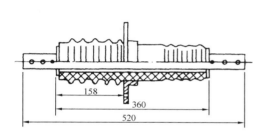

图 3-34　CWL-10/400 型户外穿墙套管

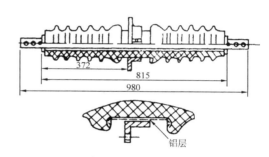

图 3-35　CWL-35/400 型穿墙套管

根据试验结果，35kV 及以下纯瓷套管闪络时的平均场强：工频干、湿闪（有效值）时分别为 4～5kV/cm 及 2.5～2.7kV/cm；雷电冲击全波及截波时分别为 6～8kV/cm 及 7～10kV/cm。距离越长，沿面闪络平均场强越低。

第六节　线路绝缘子

线路绝缘子是输配电线路固定导线用的绝缘部件，它也用在户外配电装置中。线路绝缘子按结构不同分为针式、柱式和悬式三类。

一、线路针式绝缘子

6～10kV 的配电线路广泛采用针式绝缘子，它的瓷件与针式支柱绝缘子基本相同，不同的是顶部有一线槽，导线可用绑线固定在线槽内（见图 3-36）。20～35kV 的线路也有用针式绝缘子的，但由于结构尺寸大和老化率高，已逐渐被悬式绝缘子取代。

二、线路柱式绝缘子

线路柱式绝缘子由一种或几种绝缘材料制成，胶装在一个金属底座上。根据所用绝缘介质的不同，又分为线路柱式瓷绝

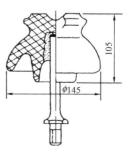

图 3-36　P-10 型针式
线路绝缘子

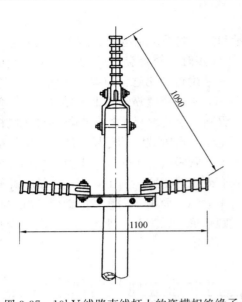

图 3-37　10kV 线路直线杆上的瓷横担绝缘子

缘子和线路柱式复合绝缘子。

（一）线路柱式瓷绝缘子

柱式瓷绝缘子的棒形瓷件胶装于金属底座，用螺栓安装在电杆上。瓷横担绝缘子也可归属于柱式瓷绝缘子。

瓷横担绝缘子是棒形的瓷件，安装在电杆上支承导线（见图 3-37），它既起了输电线对地绝缘的作用，又起了横担作用，将各相导线隔开一定距离，保证电杆间导线摆动时，有足够的绝缘距离。

图 3-38 是 10kV 瓷横担绝缘子结构简图。由于绝缘距离大，它的闪络电压（工频湿闪电压 50kV，雷电冲击闪络电压 185kV）比绝缘水平所要求的高很多，运行可靠。正常运行情况下，瓷横担绝缘子承受导线的垂直荷重；但当发生导线断线事故时，绝缘子将受到弯曲负荷作用。由于 SC-185 瓷横担用单螺栓与横担固定，当导线断线时，瓷横担可以顺线方向转动，缓冲了导线对瓷横担的冲击力，因此这种瓷横担绝缘子的机械强度主要考虑导线的垂直荷重，机械强度要求显著降低，尺寸减小。

110～220kV 电压级的瓷横担绝缘子长度大，用 2～3 节瓷件组装而成，当机械强度要求较高、单臂式结构不能满足要求时，可以用两组瓷横担组成 V 形桁架结构。

瓷横担绝缘子具有如下优点：①电气性能好，运行安全可靠；②35kV 以下的瓷横担绝

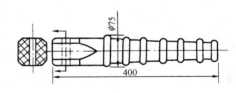

图 3-38　SC-185 型 10kV 瓷横担绝缘子

缘子制造方便，采用瓷横担绝缘子的线路结构简单；③线路造价低，一般可节约 20%～50%。

（二）线路柱式复合绝缘子

线路柱式复合绝缘子由实心圆柱体芯棒、外套及端部附件构成。芯棒承受机械负荷，由树脂浸渍玻璃纤维制成。外套由弹性绝缘材料（如硅橡胶）制成，用来保护芯棒免受环境影响，提供必要的爬电距离。

图 3-39 所示为 35kV 线路柱式复合绝缘子，图 3-40、图 3-41 所示分别为 35、110kV 线路复合横担绝缘子。

三、线路盘形悬式绝缘子

（一）盘形悬式绝缘子

随着输电线路电压的升高，为提高绝缘子的闪络电压需要增加闪络距离，因而增加了绝缘子的高度。针式和棒形支柱绝缘子承受的是弯曲负荷，高度加大时为能承受同样的弯曲负荷，绝缘子的直径就要增大。若这样，超高压绝缘子的尺寸大、笨重，工艺复杂，质量不易保证，技术和经济上都不合理。因此 35kV 以上的高压线路都使用悬式绝缘子或悬式绝缘子串。按结构外形，悬式绝缘子分为盘形和棒形两种。悬式绝缘子串中，各元件用球铰接头或

销子接头软连接，导线拉力对绝缘子串只产生轴向拉力负荷，没有弯矩，较好地解决了高压输电线路绝缘的机械强度问题。

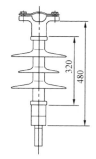

图 3-39　35kV 线路柱式复合绝缘子

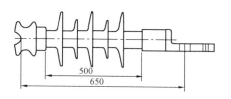

图 3-40　35kV 线路复合横担绝缘子

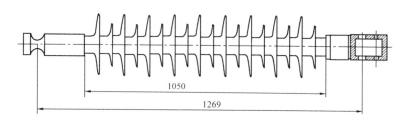

图 3-41　110kV 线路复合横担绝缘子

　　盘形悬式绝缘子由铁帽（可锻铸铁）、钢脚（低碳钢）和瓷件（或钢化玻璃）组成（见图 3-42），金具和绝缘件用水泥胶合。组成绝缘子串时，钢脚的球接头插入铁帽的球窝中，成为球绞软连接。瓷件是圆盘形的。为了增长闪络路径和爬电距离，防止雨天表面全部被溅湿，瓷盘下表面有 3~4 个棱。瓷盘直径 D 和结构高度 H 的关系，像湿闪条件下考虑棒形绝缘子的伞宽和伞距的关系一样，希望组成绝缘子串时，悬式绝缘子的盘径最小，而瓷盘间的空气放电距离又可充分利用。现在盘形绝缘子的 H/D 在 0.5~0.65 的范围内。

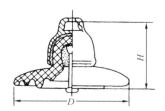

图 3-42　盘形悬式绝缘子

（对 XP-70 型，$D=255mm$，$H=146mm$）

　　悬式绝缘子承受的是拉力负荷，而电瓷是脆性材料，它的抗压强度比抗拉强度大 10 倍以上，为提高瓷件的机械性能，应尽量使瓷件受压应力。国产盘形绝缘子的瓷件头部是圆锥形的，外加负荷 F 由钢脚通过水泥和瓷传给铁帽，使瓷件主要承受压应力 F_2（见图 3-43）。瓷件的倒

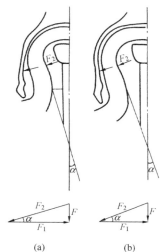

图 3-43　盘形悬式绝缘子
内部受力原理图

（a）α 角小；（b）α 角大

锥角 α 对绝缘子的机械性能有直接影响。α 角大时，同样的 F 作用下，瓷件和铁帽承受的压力 F_2 小，但钢脚插入深，绝缘子高度增加；反之，则压力 F_2 大，机械强度低一些。由于盘形绝缘子中瓷件所承受的主要是压应力，所以它是机械强度最高的一种绝缘子结构。

盘形悬式绝缘子结构简单，机械强度高，老化率低，串接成串后可在任意电压等级的输电线上使用，是高压线路中使用最广的一种绝缘子。

（二）盘形悬式绝缘子串

悬式绝缘子一个突出的优点是：当工作电压增高时，可将多个绝缘子用简单的机械连接组成绝缘子串，绝缘子串的机械强度仍与单个元件相同，而闪络电压则随绝缘子片数的增多而提高。盘形悬式绝缘子串中，绝缘子串的数目决定于线路所要求的绝缘水平。

1. 悬式绝缘子串中绝缘子的片数

国家电网公司企业标准 Q/GDW 179—2008《110～750kV 架空输电线路设计技术规定》规定：在海拔 1000m 以下地区，操作过电压及雷电过电压要求的悬垂绝缘子串绝缘子片数，不应少于表 3-7 规定的数值。考虑到绝缘子老化较快，耐张绝缘子串的绝缘子片数应在表 3-7 的基础上增加。在机械负荷很大的地方，可以用 2～6 串同样的绝缘子串并联使用。

表 3-7　　　　　　　操作过电压及雷电过电压要求悬垂绝缘子串的最少片数

输电线路标称电压（kV）	110	220	330	500	750	1000[3-8]
单片绝缘子的高度（mm）	146	146	146	155	170	195
绝缘子串片数	7	13	17	25	32	54*

* 按工作电压下的污闪性能选择，并做了操作冲击和雷电冲击电压下的校验（适用条件：Ⅱ级污区，双伞绝缘子）。

例如，平顶山—武昌 500kV 输电线路，直线塔用 28 片 XP-16 型绝缘子串接成串；污秽地区用 28 片 XP3-16 型大爬距绝缘子；耐张塔用双串 28 片 XP-21 型绝缘子；大跨越塔采用六串 30 片 XP-21 型绝缘子。

2. 悬式绝缘子串的闪络路径

盘形悬式绝缘子串的闪络路径与单个绝缘子不一样（见图 3-44）。单个绝缘子沿两电极间空气最短距离 l'（CBA_1）闪络，而绝缘子串的闪络则是：或沿各绝缘子 l（CBD）之和，或沿空气间隙 L（EF）等路径闪络，因此绝缘子串的闪络电压并不一定是单个绝缘子闪络电压的总和。沿 L 闪络时，绝缘子串的闪络电压相当于棒-棒空气间隙的击穿电压。为了提高绝缘子串的平均闪络场强 U_f/H，可加大绝缘子盘径、减小铁帽直径和减小绝缘子高度，以及增加盘下棱的高度。在一定范围内，Σl 增大，绝缘子串的平均干闪和湿闪场强 U_f/H 也增大。当 $\Sigma l/H$ 约不小于 1.3 时，绝缘子串的干闪将沿路径 L 发生，这就比较充分地利用了绝缘高度。由于绝缘子的重量和成本差不多与盘径平方成正比，从电气性能来看，采用缩小绝缘子铁帽直径和钢脚长度的方法来提高 $\Sigma l/H$ 比增加盘径更合理。但减小铁帽直径势必降低绝缘子的机械强度，故考虑盘形绝缘子的结构

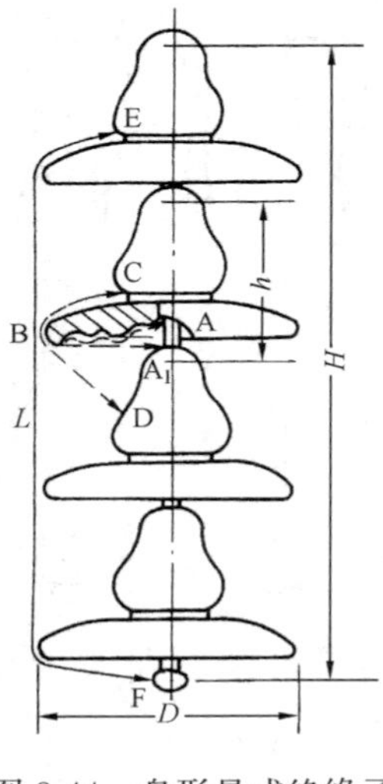

图 3-44　盘形悬式绝缘子串的闪络路径

时，必须适当处理电气和机械性能两方面的要求。

3. 悬式绝缘子串的电压分布

由于绝缘子的金属部分与接地铁塔或带电导体间有电容存在，使得沿绝缘子串的电压分布不均匀。设绝缘子本身电容为 C，若只考虑对地电容 C_E，则等值电路如图 3-45（a）所示。因流过 C_E 的电流是由绝缘子串分流出去的，使靠近导线的绝缘子流过的电容电流最多，电压降 ΔU 也最大。若只考虑对导线电容 C_L，则等值电路如图 3-45（b）所示。同样可知，靠近铁塔的绝缘子压降最大。实际上 C_E 及 C_L 两种杂散电容同时存在，其等值电路如图 3-45（c）所示。一般 C 为 30～60pF，C_E 为 4～5pF，C_L 只有 0.5～1pF。C_E 的影响比 C_L 要大，所以绝缘子串中靠近导线的绝缘子的电压降最大，离导线远的绝缘子电压降逐渐减小；当靠近铁塔横担时，C_L 作用显著，电压降又有些升高。从以上讨论可知，绝缘子串的长度越长，串联绝缘子片数越多，电压分布越不均匀。绝缘子本身电容 C 大，则 C_E 和 C_L 的影响要小一些，绝缘子串的电压分布也就比较均匀。增大 C_L 能在一定程度上补偿 C_E 的影响，使电压分布不均匀程度减小，例如用大截面导线或分裂导线都可使导线侧第一个绝缘子上的电压降减小些。

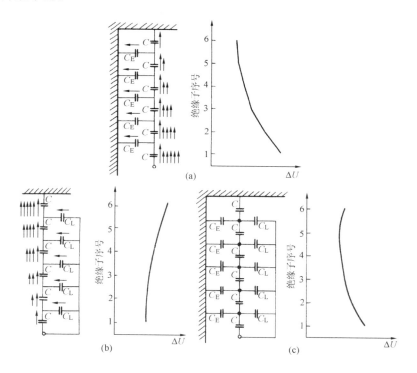

图 3-45　绝缘子串的等值电路及电压分布示意图
（a）只考虑对地电容 C_E；（b）只考虑对导线电容 C_L；（c）同时考虑 C_E 及 C_L

绝缘子上电压降过高时可能会产生电晕，它将干扰通信线路，也会产生氮的氧化物腐蚀附件和污染绝缘子表面，所以每片绝缘子承受的工作电压不能过高。采用均压环，增加了绝缘子对导线的电容，可改善电压分布。例如 19 片 XP-70 型绝缘子组成的绝缘子串，靠导线第一片绝缘子的电压为总电压的 11.5%，装了翘椭圆形均压环后，降为 7.1%（见图 3-46），均压环的效果十分明显。研究表明，单片盘形绝缘子在刚投运时的工作电压允许达到 25～

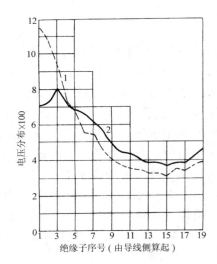

图 3-46　19 片 XP-70 型悬垂绝缘子串
的电压分布
1—无均压环；2—有均压环

35kV，因此，一般地区 220kV 及以下的输电线绝缘子串不采用均压环。用均压环虽可减弱绝缘子串电压分布的不均匀程度，提高电晕起始电压，但对提高闪络电压的作用较小。因为即使没有均压环，由于闪络前绝缘子电晕已很强烈，电极附近电离区增大，加大了它本身电容 C，使电压分布稍趋于均匀。对特别长的绝缘子串，由于闪络前的电晕效果还不够强，安装均压环还能提高闪络电压，这种情况下安装使电压均匀分布的均压环是完全必要的。

我国电力行业标准 DL 487—2000《330kV 及 500kV 交流架空送电线路绝缘子串的分布电压》给出了绝缘子串的分布电压，300kV 和 500kV 线路的相电压分别为 190.5kV 和 289.0kV，绝缘子片数分别为 19～22 和 25～30。表 3-8 是绝缘子片数为 19 时的 330kV 线路和片数为 28 时的 500kV 线路的分布电压数值。

表 3-8　　　　330kV 及 500kV 交流架空送电线路绝缘子串分布电压标准

绝缘子序号 i	330kV 线路 绝缘子电压 U_i (kV)	500kV 线路 绝缘子电压 U_i (kV)	绝缘子序号 i	330kV 线路 绝缘子电压 U_i (kV)	500kV 线路 绝缘子电压 U_i (kV)	绝缘子序号 i	330kV 线路 绝缘子电压 U_i (kV)	500kV 线路 绝缘子电压 U_i (kV)
1	19.0	21.5	11	7.0	9.0	20	—	7.0
2	17.0	19.5	12	6.5	8.5	21	—	7.0
3	15.5	17.5	13	6.5	8.0	22	—	7.0
4	14.0	16.0	14	6.5	7.5	23	—	7.5
5	12.5	14.5	15	6.5	7.0	24	—	8.0
6	11.5	13.0	16	7.0	7.0	25	—	8.5
7	10.5	12.0	17	7.5	7.0	26	—	9.5
8	9.5	11.0	18	7.0	7.0	27	—	10.5
9	8.5	10.0	19	9.5	7.0	28	—	11.5
10	7.5	9.5						

注　绝缘子序号由导线侧算起。

图 3-47 所示为由 54 片 XP-300 绝缘子组成的 1000kV 交流架空线路悬垂绝缘子串电压分布的计算结果[3-9]，绝缘子盘径 320mm，高度 195mm，自身电容 58pF，计算电压为最高运行相电压 635kV。由图 3-47 可见，均压环对绝缘子串的电压分布有很大影响，单片最大电压降得到了有效抑制，由无均压环时的 48.7kV 降为 28.7kV，下降了 41%。

（三）悬式绝缘子串的闪络电压

图 3-48 和图 3-49 分别给出了工频和雷电冲击电压下瓷绝缘子（高度 146mm，盘径 255mm）串的闪络电压[3-2]，图 3-50 给出了操作冲击电压下玻璃绝缘子（高度 146mm，盘径 280mm）串的闪络电压[3-3]。

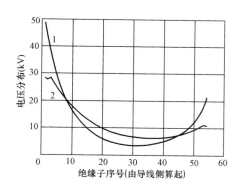

图 3-47　1000kV 线路悬垂绝缘子串的电压分布
1—无均压环；2—有均压环

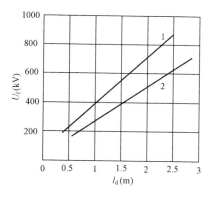

图 3-48　瓷绝缘子串工频闪络电压
U_f（有效值）与干闪距离 l_d 的关系
1—干闪；2—湿闪

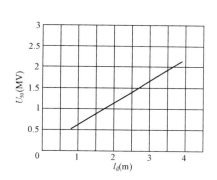

图 3-49　瓷绝缘子串雷电冲击闪
络电压 U_{50} 与干闪距离 l_d 的关系

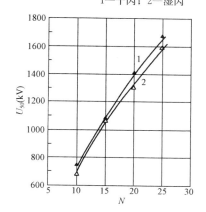

图 3-50　玻璃绝缘子串操作冲击湿闪
电压 U_{50} 与绝缘子片数 N 的关系
1—正极性；2—负极性

由图 3-48 和图 3-49 可知，盘形悬式瓷绝缘子串的工频湿闪电压比干闪电压低约 30%。雷电冲击干闪电压大于工频干闪电压，正极性时的冲击系数约为 1.2。由图 3-50 可知，在操作冲击电压作用下，盘形悬式玻璃绝缘子串的负极性湿闪电压略低于正极性湿闪电压。

四、线路棒形悬式绝缘子

线路棒形悬式绝缘子可由电瓷或复合材料制成，具有不击穿、节约金属材料等优点。瓷质棒形悬式绝缘子的瓷件受拉，很难制造出具有很大机械破坏负荷的产品。我国主要使用棒形悬式复合绝缘子。

（一）棒形悬式复合绝缘子

棒形悬式复合绝缘子（见图 3-51）由芯棒、伞盘和护套、上下铁帽组成。为防止沿芯棒与护套的分界面发生闪络，两者之间需有粘接材料。

与瓷质绝缘子相比，复合绝缘子具有以下优点：①抗拉性能好。承受机械负荷的复合绝缘子芯棒，采用合成树脂玻璃纤维引拔棒，它的抗拉强度是瓷的 5～10 倍。只要适当选择芯棒直径及接头结构，就可满足高压输电线路对绝缘子的机械性能要求。②重量轻，体积小，弹性好。由于芯棒机械强度高，所以直径可较小；又因伞盘、护套用硅橡胶制成，所以重量轻、体积小。例如 220kV 悬式复合绝缘子只有 10kg 重，而普通盘形悬式瓷绝缘子串的重量为 73kg，前者只有后者的 14%。此外，硅橡胶伞盘柔软，不易损坏。③防污闪性能好。复合绝缘子的爬电距离可以做得较大；伞盘、护套用硅橡胶制成，表面具有憎水性；直径较细；所以污闪电压较高，比盘形悬式瓷绝缘子串的可高出 1～2 倍。④工艺简单，成型温度低。

图 3-52 所示为 500kV 棒形悬式复合绝缘子结构简图。

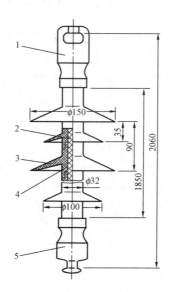

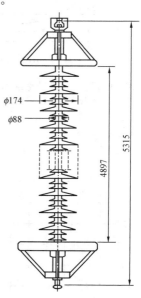

图 3-51　220kV 棒形悬式复合绝缘子
1—上铁帽；2—芯棒；3—带伞盘的护套；
4—粘接材料；5—下铁帽

图 3-52　500kV 棒形悬
式复合绝缘子

由于复合绝缘子使用的是有机绝缘材料，人们十分关心它在运行中的性能变化问题。运行中，复合绝缘子可能出现的问题主要是损坏或老化。复合绝缘子的损坏是指其不能继续承担正常的机械负荷或电气负荷，严重时造成导线落地、电力中断等恶性事故。复合绝缘子的老化，主要是指硅橡胶材料性能的劣化，老化不严重时不会直接导致其承担电气或机械负荷功能的丧失。此外，还有一些特殊问题，如鸟类或鼠类咬伤伞裙护套、绝缘子表面有微生物或霉菌生长等。

1. 复合绝缘子的损坏

引起复合绝缘子损坏的主要原因有：芯棒断裂；界面击穿；金具与芯棒的连接发生滑移或拉脱；外绝缘硅橡胶严重劣化，造成芯棒暴露等。复合绝缘子的损坏事故率较低，根据 1997 年 CIGRE 的统计，事故率为 0.035%；在 243 起损坏事故中，芯棒断裂的比率为 55%，界面击穿 28%，外绝缘材质劣化 14%，其他事故占 3%。截至 1998 年底，我国复合绝缘子已经积累了 110 万支年的运行经验，事故率 0.03%，年事故率 1.8 每万支年。需要指出的是，事故统计中，雷击闪络、鸟粪闪络与不明原因闪络占了很大比例，这些闪络发生后，线路能够重合成功的达到 92%，因此更确切地说，我国复合绝缘子的事故率仅为 0.0024%。

芯棒断裂主要是脆断问题。脆断是在较低的机械应力作用下发生的芯棒断裂，与芯棒正常断裂有明显区别。复合绝缘子脆断的主要原因是芯棒在机械应力与酸共同作用下发生的酸蚀。目前已从提高玻璃纤维或树脂的耐酸性能、加强端部密封等方面来解决脆断问题。

伞裙护套与芯棒界面若存在制造缺陷，则在电场作用下可能产生局部放电，进而形成电树枝、水树枝，严重时导致整个界面击穿，使护套炸裂，甚至芯棒破坏。护套丧失保护性能，导致水分侵入，会加速这一过程。

2. 复合绝缘子的老化

在环境因素的作用下，有机材料会发生各种物理化学变化，使性能劣化。而电场、机械负荷与环境因素共同作用，则会进一步加剧劣化进程。研究表明，紫外线、酸雨以及污秽在湿润条件下导致的表面放电、电晕放电，是影响复合绝缘子外绝缘材料老化的主要因素，其中表面放电的影响最为显著。

运行中，复合绝缘子的伞裙护套材料会表现出不同程度的老化现象，如憎水性下降、漏电起痕或电蚀损、龟裂、开裂、粉化、褪色、变脆变硬等。实际上，伞裙护套材料的有些变化并不妨碍复合绝缘子的继续使用，如褪色等；另一些劣化现象在较长时间内也不会对绝缘子的安全运行造成威胁，如粉化、变硬等。

如果外绝缘材料严重劣化，如端部密封失效，护套开裂，漏电起痕或电蚀损等，导致电气、机械性能严重下降，此时必须更换绝缘子，否则可能造成严重后果。

（二）棒形悬式复合绝缘子的电压分布

图 3-53 所示为 1000kV 棒形悬式复合绝缘子的结构简图。这种绝缘子的电位分布很不均匀，靠高压端第 1 个伞的场强最大，有可能发生电晕放电，从而对输电线路的电磁环境和绝缘材料性能等造成影响。安装均压环可以降低复合绝缘子某些部位和两端金具表面过高的场强，使电场分布趋向于均匀。

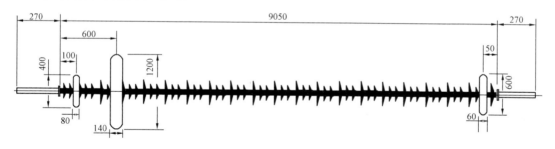

图 3-53　1000kV 棒形悬式复合绝缘子结构简图
（为观察方便，部分尺寸不成比例）

对上述复合绝缘子的电场分布进行了计算，结果见图 3-54[3-10]。由图可见，加装均压环后，最大场强下降了 70%，轴向场强分布趋于均匀。

（三）棒形悬式复合绝缘子的闪络电压

图 3-55 所示为棒形悬式复合绝缘子的工频闪络电压与干闪距离的关系[3-2]。由图可见，棒形复合绝缘子的工频湿闪电压比干闪电压约低 10%～12%。

图 3-56 所示为棒形复合绝缘子的雷电冲击闪络电压与干闪距离的关系[3-11]。由图可见，棒形复合绝缘子正、负极性雷电冲击干闪电压的差别很小。

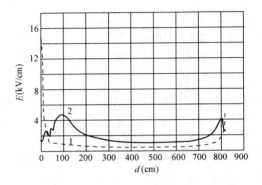

图 3-54　1000kV 棒形悬式复合绝缘子的
轴向场强分布（d 为离高压端的轴向距离）

1—无均压环；2—有均压环

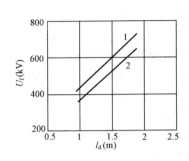

图 3-55　棒形复合绝缘子工频闪络电压
U_f（有效值）与干闪距离 l_d 的关系

1—干闪；2—湿闪

图 3-57 所示为棒形复合绝缘子的操作冲击闪络电压与干闪距离的关系[3-12]。由图可见，操作冲击湿闪电压比干闪电压约低 10%。

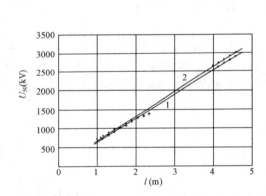

图 3-56　110～500kV 棒形复合绝缘子 50%
雷电冲击闪络电压 U_{50} 与干闪距离 l 的关系

1—正极性，2—负极性

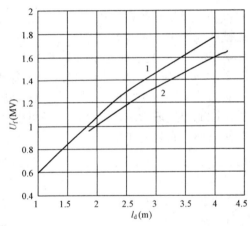

图 3-57　棒形复合绝缘子操作冲击（＋250/
2500μs）闪络电压 U_f 与干闪距离 l_d 的关系

1—干闪；2—湿闪（雨水电阻率为 45～50 Ω·m）

五、多串绝缘子并联的闪络电压

一条输电线路众多杆塔上的盘形悬式绝缘子串（或棒形悬式绝缘子）形成了多串绝缘子并联的情况。作为随机变量，悬式绝缘子单串的闪络电压 U 遵从正态分布，其概率分布函数为 $P_1(U)$。n 串绝缘子并联时，闪络电压 U 遵从极值分布，其概率分布函数 $P_n(U)$。$P_n(U)$ 与 $P_1(U)$ 和并联数 n 有关，三者间关系为

$$P_n(U) = 1 - [1 - P_1(U)]^n \tag{3-21}$$

对由 20 片盘形悬式绝缘子（结构高度 146mm、盘径 254mm）组成的绝缘子串进行了单串和 15 串并联的操作冲击电压闪络试验，结果见图 3-58[3-13]。由图 3-58 可看出：①正态概率纸上，遵从正态分布的单串绝缘子的闪络电压可用直线拟合，而遵从极值分布的 15 串

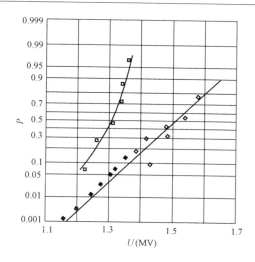

图 3-58　操作冲击电压下，盘形悬式绝缘子串闪络电压的概率分布（正态概率纸）

◇—单串，试验值；　◆—单串，计算值；　□—15 串并联，试验值

绝缘子并联时的闪络电压只能用曲线拟合；②可通过计算由 15 串并联时的 $P_{15}(U)$ 得到绝缘子单串的闪络电压，计算所得数据与单串试验数据可用同一条直线拟合；③15 串并联时的 50% 闪络电压比单串时降低约 13%。可知，当输电线路的若干绝缘子串承受操作过电压作用时，不能只考虑单串的闪络电压，而必须考虑多串绝缘子并联对闪络电压的影响。

第七节　电介质表面脏污时的沿面放电和污秽地区绝缘

一、污秽地区绝缘子的运行

户外绝缘子常会受到工业污秽或自然界盐碱、飞尘、鸟粪等的污染。干燥情况下污秽物的电阻较大，但当大气湿度较高，在毛毛雨、雾、露、雪等不利气候条件下，污秽物被润湿时，其表面电导和泄漏电流剧增，使绝缘子的闪络电压显著降低，甚至可在工作电压下闪络，影响电力系统的安全运行。据某地统计，雾天的污闪事故占电力线路事故的 21%。污闪事故往往造成大面积停电，检修恢复时间长，因此影响严重。据有些统计，污闪事故造成的电量损失为雷害事故的 9.3 倍。

电介质表面脏污时的沿面放电过程与清洁表面完全不同，因此研究脏污表面的沿面放电，对大气污秽地区线路和变电站绝缘的设计和运行有很大意义。

二、电介质表面脏污时的沿面放电

污秽绝缘子的闪络与污秽性质、气象条件等有关。各类污秽中以化工污秽的影响最严重，水泥等次之，而引起污闪的气象条件则以雾、露、雪、毛毛雨为主。这说明，污秽闪络与污秽的导电性能、污秽在绝缘子表面的附着及受潮程度等有关。电介质表面有湿润的半导电污秽时，沿面放电不再是单纯的空气间隙击穿现象，而是脏污表面气体电离和局部电弧发展、熄灭、重燃、再发展的过程。

（一）污秽闪络基本过程

观察涂有污层的平板玻璃表面的污秽放电。平板两端加一定的工频电压，然后使污层受

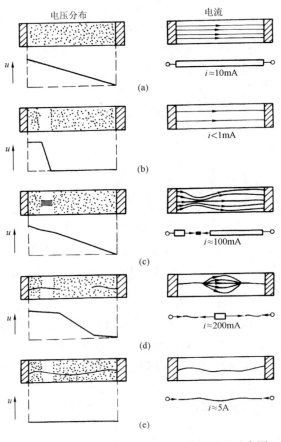

图 3-59　电介质表面脏污时沿面放电过程示意图
（a）起始受潮；（b）干燥带；（c）辉光放电；
（d）局部电弧；（e）表面闪络

潮。图 3-59 是这种情况下放电过程的示意图。

污层刚受潮时，电介质表面的电流和电压分布都还比较均匀，如图 3-59（a）所示。然而污层总有些不均匀，受潮也有差别，使表面电阻不等。电阻大的地方发热多，污层干得快些，形成高电阻"干燥带"，这时电流变小，干燥带又会慢慢受潮。因干燥带电阻大，几乎承受了全部电压，如图 3-59（b）所示。随着时间的变化，如干燥带场强超过一定数值，则此处将产生蓝红色线状辉光放电，电流也突增，如图 3-59（c）所示。辉光放电具有上升的伏安特性，火花区域仍承受一定的电压。线状放电火花前后左右跳动，很不稳定。放电时的热量使干燥带扩大，湿润区不断缩小，也即回路中与放电间隙串联的电阻减小。于是电流加大，以致引起热电离，使具有上升伏安特性的辉光放电转变为具有下降伏安特性的局部电弧放电，放电通道变细，呈明亮白色，电流密度也较大，如图 3-59（d）所示。间隙中的局部电弧迅速烘干邻近的湿润表面，

并很快向前发展。当局部电弧伸展到一定长度后（此长度由外施电压和弧道电流大小决定），若外施电压和电流不足以维持电弧燃烧，则在交流电流过零时电弧熄灭。经过一段时间，在邻近某一区域或者曾被局部电弧烘干而又再次润湿的地方重新产生局部电弧。局部电弧的熄灭和重燃不断发生，因此湿润脏污表面的泄漏电流具有跃变的特点。随表面受潮程度的增加，半导电层电阻减小，泄漏电流加大、跃变周期缩短，局部电弧长度增加。合适条件下，电弧接通两个电极，形成表面闪络，如图 3-59（e）所示。图 3-60 显示了泄漏电流的跃变特征。

（二）绝缘子污秽闪络过程

在人工雾室中，对由 7 片 XP-70 型盘形悬式瓷绝缘子组成的绝缘子串进行了人工污秽试验。绝缘子由人工涂污，污层晾干后送入雾室，施加试验电压，并开始供雾。采用恒定加压法，施加的电压值为 63.5kV（110kV 线路的相电压），维持此电压值，直至绝缘子串发生污闪。

在测量泄漏电流的同时，借助高速摄像同步观察局部电弧，泄漏电流与局部电弧的发展有良好的对应关系[3-14]。在局部电弧相对较弱时，由于干区和电流的交变，局部电弧时燃时

灭，电弧零散分布在绝缘子表面，如图 3-61（a）、（b）所示，泄漏电流约 6～20mA。当污层越来越潮，污秽导电性增强，局部电弧的长度、粗细和亮度也明显增大，如图 3-61（c）所示，泄漏电流增为约 40mA。表面状态继续恶化，局部电弧

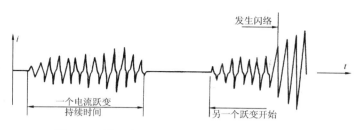

图 3-60　沿湿润脏污绝缘子表面放电电流示波图

能维持的长度越来越长，部分绝缘子被随机、不稳定的电弧短暂连接，如图 3-61（d）、（e）所示，泄漏电流增为约 80～100mA。随机、不稳定的电弧越来越发展，电弧很快延伸、贯通两电极，绝缘子完成污闪过程，如图 3-61（f）所示，受限于试验变压器的容量，电流约为 1200～1300mA。

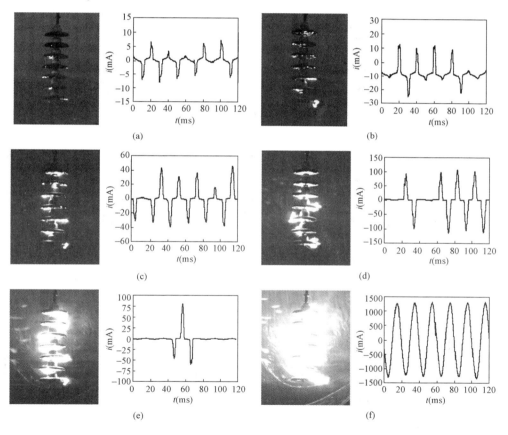

图 3-61　污秽放电发展过程与对应的泄漏电流

　　运行中绝缘子的污闪过程与上述情况相似。污层受潮电导增加，污层中电流和温度也随着增加。由于绝缘子的结构形状、污秽分布和受潮不均匀等原因，绝缘子表面各处电流密度不同。有的地方电流密度大，水分蒸发快，就出现干燥区，电压降集中于此，产生辉光放电。随着绝缘子表面电阻、电压分布的变化，最后形成局部电弧。局部电弧不断熄灭、重

燃,这样的过程在雾中可以持续数小时,条件合适时,最终发生完全的闪络。

从以上分析可知,沿脏污表面的闪络不仅取决于是否能产生局部电弧,还要看流过脏污表面的泄漏电流是否足以维持一定程度的热电离,保证局部电弧能继续燃烧和扩展。热电离的程度由电弧电流的大小决定,所以湿润污秽半导电层的导电性以及极间沿面距离都是影响污闪的主要因素。

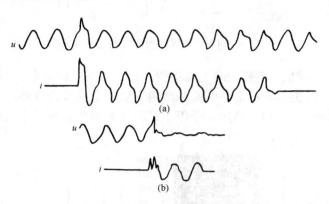

图 3-62　污秽绝缘子串的操作冲击试验波形图
(a) 未闪络;(b) 闪络

电力系统中的操作过电压虽不足以烘干污层,但能起为干燥带"点火"的作用,促使绝缘子污闪。图 3-62 是污秽绝缘子在操作冲击试验时的电压、电流波形图(两图波形比例不同)。对湿润脏污的绝缘子串先加工频电压(峰值)35.9kV(相当于 44kV 电网的相电压),几分钟后钢脚、铁帽附近产生干燥带,此时在工频电压的波峰叠加+250/2500μs 的操作冲击电压。由波形图可知,工频电压下绝缘子表面已形成干燥带,回路中电流很小,接近零。施加操作冲击电压后,干燥带击穿,产生局部电弧,电流剧增。图 3-62 (a) 表明,冲击电压点火后,绝缘子两端正弦波电压变成尖顶波,但局部电弧未能继续发展而熄灭,电流接近零,电压也恢复为正弦形,绝缘子没有闪络。图 3-62 (b) 表明,点火后正弦形电压立刻降为马鞍形电弧电压,说明绝缘子已闪络,此后电源跳闸,电流、电压波形都为一条零线。试验结果表明,脏污能使绝缘子的操作冲击闪络电压显著下降,例如由 4 片 XP-70 绝缘子组成的绝缘子串,表面清洁、淋雨时的操作冲击闪络电压约为 250kV,而表面脏污受潮时的操作冲击闪络电压只有 77kV。

三、影响脏污表面沿面放电的因素

脏污表面沿面放电过程中,表面泄漏电流是起主导作用的因素。泄漏电流与污秽层的电导、大气湿度、电源和加电压的方式以及电介质表面形状和极间距离有关。以下讨论影响污闪电压的主要因素。

(一) 污秽物性质与污染程度

绝缘子表面的污秽沉积物多种多样,使闪络电压降低最显著的是含有可溶性盐类或酸、碱的积尘。这种污秽通常由化工、冶炼等企业排出或海边盐雾珠集积在绝缘子表面形成。污层受潮时可溶性及酸碱等成分溶解于水中,使表面电导骤增,泄漏电流增加,大大降低闪络电压。这种高导电性尘埃即使污染程度仅为每平方厘米几毫克,都可能在工作电压下引起闪络(见图 3-63)。

一些含可溶性盐类少、不黏附的积尘,

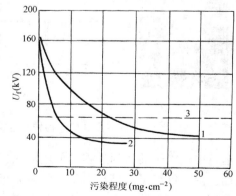

图 3-63　绝缘子闪络电压与污染程度的关系
1—电站烟灰;2—炼铝厂灰尘;3—绝缘子工作电压

如电站烟灰和尘土等，只在严重污染时（每平方厘米几十毫克）才有使绝缘子闪络的危险，运行中它又易被雨水冲洗掉，因此对闪络电压影响较小。一些黏附性强的积尘，如水泥厂的飞尘，它沉积在绝缘子表面不容易清洗掉，使绝缘子表面粗糙，更易积污，对绝缘子运行的危害也是显著的。

一般来说，绝缘子的污闪电压随污染程度的增加而降低，污染严重时这种下降已很缓慢（见图3-63），但此时其污闪电压常常已经低于工作电压了。

（二）大气湿度

干燥污秽的电阻很大，通常它不降低绝缘子的闪络电压，但当空气相对湿度超过50%～70%时，随湿度增加，闪络电压迅速下降。实际运行表明，绝缘子污闪事故都发生在雾、露、融雪和毛毛雨等高湿度天气。因为这种条件下，积尘中水溶性的盐类溶解，使污层成为半导电层，大大增加泄漏电流，降低闪络电压。但是大雨时，绝缘子表面集积的污秽，特别是水溶性导电物质容易被雨水冲掉，表面仍有较高的电阻，所以在雷雨季节，污秽地区绝缘的绝缘水平并不降低。

（三）爬电距离

同样的污染和受潮条件下，电介质表面形状、两极间的沿面最短距离即爬电距离是影响污层电阻，因而也是影响污闪电压的重要因素。爬电距离增加时污闪电压也增加（见图3-64），两者近似成正比关系。这是因为爬电距离大，要形成闪络，局部电弧长度必然要大，而要使较长的电弧不熄灭，就要求较大的泄漏电流和较高的电压。但是若绝缘子结构设计不合适，局部电弧在相邻伞间发展，则爬电距离虽增加较多，而其污闪电压却提高不多。

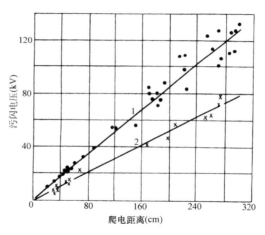

图 3-64　绝缘子污闪电压与爬电距离的关系
1—炉灰，10mg/cm²；2—水泥，10mg/cm²

（四）绝缘子直径

同样的污染、受潮情况下，尽管爬电距离相同，但直径大的绝缘子的表面电阻小些，因而污闪电压也会低一些。对大的电器瓷套等绝缘件，应考虑污闪电压随绝缘子直径增加而下降的特点。

四、大气污秽地区绝缘的监测

绝缘子的污闪事故已成为影响电力系统安全运行的重要因素。为了预防污闪事故，可监测与污闪有关的污秽沉积层的导电性、湿润污层的电导或流经污层的泄漏电流脉冲等数据。

（一）污层等值附盐密度

污层等值附盐密度（ESDD）是指与绝缘子表面单位面积上污秽物导电性相当的等值盐（NaCl）量（以 mg/cm² 表示）。所谓等值是指这些量的盐溶于一定容积蒸馏水后形成的溶液的电导率与实际污秽物溶于同样容积蒸馏水而形成的溶液的电导率相等。因此等值附盐密度反映了污秽沉积层中可溶性物质的导电能力及数量。等值附盐密度过大，说明污秽物已严重降低绝缘子的闪络电压，需采取相应防污闪措施。

（二）湿润污层的表面电导率

施加交流低电压，在受潮情况下测量绝缘子表面污层的电导，根据表面电导和绝缘子外形可计算得到污层表面电导率。它反映了绝缘子表面污秽物在受潮情况下的导电能力，也可用来作为监测绝缘子脏污严重程度的一个特征参数。

（三）泄漏电流脉冲

在绝缘子的污闪过程中，沿绝缘子表面会有跃变的泄漏电流流过。泄漏电流幅值越来越大，跃变脉冲周期越来越短，表明污闪已逐渐临近。因此，可根据泄漏电流脉冲数和电流幅值来监督污秽绝缘子的运行情况，发出预警信号。在变电设备上采用此法比较方便，但在输电线路上采用，则需数量较多的计数器。

五、污秽等级的划分及对单位爬电距离的要求

如上所述，不同污秽情况对线路及变电站绝缘的影响程度是不同的，因此应该根据污秽情况，采用相应的绝缘，以保证电网安全运行。

GB/T 16434—1996《高压架空线路和发电厂、变电站环境污区分级及外绝缘选择标准》中，按照污秽性质、污源距离、气象情况及等值附盐密度（盐密），将架空线路和变电站、发电厂划分为不同的污秽等级，如表 3-9 所示。通常用单位爬电距离（爬电比距），也即绝缘子每一千伏额定线电压的爬电距离来估计脏污条件下绝缘子的污闪性能。GB/T 16434—1996 中同时规定了不同污秽等级时所要求的爬电比距，如表 3-10 所示。

表 3-9　　　　　　　　　　　　　　线路和发电厂、变电站污秽等级

污秽等级	污湿特征	盐密（mg/cm²）	
		线路	发电厂、变电站
0	大气清洁地区及离海岸盐场 50km 以上无明显污染地区	≤0.03	—
Ⅰ	大气轻度污染地区，工业区和人口低密集区，离海岸盐场 10～50km 地区，在污闪季节中干燥少雾（含毛毛雨）或雨量较多时	>0.03～0.06	≤0.06
Ⅱ	大气中等污染地区，轻盐碱和炉烟污秽地区，离海岸盐场 3～10km 地区，在污闪季节中潮湿多雾（含毛毛雨）但雨量较少时	>0.06～0.10	>0.06～0.10
Ⅲ	大气污染较严重地区，重雾和重盐碱地区，近海岸盐场 1～3km 地区，工业与人口密度较大地区，离化学污源和炉烟污秽 300～1500m 的较严重污秽地区	>0.10～0.25	>0.10～0.25
Ⅳ	大气特别严重污染地区，离海岸盐场 1km 以内，离化学污源和炉烟污秽 300m 以内的地区	>0.25～0.35	>0.25～0.35

表 3-10　　　　　　　　　　各污秽等级下的爬电比距分级数值

污秽等级	爬　电　比　距　（cm/kV）			
	线　　　　路		发电厂、变电站	
	220kV 及以下	330kV 及以上	220kV 及以下	330kV 及以上
0	1.39 (1.60)	1.45 (1.60)	—	—
I	1.39~1.74 (1.60~2.00)	1.45~1.82 (1.60~2.00)	1.60 (1.84)	1.60 (1.76)
II	1.74~2.17 (2.00~2.50)	1.82~2.27 (2.00~2.50)	2.00 (2.30)	2.00 (2.20)
III	2.17~2.78 (2.50~3.20)	2.27~2.91 (2.50~3.20)	2.50 (2.88)	2.50 (2.75)
IV	2.78~3.30 (3.20~3.80)	2.91~3.45 (3.20~3.80)	3.10 (3.57)	3.10 (3.41)

注　爬电比距计算时取系统最高工作电压，括号内数字为按额定电压计算值。

六、大气污秽地区的绝缘

（一）定期清扫

绝缘子的污闪是影响电力系统安全运行的重要问题之一，为提高线路和变电站的运行可靠性可采取以下方法。

根据大气污秽程度，污秽性质和容易发生污闪的季节，定期进行清扫，以提高绝缘子的闪络电压。清扫绝缘子工作量大，劳动强度也大，一些单位采取带电水冲洗，效果也很好。个别地区，冲洗不容易实现，可采用更换绝缘子的方法。这些工作的劳动量都很大，某地区统计，冲洗和更换绝缘子占线路检修工作量的 60%~70%。

（二）涂防尘涂料

在绝缘子表面涂一层憎水性的防尘涂料，使尘埃不易形成连续污层；在潮湿气候下，表面凝聚的水滴也不易形成连续水膜。这样表面电阻大，泄漏电流小，放电不易发展，闪络电压就不会显著降低。常用的涂料有有机硅油、有机硅脂、地蜡等。它们的使用寿命不长，运行维护工作量也很大，只在特别严重的污秽地区才使用。

（三）加强绝缘和采用耐污绝缘子

加强线路绝缘最简单的方法是增加串联盘形悬式绝缘子片数（35kV 线路用 4~5 片，110kV 线路用 8~10 片），也即增加爬电比距。

除增加绝缘子片数外，还可采用耐污绝缘子。图 3-65 所示是线路耐污盘形悬式绝缘子，

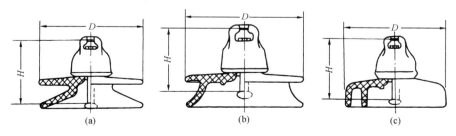

图 3-65　线路耐污盘形悬式绝缘子

(a) $H=146mm$，$D=255mm$；(b) $H=160mm$，$D=280mm$；(c) $H=160mm$，$D=255mm$

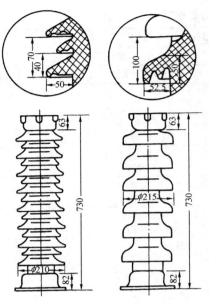

图 3-66　耐污棒形支柱绝缘子

它们分别具有下述一些特点：①伞形扩张较大，增加了爬电距离；②一部分表面不容易被污染；③下雨时脏污易被冲洗掉，便于清扫。对棒形绝缘子常常用增加伞数或采用特殊伞形等方法来提高污闪电压，如图 3-66 所示。

（四）采用复合绝缘子

在各类污秽地区，复合绝缘子均表现出了优异的耐污闪性能，其主要原因是复合绝缘子的憎水性。复合绝缘子较小的直径也是其污闪电压较高的一个原因。

有机高聚物的表面不易被水分浸润，水分以分离的水珠形式出现，而不是连续的水膜，即表现出不同程度的憎水性。运行过程中，绝缘子表面会逐渐积聚一层污秽物质。这些污秽物质虽然绝大多数是亲水性的，但是当它们沉积于硅橡胶绝缘子表面后也会获得优异的憎水性，即所谓"憎水性迁移"现象。憎水性的存在有效地抑制了绝缘子表面泄漏电流的发展，显著提高了绝缘子的污闪电压，并大大延缓了由于表面放电导致的外绝缘材料的老化进程。

复合绝缘子的运行经验相对较少，因此目前在选用时主要还是基于瓷绝缘子的经验。在我国，复合绝缘子主要运行于二、三级以上的污秽地区，其爬电距离一般比瓷绝缘子在相应污区安全运行所需要的值低 20% 左右，实际运行情况非常好。

七、绝缘子的人工污秽闪络试验方法

常用的人工污秽闪络试验方法有洁雾试验、湿污试验、盐雾试验等三类。不同试验方法所得结果常常不同，在使用有关试验结果时，应注意这些结果是根据哪种试验方法获得的。

（一）洁雾试验

在绝缘子表面喷污、涂污或浸污，使干燥后构成人工污秽固体涂层，然后在雾室内受潮，进行闪络试验。用吸水性强而导电性差的物质如硅藻土、黏土等来模拟污秽物中不溶于水的固体物质，用氯化钠来模拟污秽物中的水溶性导电物质。脏污程度用附盐密度衡量。

工频试验时加电压方式大致有：①恒定加压法——施加电压的同时使绝缘子受潮，电压维持不变，直至闪络，若一定时间内不闪络，逐级升高电压重复试验，这种方式比较符合实际情况，但试验时间长；②突然加压法——绝缘受潮达到饱和时，突然加以一定的电压并维持不变，直至闪络，若不发生闪络，逐级升高电压重复试验，这种方式与备用线路投入运行的情况相近；③升压法——绝缘子受潮达到饱和时加压，逐渐升高直至闪络，实际运行中没有这种情况，但这种方法试验时间短。加压方式对污闪电压有影响，可根据要求选择。

（二）湿污试验

将污液喷涂到绝缘子表面后，静置 3～5min，随即在潮湿状态下进行试验。试验过程中不喷雾，因而不需建造雾室，简单易行。对于超高压系统的长绝缘子串和大尺寸的绝缘子，尤为方便。脏污程度用附盐密度或表面电导率衡量。加压方法采用升压法或恒定加压法。

（三）盐雾试验

盐雾试验的特点是以一定浓度的盐水（NaCl 溶液）利用压缩空气喷射产生盐雾进行试验，而绝缘子不另涂污。绝缘子表面的脏污程度用盐水浓度（g/l）表示。将绝缘子先用清水弄湿，然后喷射盐雾，同时加上电压，很快地升压到规定值，在规定的时间内维持电压不变，直至发生闪络。如在此期间不发生闪络，则将绝缘子洗净后，增加盐水浓度重新试验，直至闪络为止。绝缘子能耐受的盐水的最大浓度就作为绝缘子耐污性能的衡量指标。

八、直流绝缘子污秽闪络

自 20 世纪 80 年代后期以来，我国 $\pm400 \sim \pm800kV$ 直流架空输电线路相继投入运行。与交流电压下相比，由于静电作用，高压直流电网中绝缘子的表面更容易吸附污秽颗粒。对棒形支柱瓷绝缘子进行了直流与交流污闪电压差异的研究[3-15]，12 支被试支柱绝缘子的高度均为 76cm，直径 $36 \sim 42cm$，且具有不同的伞裙数、外形和尺寸，爬电距离 $157 \sim 295cm$，人工污秽试验的 ESDD 为 $0.05mg/cm^2$，当爬电距离/高度在 $2.1 \sim 3.9$ 范围内变动时，交流污闪电压（有效值）与直流污闪电压之比为 $1 \sim 1.4$，换言之，直流污闪电压比交流污闪电压可下降约 30%。污秽越重，交、直流污秽闪络电压的差别越大。

高压直流电网绝缘子的污秽闪络是影响输电可靠性的主要原因之一，直流输电线路绝缘子串的长度主要由工作电压决定。

（一）直流绝缘子污秽闪络的极性效应

盘形悬式绝缘子串的直流污闪具有极性效应，负极性时的污闪电压低于正极性污闪电压。例如，对平均附盐密度分别为 $0.026mg/cm^2$ 和 $0.025mg/cm^2$ 的并联盘形悬式绝缘子双串进行正、负极性闪络试验，单位结构高度的正极性闪络梯度为 119kV/m，而负极性闪络梯度只有 100kV/m，比正极性低约 16%[3-4]。对棒形绝缘子和支柱绝缘子，没有发现明显的极性效应。

盘形悬式绝缘子串中存在的一系列铁帽、铁脚是使其直流污闪具有极性效应的原因，解释如下[3-16]。

在污闪发展过程中，绝缘子串中各绝缘子的上、下金具——铁帽、铁脚处均能引发电弧。对负极性线路，每个绝缘子铁帽的电位相对于铁脚为正，铁帽为阳极，铁脚为阴极。对正极性线路，每个绝缘子铁帽的电位相对于铁脚为负，铁帽为阴极，铁脚为阳极。将由正极性或负极性金具出发的电弧分别称为正极性电弧或负极性电弧（见图 3-67）。

不管是铁帽还是铁脚，在正极性电弧的阳极金具侧均能形成一片清洁区，这是因为电弧产生的电子很快移动到阳极，而向阴极移动的正离子速度较慢，易于被污秽颗粒吸附，带电污秽颗粒在电场力作用下向阴极方向移动，使阳极侧留下一片"清洁"区。清洁区的作用类似高阻的干区，干区的分布电压较高，易于形成电弧。

对负极性导线，清洁区位于绝缘子上表面，由于

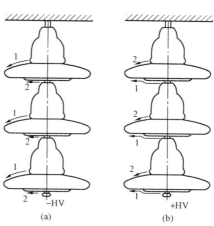

图 3-67　直流电压下盘形悬式绝缘子串的正、负极性电弧示意图

（a）负极性线路；（b）正极性线路

1—正极性电弧；2—负极性电弧

电弧具有向上飘浮的特点，清洁区上形成的电弧易于飘离绝缘子上表面，并与上一片绝缘子铁脚处产生的电弧连接。此电弧既受电场力的作用外推，又受电弧内侧空气热膨胀力的作用外推，于是不断外移，最后连接相邻两片绝缘子的伞裙外缘，造成伞间电弧桥接，相当于缩短了绝缘子爬距，因此负极性污闪电压较低。

对正极性导线，清洁区位于绝缘子下表面，清洁区上形成的电弧贴在绝缘子下表面，不能向上飘浮，较难形成伞间电弧桥接，绝缘子的爬距能较充分地利用，因此正极性污闪电压较高。

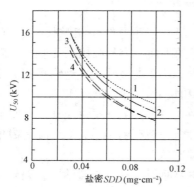

图 3-68　绝缘子直流 50％污闪电压 U_{50}
与盐密 SDD 的关系

(图中 1、2、3、4 分别是图 3-69 中
绝缘子 a、b、c、d 的试验数据)

对于棒形复合绝缘子，由于只有上、下两个金具，直流污闪时不会发生盘形悬式绝缘子串的上述现象，所以棒形复合绝缘子的直流污闪没有明显的极性效应[3-17]。

考虑到盘形悬式绝缘子串直流污闪的极性效应，负极性电压较正极性时低，而棒形绝缘子没有明显的极性效应，本小节中所有直流污闪电压都是指负极性污闪电压。

(二) 影响直流绝缘子污闪电压的因素

本节前面内容介绍的影响脏污表面沿面放电的因素，同样也会影响直流绝缘子的污闪电压。

图 3-68 给出了四种类型绝缘子 (外形见图 3-69，参数见表 3-11) 直流污闪电压与盐密的关系[3-18]，可以看出直流污闪电压受盐密的影响很大，绝缘子的伞型和材质对直流污闪电压也有影响。

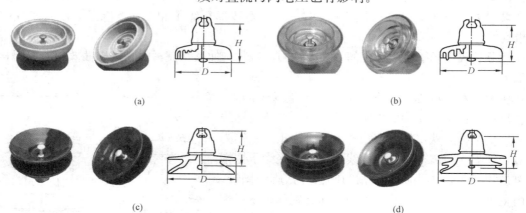

(a)　　　　　　　　　(b)

(c)　　　　　　　　　(d)

图 3-69　四种绝缘子的外形

(a) 钟罩型瓷绝缘子；(b) 钟罩型玻璃绝缘子；(c) 双伞型瓷绝缘子；(d) 三伞型瓷绝缘子

表 3-11　　　　　　　　　　　　盘形悬式绝缘子的有关参数

图　　形	图 3-69 (a)	图 3-69 (b)	图 3-69 (c)	图 3-69 (d)
型号	CA-756EZ	FC300P	XZWP-300	CA-776EZ
盘径 D (mm)	400	380	365	402
结构高度 H (mm)	195	195	195	195
爬电距离 L (mm)	635	700	525	670
机械负荷 (kN)	300	300	300	300

图 3-70 给出了绝缘子串直流污闪电压与绝缘子片数的关系[3-19]，被试品为钟罩型玻璃绝缘子，型号 FC210P，盘径 $D=320mm$，结构高度 $H=170mm$，爬电距离 $L=550mm$。由图 3-70 可以看出，在所试验的范围内，绝缘子串直流污闪电压与绝缘子片数有线性关系。

（三）特高压绝缘子的直流污闪电压

图 3-70 给出的绝缘子直流污闪电压基本上与串长成正比。在没有可用的数据时，有时可由短串试验结果外推来估算长绝缘子串的直流污闪电压，但是这样估算出来的污闪电压与真实长绝缘子串的试验结果可能会有较大偏差。因此，在直流输电线路的外绝缘设计中，最好采用实际长度的绝缘子串（或实际高度的绝缘子柱）的人工污秽试验结果。

表 3-12 是电力行业标准 DL/T 810—2012《±500kV 及以上电压等级直流棒形悬式复合绝缘子技术条件》中规定的 ±500、±660kV 和 ±800kV 直流棒形悬式复合绝缘子的结构高度和爬电距离，实际采用值不应低于表 3-12 中规定的参数。

表 3-12　　　　不同电压等级、不同环境下的直流复合绝缘子参数

污秽环境	典型等值盐密（mg/cm²）	典型灰盐比	统一爬电比距（mm/kV）	结构高度（m）／爬电距离（m）		
				±500kV	±660kV	±800kV
轻污秽	0.05	6：1	35	5.44 / 17.5	7.23 / 23.1	8.0 / 28.0
中污秽	0.08	6：1	40	5.95 / 20.0	8.0 / 26.4	9.8 / 32.0
重污秽	0.15	6：1	45	6.8 / 22.5	8.83 / 29.7	10.6 / 36.0

例如，±800kV 直流输电线路的直线塔绝缘子采用复合绝缘子，而型号为 FXBZ – ±800 的直流复合绝缘子的结构高度为 8.7m，最小绝缘距离 7.7m。图 3-71 给出了 3～10m 范围内，棒形悬式复合绝缘子直流污闪电压 U_{50} 与绝缘距离 S 的关系[3-20]。多个实验室的试验结果表明，0.05～0.10mg/cm² 盐密下，在 3～10m 范围内，复合绝缘子的直流污闪电压与其绝缘距离具有线性关系。

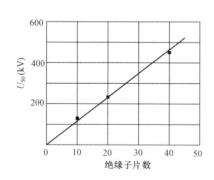

图 3-70　绝缘子串直流污闪电压与
绝缘子片数的关系

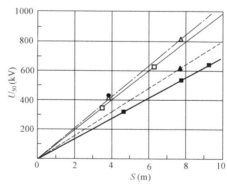

图 3-71　棒形悬式复合绝缘子直流 50％污闪电压 U_{50}
与绝缘距离 S 的关系

试验数据来源：■、□—昆明特高压试验室（海拔 2100m），盐密分别为 0.10mg/cm²、0.05mg/cm²；▲、△—瑞典 STRI 高压试验室，盐密分别为 0.11mg/cm²、0.05mg/cm²；●—中国电科院，盐密 0.05mg/cm²

对四种 800kV 支柱绝缘子柱进行的直流污闪试验结果如图 3-72[3-21]所示，绝缘子的伞形和尺寸见表 3-13。

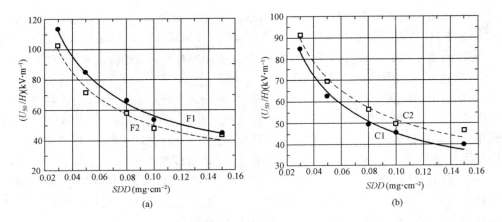

图 3-72 四种 800kV 支柱绝缘子柱的直流污闪电压（试验地点海拔高度 2100m）

(a) 复合绝缘子柱；(b) 瓷绝缘子柱

表 3-13   支柱绝缘子的伞形和尺寸

类别 伞形和尺寸	复合绝缘子柱 F1	复合绝缘子柱 F2	瓷绝缘子柱 C1	瓷绝缘子柱 C2
伞形				
柱中绝缘子数	5	5	6	5
棒直径 D（mm）	294	173.8～302.4	233.5 *	201 *
S（mm）	108	80	76	95
P_1（mm）	72	75	83	95
P_2（mm）	52	55	63	—
结构高度（m）	12.27	10.5	11.0	8.5
绝缘高度 H（m）	10.675	9.32	9.21	7.28
爬电距离 L（mm）	40 800	36 000	39 168	28 644

* 平均直径。

　　由图 3-72 可知，污秽较轻时复合绝缘子柱的直流污闪性能优于瓷绝缘子柱，当污秽严重时两者的直流污闪性能相近；在复合绝缘子柱中，F1 的直流污闪性能优于 F2；在瓷绝缘子柱中，C2 的直流污闪性能优于 C1。

　　在污秽闪络发展过程中，可观察到电弧的两种飘移情况——"半飘"形电弧和"全飘"形电弧。图 3-73（a）所示为"半飘"形电弧，一部分电弧沿绝缘子表面，另一部分电弧在上、下伞之间的空气中发展，飘弧桥接了部分（电弧右侧）爬电路径。图 3-73（b）所示为"全飘"形电弧，电弧离开绝缘子表面，在伞缘之间的空气中发展，飘弧桥接了几个伞的全部爬电路径。

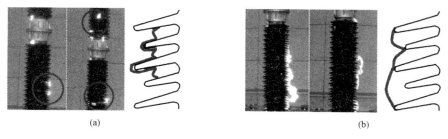

图 3-73　支柱绝缘子柱直流污闪发展过程中的电弧
（a）"半飘"形电弧；（b）"全飘"形电弧

第八节　大气条件对外绝缘放电电压的影响

空气间隙和绝缘子构成了电气设备的外绝缘，它直接承受大气和其他外部条件的影响。空气间隙击穿与绝缘子闪络常被称为外绝缘的破坏性放电。如前所述，空气间隙的击穿电压和绝缘子的闪络电压，即外绝缘的破坏性放电电压（有时简称放电电压）与大气条件（气压、温度、湿度）有关。大气条件不同时，外绝缘的放电电压值可按由大量实验总结出的规律换算。

我国国家标准 GB/T 16927.1—2011《高电压试验技术　第一部分：一般定义及试验要求》中规定标准参考大气条件为：温度 $t_0 = 20℃$，压力 $p_0 = 101.3kPa$，绝对湿度 $h_0 = 11g/m^3$；101.3kPa 的压力相当于 0℃ 时水银气压计中汞柱高度为 760mm。如果气压计中汞柱高度是 H（mm），则用 kPa 表示的大气压力近似为：$p = 0.133\ 3H$（kPa）（不考虑汞柱高度的温度修正）。GB/T 16927.1—2011 还规定了不同大气条件下外绝缘放电电压的换算方法。

估算外绝缘的放电电压时应考虑到电气设备运行地点大气条件变化的影响。高压电气设备标准中规定的试验电压值只适用于标准参考大气条件，大气条件不同时可利用修正因数互相换算。

空气密度的增加会使外绝缘的放电电压升高，这是因为随着密度增加，空气中电子的平均自由行程缩短，电离过程减弱之故。

湿度对外绝缘放电电压的影响比较复杂。均匀电场中，空气的放电电压随湿度加大而增加，但程度极微，几乎不受湿度变化的影响。例如，间隙距离为 1cm，正常大气压下，当湿度由 $9.6g/m^3$ 提高到 $24.0g/m^3$ 时，放电电压大约仅增加 2%。极不均匀电场中，空气中的水分对提高间隙击穿电压的效应就明显得多。放电电压和湿度有关可能是由于水分子容易吸引电子而形成负离子之故：电子形成负离子后，自由行程大减，在电场中引起电离的能力也大减。随着湿度增加，电子被水分子吸引而形成负离子的比例加大，间隙中的电离过程削弱，从而放电电压增大了。电场强度越高，电子运动速度也越大，也就越不易形成负离子。均匀电场中，平均放电场强很高，所以湿度的影响小；而极不均匀电场中，平均放电场强较低，所以湿度的影响也就较明显了。因此，均匀及稍不均匀电场中，湿度的影响可忽略不计。例如用球隙测量电压时，只需根据大气相对密度修正其击穿电压，而不必考虑湿度的影响。极不均匀电场中，无论对于空气间隙或绝缘子，其放电电压通常将随湿度的增加而增加。但当相对湿度超过约 80% 时，放电电压会变得不规则，特别是发生在绝缘表面的闪络电压，分散性更大，这在试验中应予注意。

1. 大气修正因数

外绝缘破坏性放电电压值正比于大气修正因数 K_t。K_t 是下列两个修正因数的乘积

$$K_t = k_1 k_2 \tag{3-22}$$

式中　k_1——空气密度修正因数；

k_2——湿度修正因数。

根据上述国家标准，可将在试验条件下（温度 t，压力 p，湿度 h）测得的放电电压值，通过修正因数换算为标准参考大气条件下（温度 t_0，压力 p_0，湿度 h_0）的电压值。反之，也可将规定的标准参考大气条件下的试验电压值换算为试验条件下的电压值。

将试验条件下测得的破坏性放电电压值 U 除以 K_t，可以得到标准参考大气条件下的放电电压值 U_0。有

$$U_0 = U/K_t \tag{3-23}$$

将规定的标准参考大气条件下的试验电压值 U_0 乘以 K_t，可以求得试验条件下应该施加在试品外绝缘上的试验电压值 U。有

$$U = K_t U_0 \tag{3-24}$$

2. 空气密度修正因数

空气密度修正因数 k_1 取决于相对空气密度 δ，一般可表达为

$$k_1 = \delta^m \tag{3-25}$$

式中指数 m 在本节 4 中给出。

当温度为 t（以摄氏度表示）和大气压力为 p（以 kPa 表示）时，相对空气密度是

$$\delta = \frac{p}{p_0} \times \frac{273 + t_0}{273 + t} \tag{3-26}$$

空气密度修正因数 k_1 的数值在 $0.8 \sim 1.05$ 范围内时是可靠的。

3. 湿度修正因数

湿度修正因数 k_2 可表达为

$$k_2 = k^w \tag{3-27}$$

式中指数 w 在本节 4 中给出。

参数 k 取决于试验电压类型，表 3-14 为不同电压类型下，k 和绝对湿度与相对空气密度比率 h/δ 的函数。

表 3-14　　　　　　　　　　　k 与 h/δ 的函数关系

试验电压类型	k	h/δ 适用范围（g/m³）
直流电压	$1 + 0.014(h/\delta - 11) - 0.00022(h/\delta - 11)^2$	$1 < h/\delta < 15$
交流电压	$1 + 0.012(h/\delta - 11)$	$1 < h/\delta < 15$
冲击电压	$1 + 0.010(h/\delta - 11)$	$1 < h/\delta < 20$

冲击电压下，k 与 h/δ 的函数关系是根据正极性雷电冲击电压的试验结果得到的，此公式也可在负极性雷电冲击电压和操作冲击电压下使用。

也可由图 3-74 中的曲线来求取 k 值。

对于最高电压 U_m 低于 72.5kV（或间隙距离 $l<0.5$m）的设备，目前不规定进行湿度修正。

4. 指数 m 和 w

修正因数依赖于预放电型式，因此引入参数 g

$$g = \frac{U_{50}}{500L\delta k} \tag{3-28}$$

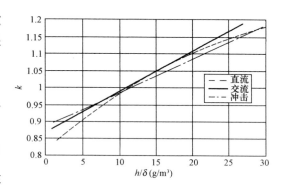

图 3-74　k 与 h/δ 的关系曲线（h 为绝对湿度，δ 为相对空气密度）

式中　U_{50}——实际大气条件时的 50% 破坏性放电电压值（测量值或估算值，耐受试验时可以假定为 1.1 倍试验电压值），kV；

　　　　L——试品最小放电路径，m；

　　　　δ——空气相对密度；

　　　　k——湿度修正因数式中的参数值。

空气密度修正指数 m 和湿度修正指数 w 可按 g 值的范围，由表 3-15 得到。

表 3-15　　　　　　　　　　　指数 m 和 w 与参数 g 的关系

g	m	w
<0.2	0	0
$0.2 \sim 1.0$	$g\,(g-0.2)\,/0.8$	$g\,(g-0.2)\,/0.8$
$1.0 \sim 1.2$	1.0	1.0
$1.2 \sim 2.0$	1.0	$(2.2-g)\,(2-g)\,/0.8$
>2.0	1.0	0

5. 湿度测量

湿度的测量通常可用通风式精密干湿球温度计，绝对湿度是这两个温度计读数的函数，可由图 3-75 查出，同时也可查到相对湿度。测量时应在达到稳定的数值后仔细读数，以免在确定湿度时造成过大误差。

图 3-75 是标准大气压力下空气湿度与干湿球温度计读数的关系，在非标准大气压情况下，需将湿度图读数与修正值 Δh 相加以求得实际湿度值。Δh 的计算公式为

$$\Delta h = 1.445\,\Delta t\,\Delta p\,/(273+t) \tag{3-29}$$

式中　t——空气干球温度，℃；

　　　　Δt——干湿球温度之差，℃；

　　　　Δp——标准大气压与实际大气压之差，即 $\Delta p = 101.3 - p$，kPa；

　　　　Δh——绝对湿度的修正值，g/m³。

也可使用其他测量绝对湿度的仪表，其扩展不确定度最好不大于 1g/m³。

6. 试品外部和内部绝缘耐受电压不同时的试验程序

当试验室处于高海拔（海拔高度>1000m）或者是在极端气候条件下进行试验时，对外

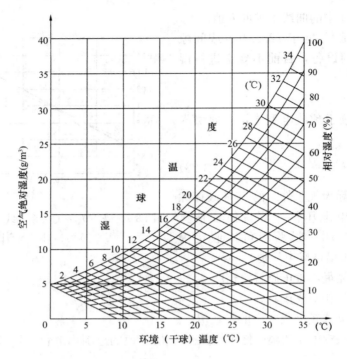

图 3-75　空气湿度与干、湿球温度计读数的关系

绝缘耐受电压进行大气修正后，可能使试验电压低于内绝缘的额定耐受电压。此时，必须采取措施提高外绝缘的耐受水平，以能对内绝缘施加正确的试验电压。为达此目的，对不同的被试设备，应按有关设备标准规定相关措施，包括将外绝缘浸入绝缘液体或压缩气体中等。对于外绝缘试验电压高于内绝缘耐受电压的情况，只有当内绝缘具有较大设计裕度时才能正确地试验外绝缘，否则，除有关设备标准另有规定外，内绝缘应该用额定值进行试验，外绝缘用模型进行试验，有关设备标准应规定所使用的试验程序。

第九节　海拔高度对外绝缘放电电压的影响

　　我国国家标准 GB 311.1—2012《绝缘配合　第 1 部分：定义、原则和规则》中规定了各种电气设备在正常环境条件（周围空气温度不超过 40℃，海拔不超过 1000m）时的额定绝缘水平。

　　我国有广大的高海拔地区，随着海拔高度增加，大气压力下降。相对空气密度的减小，使外绝缘的破坏性放电电压随之降低。在考虑高海拔地区电气设备的外绝缘时，必须计及这方面的影响。

　　对于安装在海拔高度高于 1000m 的设备，考虑到外绝缘的破坏性放电电压随海拔高度增加而降低，这些设备在海拔不高于 1000m 的地点试验时，其外绝缘试验电压应将上述国家标准规定的额定耐受电压乘以海拔修正因数 K_a

$$K_a = e^{q(H-1000)/8150} \qquad (3-30)$$

式中　　H——设备安装地点的海拔高度，m；

q——指数；对雷电冲击耐受电压，q=1.0；对空气间隙和清洁绝缘子的短时工频耐受电压，q=1.0；对操作冲击耐受电压，q按图 3-76 选取。

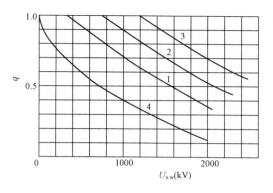

指数 q 取决于包括最小放电路径在内的各种参数，为绝缘配合的目的，图 3-76 中给出了用作操作冲击耐受电压修正时的 q 的保守估算。图 3-76 中，纵绝缘是指具有两个相端子（属于三相系统中的同一相，暂时分为两独立带电部分；例如，分闸的开关装置）和一个接地端子的绝缘结构。

图 3-76　指数 q 与操作冲击耐受电压 $U_{s.w}$ 的关系
1—相对地绝缘；2—纵绝缘；
3—相间绝缘；4—棒 - 板间隙

污秽绝缘子的指数 q 是探讨性的。对于污秽绝缘子的长时间持续试验和短时工频耐受电压试验，标准绝缘子的 q 可低至 0.5，而防污型绝缘子的 q 可高至 0.8。

习　题

3-1　光滑瓷管的内直径为 6cm，管壁为 3cm，如管内装有直径为 6cm 或 3cm 的导杆，其工频滑闪放电起始电压各为多少（瓷的 ε_r＝6）？

3-2　一纯瓷套管，法兰处瓷壁的内、外半径分别为 3cm 及 6cm，瓷壁内部为导杆。

（1）求法兰处的滑闪放电起始电压。

（2）在 100kV 的 1.2/50μs 全波冲击电压下，正、负极性的滑闪放电火花长度各为多少？

（3）在 100kV 的交流（峰值）及直流电压下，滑闪放电火花长度又各为多少？

3-3　一支 110kV 棒形绝缘子的干闪距离为 1m，试按国家标准核算它在冲击及工频干试时各有多少裕度？如下雨时其空气间隙及淋雨表面的距离分别为 40cm 和 70cm，则淋雨试验时的裕度有多少？

3-4　大气中等污染地区的 220kV 输电线路如采用 XP-70 悬式绝缘子（爬电距离 L＝28cm，结构高度 H＝14.6cm），每串需多少片？比正常绝缘多几片？串长为多少？如改用 XWP-130（L＝39cm，H＝13cm），每串需多少片？串长为多少？

3-5　试验求得棒间隙的工频击穿电压（有效值）为 300kV，当时气压为 99.8kPa，温度为 25℃，湿度为 20g/m³。问在标准状态下击穿电压将为多少？

3-6　在大气条件为 p＝99.5kPa，干球温度 30℃，湿球温度 27.5℃时，某棒-板间隙在正极性标准雷电冲击电压作用下，测得其 50% 击穿电压为 540kV。问在标准状态下其击穿电压将为多少？

3-7　现需测量 7 片 XP-70 悬式绝缘子的 50% 冲击放电电压。试验波形为正极性标准雷电冲击电压。放电电压用直径 1m 的球间隙测量。测得球间隙距离为 26.55cm，试验时大气条件为：气压 102.6kPa，干球温度 14℃，湿球温度 9℃。问绝缘子串在标准状态下的放电电压将为多少？

3-8 某 110kV 电气设备如在平原地区使用，外绝缘的工频试验电压（有效值）为 265kV。如准备用于海拔 3500m 的地区，问其在平原地区的试验电压应增到多少？

本 章 参 考 文 献

[3-1] 李翔，等. 三种绝缘子可靠性的比较. 高电压技术，2007(5)：191-193.

[3-2] 杨迎建，等. 合成绝缘子的放电特性. 高电压技术，1991(2)：46-49.

[3-3] Rizk F A M. Mechanism of insulator flashover under artificial rain. Proc. of IEE，1975（4）：449-454.

[3-4] 邱志贤. 高压绝缘子的设计与应用. 北京：中国电力出版社，2006：434-436 或 359.

[3-5] 郝宇亮，等. 研究技术报告—放电数据汇总. 西安高压电器研究院，2012.

[3-6] Killian S C，Morgan J H. Characteristics of EHV station post insulators. IEEE Trans. PAS，1964（3）：280-285.

[3-7] 孙昭英，等. ±800kV 直流输电空气间隙外绝缘特性研究. 中国电力，2006(10)：47-51.

[3-8] 李勇伟，等. 中国首条 1000kV 单回路交流架空输电线路的设计. 中国电机工程学报，2010(1)：117-125.

[3-9] 陈林华，等. 特高压交流瓷绝缘子串电压分布的计算分析. 高电压技术，2012(2)：376-381.

[3-10] 卞星明，等. 1000kV 交流复合绝缘子均压环参数设计. 高电压技术，2009(5)：980-986.

[3-11] 孙振，等. 110～500kV 复合绝缘子的雷电闪络特性. 电网技术，2008(16)：43-46.

[3-12] 丘志贤. 关于复合线路绝缘子常规闪络电压特性的研究. 电瓷避雷器，2003(5)：16-25.

[3-13] 超高压输电线路. 西南电力设计院，等译. 北京：水利电力出版社，1979：277-278.

[3-14] 方春华，等. 污秽绝缘子表面局部电弧与泄漏电流波形特征间对应关系分析. 高电压技术，2012（3）：609-615.

[3-15] A. C. Baker，等. A comparison of HVAC and HVDC contamination performance of station post insulators. IEEE Trans. on Power Delivery，1989，4(2)：1486-1491.

[3-16] 张仁豫，关志成. 染污绝缘子在交流及正负极性直流电压作用下污闪电压差异的研究. 高电压技术，1984(2)：1-8.

[3-17] 关志成，陈原，等. 合成绝缘子直流污闪极性效应的研究. 清华大学学报（自然科学版），1999（5）：13-15/27.

[3-18] 王向朋，等. 高海拔下特高压直流绝缘子的污闪特性. 高电压技术，2008（9）：1869-1874.

[3-19] 李武峰. 直流绝缘子串污秽闪络特性研究. 电网技术，2006（15）：21-24.

[3-20] 廖永力，等. 特高压直流输电线路外绝缘设计若干问题研究. 南方电网技术，2013（1）：39-43.

[3-21] Ch. Zhang，等. Pollution flashover performance of full-scale ±800kV converter station post insulators at high altitude area. IEEE Trans. on Dielectrics and Electrical Insulation，2013（3）：717-726.

第四章　绝　缘　配　合

　　运行中的电气设备绝缘承受长时间的工作电压和短时间的过电压作用，在这两种电压的作用下，绝缘结构应具有足够的绝缘性能。对工作电压来说，绝缘性能主要指电气设备内绝缘的局部放电特性和外绝缘的污秽闪络特性；对过电压来说，绝缘性能指电气设备的操作冲击和雷电冲击耐受特性。

　　对过电压来说，有各种各样的产生机理，使其具有不同的波形、持续时间及幅值，因而不同过电压对绝缘结构的影响也不相同。

　　绝缘配合的任务是，在绝缘结构承受的工作电压和过电压与电气设备的绝缘能力之间进行协调，给出确定电气设备和输电线路绝缘水平的原则和方法，使它们具有必要的绝缘水平。

　　本章讨论过电压的产生机理，绝缘配合的原则和方法。叙述次序大致是：介绍过电压的产生机理和防护措施；说明绝缘配合的原则；给出绝缘配合的三种方法—确定性法（惯用法）、统计法和简化统计法；讨论交流架空输电线路绝缘水平的确定；最后讨论直流架空输电线路绝缘水平的确定。

第一节　概　　述

　　高压电气设备的设计要求应根据其运行所在系统和环境而定，其中一个重要问题是绝缘水平的确定。绝缘配合是电力系统中用以确定输电线路和电气设备绝缘水平的原则和方法。

　　电气设备绝缘在运行中除了长期受到工作电压的作用外，还会受到由于各种原因在电力系统中出现的异常电压升高，即过电压的作用。

　　对于大量采用的交流设备，其工作电压是正常运行条件下的工频电压。电气设备绝缘运行中受到工作电压的持续作用。电力系统在正常运行时各处的工作电压可能不同，因此对于每一标称电压等级，还需要规定其最高运行电压。该最高运行电压需根据能源分布、输电距离、电网结构、系统的潮流分布、稳定性能、无功功率补偿、经济运行以及绝缘设计等综合因素来确定。我国对于220kV及以下电力系统，最高工作电压规定得比标称电压高15%；对超、特高压电力系统，330、500、1000kV系统的最高工作电压高出标称电压10%，750kV系统的高出6.67%，见附录表A1。

　　各种过电压形成的机理相异，并具有不同的波形、幅值及持续时间，见第二节。

　　为了避免绝缘性能破坏，导致设备损坏，以致引起系统停电、造成损失，必须保证电力设备具有一定的绝缘水平。如绝缘水平确定得太低，容易造成事故，但确定得太高，也会导致造价费用过高。所以确定绝缘水平要在技术上处理好作用电压、限制过电压的措施和绝缘耐受能力三者之间的相互配合的关系，还要求在经济上协调投资费用、维护费用和事故损失费用之间的关系，以实现较好的综合经济效益。这也是为什么合理确定绝缘水平称为绝缘配合的原因。

电气设备的绝缘水平是通过其各种试验电压来体现的。

绝缘配合的方法有确定性法（惯用法）、统计法和简化统计法三种。

第二节 过 电 压

过电压是电力系统在特定条件下所出现的超过工作电压从而可能危害绝缘的异常电压，属于电力系统中的一种电磁扰动现象，是电力系统中电路状态和电磁状态的突然变化所致。研究电力系统中各种过电压的起因，预测其幅值并采取措施加以限制，是确定电力系统绝缘配合的前提。根据其形成机理，过电压可分为很多种类。以下予以扼要介绍。

一、交流电力系统过电压

（一）雷电过电压

由大气中的雷云对地面（包括线路、设备等）放电引起的过电压称为雷电过电压。其持续时间大多在几十微秒，具有脉冲的特性。雷电过电压又可分为直击雷过电压和雷电感应过电压。

1. 直击雷过电压

雷闪直接击中电气设备导电部分时引起的过电压称为直击（雷）过电压。雷云有很高的初始电位（估计可达数百兆伏）才能使大气击穿，但地面被击物体的电位并不等于这一初始电位，而是取决于雷电流和被击物体对地阻抗（指被击点与大地零电位参考点之间的阻抗）的乘积。雷闪直接击中带电导体，如架空输电导线，称为直接雷击。如导线保持对地绝缘，击中点的电位可按 $U_A \approx 100I$（I 为雷电流）估算。雷闪击中正常情况下处于接地状态的导体（如输电线路的铁塔）时，雷电流流过接地阻抗会引起电位升高，导致其对具有不同电位的导体放电，称为反击。由于雷电流数值巨大，可达数十至数百千安，所以直击雷幅值可达上百万伏，甚至更高。

2. 雷电感应过电压

雷闪击中电气设备附近地面，在放电过程中由于空间电磁场的急剧变化而使未直接遭受雷击的电气设备（包括二次设备、通信设备）上感应出的过电压称为雷电感应过电压。雷电感应过电压主要发生在架空输电线上，其幅值约 $300\sim400\text{kV}$，一般只对 35kV 及以下电压等级的电力系统绝缘有危险。

（二）内过电压

电力系统内部运行方式发生改变而引起的过电压称为内过电压。电力系统内过电压的能量来源于系统本身，它的幅值以工作电压为基础而增长，通常用系统最大工作相电压幅值 $U_{\text{ph,m}}$ 的倍数 $k_0 U_{\text{ph,m}}$ 来表示。k_0 值约为 $1.3\sim4.0$，其大小与系统参数、断路器性能、中性点接地方式等一系列因素有关。内过电压又可分为操作过电压和暂时过电压。

1. 操作过电压

电力系统由于进行断路器操作或发生突然短路而引起的过电压称为操作过电压。为了满足正常运行的需要，或者被迫切除故障，电力系统会通过断路器操作以改变运行方式。电力系统可以看作一个由许多具有电感性、电容性的元件所组成的复杂电路。断路器的操作使电力系统从一种电磁状态过渡到另一种电磁状态。在这种过渡中会出现电磁振荡，电磁能与静电能在电感性与电容性的元件中以电路固有频率交替转换，以致在电气设备上出现过电压。

操作过电压是内过电压的主要类型，其持续时间约为几百微秒至几毫秒，它的波形也具有脉冲性质，称为操作冲击波。根据过电压保护规程，操作过电压计算倍数 k_0（操作过电压和最大工作相电压幅值 $U_{ph,m}$ 之比）取值如表 4-1 所列。

表 4-1　　　　　　　　　　　　　操作过电压计算倍数 k_0

电　压　等　级	k_0
35kV 及以下低电阻接地系统	3.2
66kV 及以下（除低电阻接地系统外）	4.0
110kV 及 220kV	3.0

常见的操作过电压有以下几种。

（1）空载线路合闸与重合闸过电压。输电线路具有电感和电容性质，因而空载线路合闸时简化的等值电路如图 4-1 所示。当断路器 QF 突然合上时，在回路中会发生角频率 $\omega_0 = 1/\sqrt{LC}$ 的高频振荡过渡过程，电容 C（即线路）上的电压 $u_c(t)$ 可能达到最大值 $U_{c,max} = 2E_m$，如图 4-2（a）所示，式中 E_m 为交流电源电压幅值。如果合闸前电容 C 上还有初始电压，合闸后振荡过程中的过电压 $U_{c,max}$ 还有可能达到 $3E_m$，如图 4-2（b）所示，如采用线路自动重合闸时就可能有这种情况。

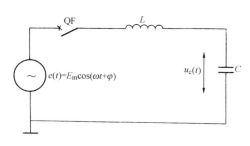

图 4-1　空载线路合闸时的简化等值电路
L—电源和线路的等值电感；C—线路的等值电容；
$e(t)$—交流电源；QF—断路器；
$u_c(t)$—合闸过电压

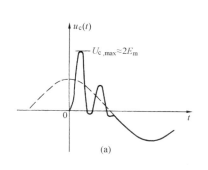 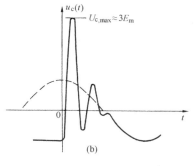

图 4-2　空载线路合闸过电压波形图
（a）电容上无初始电压；（b）电容上有初始电压

（2）切除空载线路过电压。空载线路属于电容性负载。由于切断过程中断路器触头间交流电弧的重燃而引起更剧烈的电磁振荡，使线路出现过电压，其过程如图 4-3 所示。最恶劣的情况是：当 t_1 时刻工频电流熄灭，此时线路仍保持残余电压 $U_c = +E_m$；$t_2 - t_3$ 时高频电弧第一次重燃又熄灭，使线路电压经过振荡达到 $-3E_m$；$t_4 - t_5$ 时电弧第二次重燃并熄灭，使线路电压达到 $5E_m$。如此推演，直至电弧不再重燃、电流最终切断为止。切除电容器等其他电容性负载，都可能会因电弧重燃而引起上述过程和过电压。

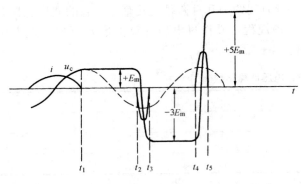

图 4-3　切除空载线路出现过电压示意图

（3）切断空载变压器过电压。变压器是电感性负载，同时对地还有等值电容。当断路器 QF 突然切断小电流，电流在自然过零前被截断时，电流变化率 $\dfrac{\mathrm{d}i}{\mathrm{d}t}$ 甚大，使变压器上产生甚高的感应过电压 $L\dfrac{\mathrm{d}i}{\mathrm{d}t}$。电流截断以后，变压器中残余的电磁能 $\dfrac{1}{2}Li^2$ 又向对地电容 C 充电，形成振荡过程，因而出现过电压，称为截流过电压。其波形如图 4-4 所示。断路器操作切除其他电感性负载也可能出现类似的过电压。

（4）弧光接地过电压。中性点不接地系统发生单相接地故障时，由于接地电弧间歇重燃现象而引起的过电压称为弧光接地过电压。接地电弧每次经过零点都要经历熄灭和重燃的过程。较小的电弧电流可以自行熄灭，不致重燃。较大的电弧电流则可能稳定地重燃，必须靠操作断路器才能切断。中性点不接地系统，单相接地电流是电容性的，一般超

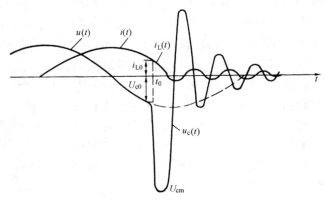

图 4-4　截流过电压波形

过 10A，电弧既不容易自行熄灭，又不足以稳定重燃，因而发生间歇重燃现象。电弧每次间歇重燃都引起不接地的整个系统对地电磁振荡，并且前后过程互相影响，振荡逐次加强，使系统出现过电压。弧光接地过电压最高可达 $3.5U_{\mathrm{ph,m}}$，使用消弧线圈后，过电压绝大多数在 $(3.0\sim3.2)U_{\mathrm{ph,m}}$ 或更低。

2. 暂时过电压

由于断路器操作或发生短路故障，使电力系统经历暂态过程以后达到某种暂时稳定的情况下所出现的过电压称为暂时过电压。暂时过电压是工频或接近工频的电压，持续时间相对较长，故又称工频电压升高。常见的暂时过电压有：①暂时性的空载长线的电容效应（费兰梯效应）——输电线路具有电感、电容等分布参数特性，在工频电源作用下，远距离空载线路由于电容效应逐步积累，使沿线电压分布不相等，末端电压最高；②不对称短路接地——三相输电线路中如 a 相发生短路接地故障时，健全相 b、c 相上的电压会升高；③突然甩负荷过电压——输电线路因发生故障而被迫突然甩掉负荷时，由于电源电动势尚未及时自动调节而引起的过电压。

此外，电力系统工频或非工频的谐振，以及非线性铁磁谐振等引起的电压升高，也都属于暂时过电压。

各种过电压幅值和持续时间范围大致如图 4-5 所示。

（三）过电压防护

针对电力系统各种过电压的特点，采取相应的防护措施（参见附录图 B6 中避雷器和图 B11 并联电抗器），可以使电气设备绝缘强度的选择更加合理，并保证电力系统安全运行。

过电压防护的基本原理是设法将形成过电压的电磁能量泄放掉或消耗掉，以达到削弱过电压幅值的目的。

对于谐振过电压，则是设法避

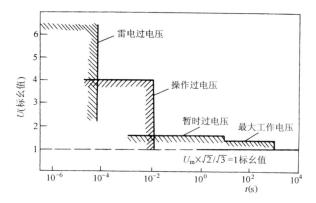

图 4-5　高压电力系统中各种过电压示意图

免产生谐振的条件，如增大谐振回路的阻尼、选择适当的系统运行方式等。

过电压防护的主要措施可归纳为以下几类。

1. 安装避雷针、避雷线（架空地线）

用于变电站和输电线路，避免雷直击设备。

2. 装设避雷器

避雷器是某种非线性电阻，当流过的电流增大时，阻值减小，从而起到限制过电压的作用。用于发电厂、变电站，防护雷电侵入波过电压和操作过电压。图 4-6 是金属氧化物避雷器的结构示意图。

3. 安装接地装置

连接于避雷针、避雷线及避雷器下部，将雷电流或操作冲击电流引入大地。

4. 断路器并联电阻

在断路器触头间并联电阻，以限制与断路器操作有关的过电压。

5. 设置消弧线圈

用于中性点绝缘的电力系统。中性点经消弧线圈接地后，当发生单相接地故障时，流经消弧线圈的电感电流将抵消一部分系统电容电流，使故障点电弧电流减小，易于自行熄灭，避免多次重燃，减少高幅值弧光接地过电压发生的概率。

6. 装设放电器

用于配电系统及电子设备、仪器等，以限制雷电侵入波过电压。

7. 安装电抗器

用于远距离输电线路，以限制暂时过电压（空载长线的电容效应）。

上述措施常综合使用，其中尤以安装合适的避雷器最为重

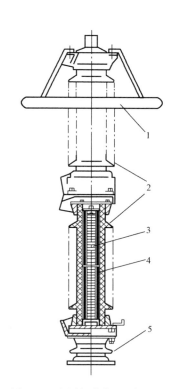

图 4-6　金属氧化物避雷器
结构示意图

1—均压环；2—瓷套；3—氧化锌电阻片；4—绝缘支杆；5—绝缘底座

要。避雷器是发电厂、变电站电气设备广泛采用的过电压防护专用设备。避雷器性能的改进，使过电压防护的水平不断提高。

二、直流电力系统过电压

图 4-7 所示是直流输电系统的基本构成（参见附录图 B16～B21）。

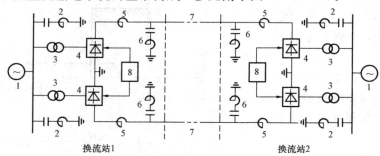

图 4-7　直流输电系统的基本构成
1—交流系统；2—交流滤波器；3—换流变压器；4—换流器；5—平波电抗器；
6—直流滤波器；7—直流输电线路；8—控制系统

直流电力系统中的过电压可分为雷电过电压和内部过电压两大类型。

（一）雷电过电压

直流线路上因雷电引起的雷电过电压发生机理与交流线路类似，可参阅交流系统雷电过电压的内容。但直流系统雷电过电压另有特点。

当雷击架空地线或杆塔时，横担上将出现冲击电压，与冲击电压极性相反的导线绝缘子串所受电压是冲击电压和直流运行电压之和，而极性相同导线绝缘子串所受电压则为两者之差，因雷电过电压导致双极同时发生击穿的可能性极小。可利用此特点快速处理故障，因而直流线路雷电闪络的后果不像交流线路严重，可适当降低耐雷性能要求。

对换流站来说，交流侧和直流侧分别接有交流滤波器和直流滤波器，换流器与交流线路之间接有换流变压器，换流器与直流线路之间接有平波电抗器。因此，从交、直流线路侵入换流站的雷电过电压幅值和陡度都明显降低，同时换流站内有避雷器，因而雷电过电压对换流站设备的威胁不大。

（二）内部过电压

1. 操作过电压

直流电力系统中存在滤波器、平波电抗器、换流阀的均压阻尼回路等电感元件和电容元件，当系统进行操作或发生故障时，系统参数和运行条件的改变，使得这些电感、电容元件以及设备和连接线的杂散电容和电感间会发生电磁能量转换和振荡，从而引起各种内部过电压。

直流电力系统内部过电压的发生机理、波形、频率、幅值均与交流电力系统有较大差别。直流电力系统内部过电压主要由直流输电线路全电压启动、线路接地故障、换流站接地故障、换流阀闭锁等引起，以及来自交流系统的操作过电压。直流电力系统内部过电压的幅值可限制得较低，由于广泛利用快速控制功能和各种阻尼措施，直流系统中大部分内部过电压的幅值均能降低到 1.7 倍额定直流电压以下。

2. 暂时过电压

暂时过电压通常为工频过电压并带有谐波分量，作用时间一般为几秒。换流站的暂时过电压主要取决于两端换流站所接交流系统的强弱，以及当直流系统停运或输送功率突然降低时，交流滤波器和无功补偿电容器尚未切除时造成的换流站交流母线电压的升高。在确定换流站绝缘水平时，暂时过电压往往起主要作用，一般要求将暂时过电压幅值限制在 1.3 倍额定直流电压以下。

（三）过电压防护

直流电力系统中的过电压防护措施，除与交流系统一样可安装避雷针、避雷线（架空地线）、避雷器和接地装置外，还可采用以下防护措施。

1. 利用换流阀的快速控制防止或降低内部过电压

如严格的自动操作顺序和最小电流控制，可防止全电压启动和直流电流断续时产生的过电压等。

2. 采用阻尼振荡措施

采用 RC 阻尼回路来降低换流阀关断时的操作过电压，一般可将换相振荡过冲降低到换流阀关断时电压跃变值的 30% 以下；阻尼回路对串联晶闸管有动态均压作用。

3. 装设冲击波吸收电容器来降低雷电过电压

在直流线路或接地极引线到换流站的入口处，装设冲击波吸收电容器，来降低雷电过电压。

第三节　绝缘配合的原则

如第一节所述，绝缘配合的目的是确定电气设备的绝缘水平，而电气设备的绝缘水平是用设备绝缘可以耐受（不发生击穿、闪络或其他损坏）的试验电压值表征。对应于设备绝缘可能承受的各种作用电压，绝缘试验通常有以下几种类型：①短时（1 min）工频电压试验；②长时间工频电压试验；③操作冲击电压试验；④雷电冲击电压试验。其中短时工频电压试验用来检验设备在工频运行电压和暂时过电压下的绝缘性能。为了考核局部放电等导致老化的因素对绝缘的影响或外绝缘的污秽放电性能，需做长时间工频电压试验。至于其他两种冲击电压试验，顾名思义，分别检验设备绝缘耐受相应过电压的性能。因此，绝缘配合的最终目的是确定电气设备的各种试验电压标准。

绝缘配合总的原则是：综合考虑电力系统中可能出现的各种作用电压、保护装置特性和设备的绝缘特性以确定设备的绝缘水平，从而使设备绝缘故障率或停电事故率降低到在经济上和运行上可以接受的水平。要做到符合这个原则，必须计及不同电压等级、系统结构等很多因素的影响，根据具体情况，灵活处理。

首先，对不同电压等级的电力系统，配合原则是不同的。在各种电压等级的系统中，正常运行条件下的工频电压不会超过系统的最高工作电压，它是绝缘配合的基本参数。然而，其他几种作用电压在绝缘配合中的作用则因系统电压等级的不同而不同，因而在高压及超高压系统中绝缘配合的原则不同，绝缘试验类型的选择也有差别。对于 220kV 及以下系统，问题相对简单：一般以雷电过电压决定设备的绝缘水平。其主要保护措施是避雷器，因而以避雷器的保护水平为基础确定设备的绝缘水平，同时保证输电线路有一定的耐雷水平。通常情况下，这样确定的设备绝缘能够耐受操作过电压的作用，因此一般不需要专门采用针对操作过电压的限制措施。而随着电压等级的提高，操作过电压的幅值也将随之增高，所以在超、特高压电力系统（≥330kV）的绝缘配合中，操作过电压将逐渐起控制作用。因此要采用如装设并联电抗器、断路器带有并联电阻等措施，将操作过电压限制到预定水平。同时采用避雷器，除用以限制雷电过电压外，也作为操作过电压的后备保护。所以，设备的绝缘配合实际上也是以避雷器的保护特性为基础而确定的。

其次，为了兼顾设备造价、运行费用和停电损失等因素，获取最好的综合经济效益，绝缘配合的原则需因不同的系统结构、地区以及发展阶段而有所不同。不同的系统，因结构不同，过电压水平不同；且同一系统中不同地点的过电压水平亦有差异；造成事故的后果也是不同的。在系统发展初期，往往采用单回路长距离线路输电，系统联系薄弱，一旦发生故障，经济损失较大。到了发展的中期或后期，设备制造水平提高，保护设备性能改善，设备损坏概率减少，而且由于系统联系增强，即使个别设备损坏，造成的经济损失也相应降低。因此，从经济方面考虑，对同一电压等级、不同地点、不同类型的设备，系统的不同发展阶段，允许选择不同的绝缘水平。故而许多系统的绝缘水平，初期较高、中、后期较低。我国已建成的330kV及500kV系统，根据当时实际情况，均选取了较高的绝缘水平。

此外，还应从运行可靠性的角度出发，选择合理的绝缘水平，以使各种作用电压下设备绝缘的等效安全系数都大致相同。

第四节　绝　缘　配　合　方　法

绝缘配合方法有确定性法（惯用法）、统计法及简化统计法。

一、确定性法（惯用法）

确定性法是按作用在设备绝缘上的"最大过电压"和设备的"最低放电电压"并考虑适当的安全裕度的概念进行绝缘配合的习惯方法，也称惯用法。首先确定设备上可能出现的最危险的过电压，然后根据运行经验乘上一个考虑各种影响因素和一定裕度的系数，即所谓配合系数（或称安全裕度系数），以补偿在估计最大过电压和最低放电电压时的误差，据此确定绝缘应耐受的电压水平。确定性法不能定量地预估绝缘发生故障的概率，以致往往要求采用较大的裕度，对绝缘要求偏于保守。但由于对非自恢复绝缘的放电概率测定所需的费用太高，因此对其只能采用确定性法。此外，只是当降低绝缘水平具有显著经济效益，尤其是当操作过电压成为控制因素时，统计法才特别有价值。所以，目前只是对于330kV及以上电压等级的自恢复绝缘（输电线路），其操作过电压下的绝缘配合才采用统计法，其余仍均采用确定性法（惯用法）以确定绝缘水平。

确定电气设备绝缘水平的基础是避雷器的保护水平，即设备的绝缘水平与避雷器的保护水平进行配合。避雷器的保护水平包括雷电冲击保护水平和操作冲击保护水平，由避雷器在相应冲击电流下的残压等因素确定。

对于330～500kV电气设备的绝缘水平由两个参数表示：①雷电冲击基本绝缘水平（BIL），即额定雷电冲击耐受电压；②操作冲击基本绝缘水平（BSL），即额定操作冲击耐受电压。由于避雷器同时用作雷电过电压和操作过电压的保护，因此设备的 BIL 及 BSL 相应地应和避雷器雷电保护水平 U_p 及操作冲击保护水平 U'_p 相配合，同时选择一定的配合系数 k_c，即耐受电压应等于保护水平乘以 k_c。根据我国情况，对于雷电冲击，一般取 $k_c \geq 1.4$；对操作冲击，一般取 $k_c \geq 1.15$。对超高压设备应当进行雷电冲击及操作冲击耐受电压试验，以检验设备在雷电过电压和操作过电压下的绝缘性能。

在 220kV 及以下的系统中，由于操作过电压对正常绝缘一般无危险，这时避雷器不动作，它只用作雷电过电压的保护措施。因此，按上述原则，根据避雷器的雷电冲击保护水平可以确定设备的雷电冲击基本绝缘水平（BIL）；而操作冲击基本绝缘水平（BSL）是用短时（1 min）工频耐受电压即工频绝缘水平来代替。实际上这种工频试验电压值是由设备的 BSL 和 BIL 共同决定的。这主要是基于雷电冲击或操作冲击对绝缘的作用，在一定程度上可以用工频电压来等价，并按采用相应冲击系数换算所得的高者取值。可见工频耐压值在某种程度上也代表了绝缘对操作过电压及雷电过电压的耐受水平。凡是能通过工频耐压试验的，可以认为设备在运行中能保证其可靠性。由于工频试验相对比较简单，220kV 及以下设备的出厂试验只做工频耐压试验；而 330~500kV 超高压设备的出厂试验只在试验条件不具备时，才允许用工频耐压试验代替。

我国国家标准[4-1]中规定的标准（基准）绝缘水平见附录表 A1、表 A2。各类设备由于如距避雷器的距离等具体情况不同，其规定的耐受电压也不完全相同。附录表 A3、表 A4 列出了各类设备的耐受电压，它们是设备绝缘设计的主要依据。

二、统计法

在超高压系统中，采用确定性法进行绝缘配合，对绝缘的要求偏于保守，经济性差；因此 20 世纪 70 年代以来，国内外相继推荐采用统计法确定自恢复绝缘的耐压水平。

绝缘配合统计法的特点是根据过电压幅值及绝缘电气强度的统计规律性，分析计算绝缘故障率，从而能在经济技术比较的基础上，合理确定绝缘水平。采用统计法不仅可定量地给出设计的安全程度，并能按照每年设备折旧费、运行费及事故损失费最小的原则进行优化设计。

设 $f_0(u)$ 为操作过电压幅值的概率密度分布函数，$P(u)$ 为线路绝缘在操作冲击下放电电压的概率分布函数，如图 4-8 所示。因发生一次操作时过电压幅值处于 u 和 $u+\mathrm{d}u$ 之间的概率为 $f_0(u)\mathrm{d}u$；一次操作时，过电压幅值在 u 和 $u+\mathrm{d}u$ 之间、且绝缘发生放电的概率为 $f_0(u)\mathrm{d}u\,P(u)$；所以当发生一次操作且绝缘发生放电的概率为

$$R = \int_0^\infty f_0(u)P(u)\mathrm{d}u \quad (4\text{-}1)$$

R 称为绝缘故障率，即图 4-8 中阴影线部分的面积。绝缘配合的统计

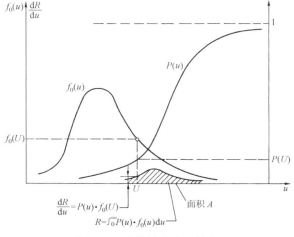

图 4-8　绝缘故障率的估算

法就是从这些计算出发，按照为达到一定运行可靠性而确定的绝缘故障率要求，来选择空气间隙及绝缘子的片数。

统计法的主要困难在于随机因素较多，而且某些随机因素的统计规律还有待于资料累积和认识。因此按式（4-1）算出的故障率通常比实际值大很多，统计法还有待进一步完善。

尽管如此，用它来作设计方案的相对比较时，相对于确定性法（惯用法）具有明显的优点。

三、简化统计法

简化统计法中为了便于计算，假定过电压及绝缘放电概率的统计分布均服从正态分布，且已知其标准偏差分别为 σ_o 及 σ_i。于是可写出过电压的概率密度分布函数 $f_0(u)$ 及绝缘放电的概率函数 $P(u)$ 如下

$$f_0(u) = \frac{1}{\sqrt{2\pi}\sigma_o} \exp\left[-\frac{1}{2}\left(\frac{u-U_{ao}}{\sigma_o} \right)^2 \right] \tag{4-2}$$

$$P(u) = \int_{-\infty}^{u} \frac{1}{\sqrt{2\pi}\sigma_i} \exp\left[-\frac{1}{2}\left(\frac{V-U_{ai}}{\sigma_i} \right)^2 \right] dV \tag{4-3}$$

式中　U_{ao}——过电压的均值；

　　　U_{ai}——绝缘的 50% 放电电压。

由此可得绝缘故障率为

$$R = \int_{-\infty}^{\infty} f_0(u)P(u)du$$

$$= \int_{-\infty}^{\infty} \frac{1}{\sqrt{2\pi}\sigma_o} \exp\left[-\frac{1}{2}\left(\frac{u-U_{ao}}{\sigma_o} \right)^2 \right]\left[\int_{-\infty}^{u} \frac{1}{\sqrt{2\pi}\sigma_i} \exp\left[-\frac{1}{2}\left(\frac{V-U_{ai}}{\sigma_i} \right)^2 \right] dV \right]du \tag{4-4}$$

通过变量置换进行积分运算，可得如下结果

$$R = \frac{1}{\sqrt{2\pi}} \int_{-\infty}^{\lambda} e^{-\frac{1}{2}t^2} dt \tag{4-5}$$

式中

$$\lambda = \frac{U_{ao}-U_{ai}}{\sqrt{\sigma_o^2 + \sigma_i^2}}$$

因此，只要已知 U_{ao} 及 U_{ai}，即可根据式（4-5）容易算得故障率 R。

国际电工委员会及我国绝缘配合标准推荐采用统计过电压 U_S 及统计耐受电压 U_W 以表征过电压及绝缘放电电压的分布：出现超过 U_S 的过电压的概率为 2%；绝缘在 U_W 作用下的放电概率为 10%、即耐受概率为 90%，如图 4-9 所示。在正态分布下，可知

$$U_{ao} = U_S - 2.05\sigma_o \tag{4-6}$$

$$U_{ai} = U_W + 1.28\sigma_i \tag{4-7}$$

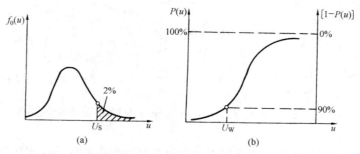

图 4-9　统计过电压 U_S 及统计耐受电压 U_W 的确定

(a) 统计过电压 U_S；(b) 统计耐受电压 U_W

据此，可以估算不同统计安全系数 $\gamma = U_{\mathrm{w}}/U_{\mathrm{s}}$ 下的绝缘的故障率，如图 4-10（a）所示。最终可得统计安全系数 γ 与故障率 R 的关系，如图 4-10（b）所示。于是根据技术经济比较，在成本与故障率间协调，定出可以接受的故障率后，即可按相应的统计安全系数 γ 及系统的统计过电压 U_{s} 确定设备适当的绝缘水平。

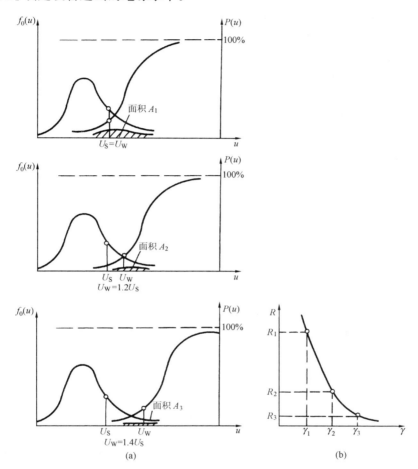

图 4-10　统计安全系数与故障率的关系

（a）当统计安全系数 $\gamma = \dfrac{U_{\mathrm{w}}}{U_{\mathrm{s}}} = 1.0$、$1.2$、$1.4$ 时故障率（面积 A）的估算；

（b）统计安全系数 γ 与故障率 R 间的关系

　　简化统计法与确定性法同样简单易行。虽然故障率的数值不一定很准确，但便于在工程上作方案比较，因而应用很广泛。

第五节　交流架空输电线路绝缘水平的确定

　　对于交流输电系统，通常把 $35 \sim 220 \mathrm{kV}$ 的电压等级称为高压，$330 \sim 750 \mathrm{kV}$ 的电压等级称为超高压，$1000 \mathrm{kV}$ 及以上的电压等级称为特高压。我国在 2009 年建成 $1000 \mathrm{kV}$ 特高压交流输电线路。

本节分别介绍高压、超高压交流线路和特高压交流线路绝缘水平的确定。确定输电线路绝缘水平，包括确定绝缘子串的片数及线路的空气间隙。由于这两种绝缘均属自恢复绝缘，对 330kV 及以上线路可利用统计法或简化统计法进行绝缘配合，以期取得较高的经济效益。220kV 及以下线路实际上仍采用确定性法进行绝缘配合。

一、高压和超高压交流线路绝缘水平的确定

（一）绝缘子串中的绝缘子片数

根据杆塔机械载荷选定绝缘子型式后，需要确定绝缘子的片数，通常其要求是：①在工作电压下不发生污闪；②操作过电压下不发生湿闪；③具有一定的雷电冲击耐受强度，保证一定的线路耐雷水平。

运行经验表明，工作电压是确定绝缘子片数的决定条件。通常是根据工作电压选定每串绝缘子片数后，按操作过电压及耐雷水平的要求复核调整。

根据线路绝缘子串在工作电压下发生闪络的运行经验，规定了不同污秽地区的直线杆绝缘子串的单位爬电距离（爬电比距）λ，见前表 3-10，λ 是指每千伏额定线电压所要求的沿绝缘子表面的爬电距离。因此直线杆中每串绝缘子片数 n_p 根据工作电压可确定为

$$n_{\mathrm{p}} \geqslant \frac{\lambda U_{\mathrm{n}}}{l} \tag{4-8}$$

式中　U_{n}——线路的标称线电压，kV；

　　　l——每片绝缘子的爬电距离，cm。例如对于 XP-70 绝缘子，可取 28cm。

λ 的取值是总结运行经验得来的，因此最大工作电压与标称电压的差别及零值绝缘子的影响等因素都已包括在内，所以式（4-8）按额定线电压计算，所得结果一般不需考虑零值绝缘子而再增加绝缘子片数。

绝缘子串除应在长期工作电压下不发生闪络外，还应耐受操作过电压的作用，即绝缘子串的湿闪电压在考虑各种影响因素并保持一定的裕度后，应大于可能出现的操作过电压。于是绝缘子串的工频湿闪电压（峰值）或正极性操作冲击 50% 放电电压 $U_{\mathrm{s.50}}$❶ 可由下式确定

$$U_{\mathrm{s.50}} \geqslant k_1 U_0 \tag{4-9}$$

式中　U_0——对 220kV 及以下系统为计算用最大操作过电压 $U_0 = k_0 U_{\mathrm{ph.m}}$（$k_0$ 见前表 4-1）；

　　　　　　对 330kV 及以上系统为线路相对地统计操作过电压，采用空载线路合闸、单相重合闸和成功的三相重合闸（如运行中使用时）中的较高值；

　　　k_1——线路绝缘子串操作过电压统计配合系数：对 220kV 及以下系统取 1.17；对 330kV 及以上系统取 1.25。

进行绝缘配合时，对于 330kV 及以上输电线路、变电站的绝缘子串、空气间隙在各种电压下（特别是操作冲击下）的放电电压，宜采用仿真型塔（构架）试验数据。绝缘子串和空气间隙的正极性放电电压比负极性的低，故计算中应采用正极性放电电压。

铁塔中相绝缘子串的正极性操作冲击闪络电压和片数的关系[4-2]如图 4-11 所示，由于边相的闪络电压约高 10%，故计算时应采用中相的数据。

---

❶ 操作冲击放电电压按以下两种方法校正，且按苛刻条件取值：

（1）考虑雨使绝缘子正极性冲击放电电压降低 5%（或采用实测数据），再进行相对空气密度校正；

（2）不考虑雨的影响，但进行空气相对密度和湿度的校正。

在实际运行中，不能排除存在零值绝缘子的可能性。因此，在按上述操作过电压确定每串绝缘子片数时，还应适当增加片数：对于直线杆，35～220kV 电压等级下增加 1 片；220kV 及以上增加 1～2 片。

耐张杆的绝缘子串所受机械负荷较大，易于损坏；而发电厂、变电站内的绝缘子串，重要性更高，这时每串绝缘子片数均应较直线杆增加一片。

海拔超过 1000m 时，绝缘子串的闪络电压有所下降，确定片数时应按有关规定修正（见第三章第九节）。

最后，绝缘子片数还要按线路雷电过电压进行复核。绝缘子串雷电冲击闪络电压和绝缘子片数的关系如图 4-12 所示。降雨对绝缘子串雷电闪络电压影响很小，可忽略不计。一般情况下，按爬电比距及操作过电压的要求选定的绝缘子片数 n 都能满足耐雷水平的要求。在特殊高杆塔或高海拔地区，按雷电过电压要求的片数往往大于工作电压及操作过电压要求的片数，此时雷电过电压才成为确定 n 值的决定性因素。

综合工作电压、操作过电压及雷电过电压三方面的要求，线路杆塔一般实际采用的每串 XP-70 绝缘子片数在表 4-2 中列出。运行经验表明，按上述方法确定的每串绝缘子片数，能避免工作电压下的污闪和操作过电压下的闪络，而且在杆塔接地电阻合格时也满足线路耐雷水平的要求。

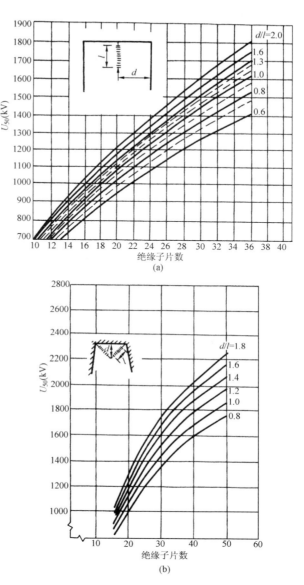

图 4-11 悬挂在铁塔上的中相绝缘子（146×254）串的正极性操作冲击干闪络电压和绝缘子片数的关系
（a）悬垂绝缘子串；（b）V 形绝缘子串

（二）线路带电部分和杆塔构件间最小空气间隙的确定

在确定空气间隙时，应考虑导线受风力而使绝缘子串摇摆的不利因素。就线路空气间隙所承受的电压幅值来看，雷电过电压最高，操作过电压次之，工作电压最低；但电压的作用时间则恰恰相反。如图 4-13 所示：由于工作电压长时间作用在导线上，故应按线路最大设计风速（取 20 年一遇最大风速，一般地区约 25～35m/s）计算，相应的风偏角 θ_p 最大；操作过电压持续时间较短，很高的过电压和大风凑在一起发生的机会很小，可按最大设计风速的 50% 考虑，风偏角 θ_s 较小；雷电过电压持续时间最短，通常按计算风速为 10m/s 考虑，因而风偏角 θ_l 亦最小。所以应按上述三种不同情况，分别计算在工频、操作和雷电冲击下相应的空气间隙 S_p、S_s 和 S_l，然后按其中最大者确定杆塔尺寸。

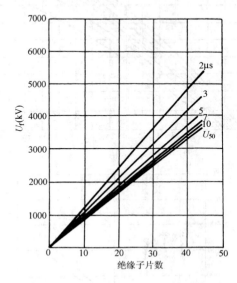

图 4-12　不同放电时间条件下悬式
绝缘子串的雷电冲击（＋1.5/40μs）
闪络电压和片数的关系

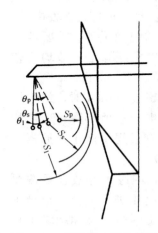

图 4-13　绝缘子串风偏角及
相应的最小空气间隙

　　按工作电压确定风偏的线路带电部分和杆塔构件间空气间隙 S_p 时，其工频 50% 击穿电压 $U_{p.50}$ 应符合式（4-10）的要求

$$U_{p.50} \geqslant k_2 U_{ph,m} \tag{4-10}$$

式中　k_2——线路空气间隙工频电压统计配合系数（综合考虑绝缘裕度、空气密度变化、空气湿度变化以及其他如工频电压升高等因素的影响而设定），对 330kV 及以上系统取 1.4；对 110kV 及 220kV 系统取 1.35；对 66kV 及以下系统取 1.20。

　　空气间隙工频击穿电压与间隙距离的关系可参照前图 2-49～图 2-51。

　　按操作过电压确定风偏后的空气间隙 S_s 时，其正极性操作冲击 50% 击穿电压 $U_{s.50}$ 应符合式（4-11）的要求

$$U_{s.50} \geqslant k_3 U_0 \tag{4-11}$$

式中　U_0——见式（4-9）；

　　　　k_3——线路空气间隙操作过电压统计配合系数，对 330kV 及以上系统取 1.1；对 220kV 及以下系统取 1.03。

　　空气间隙操作冲击 50% 击穿电压与间隙距离的关系可参照图 4-14。图 4-14 是在对应于 U 形曲线极小值的波形下各种典型间隙的 50% 击穿电压曲线，是从不同研究者的实验数据中总结出来的。由于随着间隙距离增加，对应于 U 形曲线极小值的波头长度也增加，所以

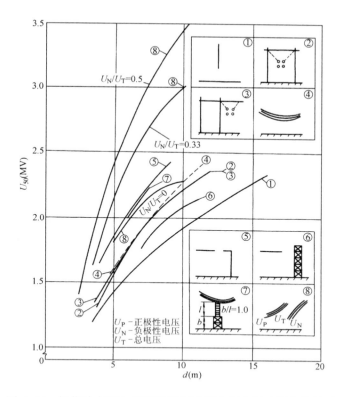

图 4-14　操作冲击下空气间隙 50% 击穿电压和间隙距离的关系

图中即使在同一条曲线上，距离不同时波形也是不同的，波头长度在数十到数百微秒之间。

按雷电过电压确定风偏后的空气间隙 S_l 时，应使其正极性雷电冲击 50% 击穿电压与绝缘子串相应闪络电压相适应：间隙的 50% 击穿电压可选为绝缘子串相应闪络电压的 85%（污秽区该间隙可仍按 0 级污秽区配合），其目的是尽量减少绝缘子串的闪络概率，以免损坏绝缘子。空气间隙的雷电冲击 50% 击穿电压和间隙距离的关系如前图 2-55～图 2-58 所示；绝缘子串正极性雷电冲击闪络电压和绝缘子片数的关系可参照前图 4-12。

最后，按上述原则确定 S_p、S_s 和 S_l 后，即可确定与之对应的绝缘子串在垂直位置时带电部分对杆塔的水平距离，它们是 $S_p + l\sin\theta_p$、$S_s + l\sin\theta_s$ 和 $S_l + l\sin\theta_l$，选三者中最大的一个即可，其中 l 为绝缘子串长。一般情况下，对空气间隙的确定起决定作用的是雷电过电压。表 4-2 中除线路绝缘子每串最少片数外，也列出了各级电压线路的最小空气间隙值[4-3]。在进行绝缘配合时，考虑杆塔尺寸误差、横担变形和拉线施工误差等不利因素，空气间隙应留有一定裕度。

表 4-2 适用于海拔不超过 1000m 地区；超过 1000m 时，应按有关规定修正（见第三章第九节）。

表 4-2　　　　　　　　20～500kV 线路绝缘子每串最少片数和最小空气间隙

系统标称电压（kV）	20	35	66	110	220	330	500
雷电过电压间隙（cm）	35	45	65	100	190	230（260）	330（370）
操作过电压间隙（cm）	12	25	50	70	145	195	270

系统标称电压（kV）	20	35	66	110	220	330	500
工频电压间隙（cm）	5	10	20	25	55	90	130
悬垂绝缘子串的绝缘子个数	2	3	5	7	13	17（19）	25（28）

注　1. 绝缘子型式：一般为 XP 型；330kV、500kV 栏中括号外为 XP₃ 型。

　　2. 绝缘子适用于 0 级污秽。污秽地区绝缘加强时，间隙一般仍用表中的数值。

　　3. 330、500kV 栏中括号内雷电过电压间隙与括号内绝缘子个数相对应，用于发电厂、变电站进线保护段杆塔。

二、1000kV 特高压交流线路绝缘水平的确定

依据有关标准选定绝缘子串中绝缘子的片数和最小空气间隙，使架空输电线路在工作电压、操作过电压和雷电过电压的作用下能安全可靠地运行。

我国国家标准[4-4]规定，1000kV 线路绝缘的操作冲击试验电压的波前时间宜按工程预测值考虑，标准中暂取 $1000\mu s$；雷电冲击试验电压波形参数为 $1.2\mu s/50\mu s$。

（一）绝缘子串中的绝缘子片数

1000kV 线路绝缘子串中绝缘子片数的选择，主要考虑能耐受长期工作电压的作用。在选定绝缘子的型号和片数后，需校验是否满足操作过电压和雷电过电压的要求。

国家标准[4-4]还规定，宜使用污耐压法来确定绝缘子串（或复合绝缘子），在缺乏污耐压试验数据时也可使用爬电比距法。

1. 污耐压法

采用污耐压法[4-5]的过程是：①在与实际环境（各种污秽度、污秽分布）尽可能接近的条件下，进行各种绝缘子的大量人工污秽试验；②由污秽闪络试验结果，计算不同污秽度下单片绝缘子的 50％闪络电压 U_{50}；③由 U_{50} 确定单片绝缘子的耐受电压 U_w；④根据系统必须保证的耐受电压 U_s，计算出需要的绝缘子片数。

由人工污秽试验获取的绝缘子（或绝缘子串）污闪电压，可得到单片绝缘子的 U_{50} 及反映污闪电压分散性的标准差 σ（通常以 U_{50} 的百分比表示）。常以可接受的、较低闪络概率（p）的电压值作为绝缘子的耐受电压 U_w

$$U_w = U_{50}(1-k\sigma) \tag{4-12}$$

式中，k 取决于闪络概率 p，可由正态概率分布表查得。例如，若取 p 为 5％，则 $k=1.65$，$U_w = U_{50}(1-1.65\sigma)$。表 4-3 中给出了可接受的闪络概率分别为 5％、2.3％和 0.13％时，单串绝缘子的 U_w 与 U_{50} 的关系（$\sigma=10\%$ 的情况下）。

表 4-3　　　　　　　　　　单串绝缘子的 U_w 与 U_{50} 的关系（取 $\sigma=10\%$）

耐受概率（％）	闪络概率（％）	U_w
95.0	5.0	$U_{50}(1-1.65\sigma)=0.835U_{50}$
97.7	2.3	$U_{50}(1-2\sigma)=0.8U_{50}$
99.87	0.13	$U_{50}(1-3\sigma)=0.7U_{50}$

需要指出的是，对污闪电压的标准差 σ，不能根据少量试验数据，也不能仅根据个别实验室的试验数据，而需要由多个实验室的大量试验结果来确定。

如果只考虑单串绝缘子，那么根据所选用绝缘子的 U_{50} 和 σ，以及可接受的闪络概率 p，即可算出耐受电压 U_w，再按照系统必须保证的耐受电压 U_s，计算出需要的绝缘子片数。

对一条输电线路来说，一定范围内的许多串绝缘子可能会一起处于污闪气象条件下。特高压线路通常有几百千米长，虽然不会整条线路同时面临污闪气象条件，但 100～120 串绝缘子（约 10km 内）面临大致相当的气象条件是可能的。如果它们之中的任何一串绝缘子都没有发生污秽闪络，那么整条线路也就是安全的。

第三章中已介绍过多串绝缘子并联时的闪络特性和单串绝缘子的闪络特性有差异，因此只考虑单串绝缘子的 U_w 是不够的，必须考虑一定范围内几十、上百串绝缘子同时面临污闪气象条件时，多（n）串绝缘子的耐受电压 U_{nw}。

式（3-21）已给出了多串绝缘子的闪络概率 $P_n(U)$ 与单串绝缘子闪络概率 $P_1(U)$ 的关系

$$P_n(U) = 1 - [1 - P_1(U)]^n$$

式中 n——绝缘子串的并联数。上式可写成

$$P_1(U) = 1 - \exp\left\{\frac{\ln[1 - P_n(U)]}{n}\right\} \tag{4-13}$$

由式（4-13）可算出，若要 100（或 120）串绝缘子并联时的耐受概率为 95%，则单串绝缘子的耐受概率必须达到 99.95%（或 99.96%）。换言之，对单串绝缘子来说，应取耐受概率为 99.95%（或 99.96%）的电压作为耐受电压 U_w，才能使 100（或 120）串绝缘子并联时的耐受概率为 95%。此后再按照系统必须保证的耐受电压 U_s，计算出需要的绝缘子片数。

2. 爬电比距法

爬电比距法是一种常用方法，简单直观。采用爬电比距法时，每串绝缘子串所需片数 n 为

$$n \geqslant \frac{\lambda U_n}{K_S L_0} \tag{4-14}$$

式中 λ——爬电比距，cm/kV；

U_n——系统标称电压，kV；

K_S——单片绝缘子爬电距离的有效系数；

L_0——单片绝缘子的几何爬电距离，cm。

不同造型的绝缘子，即使爬电距离相同，其积污特性和污闪电压会不同，因此引入爬电距离的有效系数 K_S，其值需靠长期运行经验和污耐压试验来确定。

考虑到复合绝缘子的污闪性能优于瓷（或玻璃）绝缘子串，有资料[4-6]建议，1000kV 交流输电线路使用的复合绝缘子的结构高度可取同一污区瓷（或玻璃）绝缘子串结构高度的 80%。

（二）线路带电部分和杆塔构件间最小空气间隙的确定

按工频工作电压确定最小空气间隙时，工频 50% 击穿电压 $U_{p.50}$ 可根据式（4-8）考虑，不同的是：①计算风速为 100 年一遇的最大风速；②要考虑多间隙并联对放电电压的影响。

按操作冲击电压确定最小空气间隙时，正极性操作冲击 50% 击穿电压 $U_{s.50}$ 可按式（4-9）考虑，不同的是：①k_1 的取值对 I 形串为 1.1～1.26，对 V 形串为 1.27；②计算风速为 100 年一遇最大风速的 50%；③要考虑多间隙并联对放电电压的影响。相关国家标准[4-4]的附录 F 提供了线路绝缘在操作过电压下闪络概率的计算方法。

对雷电冲击电压下的最小空气间隙，国家标准中说明[4-4]：单回线路，雷电过电压下的空气间隙距离对杆塔塔头尺寸不起控制作用，不予规定；同塔双回线路，为满足线路雷击跳闸率的要求，重点确保导线对其下方横担有足够的间隙距离。

1000kV 线路带电部分和杆塔构件间的最小空气间隙距离见表 4-4。

表 4-4　　　　　　　　　　　　1000kV 线路最小空气间隙距离

作用电压类型	线路类型	最小空气间隙距离（m）		
		海拔高度 500m	海拔高度 1000m	海拔高度 1500m
工频电压	单回	2.7	2.9	3.1
	同塔双回	2.7	2.9	3.1
操作冲击电压	单回 *	边相 5.9 中相 6.7 / 7.9	边相 6.2 中相 7.2 / 8.0	边相 6.4 中相 7.7 / 8.1
	同塔双回	6.0	6.2	6.4
雷电冲击电压	单回	不予规定	不予规定	不予规定
	同塔双回 * *	6.7	7.1	7.6

* 　斜线前数据为带电体对斜铁的间隙距离，斜线后数据为带电体对上横梁的间隙距离。

* * 　对雷电活动较强烈的山区，可根据实际情况适当增大雷电最小空气间隙距离。

第六节　直流架空输电线路绝缘水平的确定

我国在 1989 年建成 ±500kV 直流输电线路，2010 年建成 ±800kV 特高压直流输电线路，本节将依据国家标准[4-7]介绍 ±800kV 直流架空输电线路绝缘水平的确定。选定的绝缘子串中的片数和最小空气间隙，应使架空输电线路在工作电压、操作过电压和雷电过电压的作用下能安全可靠地运行。

一、绝缘子串中的绝缘子片数

±800kV 直流架空输电线路绝缘子片数的确定应采用污耐压法，对无可靠污耐压特性参数的绝缘子，可采用爬电比距法。

关于污耐压法可见前面第五节第二小节，以下介绍如何使用污耐压法来选择 800kV 直流输电线路的绝缘子[4-8]。

用污耐压法确定所需复合绝缘子高度 h（对悬式绝缘子串则为绝缘子片数 n）的计算公式为

$$h = \frac{k_1 U_n}{k_2 k_3 k_4 E_{50}} \tag{4-15}$$

式中　　U_n——直流线路的标称电压；

E_{50}——折算为单位长度下的 50% 污闪电压（对悬式绝缘子则为每片绝缘子的 50% 污闪电压）；

k_1——最高运行电压与标称电压的比值；

k_2——绝缘子表面污秽分布的不均匀系数；

k_3——耐受电压与 50% 污闪电压的比值；

k_4——考虑线路一定长度范围内许多串绝缘子面临大致相当气象条件的系数。

对悬式盘形瓷绝缘子串、玻璃绝缘子串和复合绝缘子进行了人工污闪试验，取得了几种污秽情况下的50%污闪电压U_{50}。现仅以一种型号的复合绝缘子为例说明。

复合绝缘子的型号为FXBW-500/160，干弧距离2.29m，杆径34mm、伞径178/150mm，爬电距离7387mm。此复合绝缘子在气压98.6kPa、ESDD为0.15mg/cm²下的污闪电压U_{50}为199.3kV，σ为7.6%。

若以耐受概率为97.7%的电压作为耐受电压，则$k_3=1-2\sigma$；取$k_4=1-3\sigma$；因而

$$h = \frac{k_1 U_n}{k_2(1-2\sigma)(1-3\sigma)E_{50}} \tag{4-16}$$

根据资料，取污秽分布不均匀系数k_2为1.38[4-8]，再将$U_n=800$kV、$k_1=1.02$、$\sigma=0.076$、$E_{50}=87.0$kV/m代入式（4-16），可算得$h=10.4$m。

采用爬电比距法时，每串绝缘子串所需片数n可参考式（4-14）进行计算，有资料[4-10]给出了爬电比距λ的取值建议。

对复合绝缘子和瓷（或玻璃）绝缘子的直流污闪性能进行了试验研究[4-9]，根据试验数据可以算出，相同污秽情况下复合绝缘子的污闪性能优于瓷（或玻璃）绝缘子，因而用于直流输电线路的复合绝缘子结构高度可低于瓷（或玻璃）绝缘子串的结构高度。

在海拔高度1000m以下地区，轻污区0.05mg/cm²盐密时，工作电压要求的悬垂V型绝缘子（钟罩型）串片数不宜小于表4-5所列数值[4-7]。

表4-5　轻污区0.05mg/cm²盐密时，工作电压要求的悬垂V型绝缘子（钟罩型）串片数

标称电压（kV）	±800	
单片绝缘子高度（mm）	170	195
爬距（mm）	545	635
绝缘子片数（片）	64	56

二、线路带电部分和杆塔构件间最小空气间隙的确定

±800kV线路在相应风偏条件下，带电部分与杆塔构件的最小空气间隙应符合表4-6所列数值[4-7]。

表4-6　带电部分与杆塔构件的最小空气间隙

海拔及电压类型	最小空气间隙（m）		
海拔（m）	500	1000	2000
工作电压	2.1	2.3	2.5
操作过电压（1.6p.u.）	4.9	5.3	5.9

本 章 参 考 文 献

[4-1]　GB 311.1—2012《绝缘配合　第1部分：定义、原则和规则》. 北京：中国标准出版社，2012.

[4-2]　超高压输电线路. 西南电力设计院，等译. 北京：水利电力出版社，1979：280-281.

[4-3]　DL/T 741—2001《架空送电线路运行规程》. 北京：中国电力出版社，2002.

[4-4]　GB/Z 24842—2009《1000kV特高压交流输变电工程过电压和绝缘配合》. 北京：中国标准出版社，2009.

[4-5] 梁曦东. 特高压输电线路绝缘子的选择. 特高压输电技术国际研讨会，北京：2005.04.25～28：36-41.

[4-6] 张予，等. 1000kV 交流输电线路用绝缘子技术关键的探讨. 电瓷避雷器，2006(1)：12-14/18.

[4-7] GB 50790—2013《±800kV 直流架空输电线路设计规范》. 北京：中国标准出版社，2013.

[4-8] 蒋兴良，等. ±800kV 直流输电线路绝缘子选择研究. 南方电网技术研究，2006(5)：1-10.

[4-9] 舒立春，等. 复合绝缘子与瓷和玻璃绝缘子直流污闪特性比较. 中国电机工程学报，2007(36)：26-30.

[4-10] 周刚，等. ±800kV 直流架空输电线路绝缘选择. 高电压技术，2009(2)：231-235.

第五章　六氟化硫气体绝缘

20 世纪 50 年代六氟化硫（SF_6）气体作为灭弧和绝缘介质开始应用于电气设备，现今已在高压断路器、气体绝缘金属封闭开关设备、气体绝缘输电管道、变压器和互感器中广泛使用。运行中的 SF_6 电气设备有可能丧失绝缘功能，发生 SF_6 气体间隙击穿或 SF_6 气体中沿固体电介质表面的闪络。

六氟化硫是强电负性气体，电气强度很高。SF_6 对电场不均匀程度、金属颗粒及电极表面粗糙度具有敏感性。设计时应使电极间电场尽可能均匀，大部分 SF_6 电气设备中的电场属于稍不均匀电场。设备中微小的局部电场畸变也会明显影响绝缘性能，例如制造时金属电极表面粗糙度超过允许值，安装时进入设备的导电微粒和安装错位引起的电极表面缺陷等，都会使设备的绝缘性能明显下降。

2005 年生效的《联合国气候变化框架公约》中列出了要求减排的 6 种温室气体，其中包括 SF_6 气体。但目前电工领域中还没有能完全取代 SF_6 的气体，只能尽量减少其使用量，研究在电气设备中使用低 SF_6 含量的混合气体。不含 SF_6 的绝缘气体也在研究之中。

本章讨论六氟化硫气体绝缘。叙述次序大致是：SF_6 的绝缘结构类型和物理化学特性；均匀及稍不均匀电场中 SF_6 的击穿，包括自持放电条件，电极表面状态和金属微粒的影响，SF_6 气体间隙绝缘的工程计算；极不均匀电场中 SF_6 的击穿；SF_6 气体的伏秒特性；SF_6 中沿固体电介质表面的放电，包括电场不均匀程度、固体电介质表面粗糙度、表面状况和导电杂质的影响，SF_6 沿面绝缘的工程计算，直流 SF_6 电气设备的沿面闪络；最后介绍含 SF_6 的混合气体的击穿特性。

第一节　引　　言

一、绝缘结构类型

六氟化硫（SF_6）是由氟和硫反应生成的气体，1900 年首次出现。20 世纪 40 年代，SF_6 作为绝缘气体使用于核物理高压研究装置，50 年代开始用作断路器的绝缘和灭弧介质。1965 年出现了六氟化硫气体绝缘金属封闭开关设备 GIS，这是一种将变压器以外的其他设备全部封闭在接地金属外壳内的气体绝缘变电站，壳内充以 0.3～0.6MPa 的 SF_6 作为相间和相对地的绝缘。近年还出现了 HGIS（参见附录图 B10），与 GIS 不同的是这种设备仅包含断路器、隔离开关、接地开关、电流互感器等，而将母线、避雷器、电压互感器、阻波器等设备排除在外，作为常规敞开式设备。此外，SF_6 气体还作为绝缘介质，使用于气体绝缘输电管道（或称 SF_6 输电线路）GIL、电流互感器、电压互感器、套管、电力变压器、避雷器和试验变压器等设备中。

SF_6 在高压电气设备中得到广泛应用，是因为采用这种气体的电气设备具有很多优点。例如，由于 SF_6 气体的高电气强度，采用 SF_6 绝缘的金属封闭式变电站的占地面积比空气绝缘的敞开式变电站（参见附录图 B1、图 B5）少很多，以 500kV 系统而言，前者占地面积只有后者的 5%。金属封闭式变电站的绝缘不受环境条件（雨、雪等）和环境污染的影响，运行安全可靠。又如，SF_6 输电管道与架空线相比也有很多优点。图 5-1 是输送同样的自然容量时，架空线和 SF_6 输电管道的空间尺寸比较。再如，SF_6 输电管道与常规电缆相比，具有输送容量大、适用于高落差地区等优点。

电气设备中，SF_6 绝缘结构可区分为以下几种基本类型。

1. SF_6 气体间隙绝缘

是 SF_6 设备中的主要绝缘结构，要求电场尽可能均匀。可采用同轴圆柱结构，导体拐弯部分制成圆弧形（见图5-2）。

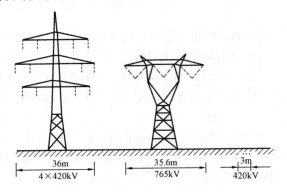

图 5-1　输送同样自然容量时，架空线与 SF_6
输电管道的空间尺寸比较

（a）4×420kV 架空线；（b）750kV 架空线；

（c）420kV SF_6 输电管道

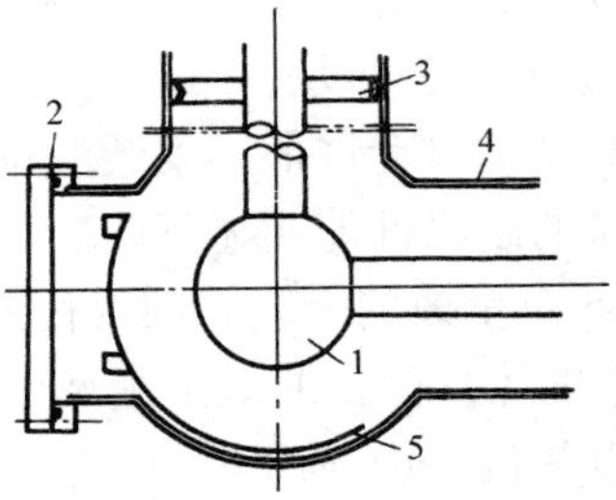

图 5-2　420kV 单相 SF_6 输电管
道直角拐弯结构

1—导杆连接球；2—安装盖；

3—加固环；4—外壳；5—球罩

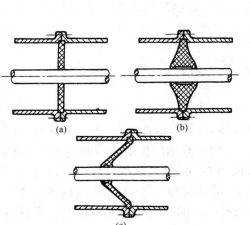

图 5-3　SF_6 电气设备中使用的支撑绝缘子

（a）圆板形；（b）盘形；（c）锥形

2. SF_6-固体电介质分界面绝缘

SF_6 设备中，为固定高压导体需采用绝缘支持物（见图 5-3），这就出现了 SF_6-固体电介质分界面绝缘。要注意固体电介质对电场的影响，以及固体电介质表面状况对沿面放电的影响。

3. 出线绝缘

指 SF_6 设备高压引出线的绝缘。高压导体与接地外壳之间采用 SF_6 作为主要绝缘，并用瓷套将 SF_6 与其他电介质（如空气、油）隔离（见图5-4）。

4. SF_6-薄膜组合绝缘

应用于 SF_6 变压器和互感器中，作为导线的匝间和层间绝缘。

二、SF_6 的物理化学特性

SF_6 是无色、无味的气体，具有较高的电气强度，优良的灭弧性能，良好的冷却特性，不可燃。将它用于电气设备，以免除火灾威胁，缩小设备尺寸，提高系统运行的可靠性。SF_6

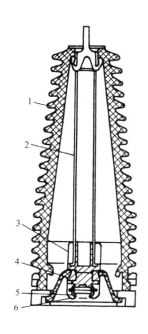

的缺点是：放电时 SF$_6$ 会发生分解形成硫的低氟化物，这些产物有毒，并能腐蚀许多绝缘材料和导电材料；在较高的压力下，SF$_6$ 会液化。

SF$_6$ 分子中，6 个氟原子 F 围绕硫原子 S 对称排布，呈正八面体结构，如图 5-5 所示。由于 S-F 的键矩小，键合能量高，所以 SF$_6$ 的化学性能非常稳定，仅当温度很高（＞1000K）时，分子才发生热离解。

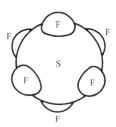

图 5-4　SF$_6$ 套管
1—瓷套；2—导电杆；3—屏蔽罩；4—锥形绝缘子；
5—静触头；6—屏蔽罩

图 5-5　SF$_6$ 分子
结构示意图

SF$_6$ 的基本物理特性如表 5-1 所示。SF$_6$ 是分子量较大的重气体，容易液化。图 5-6 表明，在 SF$_6$ 绝缘通常使用范围（−40℃≤温度≤80℃，压力＜0.8MPa）内，主要是气态占优势。只当温度低于−18℃时，才需考虑 SF$_6$ 气体的液化问题，必要时需加电热装置。

表 5-1　　　　　　　　　　　　　SF$_6$ 的物理特性

分子量	146.06
相对介电常数（0.1MPa，20℃）	1.002 049
介质损耗因数（0.1MPa）	＜5×10^{-6}
密度（0.1MPa，20℃）	6.164g/l
临界压力	3.68MPa
临界温度	45.5℃
比热（30℃）	5.01J/g·K
热导率	0.81×10^{-5}J/cm·s·K
在 1cm^3 油中溶解度	0.297cm^3
在 1cm^3 水中溶解度	0.001cm^3
水在 SF$_6$ 中的溶解度（质量比，30℃）	0.05±0.010

SF$_6$ 是一种稳定的气体，但在电弧的高温作用下将分解为硫和氟原子，它们可能与 SF$_6$ 及电极材料中所含氧气、电极金属蒸汽等作用而生成低氟化物 SOF$_2$、SO$_2$F$_2$、SF$_4$、SOF$_4$ 和金属氟化物（如 WF$_6$）。当气体中含有水分时，上述部分产物还会发生水解作用而生成腐蚀性很强的氢氟酸（HF）。在水分较多的情况下，SF$_6$ 在 200℃以上也会发生水解反应而生成 HF 和 SO$_2$。SF$_6$ 气体在电晕放电作用下也会产生上述低氟化物，但因电晕放电温度较

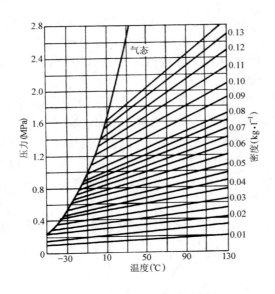

图 5-6　SF$_6$ 气体的温度、压力
与密度的关系

低，故生成物较电弧放电时要少得多。

HF、SF$_4$、SO$_2$ 等对绝缘材料、金属材料有腐蚀作用，特别是对含硅材料有很强的腐蚀性。因此，一方面要严格控制 SF$_6$ 的含水量（<15ppm），另一方面要选用能耐受上述产物的绝缘材料，如环氧树脂、聚四氟乙烯、氧化铝陶瓷等。

纯 SF$_6$ 气体是一种无毒气体，但它仍会因引起窒息而对生命造成威胁。由于 SF$_6$ 比空气重，会积聚在地面附近，因此在检修充 SF$_6$ 的电气设备时要注意防止因缺氧而窒息。SF$_6$ 气体若纯度不够，就会含有 SF$_4$、S$_2$F$_{10}$、HF、SO$_2$ 等杂质，这些杂质都是有毒的；SF$_6$ 因放电而产生的一些分解物也是有毒的，对这些毒性问题应给以足够的重视。要严格控制 SF$_6$ 的纯度；在充 SF$_6$ 的电气设备中应放置吸附剂（分子筛或活性氧化铝）；工作人员接触有毒气体时需戴防毒面具和防护手套；工作场所应采取强力通风。

第二节　均匀及稍不均匀电场中六氟化硫的击穿

一、SF$_6$ 的电气强度

SF$_6$ 是一种高电气强度气体电介质，均匀电场中的电气强度约为相同气压下空气的 2.5～3 倍，0.3MPa 时 SF$_6$ 的电气强度约和变压器油的相当（见图 5-7）。SF$_6$ 气体的电气强度高，主要原因是：卤族元素中氟的电负性最强，SF$_6$ 分子具有很强的电负性，容易吸附电子形成负离子，阻碍放电的形成和发展。此外，还有两个次要原因：①SF$_6$ 分子的直径比氧、氮分子的要大，使得电子在 SF$_6$ 气体中的平均自由行程缩短（约为 0.22μm），不易积累能量，而 SF$_6$ 的电离电位又比氧、氮分子的大，因此减小了电子碰撞电离的可能性；②电子与 SF$_6$ 气体分子相遇时，还会因极化等过程增加能量损失，减弱其碰撞电离能力。

二、SF$_6$ 的电子电离系数和附着系数

SF$_6$ 气体的放电机理可用第二章所述气体放电理论加以分析。对 SF$_6$ 不仅要考虑电子在电场作用下因碰撞电离而不断产生新的带电质点，同时还要考虑具有强烈电负性的 SF$_6$ 分子吸附电子阻碍放电发展的可

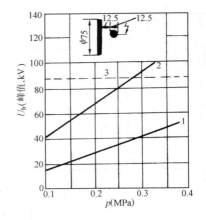

图 5-7　SF$_6$ 气体、空气、变压器
油在工频电压下的击穿电压
1—空气；2—SF$_6$；3—变压器油

能性。SF_6 中电子沿电场方向运动时，电子增加的规律为

$$n = \exp\left[\int_0^x (\alpha - \eta)\mathrm{d}x\right] \tag{5-1}$$

式中　n——一个电子沿电场方向行经 x 距离后，在该处的电子总数；

　　　α——电子电离系数，表示一个电子在电场方向单位长度行程内新电离出的电子数；

　　　η——电子附着系数，表示一个电子在电场方向单位长度行程内可能被吸附的次数。

通常以有效电离系数 $\bar{\alpha}$ 来表示 α 与 η 之差值，即 $\bar{\alpha} = \alpha - \eta$。图 5-8 所示为 SF_6 的 α、η、$\bar{\alpha}$ 与电场强度 E 和气压 p 的关系，图中同时画出了空气的 α/p 与 E/p 的关系（空气的 $\eta \ll \alpha$，所以 $\bar{\alpha} \approx \alpha$）。由图可知，对于 SF_6，仅当 E/p 大于临界值 $(E/p)_{\mathrm{crit}} = 885\mathrm{kV/(cm \cdot MPa)}$ 时，$\alpha > \eta$，$\bar{\alpha} > 0$，放电才有可能发展；而对于空气，其 $(E/p)_{\mathrm{crit}} = 244\mathrm{kV/(cm \cdot MPa)}$。由此可知，均匀电场中 SF_6 的电气强度约为空气的 3 倍。

在 $20℃$ 及 E/p 处于 $600 \sim 1200\mathrm{kV/(cm \cdot MPa)}$ 范围内时，SF_6 的 $\dfrac{\alpha}{p}$、$\dfrac{\eta}{p}$、$\dfrac{\bar{\alpha}}{p}$ 为

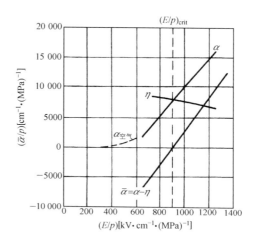

图 5-8　SF_6 的 $\bar{\alpha}/p$ 与 E/p 的关系

$$\frac{\alpha}{p} = 24\left(\frac{E}{p} - 550\right) \quad \left[(\mathrm{cm \cdot MPa})^{-1}\right]$$

$$\frac{\eta}{p} = -4\left(\frac{E}{p} - 2850\right) \quad \left[(\mathrm{cm \cdot MPa})^{-1}\right]$$

或

$$\frac{\bar{\alpha}}{p} = \beta\left[\frac{E}{p} - \left(\frac{E}{p}\right)_{\mathrm{crit}}\right] \quad \left[(\mathrm{cm \cdot MPa})^{-1}\right] \tag{5-2}$$

式中　E/p——场强与气压之比，$\mathrm{kV/(cm \cdot MPa)}$；

　　$(E/p)_{\mathrm{crit}}$——临界值，其值为 $885\mathrm{kV/(cm \cdot MPa)}$；

　　　β——系数，其值为 $27.7\mathrm{kV^{-1}}$。

由式（5-2）可知 $\bar{\alpha}$ 与 E 之间具有线性关系。

三、自持放电条件

均匀电场中，若电极间距离为 d，考虑到式（5-1）、式（5-2）及电极间场强处处相等，则当电子由阴极出发移动至阳极时，电子崩头部的电子数为 $n = \exp(\bar{\alpha}d)$。由试验可知，当崩头电子数达到临界值 $n_{\mathrm{crit}} = 0.5 \times 10^6 \sim 0.5 \times 10^8$ 时，即 $\exp(\bar{\alpha}d) = n_{\mathrm{crit}}$ 或

$$\bar{\alpha}d = \ln n_{\mathrm{crit}} = K = 13 \sim 18.5 \tag{5-3}$$

时，电子崩转入流注，放电由非自持转入自持阶段。均匀电场中，放电转入自持的条件就是间隙击穿的条件。将式（5-2）代入上述条件式，并考虑到此时的场强 E 即为击穿场强 E_b，可得

$$\frac{E_b}{p} = \left(\frac{E}{p}\right)_{\mathrm{crit}} + \frac{K/\beta}{pd}$$

在 K 的取值范围内，$K/\beta=0.47\sim0.67$kV，近似取为 0.5kV，则

$$\frac{E_b}{p}=885+\frac{0.5}{pd} \tag{5-4}$$

或

$$U_b=885pd+0.5 \tag{5-5}$$

式中　E_b——击穿场强，kV/cm；

　　　　U_b——击穿电压，kV；

　　　　p——气压，MPa；

　　　　d——极间距离，cm。

由式(5-4)可知，当 pd 值稍大时，SF_6 的 $E_b/p\approx(E/p)_{crit}=885$kV/(cm·MPa)。

四、SF₆ 气体的巴申曲线

在均匀电场中，气体击穿通常符合巴申定律，即温度不变时，均匀电场中气体的击穿电压 U_b 是气体压力和电极间距离乘积 pd 的函数。图 5-9 所示为 SF_6 气体的巴申曲线，U_b 的最小值出现在 $pd=3.5\times10^{-5}$ MPa·cm，其值为 507V。但是对于 SF_6 气体，巴申定律仅在一定的 pd 范围内适用（见图 5-10）。对于不同的间隙，当压力不太大时，相

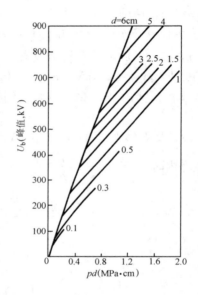

图 5-10　SF₆ 偏离巴申曲线的情况

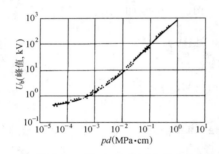

图 5-9　SF₆ 气体的巴申曲线

同 pd 值时的 U_b 值落在同一条曲线上；随压力的增大，U_b 值偏离上述曲线；间隙距离 d 越小，开始出现偏离的 pd 值也越小。这种现象可能是电极表面粗糙和气体中有杂质等原因造成的。

五、电极表面状态的影响

图 5-11 所示为不同气压下 SF_6 击穿电压与间隙距离的关系，由图中曲线可算得 E_b/p 并未达到 $(E/p)_{crit}$。已经知道，气压高时巴申曲线会出现分支。造成这些现象的原因之一是电极表面有突出物。

图 5-12（a）所示是施加电压 U 的两平行平板电极，极间距离 d，电极表面有突出物，其高度为 h，$h\ll d$。电极间大部分区域为均匀电场，场强 $E=U/d$，如图5-12（c）所示。突出物附近电场局部不均匀，沿通过突出物水平线方向的电场分布如图5-12（b）所示。由于突出物较小，电场只是在突出物附近很小范围内有变化，在其余大部分地方场强仍维持为 $E=U/d$。在此水平线上 E 随 x 而变，所以 α 也是 x 的函数。

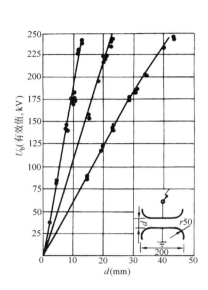

图 5-11 均匀电场中，SF$_6$ 工频击
穿电压 U_b 与间隙距离 d 的关系

p：1—0.1MPa；2—0.2MPa；3—0.5MPa

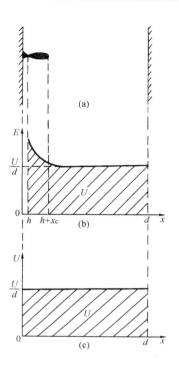

图 5-12 平行平板电极及
极间电场分析

（a）具有突出物的平行平板电极；
（b）沿通过突出物水平线方向的
电场分布；（c）沿远离突出物处
水平线方向的电场分布

当电子崩由突出物处开始发展，达到一定长度 x_c 而使崩头电子数达到临界值 n_{crit} 时，间隙击穿。此长度 x_c 被称为临界电子崩长度。由式（5-1），击穿条件为 $n = \exp\left[\int_h^{h+x_c} \bar{\alpha}(x)\mathrm{d}x\right] = n_{crit}$，或

$$\int_h^{h+x_c} \bar{\alpha}(x)\mathrm{d}x = \ln n_{crit} = K \tag{5-6}$$

将式（5-2）代入式（5-6），得击穿条件为

$$\int_h^{h+x_c}\left[\frac{E(x)}{p} - \left(\frac{E}{p}\right)_{crit}\right]\mathrm{d}x = \frac{K/\beta}{p} \tag{5-7}$$

如击穿电压为 U_b，则击穿时间隙内大部分区域的场强达到平均击穿场强 $E_b = U_b/d$，仅突出物附近较小范围内的场强大于 E_b。

当 SF$_6$ 的压力较低时，$(K/\beta)/p$ 值较大。这时电子崩延伸至整个间隙（$x_c = d-h$），且间隙内各处 E/p 值应较高，以使式（5-7）中的积分值达到 $(K/\beta)/p$ 而发生击穿。因此，p 较低时 E_b/p 大于 $(E/p)_{crit}$，如图 5-13（a）所示。

当 SF$_6$ 的压力较高时，$(K/\beta)/p$ 值较小。此时突出物附近电场的局部增强，已可使在

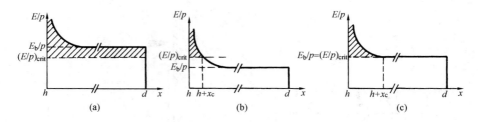

图 5-13　E_b/p 与 $(E/p)_{crit}$ 的关系

(a) $p<p_k$; (b) $p>p_k$; (c) $p=p_k$

电子崩长度较小（$x_c \ll d-h$）的情况下，满足式（5-7）而发生击穿。此时 E_b/p 小于 $(E/p)_{crit}$，如图 5-13（b）所示。

在某一临界压力 p_k 时，$E_b/p=(E/p)_{crit}$，如图 5-13（c）所示。此时，由式（5-7）可得

$$\int_h^{h+x_c}\big[E(x)-p_k(E/p)_{crit}\big]dx$$

$$=\int_h^d E(x)dx - \int_h^d p_k(E/p)_{crit}\ dx$$

$$=\int_h^d E(x)dx - p_k d(E/p)_{crit} + p_k h(E/p)_{crit}$$

$$=p_k h(E/p)_{crit} = K/\beta$$

或
$$p_k h=\frac{K/\beta}{(E/p)_{crit}}$$

对于 SF$_6$ 气体，$K/\beta=0.5$kV，$(E/p)_{crit}=885$kV/(cm·MPa)，因此

$$p_k h=6 \quad (MPa·\mu m) \tag{5-8}$$

即临界压力 p_k 与突出物高度 h 有关。当 h 较大时，在较低压力下即会出现 E_b/p 小于 $(E/p)_{crit}$ 的情况。以 $(ph)_{crit}$ 表示 $(K/\beta)/(E/p)_{crit}$，则当

$$ph>(ph)_{crit} \tag{5-9}$$

时，突出物即会产生影响而使 E_b/p 小于 $(E/p)_{crit}$。

不仅是 SF$_6$，其他一些绝缘气体也有类似情况。因此，比较气体的绝缘性能时，除比较其 $(E/p)_{crit}$ 值外，还应注意其 $(ph)_{crit}$ 值。

图 5-14 所示是试验所得平板电极间 SF$_6$ 的 E_b/p 与 ph 的关系，在 ph 大于 $(ph)_{crit}=6$MPa·μm 的区域内，E_b/p 随 ph 的增加而逐渐下降。由电子崩转入流注的条件可算得此间隙的击穿特性，与上述试验结果十分接近。图 5-15 所示是球-板电极间 SF$_6$ 的 U_b 与 p 的关系。U_b 随 p 的增加出现饱和现象，这是因为随着 ph 值增加，E_b/p 逐渐下降而造成的。

电极表面有突出物的原因是：表面粗糙或有导电微粒附着。因此，应尽可能提高电极的加工精度，装配和维修设备时要注意清洁，在设备内设置微粒陷阱（捕捉和收集导电微粒），或利用净化效应（详见下述）。

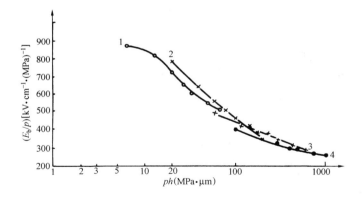

图 5-14　平板电极（$h=0.2\sim2$mm）间 SF_6 的 E_b/p 与 ph 的关系

p：1—0.033MPa；2—0.1MPa；3—0.3MPa；4—0.5MPa

六、导电微粒的影响

SF_6 气体对灰尘和导电微粒十分敏感。研究表明，少量的气体杂质或绝缘微粒不会引起击穿电压的明显下降，而自由金属微粒或灰尘却会剧烈降低 SF_6 的击穿电压。图 5-16 所示为球状金属微粒对 SF_6 击穿电压的影响。随着球形微粒直径的增加，击穿电压逐步下降。

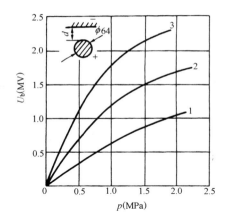

图 5-15　球-板电极间 SF_6 的 U_b 与 p 的关系

d：1—13mm；2—25mm；3—51mm

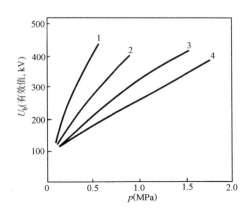

图 5-16　自由铝球形微粒对 SF_6 击穿电压的影响（电极为直径 15/25cm 的同轴圆柱）

微粒直径：1—清洁状态；2—1.6mm；3—3.2mm；4—6.4mm

导电微粒影响 SF_6 击穿电压的原因是导电微粒可能附着于电极表面，形成突出物，造成电场局部强化，它对 SF_6 击穿影响的分析已如前述。此外，在直流电场中，导电微粒在某一电极上充电，然后在极性相反的电极上产生微弱的放电，并导致整个间隙击穿。

在装配和维修 SF_6 电气设备时必须注意清洁，以尽可能减少导电微粒。但在设备加工、装配过程中可能会存在一些金属微粒，特别是对较长的 SF_6 输电管道，更难避免；开关电器在运行过程中也会产生一些金属微粒，所以在实际结构中常采取措施以捕捉和收集导电微粒。此外也可利用净化效应来提高击穿电压。对充 SF_6 气体的电气设备，如果将放电能量限制在不致损坏电极表面的程度，则金属微粒、脏污等将在击穿时被清除掉，而使击穿电压逐次提高，最后达到一个稳定值。这种效应称为净化效应。

七、SF₆ 击穿电压的概率分布

相同条件下，SF₆ 的击穿电压（或场强）具有一定的分散性。由于电极间电介质总是在最薄弱环节处发生击穿，因此 SF₆ 的击穿电压（或场强）遵从贡贝尔分布（极值分布的一种），其分布函数为

$$F(x)=1-\exp\left[-\exp\left(\frac{x-\eta}{\gamma}\right)\right] \tag{5-10}$$

式中　x——击穿电压或场强；

　　　η——众数，$\eta=x_{63}$；

　　　γ——反映击穿电压（或场强）分散程度的分布参数，$\gamma=(x_{63}-x_{05})/3$；

　　x_{63}、x_{05}——使 $F(x)$ 分别为 0.63 或 0.05 的 x 值。

在图 5-17 所示的贡贝尔概率纸中，直线 1 是同轴圆柱电极间 SF₆ 击穿场强 E_b 的概率分布，各试验点基本围绕直线 1，说明 E_b 遵从贡贝尔分布。由图可知，其分布参数为 $\eta=177\mathrm{kV/cm}$，$\gamma=5.67\mathrm{kV/cm}$。

通常，取 2% 分位数（击穿概率为 0.02）作为耐受电压（或场强）x_W，则 $x_W=x_{02}=\eta-4\gamma$。

八、面积效应

电气设备中，电极面积越大时，电极表面严重的突出物和一些影响击穿电压的偶然因素出现的概率也越大，因而击穿电压下降。这种随着电极面积增大，击穿电压下降的现象称为面积效应。电极表面越光滑，气压越高，面积效应也越强（见图 5-18），这是因为电极表面偶然因素的影响更为显著的缘故。冲击电压作用时间较短，影响击穿的偶然因素出现的概率减少，所以面积效应较工频电压时为弱。

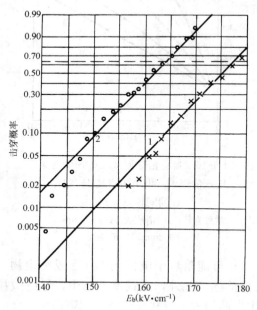

图 5-17　同轴圆柱电极 SF₆ 击穿
场强的概率分布

1—电极直径 1.2cm/4cm，长 1cm；

2—电极长度增为 10cm

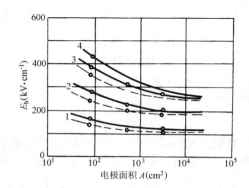

图 5-18　SF₆ 中击穿场强与电极面积的关系

p：1—0.2MPa；2—0.4MPa；3—0.6MPa；

4—0.8MPa

（实线—粗糙度 ±0.5μm；虚线—粗糙度 ±20μm）

图 5-17 中直线 2 是电极面积增为 10 倍时 E_b 的概率分布。对电极面积增为 n 倍的情况，可按 n 个相同的间隙并联来考虑。若以 $F_1(x)$ 表示电极为某一面积时 x（击穿电压或场强）的概率分布，并计及式（5-10），则电极面积增为 n 倍时，x 的概率分布函数

$$F_n(x)=1-[1-F_1(x)]^n=1-\exp\left\{-\exp\left[\frac{x-(\eta-\gamma\ln n)}{\gamma}\right]\right\} \tag{5-11}$$

可知当电极面积增为 n 倍时，击穿电压（或场强）仍遵从贡贝尔分布，两个分布参数中，γ 值维持不变（即与电极为单位面积时相同），而 $\eta_n=\eta-\gamma\ln n$，其值随电极面积的增大而下降。由图 5-17 中直线 1，得分布参数 $\eta=177\text{kV/cm}$，$\gamma=5.67\text{kV/cm}$；当电极面积增为 10 倍时，算得 $\eta=164\text{kV/cm}$，而 γ 值维持不变，与试验数据一致。

必须注意，当将试验室中小面积电极得到的击穿电压数据用于设计 SF₆ 气体绝缘电气设备，特别是表面积较大的 SF₆ 输电管道时，应充分考虑面积效应的影响。

九、稍不均匀电场中 SF₆ 的击穿

稍不均匀电场中，虽然只是在电场强度足够大、有效电子电离系数 $\bar{\alpha}\geqslant0$ 的部分区域内，SF₆ 气体中的电子崩能不断发展，但若条件合适、电子崩能转变为流注，则流注前方、原来电场强度不高的区域内的场强也可能达到使 $\bar{\alpha}\geqslant0$ 的数值，因而流注迅速发展，导致间隙击穿。电子崩转变为流注的条件即为间隙击穿的条件，可以由此条件出发，计算稍不均匀电场SF₆ 间隙的击穿电压。

例如，图 5-19 所示同轴圆柱电极，内圆柱半径 $r=1\text{cm}$，外、内圆柱半径之比 $R/r=e$，电极间充以气压 $p=0.1\text{MPa}$ 的 SF₆ 气体，施加的电压为 U。假定电极表面十分光滑，则极间场强 $E_x=U/[x\ln(R/r)]=U/x$，沿 x 轴方向电子有效电离系数 $\bar{\alpha}=27.7(E_x-88.5)=27.7(U/x)-2451$。在 $E_x\geqslant p$ $(E/p)_{\text{crit}}=E_{\text{crit}}=88.5\text{kV/cm}$、即 $x\leqslant U/E_{\text{crit}}=x_0$ 的区域内，$\bar{\alpha}\geqslant0$，电子崩能不断发展。对某一电压 U，若电子崩能转化为流注，则间隙击穿，此时的

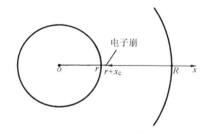

电子崩

图 5-19　同轴圆柱电极内圆柱处的电子崩

电压即为击穿电压 U_b。击穿时，电子崩长度即为临界电子崩长度 x_c，且有 $x_c=x_0-r=\dfrac{U}{E_{\text{crit}}}-r$。由式（5-6），击穿时公式 $\displaystyle\int_r^{r+x_c}\bar{\alpha}\,\mathrm{d}x=K\approx13$ 成立，得 $27.7U\ln\dfrac{r+x_c}{r}-2451x_c\approx13$。由以上两式，通过试算法可求得击穿电压 $U_b=99.5\text{kV}$。

电场的不均匀程度对 SF₆ 气体击穿的影响很大。在均匀、稍不均匀电场中，SF₆ 气体的击穿电压比空气高出很多，有时可达 3 倍。但在极不均匀电场中，采用 SF₆ 气体的效果比在均匀、稍不均匀电场中差，SF₆ 的击穿电压有时甚至和空气十分接近（原因见本章第三节）。

实际设备中，电场不可能完全均匀，而极不均匀电场又使 SF₆ 的优越性不能充分发挥，因此设计 SF₆ 电气设备时，应尽量采用稍不均匀电场结构。例如，可采用同轴圆柱或同心圆球（半球）这样一些稍不均匀电场结构。稍不均匀电场中，SF₆ 气体间隙的击穿电压与电极间的最大场强密切相关，因此应在可能的情况下尽量降低最大场强。对同轴圆柱（内、外半

径分别为 r、R)结构，内圆柱表面的场强 $E_r = U/[r \ln(R/r)]$ 最强；对同样的 R，若 $R/r = e$，则 E_r 最小。对同心圆球(内、外半径分别为 r、R)结构，内球表面的场强 $E_r = RU/[(R-r)r]$ 最强；对同样的 R，若 $R/r = 2$，则 E_r 最小。实际上，电气设备中，经常采用的数据是：对同轴圆柱结构，$R \approx 3r$；对同心圆球结构，$R \approx 2.2r$。

图 5-20～图 5-22 所示是一种稍不均匀电场结构，不同气压下 SF_6 的工频、操作冲击、雷电冲击击穿电压与间隙距离的关系(三图中电极是一对铝棒，用 0 号砂纸磨光，外形结构见图 5-20，放在内径为 500mm 的铁筒中进行试验)。由图可看出，随着间隙距离增加，击穿电压的增加出现饱和现象。这是因为随着间隙距离增加，电场的不均匀程度也增加，击穿电压的增加越来越慢的缘故。

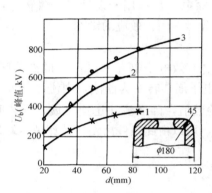

图 5-20　不同气压下，SF_6 工
频击穿电压与间隙距离的关系
p：1—0.1MPa；2—0.2MPa；3—0.3MPa

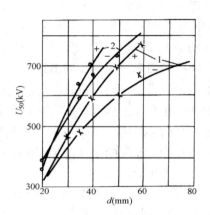

图 5-21　不同气压下，SF_6 操作冲击
（410/2880μs）50%击穿电压
与间隙距离的关系
p：1—0.3MPa；2—0.4MPa

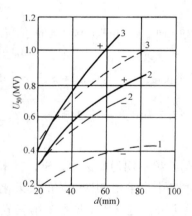

图 5-22　不同气压下，SF_6
雷电冲击（1.5/40μs）50%击
穿电压与间隙距离的关系
p：1—0.1MPa；2—0.2MPa；
3—0.3MPa

由图 5-21、图 5-22 还可看出，稍不均匀电场中 SF_6 的击穿具有极性效应，负极性时的击穿电压比正极性时低，其原因与空气中相似（见第二章）。由于电气设备中 SF_6 气体绝缘大多是稍不均匀电场结构，所以这些电气设备的绝缘尺寸常由负极性击穿电压决定。

六氟化硫气体绝缘开关设备中隔离开关的操作常会引起一些快速暂态现象，尤其是频率为 1～100MHz 的特快速瞬态过电压 VFTO。对高电压等级的 GIS，由 VFTO 引起的绝缘故障率已经超过了由雷电冲击电压 LI 引起的绝缘故障率。

使用如图 5-23 所示波形的 VFTO 模拟电压，对球-板电极间 SF_6 的击穿特性进行了试验[5-1]；作为对比，也进行了雷电冲击试验。VFTO 的波形参数为 0.049/51μs，波前叠加有 8.1MHz 的振荡；雷电冲击电压的波形参数为 1.55/52μs。

球-板电极的相关尺寸及电场不均匀系数见表 5-2。球电极为半球头结构，表中 R 为等效半径，接地的板电极为直径 300mm 的茹柯夫斯基电极。由表 5-2 可知，间隙的电场不均匀系数处于 1.1～2.3 范围，为稍不均匀电场。

表 5-2   球-板间隙电场不均匀系数

间隙序号	1	2	3
球半径 R（mm）	150	150	90
间隙距离 d（mm）	33	72	147
电场不均匀系数 f	1.155	1.335	2.293

图 5-24～图 5-26 所示为不同间距、不同电场不均匀系数时，VFTO 和雷电冲击电压下球-板间隙的 50% 击穿电压 U_{50} 与 SF$_6$ 气体压力 p 的关系。

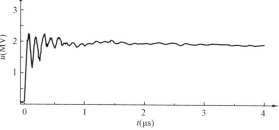

图 5-23   VFTO 的模拟电压波形

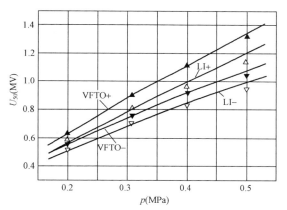

图 5-24   球-板间隙 50% 击穿电压 U_{50} 与 SF$_6$ 气体压力 p 的关系（$d=33$mm）

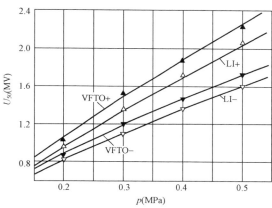

图 5-25   球-板间隙 50% 击穿电压 U_{50} 与 SF$_6$ 气体压力 p 的关系（$d=72$mm）

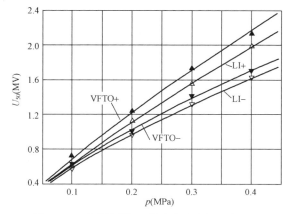

图 5-26   球-板间隙 50% 击穿电压 U_{50} 与 SF$_6$ 气体压力 p 的关系（$d=147$mm）

由图 5-24～图 5-26 可知：相同气压和间隙距离下，不管是 VFTO 还是雷电冲击电压，都是正极性击穿电压高于负极性；正极性时，VFTO 击穿电压高于雷电冲击击穿电压，负极性时也一样。

十、SF$_6$ 气体间隙绝缘的工程计算

工程上应用的主要是稍不均匀电场结构，当 SF$_6$ 间隙中的最大场强达到某一数值 E_b 时，间隙击穿。因绝缘利用系数 η❶ 为间隙中平均场强 E_{av} 与最大场强 E_{max} 之比，即 $\eta = E_{av}/E_{max}$，所以击穿电压

$$U_b = \eta E_b d \qquad (5\text{-}12)$$

---

❶ 利用系数 η 为第一章中所述不均匀系数 f 的倒数。某些电极结构的 f 如图 1-7 所示，由此可以求得其 η。

　　击穿场强 E_b 的数值与气压、电压形式和极性、电场不均匀程度、电极表面粗糙度、电极面积等因素有关。设计时，如仅作粗略估算，则可应用表 5-3 所示工程击穿场强 E_{bt}。E_{bt} 是综合了各种情况下的很多试验数据得出的下限值，由此确定的绝缘尺寸可能会偏大。如需知道比较准确的 E_b 值，则应先求得电极曲率系数 K_h 和电极表面粗糙度系数 K_f，而 E_b 为

$$E_b = K_h K_f E_{crit} \tag{5-13}$$

式中，$E_{crit} = p(E/p)_{crit}$。

表 5-3　　　　　　　　　　SF$_6$ 气体间隙的工程击穿场强 E_{bt}

电压形式	50Hz 工频电压	负极性 直流电压	操作冲击电压 $(-250/2500\mu s)$	雷电冲击电压 $(-1.2/50\mu s)$
E_{bt} (kV/cm)	65 $(10p)^{0.73}$	65 $(10p)^{0.73}$	68 $(10p)^{0.73}$	75 $(10p)^{0.75}$

注　表中 p 为气压，单位：MPa。

　　稍不均匀电场中，当间隙中最大场强 E_{max} 达到 E_{crit} 值时，间隙并不会击穿。仅当在最大场强点附近某一小范围内的场强 $E \geqslant E_{crit}$，并满足如式（5-6）给出的、由电子崩转变为流注的条件时，间隙才会击穿。由此可知，击穿时间隙中的最大场强 $E_{max} > E_{crit}$。定义电极曲率系数为

$$K_h = E_{max} / E_{crit} \tag{5-14}$$

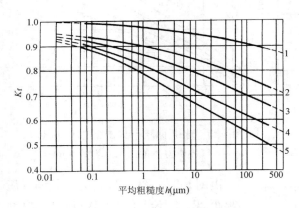

图 5-27　电极表面粗糙度系数 K_f

p：1—0.05MPa；2—0.1MPa；3—0.15MPa；
4—0.25MPa；5—0.4MPa

K_h 可由电场分布及流注生成条件求出。例如，对图 5-19 所示同轴圆柱电极结构，已算得 U_b 为 99.5kV，此时间隙中 E_{max} 为 99.5kV/cm，因而 $K_h = 99.5/88.5 = 1.125$。对一些常用电极，如同轴圆柱、同心圆球、球-球和球-板电极装置，电极曲率系数 K_h 可由有关书籍❶查得。

　　电极表面粗糙会降低 SF$_6$ 间隙的击穿电压。气压越高，影响越大。图 5-27 所示是不同气压下，电极表面粗糙度系数 K_f 与表面平均粗糙度的关系。

　　若面积效应等的影响很小，则由式（5-12）、式（5-13）可得击穿电压为

$$U_b = K_h K_f \eta E_{crit} d \tag{5-15}$$

若其他因素的影响不能忽略，则 U_b 还应作相应修正。

　　对于 SF$_6$ 气体间隙的耐受电压 U_w，可根据所允许的击穿概率，由击穿电压 U_b（相应为 63% 击穿电压 U_{63}）及击穿电压的概率分布函数求得。

　　以 800kV GIS 中的母线筒作为实例，应用上述方法估算了 SF$_6$ 气体间隙的击穿电压，结果见表 5-4。表中的耐受电压是国家标准[5-2]的规定值，母线筒尺寸为个别产品特例。

----

❶　参考书 [23]，图 3.12～图 3.14。

表 5-4　　　　　　　　　　　母线筒 SF₆ 气体间隙击穿电压估算

额定电压	工频（kV）		800	计　算　值		
额定耐受电压 U_w	工频（kV）		960	工程击穿场强 E_{bt}（kV/cm）	工频	210.5
	操作冲击（kV）		1550		操作冲击，负极性	220.2
	雷电冲击（kV）		2100		雷电冲击，负极性	250.8
母线筒	SF₆ 气压（MPa）		0.5	间隙击穿电压 U_b（kV）	工频	1998
	母线外直径 D_1（cm）		18		操作冲击，负极性	2955
	外壳内直径 D_2（cm）		80		雷电冲击，负极性	3366
	电极间距 d（cm）		31	比值 U_b/U_w	工频	2.1
	绝缘利用系数 η		0.433		操作冲击，负极性	1.9
	等值间距 ηd（cm）		13.42		雷电冲击，负极性	1.6

第三节　极不均匀电场中六氟化硫的击穿

一、极不均匀电场

图 5-28 所示为不同气压下，球-板电极间 SF₆ 气体的局部放电起始电压 U_c 及击穿电压 U_b 与球半径 r 的关系。当 $r < r_t$（r_t 随气压 p 而异）时，随电压升高先出现局部放电，电压继续升高至某一值，间隙才发生击穿。这就是说，放电由电子崩转为流注时，流注限制在有限区域内，出现的是局部放电，仅当电压升至足够数值，流注充分发展，才导致间隙击穿。当 $r > r_t$ 时，击穿前无局部放电现象，即放电一旦进入流注阶段，间隙随即击穿。依据有、无稳定的局部放电将不均匀电场区分为极不均匀或稍不均匀电场。从这一原则出发，对上述球-板间隙，也可以根据球半径 r，或根据间隙利用系数 η 来区分间隙电场为极不均匀抑或稍不均匀电场。处于极不均匀、稍不均匀电场临界状态的利用系数称为极限利用系数 η_t，它与电压类型、极性及气压有关。图 5-29 是根据不同类型、极性电压下的大量研究结果画出的 η_t 的上限值与气压 p 的

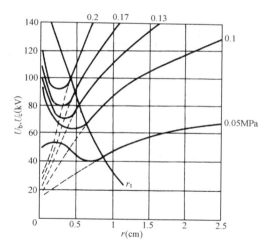

图 5-28　正极性直流电压下，球-板 SF₆ 间隙（间距 2cm）局部放电起始电压 U_c、击穿电压 U_b 与球半径 r 的关系
- - - — U_c；——— U_b

关系。曲线的右上方是无局部放电区，间隙间为稍不均匀电场，由流注生成条件即可算出间隙的击穿电压。在曲线的左下方则有可能击穿前先出现稳定的局部放电，由流注生成条件算出的是局部放电起始电压。

二、极不均匀电场中 SF₆ 的击穿

电场不均匀程度对 SF₆ 击穿电压的影响远比对空气的影响大，这是因为 SF₆ 气体的有

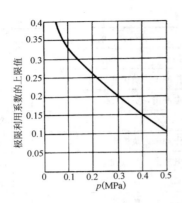

图 5-29　极限利用系数的上
限值与气压的关系

效碰撞电离系数随电场强度的增大而激增，导致 SF$_6$ 气体在极不均匀电场中的击穿性能明显下降。具体地说，与均匀电场中的击穿电压相比，SF$_6$ 气体在极不均匀电场中击穿电压下降的程度比空气大，这是 SF$_6$ 气体绝缘的一个重要特点。

图 5-30、图 5-31 所示是尖-板电极间 SF$_6$ 和空气的局部放电起始电压 U_c。当电极曲率半径 r 小、气压 p 低的时候，尖电极在 SF$_6$ 中的 U_c 约为空气中的 2 倍，只是当 r 加大或 p 提高后才增加到 3 倍左右，此比值方和均匀电场中 SF$_6$ 与空气击穿电压的比值相当。这是因为，SF$_6$ 气体中电子有效电离系数 $\bar{\alpha}$ 随电场强度而增加的速率比空气的大，约为空气的几十倍（见图 5-8），换句话说，随着电场强度的增加，SF$_6$ 气体中电子崩内电子数的增长比空气中的要快，这就缩小了极不均匀电场中 SF$_6$ 和空气的 U_c 的差值，使两者的比值比均匀电场中 SF$_6$ 与空气击穿电压的比值要小。由图 5-30、图 5-31 还可看到，极性对极不均匀电场中 SF$_6$ 的局部放电起始电压 U_c 也有影响，负极性时的 U_c 较低，其原因与空气中的相同。

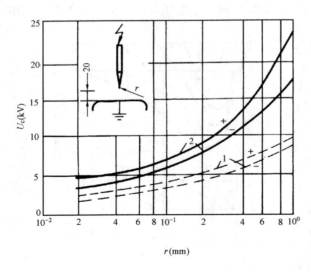

图 5-30　尖-板电极间，气压为 0.1MPa 的
SF$_6$ 及空气的局部放电起始电压 U_c
与电极曲率半径 r 的关系
1—空气；2—SF$_6$

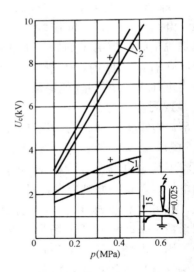

图 5-31　尖-板电极间，SF$_6$
及空气的局部放电起始电压
U_c 与压力 p 的关系
1—空气；2—SF$_6$

极不均匀电场中，SF$_6$ 的击穿电压比空气的提高得不是很多，有时甚至十分接近，如图 5-32 所示（上电极为 1.25cm×1.25cm 方截面棒电极，下电极为直径 76cm 的铝板，电极放在内径 2m 的钢筒内进行试验），这一方面是因为极不均匀电场中 SF$_6$ 的局部放电起始电压比空气高出不多；另一方面，SF$_6$ 气体分子的直径大、分子量也大，由它离解而生成的离子迁移率小、驱引速度低，使得棒电极周围的空间电荷比较密集，不容易形成能改善电极附近

电场分布的均匀空间电荷层，即 SF_6 中局部放电对改善电极附近电场分布的自屏蔽效应不如同一电场结构下的空气强，从而使得 SF_6 中击穿电压与局部放电起始电压的差别不如空气中的大。综合这两个原因可知，极不均匀电场中 SF_6 的击穿电压与空气相比，提高得不会很多。

极不均匀电场中，击穿电压随间隙距离的增加有饱和现象（见图 5-32），击穿电压的数值也取决于电压的极性。由于曲率较大的电极处局部放电产生的空间电荷的影响，与空气间隙一样，SF_6 的正极性击穿电压比负极性的低，如图 5-32～图 5-34 所示。由图 5-34 还可看到，当 SF_6 的压力增高时，负极性击穿电压将变得低于正极性的，这可能和高气压下球电极附近不易形成空间电荷层有关。

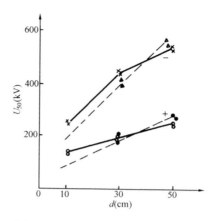

图 5-32　$1.5/40\mu s$ 雷电冲击电压下，棒-板 SF_6 间隙的 50% 击穿电压与间隙距离的关系（$p=0.1MPa$）

———SF_6；————空气

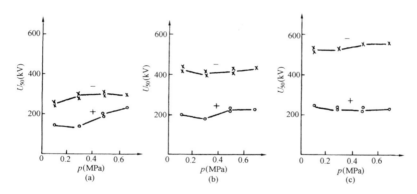

图 5-33　$1.5/40\mu s$ 雷电冲击电压下，棒-板 SF_6 间隙的 50% 击穿电压与气压的关系（试验电极装置同图 5-32）

（a）$d=10cm$；（b）$d=30cm$；（c）$d=50cm$

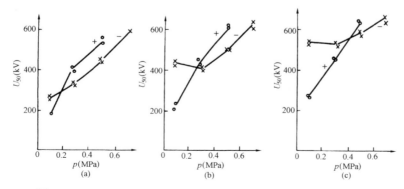

图 5-34　$1.5/40\mu s$ 雷电冲击电压下，球-板 SF_6 间隙的 50% 击穿电压与气压的关系（试验电极装置同图 5-32，但上电极为直径 2cm 的球电极）

（a）$d=10cm$；（b）$d=30cm$；（c）$d=50cm$

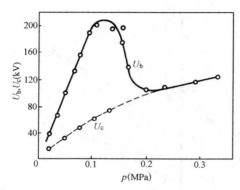

图 5-35   正极性直流电压下，1.27cm
方形棒-棒间隙（距离 5.1cm）的击穿电压
U_b 及局部放电起始电压 U_c

图 5-35 所示是正极性直流电压下，SF_6 棒-棒间隙的击穿电压 U_b 及局部放电起始电压 U_c 与气压 p 的关系。在 p 不太高时，击穿前先出现局部放电，击穿电压随 p 的上升而增至最大值，然后又随 p 的上升而下降，直至气压达到某一数值为止。超过此气压时，击穿前无局部放电，随气压的上升，击穿电压缓慢增加。这种现象在高气压的空气或氮气中也可看到（见第二章）。击穿电压出现最大值的原因是所谓的局部放电对击穿电压的影响，即气压较低时由于空间电荷的作用能使电场集中的现象有所改善，而当气压超过一定数值后，这种改善作用将逐步减弱。

第四节   六氟化硫气体的伏秒特性

工程上 SF_6 设备大多采用稍不均匀电场结构，故本节只分析稍不均匀电场中 SF_6 气体的伏秒特性。

一、放电时延

气体击穿不仅需要足够高的电压，而且还需要有足够的时间，使放电能充分发展而形成击穿。对持续作用的直流或工频电压来说，放电时延相对极短，对击穿电压不会有什么影响，但对冲击电压来说，放电时延对间隙击穿电压就会产生影响，即击穿电压与电压作用时间有关。

放电时延包括统计时延和放电形成时延。在均匀及稍不均匀电场中，放电形成时延相对很短，放电时延的主要部分是统计时延。SF_6 气体中，引发电子崩的起始电子的来源是：外界辐射线对气体分子的电离；SF_6 分子吸附电子生成的负离子的重新解离；曲率较大电极处于负极性时的强场放射。起始电子能否成为有效电子具有统计性。SF_6 气体中，由于分子对电子的强烈吸附作用，减少了有效电子的出现概率，与空气相比，其平均统计时延长，统计时延的分散性也大。进行 SF_6 气体的冲击放电试验时，用石英水银灯照射能减少放电的分散性。负极性时，SF_6 的平均统计时延和统计时延的分散性比正极性时小。

二、伏秒特性

图 5-36、图 5-37 所示为同轴圆柱电极间 SF_6 气体的伏秒特性曲线。由图 5-36 可知，负极性击穿电压低于正极性；负极性时放电的分散性较小；气压越高，放电的分散性越大；当放电时间 t_d 在 $2\sim4\mu s$ 时，伏秒特性曲线开始上翘。由图 5-37 可知，操作冲击电压作用下，SF_6 气体的击穿电压低于雷电冲击击穿电压。由于 SF_6 气体中带电质点不易扩散，空间电荷的屏蔽效果差，且又因多采用稍不均匀电场结构，故 SF_6 气体的负极性操作冲击击穿电压与工频击穿电压基本相同。

虽然 SF_6 气体绝缘的放电时延比同样电场结构的空气为大，但电气设备中的空气间隙通常为极不均匀电场结构，其伏秒特性曲线不如 SF_6 气体绝缘平坦（见图 5-38）。在考虑

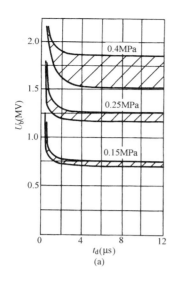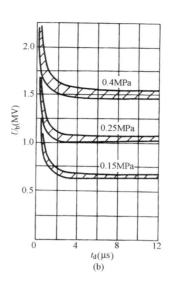

图 5-36　1.2/50μs 雷电冲击电压作用下，同轴圆柱
电极（直径 11/30cm）间 SF$_6$ 的伏秒特性
（a）正极性；（b）负极性

SF$_6$ 与空气间隙的绝缘配合时，应充分注意这一特点。

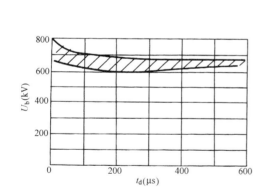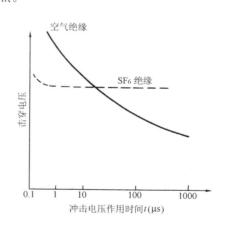

图 5-37　同轴圆柱电极（直径 11/30cm）间 SF$_6$
的伏秒特性（气压 0.15MPa，
作用电压为 $-1/50\mu s$、$-250/2000\mu s$、
$-500/2000\mu s$ 冲击电压）

图 5-38　SF$_6$ 与空气间隙
的绝缘配合

图 5-39 中分别给出了正、负极性 VFTO 和雷电冲击电压 LI 下，球-板 SF$_6$ 间隙在不同气压下的伏秒特性曲线[5-1]。试验装置及试验电压波形参数同图 5-24～图 5-26。

VFTO 和雷电冲击电压作用下的伏秒特性曲线相交，其主要原因是 VFTO 和雷电冲击电压的波前陡度不同，以及 VFTO 波前叠加有振荡，导致放电过程中空间电荷的行为有差异。

在电极表面存在导电杂质时，其伏秒特性与无杂质时有很大差异。图 5-40 是同轴圆柱

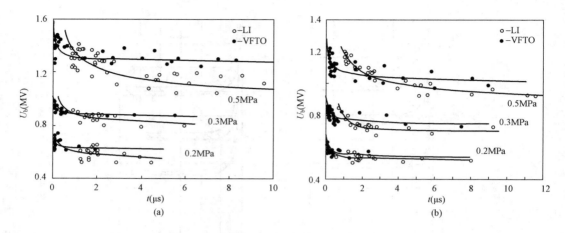

图 5-39　不同气压下球-板 SF$_6$ 间隙的伏秒特性曲线（$d=33$mm）

(a) 正极性；(b) 负极性

（内、外径分别为 42mm、150mm）电极结构，SF$_6$ 气体压力 $p=0.45$MPa，内电极表面有不同尺寸导电杂质时的伏秒特性。由图 5-40 可以看出，杂质尺寸越大，击穿电压 U_b 越低；杂质长度为 1mm 时，伏秒特性曲线开始时为水平线，以后随击穿时间的增加，U_b 也增加，为上升曲线；当杂质长度为 3mm～10mm 时，伏秒特性曲线呈 U 形，即随击穿时间的增加，U_b 先略有下降，然后再上升。存在导电杂质时，SF$_6$ 气体伏秒特性的这种特点与空间电荷的影响有关。

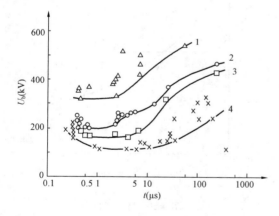

图 5-40　同轴圆柱电极结构，内电极表面有不同尺寸导电杂质时的伏秒特性

杂质长度：1—1mm；2—3mm；3—5mm；4—10mm

三、冲击系数

雷电冲击电压作用下，均匀电场中 SF$_6$ 气体的冲击系数为 1；综合某些试验结果可知，稍不均匀电场中 SF$_6$ 气体的冲击系数为 1.2～1.4（负极性雷电冲击电压）。表 5-5 所示为同轴圆柱电极间，SF$_6$ 气体（0.25～0.3MPa）在各种电压下击穿电压的比较，以工频击穿电压作为比较基准。由表可知，负极性雷电冲击击穿电压与工频击穿电压之比为 1.4，负极性雷电冲击击穿电压与负极性操作冲击击穿电压之比为 1.33。由于相应情况下试验电压的比值均大于上述比值，所以通常认为 SF$_6$ 电气设备的绝缘尺寸取决于雷电冲击试验电压。

表 5-5　　　　　　　　　　　　**SF$_6$ 气体击穿电压的相对比较**

雷电冲击击穿电压		操作冲击击穿电压		工频击穿电压
正极性	负极性	正极性	负极性	
1.6	1.4	1.3	1.05	1.0

注　同轴圆柱电极，$p=0.25$～0.3MPa。

第五节　六氟化硫气体中沿固体电介质表面的放电

　　充 SF$_6$ 气体的电气设备中需要固体绝缘作为支柱绝缘或引线绝缘，因此也存在气体中沿固体电介质表面放电的问题。影响 SF$_6$ 气体中沿固体电介质表面（以下简称 SF$_6$ 沿面绝缘）闪络电压的因素有电场不均匀程度、固体电介质表面的粗糙程度和绝缘表面状况等。

一、电场不均匀程度对闪络电压的影响

　　SF$_6$ 沿面绝缘结构中，除了电极系统会影响电场分布外，固体电介质也可能显著影响电场分布。要求电场尽量均匀，否则即使增加沿面距离，闪络电压也提高很少。

　　固体电介质对电场分布的影响如图 5-41、图 5-42 所示。图 5-41 是具有 SF$_6$ 气体和固体电介质（相对介电常数 $\varepsilon_r=4.95$）的同轴圆柱电极（直径 1.35/4cm）间的等位面。在远离电介质分界面处，内圆柱表面场强最高，绝缘利用系数 $\eta=0.55$，即最大场强 $E_{max}=E_{av}/\eta=E_{av}/0.55$。图 5-41（a）中，电介质分界面与同轴圆柱垂直（倾斜角 $\alpha=90°$），SF$_6$ 气体中的电场分布未受固体电介质影响，仍然是内圆柱表面场强最大，且数值未变，$\eta=0.55$。图 5-41（b）中，倾斜角 $\alpha<90°$，SF$_6$ 气体中内圆柱处场强下降、外圆柱处场强增高。在 α 角不太小时，外圆柱处场强虽有增强，但尚未超过 $E_{av}/0.55$，整个绝缘系统（包括 SF$_6$ 间隙和沿面绝缘）的 η 仍维持为0.55。当 $\alpha<40°$ 时，最大场强出现在外圆柱表面，且其值超过 $E_{av}/0.55$，因此 η 也下降。图 5-41（c）中，倾斜角 $\alpha>90°$，SF$_6$ 气体中内圆柱表面处场强将更强，η 也将下降。图 5-42 是不同 α 角时的利用系数 η。已经知道，稍不均匀电场中 SF$_6$ 气体的击穿电压与绝缘中的最大场强密切相关。$\alpha>90°$ 或 $\alpha<40°$ 时，η 值小，闪络电压 U_f 将

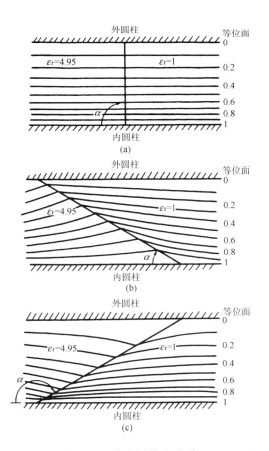

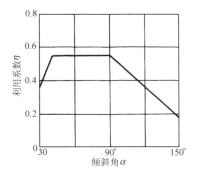

图 5-41　具有 SF$_6$ 气体和固体电介质（$\varepsilon_r=4.95$）的同轴圆柱电极（直径 1.35/4cm）间的等位面
(a) $\alpha=90°$；(b) $\alpha<90°$；(c) $\alpha>90°$

图 5-42　利用系数 η 与倾斜角 α 的关系

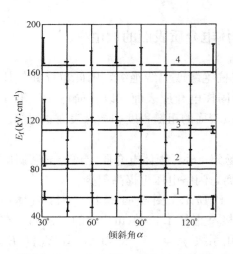

图 5-43 　－1.2/50μs 雷电冲击电压
下，闪络场强 E_f 与倾斜角 α 的关系
p：1—0.05MPa；2—0.1MPa；
3—0.15MPa；4—0.25MPa

下降。实验证实了这一点。图 5-43 所示为不同倾斜角 α 的情况下，发生闪络（或击穿）时电极系统中的最大场强 E_f（被试装置同图 5-41）。前面已说过 U_f 随 α 值而变，但由图 5-43 可知 E_f 值却与 α 无关。这说明电介质分界面仅通过改变电场分布而影响 SF$_6$ 的击穿过程，分界面对起始电子的产生、复合等的直接影响可以忽略不计。

　　设计 SF$_6$ 设备中的绝缘子时，应注意固体电介质的外形结构（见图 5-3），不致因 η 值的下降而影响闪络电压。绝缘子的材料，以介电常数较小的为宜。

　　固体绝缘和电极接触部分可能存在的气隙会大大降低闪络电压。图 5-44 所示为 SF$_6$ 气体中，圆柱形环氧树脂试件（电极在圆柱上、下端面处）的闪络电压，与 SF$_6$ 间隙相比，试件 B 的闪络电压下降甚多。同轴圆柱结构中，若绝缘子安装处的结构不合理，如图 5-45（a）所示，闪络将从外圆柱表面气隙处开始。当结构改进后，如图 5-45（b）所示，闪络将从内圆柱处开始，闪络电压也提高 15%～20%。

二、固体电介质表面粗糙度对闪络电压的影响

　　充 SF$_6$ 气体的电气设备中，若固体电介质表面粗糙，则场强会在微观范围内发生变化而降低沿面闪络电压。图 5-46 所示是不同气压下，SF$_6$ 沿面绝缘闪络电压 U_f 与电介质表面平均粗糙度的关系。当气压为 0.1MPa 时，若平均粗糙度大于 50μm，则闪络电压将受影响而下降。气压越高，使闪络电压开始下降的平均粗糙度就越低。图 5-47 所示是两种电介质表面加工情况下的闪络电压 U_f。由此图可知，

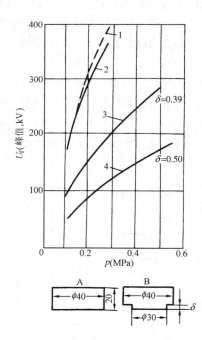

图 5-44 　SF$_6$ 气体中，圆柱形环氧树脂试件的闪络电压与气压的关系
1—SF$_6$ 气体间隙的击穿电压；
2—试件 A；3、4—试件 B

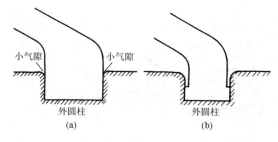

图 5-45 　同轴圆柱结构中，绝缘安装处的结构
（a）有小气隙；（b）无小气隙

尽管电介质表面粗糙，但只要与电极接触处附近表面光滑，其闪络电压与电介质表面全部光滑时的一样。这说明主要是因为电极附近的电介质表面粗糙，才使得沿面闪络电压降低。

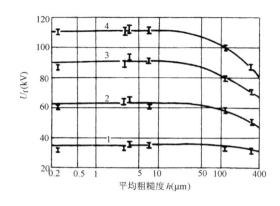

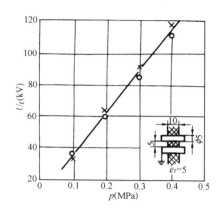

图 5-46　不同气压下，SF₆ 沿面绝缘闪络
电压与电介质表面平均粗糙度的关系
p：1—0.1MPa；2—0.2MPa；
3—0.3MPa；4—0.4MPa

图 5-47　SF₆ 沿面绝缘闪络
电压与气压的关系
○—固体电介质表面光滑；×—与电极接触
处电介质表面光滑，中间部分表面粗糙

三、固体电介质表面状况对闪络电压的影响

与空气中一样，在 SF₆ 气体中若固体电介质表面脏污、受潮，则闪络电压也会明显降低。表面脏污的来源是：组装中可能遗留的杂质；开关操作时产生的金属颗粒；运行中因放电引起 SF₆ 气体分子分解，生成 HF、SOF_2、SF_4 等对绝缘材料的腐蚀产物。SF₆ 气体本身含有一定的水分，若设备密封不好，外界水分也可能侵入。水分一方面会和 SF₆ 的分解产物作用而使绝缘劣化；另一方面在设备骤热骤冷（特别是在高气压下）时，水分可能会凝结在固体电介质表面而大大降低闪络电压。图 5-48 所示为环氧树脂绝缘子工频闪络电压 U_f 与相对湿度的关系。在一般的环境温度（−2℃至＋40℃）下，当相对湿度为 50％ 时，U_f 下降 5％～17％；湿度更高，U_f 下降更大。而在 −29℃ 至 −2℃ 的低温下，SF₆ 气体中的水分将凝聚成霜；当水分以霜、而不是以露的形式凝聚于绝缘子表面时，U_f 不会明显下降，所以随着相对湿度提高，环氧树脂绝缘子的 U_f 变化不大。为了避免凝露，SF₆ 气体中水分露点至少应保持至低于 0℃。

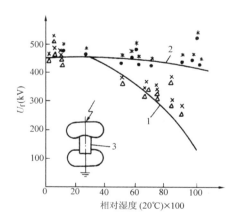

图 5-48　SF₆ 沿面绝缘的工频闪络电压
与相对湿度的关系（p＝0.35MPa）
1—气体温度−2℃至＋40℃，×闪络电压；
△耐受电压；2—气体温度−29℃至−2℃，
＊闪络电压，●耐受电压；3—环氧树脂绝缘子

为防止固体电介质表面污染和受潮，应选用抗腐蚀性能强的绝缘材料，工艺上注意清洁，加强密封，严格控制充入设备的 SF₆ 中的含水量。此外，还可在充 SF₆ 气体的电气设备

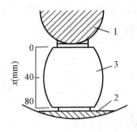

图 5-49 同轴圆柱电极及
支柱绝缘子

1—内圆柱（直径 80mm）；
2—外圆柱（内直径 305mm）；
3—环氧支柱绝缘子

内放置吸附剂，以吸附所产生的氟化物和水分。

四、固体电介质表面导电杂质对闪络电压的影响

当固体电介质表面存在导电杂质时，其闪络电压会受到较大影响。对安装在同轴圆柱电极间的环氧支柱绝缘子（见图 5-49）进行的工频和雷电冲击闪络电压试验表明[5-3]，有导电杂质时绝缘子的闪络电压比洁净情况下的下降很多。电极间 SF_6 气体的压力为 0.4MPa，雷电冲击电压的波形参数为 $0.7/50\mu s$。洁净情况下绝缘子的雷电冲击耐受电压大于 900kV。在绝缘子表面不同位置处有导电杂质（直径 0.45mm、长度 5mm 的铜丝）时的试验结果见图 5-50。由图 5-50 可知，有导电杂质时绝缘子的闪络电压下降很多；闪络电压的下降还与杂质所处位置有关。

图 5-51 所示是绝缘子表面存在导电杂质时的伏秒特性，电极间 SF_6 气体的压力为 0.5MPa，铜丝直径 0.45mm、长度 5mm。与 SF_6 气体间隙的击穿类似，当固体电介质表面存在导电杂质时，也可能有呈 U 形的伏秒特性曲线，即随闪络时间的增加，U_f 先下降，然后再上升。SF_6 气体沿面绝缘伏秒特性的这种特点也与空间电荷的影响有关。

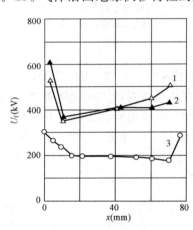

图 5-50 表面导电杂质位置 x 不同时，
支柱绝缘子的闪络电压 U_f

1—雷电冲击，正极性；2—雷电冲击，
负极性；3—工频（有效值）

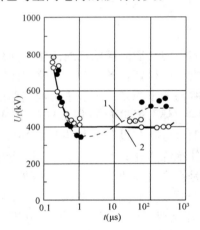

图 5-51 表面有导电杂质时，
支柱绝缘子的伏秒特性

1—$x=10mm$；2—$x=40mm$

五、SF_6 沿面绝缘的工程计算

与 SF_6 气体间隙绝缘一样，当 SF_6 沿面绝缘结构中的最大场强达到某一数值 E_f 时，发生闪络。闪络电压为

$$U_f = \eta E_f d \qquad (5-16)$$

式中 d——SF_6 间隙距离。

闪络场强 E_f 的数值与气压、电压形式和极性、电场不均匀程度、电极表面粗糙度、固体电介质表面粗糙度等因素有关。如同电极面积会影响 SF_6 气体间隙的击穿电压一样，电极、SF_6 气体、固体电介质三者的交界线长度也会影响 SF_6 沿面绝缘的闪络电压，这种影响

被称为长度效应。显然，E_f 值也取决于长度效应。设计时，如仅作粗略估算，则可应用表 5-6 所示工程闪络场强 E_{ft}，它是综合了各种情况下的很多试验数据得出的下限值，由此确定的绝缘结构可能会偏大。如果需要知道比较准确的 E_f 值，则应先求得电极曲率系数 K_h、电极表面粗糙度系数 K_f 和固体电介质表面粗糙度系数 K_g，而 E_f 为

$$E_f = K_h K_f K_g E_{crit} \qquad (5-17)$$

式中，$E_{crit} = p(E/p)_{crit}$。

表 5-6　　　　　　　　　　　　SF$_6$ 沿面绝缘的工程闪络场强 E_{ft}

电压形式	50Hz 工频电压	负极性 直流电压	操作冲击电压 $(-250/2500\mu s)$	雷电冲击电压 $(-1.2/50\mu s)$
$E_{ft}(kV/cm)$	$45(10p)^{0.64}$	$45(10p)^{0.64}$	$56(10p)^{0.65}$	$64(10p)^{0.66}$

注　表中 p 为气压，单位：MPa。

若电极、SF$_6$ 气体、固体电介质三者交界处的场强并未因固体电介质的存在而发生变化，则电极曲率系数 K_h 的求取与气体间隙绝缘中所述相同；反之，则应根据电场分布由流注生成条件求得 K_h。

电极表面粗糙度系数 K_f 可根据平均粗糙度由图 5-27 求得。

固体电介质表面粗糙会降低 SF$_6$ 沿面绝缘的 U_f。图 5-52 所示是不同气压下，固体电介质表面粗糙度系数 K_g 与最大粗糙度的关系。

若长度效应等的影响很小，则由式 (5-16)、式 (5-17) 可得闪络电压为

$$U_f = K_h K_f K_g \eta E_{crit} d \qquad (5-18)$$

若其他因素的影响不能忽略，则 U_f 还应作相应修正。

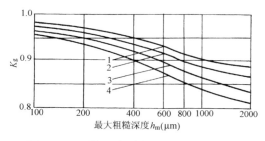

图 5-52　固体电介质表面粗糙度系数 K_g
p：1—0.1MPa；2—0.2MPa；3—0.3MPa；
4—0.4MPa

对 SF$_6$ 沿面绝缘的耐受电压 U_w，可根据所允许的闪络概率，由闪络电压 U_f（相应为 63% 闪络电压 U_{63}）及闪络电压的贡贝尔概率分布函数求得。

六、直流六氟化硫电气设备的沿面闪络

为适应高压直流输电的需要，出现了直流 SF$_6$ 电气设备。直流电压下，绝缘子表面的电荷积聚和自由金属导电微粒附着，是降低直流 SF$_6$ 电气设备绝缘性能的重要原因。

（一）绝缘子表面电荷积聚

直流 SF$_6$ 电气设备内会有电荷移动的现象，其原因是：①绝缘子表面的面电导电流；②绝缘子内部的体电导电流；③电极的场致发射；④金属导电微粒的微弱放电。当长时间施加直流电压后，由于绝缘子表面存在电场法向分量，会发生电荷积聚于绝缘子表面的现象。

绝缘子表面积聚的电荷使原电场发生了畸变，将会影响绝缘子的闪络电压。例如，在气压 0.44MPa 的 SF$_6$ 中能承受 600 kV 的绝缘子，经几小时直流电压作用后，其闪络电压降低到仅 300kV[5-4]。

在电压极性发生改变时，电荷积聚对绝缘子表面闪络的影响更加明显[5-5]。图 5-53 所示

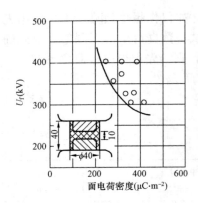

图 5-53　圆柱形环氧树脂绝缘子
闪络电压 U_f 与表面
电荷密度的关系

为环氧树脂绝缘子闪络电压与表面电荷密度的关系。置于平行平板电极间的被试绝缘子为圆柱形，直径和高度均为 40mm，上、下各嵌入高 15mm 的圆柱电极。对绝缘子施加直流电压时，其中部表面的电荷密度最大，图 5-53 中的电荷密度即指绝缘子中部表面的电荷密度。在 0.4MPa 的 SF_6 气体压力下，无表面电荷积聚时，绝缘子的操作冲击闪络电压为 490kV，可近似认为是无电荷积聚时的直流闪络电压值。反极性直流闪络试验的过程是：①施加 5h 正极性直流电压 $+U_0$ 使电荷积聚；②撤离电压，检测电荷密度；③绝缘子上加 10min 正极性直流电压 $+U$；④突然改变电压极性，闪络可能在几秒内发生；⑤如未发生闪络，提高 U 值 20kV，重复以上步骤；⑥最后，得到绝缘子的闪络电压。由图 5-53 可知，表面电荷密度达到 $400\mu C/m^2$ 时，反极性直流闪络电压下降到无电荷积聚时直流闪络电压值的约 60%。

(二)绝缘子表面金属导电微粒附着

若直流 SF_6 电气设备内存在金属导电微粒，在电场强度足够强时，金属微粒将在电场力的作用下发生运动。金属微粒有向高场强区移动的特性，而绝缘子及其表面积聚的电荷会使绝缘子附近电场畸变、场强增高，因此金属微粒运动的示意图如图 5-54 所示。

金属微粒运动的过程是：①金属微粒由外壳表面浮起，向导体方向运动；②在接近高压电极时，微粒与高压电极之间产生微放电；③微放电后微粒带上与高电位导体极性相同的电荷，并向外壳运动；④到达外壳后再次改变所带电荷的极性，又向高压电极运动；⑤当金属微粒运动到绝缘子表面时，微粒可能在与绝缘子碰撞后弹开，也可能因绝缘子表面法向电场的作用而附着于绝缘子表面。

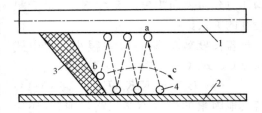

图 5-54　金属微粒运动示意图
（a—微粒到达高压电极；b—微粒可能附着于
绝缘子表面；c—微粒也可能从绝缘子表面弹开）
1—导体（高电位）；2—外壳（地电位）；
3—绝缘子；4—金属微粒

金属微粒附着于绝缘子表面时，除了畸变电场分布外，还缩短了放电路径，极大地降低了绝缘子的闪络电压（参见图 5-50）。

(三)提高直流 SF_6 电气设备沿面绝缘性能的措施

直流 SF_6 电气设备绝缘设计的目标是使 SF_6 中的沿面闪络电压达到或超过气体间隙击穿电压，以使绝缘子表面不发生闪络。为此需要采取措施减少绝缘子表面的电荷积聚，抑制金属微粒在绝缘子表面的附着。具体有下列四种方法[5-6]：合理设计绝缘子外形结构，绝缘子表面覆以涂层，外壳内表面覆膜，布置微粒陷阱和微粒驱赶电极。

1. 合理设计绝缘子外形结构

从抑制电荷积聚的角度出发，绝缘子表面电场的法向分量越小，电荷越难积聚。从降低金属微粒影响的角度出发，电场的切向分量越小，闪络场强越高。因此，需协调绝缘子表面的电场法向分量和切向分量值，以使直流绝缘子达到最佳的性能。对盘形绝缘子、圆锥形绝缘子和半圆锥形绝缘子的比较表明，半圆锥形绝缘子的表面电场比盘形绝缘子、圆锥形绝缘子合理。

2. 绝缘子表面覆以涂层

直流绝缘子的表面电阻影响其表面电场分布，若在绝缘子表面覆以涂层，选择合适的涂层表面电阻率，采用阶梯方式覆膜，可改变绝缘子表面的电阻分布，从而使绝缘子表面的电场趋于均匀。

3. 外壳内表面覆膜

金属微粒受电场力作用的运动与其所带电荷数量有关，可采取措施减小微粒携带的电荷数量，从而减弱金属微粒的运动能力（微粒弹起高度、运动速度等）。在外壳内表面覆以绝缘膜层，可以抑制传导方式的微粒带电，是减小微粒携带电荷数量的有效措施。

4. 布置微粒陷阱和微粒驱赶电极

在绝缘子附近设置微粒陷阱，是交流 GIS 中已应用的一种抑制金属微粒活动的方法。如图 5-55 所示，将铝制板开凹槽后与外壳紧密连接在一起，由于凹槽（陷阱）两侧金属的屏蔽作用，陷阱内场强较弱，金属微粒一旦被陷阱捕获，因电场力较小很难再次向外运动而危害绝缘。

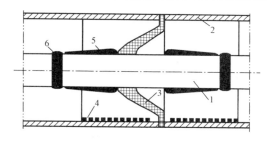

图 5-55 绝缘子附近金属微粒抑制结构示意图
1—导电芯；2—外壳；3—绝缘子；
4—微粒陷阱；5—微粒驱赶电极；6—屏蔽环

与交流电压相比，直流电压下金属微粒运动到高压导电芯附近，甚至绝缘子表面的可能性更大。因此，在直流 SF_6 气体绝缘电气设备中，除了微粒陷阱，还在导芯上设置金属微粒驱赶电极和金属屏蔽环来抑制微粒的运动。

当金属微粒与驱赶电极发生碰撞时，将有一水平方向的力使金属微粒远离绝缘子而落入微粒陷阱。在金属屏蔽环与驱赶电极结合处的凹陷部分场强较低，当金属微粒移动到该处时，电场力被削弱，微粒将因重力作用而落入到微粒陷阱中。

第六节 含六氟化硫的混合气体

SF_6 气体的优点是电气强度较高，但也有污染空气、价格高、液化压力低等缺点。

2005 年生效的《联合国气候变化框架公约》中列出了要求减排的 6 种温室气体，SF_6 气体是其中的一种，为了在电工领域中减少或不使用 SF_6，需要研究能取代 SF_6 的绝缘气体。

将 SF_6 气体与氮气（N_2）、或空气、或二氧化碳（CO_2）气体按一定的容积比混合，就组成了含 SF_6 的混合气体。它们的电气强度虽比纯 SF_6 气体要低，但只要混合比例合适，电气强度的下降并不很大。用这些含 SF_6 的混合气体来制造电气设备，可减少 SF_6 的使用量。且由于价格较低，对需用气体量大的电气设备（如 SF_6 输电管道），在经济上也十分合算。

八氟环丁烷（$c\text{-}C_4F_8$，以下简称 C_4F_8）气体的电气强度比 SF_6 气体要高，将 C_4F_8 与 N_2 按一定的容积比混合，就组成了含 C_4F_8 的混合气体，其电气强度与 N_2-SF_6 混合气体相当。

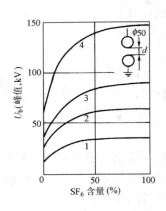

图 5-56　N_2-SF_6 混合气体
的工频击穿电压

d, p：1—2mm，0.22MPa；
2—2mm，0.43MPa；3—5mm，
0.22MPa；4—5mm，0.43MPa

目前，国内外正在对 N_2-C_4F_8 混合气体进行研究。本节中将 C_4F_8-N_2 混合气体归入含 SF_6 的混合气体一起介绍。

一、N_2 与 SF_6 组成的混合气体

早在 20 世纪 50 年代就开始对 N_2-SF_6 混合气体进行研究。图 5-56 所示为稍不均匀电场中，N_2-SF_6 混合气体工频击穿电压 U_b 与混合比（容积）的关系。当 SF_6 含量下降到只占 50% 时，混合气体的 U_b 只比纯 SF_6 气体的略有下降。即使 SF_6 含量降到只占 10%，混合气体 U_b 的下降也不超过 30%。混合气体的这一特点在工程上具有实用价值。同时，由于 N_2-SF_6 混合气体可用于比相同压力纯 SF_6 气体更低的温度下，这使得它成为工业上很有应用价值的一种气体。

混合气体中，由于 SF_6 分子对电子的强烈吸附作用，其电子有效电离系数 $\bar{\alpha}$ 比纯 N_2 的低。图 5-57 所示为 N_2-SF_6 混合气体的 $\bar{\alpha}/p$ 与 E/p 的关系，由此图还可得到使 $\bar{\alpha}=0$ 的临界值 $(E/p)_{crit}$。N_2-SF_6 混合气体的 $(E/p)_{crit}$ 与 SF_6 含量的关系如图 5-58 所示。当 SF_6 含量降到 40% 时，混合气体的 $(E/p)_{crit}$ 比纯 SF_6 气体的下降约 20%，仍为空气或 N_2 的 3 倍左右。

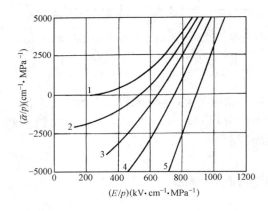

图 5-57　N_2-SF_6 混合气体的 $\bar{\alpha}/p$ 与 E/p 的关系

SF_6 含量：1—0%；2—10%；3—25%；
4—50%；5—100%

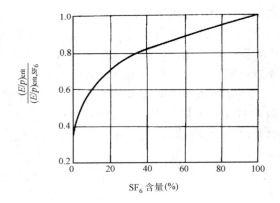

图 5-58　N_2-SF_6 混合气体的 $(E/p)_{crit}$
与 SF_6 含量的关系

与纯 SF_6 气体一样，稍不均匀电场中 N_2-SF_6 混合气体的击穿电压也可由流注生成条件出发计算。N_2-SF_6 混合气体绝缘的工程计算也可沿用 SF_6 气体绝缘的计算方法。K_h、K_f、K_g 等系数也可采用纯 SF_6 气体的数据。由于混合气体中 K_f、K_g 总是大于纯 SF_6 气体的，所以得到的击穿电压 U_b 或闪络电压 U_f 在技术上偏于保守。

二、空气或 CO_2 与 SF_6 组成的混合气体

除了 N_2 以外，也可用空气或 CO_2 与 SF_6 组成混合气体。在同轴圆柱电极间，对 N_2-SF_6、空气-SF_6、CO_2-SF_6 三种混合气体在工频、操作冲击（-250/3000μs）、雷电冲击（-1.2/50μs）电压下进行了击穿电压试验，其结果如图 5-59～图 5-61 所示。工频电压下，

三种混合气体的击穿电压无显著差别。负极性操作冲击电压下，N_2-SF_6 混合气体的击穿电压稍低。负极性雷电冲击电压下，CO_2-SF_6 混合气体的击穿电压稍低。为了得到与 0.45MPa 纯 SF_6 气体相同的雷电冲击耐受水平，60/40％的 CO_2-SF_6 混合气体的压力应为 0.62MPa，N_2-SF_6 的为 0.52MPa，空气-SF_6 的为 0.5MPa。然而，N_2-SF_6 混合气体的操作冲击击穿电压较低，用它制造的设备尺寸比用空气-SF_6 混合气体的稍大。另外，空气-SF_6 混合气体还有这样的优点，即与相同压力下的纯 SF_6 气体相比，其击穿电压受电极表面突出物和微粒的影响较小。

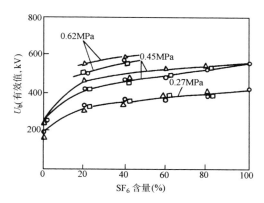

图 5-59 稍不均匀电场中，混合气体的工频击穿电压与 SF_6 含量的关系
○—N_2-SF_6；□—空气-SF_6；△—CO_2-SF_6

和微粒的影响较小。因此，虽然 60/40％的空气-SF_6 混合气体必须在稍高（约高 10％）的气压下运行，它仍然可以节约气体投资 40％。

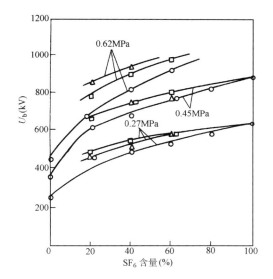

图 5-60 稍不均匀电场中，混合气体的操作冲击($-250/3000\mu s$)击穿电压与 SF_6 含量的关系
○—N_2-SF_6；□—空气-SF_6；△—CO_2-SF_6

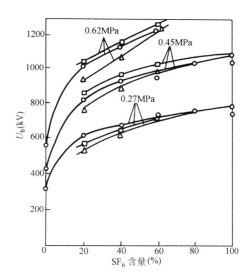

图 5-61 稍不均匀电场中，混合气体的雷电冲击($-1.2/50\mu s$)击穿电压与 SF_6 含量的关系
○—N_2-SF_6；□—空气-SF_6；△—CO_2-SF_6

三、N_2 与 C_4F_8 组成的混合气体

六氟化硫的"全球变暖潜能"GWP 较高，亟需研究其替代气体。全球变暖潜能是用来评价温室气体在未来一定时间(20 年、100 年或 500 年)内的破坏能力的。通常，定二氧化碳的 GWP 值为 1，以其余气体与二氧化碳的比值为该气体的 GWP 值。其余温室气体的 GWP 值一般远大于二氧化碳，但它们在空气中的含量少，温室效应 60％由二氧化碳引发。

（一）八氟环丁烷

近年来，对含 F 原子的其他一些电负性气体进行了研究，它们的电负性与 SF_6 相近，但其中一些气体例如八氟环丁烷($c\text{-}C_4F_8$)、八氟丙烷(C_3F_8)、六氟乙烷(C_2F_6)的 GWP 值比 SF_6 要小很多。

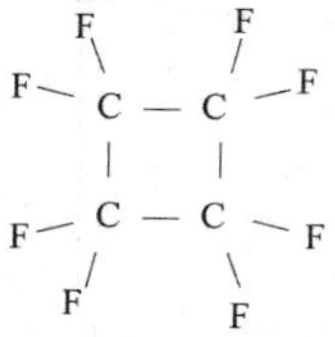

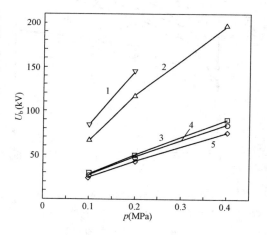

图 5-62 八氟环丁烷分子结构

八氟环丁烷是环丁烷的全氟衍生物，是一种氟化碳气体，其分子结构如图 5-62 所示，分子量为 200(SF_6 为 146)。八氟环丁烷是无色、无味、非易燃的气体，性质稳定，无毒(但当其浓度达到使空气中氧含量减少到低于 19.5% 时，会导致窒息)。

表 5-7 列出了几种氟化碳气体的性能[5-7]，其中 C_4F_8 的电气强度为 SF_6 的 $1.3 \sim 1.4$ 倍，而其 GWP 只有 SF_6 的 36%。C_4F_8 的缺点是液化温度较高($-8℃$)，不适合直接用于电气设备。将 C_4F_8 与液化温度为 $-196℃$ 的 N_2 组成 $C_4F_8\text{-}N_2$ 混合气体，在降低液化温度的同时，也具有满意的电气强度。

表 5-7　　　　　　　　　　　几种气体的电气强度

气体	GWP(100 年)	液化温度(℃)	与 SF_6 电气强度的比值
CF_4	6500	-128	0.43
C_2F_6	11 900	-78	0.78
C_3F_8	7000	-38	0.93
$c\text{-}C_4F_8$	8700	-8	$1.3 \sim 1.4$
SF_6	22 800	-64	1.0

图 5-63 给出了球-板间隙中五种气体(C_4F_8、SF_6、N_2、空气和 CO_2)工频击穿电压与气体压力的关系[5-8]。试验用球电极的直径 30mm，球-板间距 10mm，电场不均匀系数 1.49，为稍不均匀电场；球电极表面平均粗糙度为 $10\mu m$，与 SF_6 气体绝缘电气设备相近。由图 5-63 可以看出，C_4F_8 和 SF_6 的电气强度比 N_2、空气、CO_2 高出很多，而 C_4F_8 的电气强度比 SF_6 还要高出约 30%。

C_4F_8 的液化温度较高，若将其与 N_2 组成 $N_2\text{-}C_4F_8$ 混合气体，则一方面可降低液化温度，另一方面也可减少 C_4F_8 的使用量。

图 5-63　球-板气体间隙工频击穿电压 U_b 与气压 p 的关系

1—C_4F_8；2—SF_6；3—N_2；4—空气；5—CO_2

（二）稍不均匀电场中含 C_4F_8 混合气体的击穿电压

C_4F_8 含量为 5%～20% 的 $N_2\text{-}C_4F_8$ 混合气体在稍不均匀电场中的击穿特性与相同混合比的 $N_2\text{-}SF_6$ 相近，而在不均匀电场中的击穿特性则优于相同混合比的 $N_2\text{-}SF_6$。

图 5-64 是球-板间隙中 $N_2\text{-}C_4F_8$ 混合气体的击穿电压与 C_4F_8 含量 x 的关系(电极参数同图 5-63)[5-8]，作为比较同时给出 $N_2\text{-}SF_6$ 的击穿电压。随 C_4F_8(或 SF_6)含量 x 的增加，混合

气体的击穿电压上升很快，例如气压为 0.2MPa 时，x 为 5% 的 N_2-C_4F_8 混合气体的击穿电压比纯 N_2 高出约 40%，但当 x 超过 20% 以后，击穿电压的增加趋势变得缓慢。与 N_2-SF_6 气体相比，N_2-C_4F_8 混合气体的击穿电压略低，但当气压为 0.4MPa 时，x 为 20% 的 N_2-C_4F_8 混合气体的击穿电压比 N_2-SF_6 还高一些。综合考虑电气强度、液化温度和 C_4F_8 的使用量，N_2-C_4F_8 混合气体中 C_4F_8 的含量宜为 15%～20%。

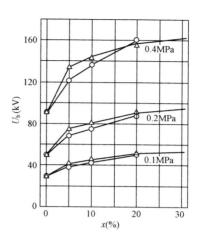

图 5-64　球-板间隙，混合气体
工频击穿电压 U_b 与气体中
C_4F_8 或 SF_6 含量 x 的关系
○—N_2-C_4F_8；△—N_2-SF_6

图 5-65 给出了球-板间隙、不同比例的空气-C_4F_8 混合气体发生击穿时，最大场强 E_{max} 与气体压力 p 的关系（电极参数同图 5-63；球-板间距分别为 2mm、5mm 和 10mm，相应的电场不均匀系数分别为 1.09、1.23 和 1.49）[5-8]。由图 5-65 可以看出，随气压增加，E_{max} 几乎是线性上升；当空气-C_4F_8 混合气体中 C_4F_8 的含量为 5%～20% 时，发生击穿时的 E_{max} 与间隙距离基本无关。N_2 和 C_4F_8 的混合气体也具有这种特性。这样，对稍不均匀电场结构，可以根据间隙距离、电场不均匀系数和 E_{max} 来估算含 C_4F_8 的混合气体的击穿电压。

（三）极不均匀电场中含 C_4F_8 混合气体的击穿电压

图 5-66 给出了针-板间隙中 N_2-C_4F_8 混合气体电晕起始电压 U_c 与气体压力 p 的关系[5-9]，试验用针电极的直径为 1mm，针尖半径 0.5mm，极间距离 30mm。由图 5-66 可知，在极不均匀电场中，N_2-C_4F_8 混合气体在击穿前会出现电晕，且电晕起始电压 U_c 随气压增加而上升。不过，气压更高时，击穿前就不再出现电晕了。

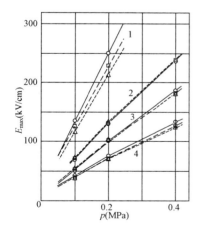

图 5-65　球-板间隙，空气-C_4F_8 混合
气体击穿时，最大场强 E_{max} 与
气体压力 p 的关系

间隙距离：——2mm；- - - -5mm；- - -10mm
C_4F_8 含量：1—100%；2—20%；3—5%；4—0%

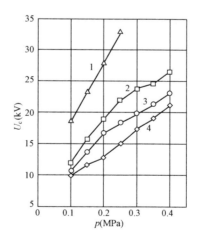

图 5-66　针-板间隙，N_2-C_4F_8 混合气
体电晕起始电压 U_c 与
气体压力 p 的关系

C_4F_8 含量：1—100%；2—20%；
3—5%；4—0%

图 5-67 给出了针-板间隙中 N_2-C_4F_8 混合气体工频击穿电压 U_b 与气体压力 p 的关系[5-7]，作为比较同时给出了 N_2-SF_6 的击穿电压。试验用针电极的针尖半径为 0.5mm，极间距离 10mm，电场不均匀系数 14.5。由图 5-67 可知，在极不均匀电场中 N_2-C_4F_8 混合气体的击穿电压显著低于均匀电场中的数值；随气压增加，击穿电压会出现极大值。气压较低时击穿前先出现电晕，随气压上升，电晕起始电压 U_c 与击穿电压 U_b 一起增加；当气压超过某临界值后，击穿电压下降而出现极大值；在更高的气压下，击穿电压又将上升，击穿前也不再发生电晕了。出现这种现象的原因可参见第二章第九节第四小节。

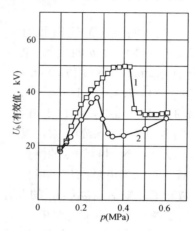

图 5-67　针-板间隙，以 N_2 为主的混合气体工频击穿电压 U_b
与气体压力 p 的关系
1—N_2(90%)-C_4F_8(10%)；2—N_2(90%)-SF_6(10%)

由图 5-67 还可看出，C_4F_8 含量为 10% 的 N_2-C_4F_8 混合气体在极不均匀电场中的击穿特性优于相同混合比的 N_2-SF_6 气体。

习　题

5-1　如 SF_6 气体绝缘电气设备中在 20℃时充的气压为 0.75MPa，试求该设备中 SF_6 的气体密度？该设备中 SF_6 气体的液化温度为多少？

5-2　气压为 0.1MPa 的 SF_6 气体，若其 E/p 值比临界值 $(E/p)_{crit}$ 大 10%，则此时电子有效电离系数 $\bar{\alpha}$ 为多大？

5-3　某同轴圆柱电极间的电介质为 SF_6 气体，其击穿场强 E_b 遵从贡贝尔分布，分布参数为 $\eta=177$kV/cm，$\gamma=5.67$kV/cm。

(1) 求此时的耐受场强；

(2) 若电极长度增为 100 倍，求耐受场强的下降比例。

5-4　500kV 气体绝缘电缆为分相封闭式同轴圆柱电极结构，其中导电芯的外径为 89mm，外壳的内径为 248mm。在 20℃时充气的气压为 0.4MPa，求该稍不均匀电场气体间隙的击穿电压？它与 500kV 系统要求的冲击绝缘水平 1550kV 相比有多大裕度？

本 章 参 考 文 献

[5-1] L. Zhang，等 . Insulation characteristics of 1100kV GIS under very fast transient overvoltage and lightning impulse. IEEE Trans. on Dielectrics and Electrical Insulation，2012（3）：1029-1036.

[5-2] GB 7674—2008《额定电压 72.5kV 及以上气体绝缘金属封闭开关设备》. 北京：中国标准出版社，2008.

[5-3] S. Okabe，等 . Voltage-time characteristics for steep-front impulse voltages of particle-contaminated spacers in SF$_6$ gas-insulated switchgear. IEEE Trans. on Power Delivery，1992（3）：1232-1238.

[5-4] C. M. Cooke. Bulk charging of epoxy insulation under DC stress. IEEE Intern. Symp. on Electrical Insulating Materials，Boston，1980：146-149.

[5-5] K. Nakanishi，等 . Surface charging on epoxy spacer at DC stress in compressed SF$_6$ gas. IEEE Trans. on Power Apparatus and System，1983（12）：3919-3927.

[5-6] 汤浩，等 . 直流气体绝缘输电线路的绝缘设计 . 电网技术，2008（6）：65-70.

[5-7] M. Hikita，等 . Insulation characteristics of gas mixtures including perfluoracarbon gas. IEEE Trans. on Dielectrics and Electrical Insulation，2008（4）：1015-1022.

[5-8] O. Yamamoto，等 . Applying a gas mixtures containing c-C$_4$F$_8$ as an insulation medium. IEEE Trans. on Dielectrics and Electrical Insulation，2001（6）：1075-1081.

[5-9] 邢卫军，等 . C$_4$F$_8$/N$_2$ 混合气体局部放电特性实验研究 . 中国电机工程学报，2011（7）：119-124.

第六章　液体、固体电介质的电气性能

电介质的极化、电导、介质损耗及击穿特性是电介质的基本特性，表征这些特性的物理参数是介电常数 ε、电导率 γ（或电阻率 ρ）、介质损耗因数（或称介质损耗角正切）$\tan\delta$ 和电气强度 E_b。依据物质微观结构的不同，电介质可分为离子性电介质和极性、弱极性与非极性共价键电介质。电介质的基本特性与电介质的微观结构密切相关。掌握电介质的基本特性、变化规律、相互关系及各种影响因素，在电气设备设计时选用合适的电介质，对保证电力设备绝缘的安全可靠运行，改进、延长使用寿命等，具有很重要的意义。

本章介绍电介质的极化、电导、介质损耗、液体电介质和固体电介质的击穿，以及油中沿固体电介质表面的闪络特性。气体电介质的击穿及气体中沿固体电介质表面的闪络特性已在第二、三、五章介绍。本章叙述次序大致是：电介质的极性和分类，极化形式，介电常数；液体和固体电介质电导的机理、电导率，固体电介质的电导率还区分为体积电导率和表面电导率；电介质产生能量损耗的原因，介质损耗因数；液体电介质的击穿，包括电击穿、气泡击穿和小桥击穿，影响液体电介质击穿特性的主要因素，油中沿面放电；固体电介质的击穿，包括电击穿、热击穿和电化学击穿，影响固体电介质击穿特性的主要因素；最后讨论电介质的其他性能，包括热、机械、吸潮、化学和抗生物性能。

第一节　液体、固体电介质的极化、电导与损耗

一、电介质的极性及分类

由大小相等、符号相反、彼此相距为 d 的两电荷（$+q$、$-q$）所组成的系统称为偶极子。偶极子的极性、大小和方向常用偶极矩来表示。偶极矩的方向由负电荷指向正电荷，其大小为每个电荷的电量乘以正、负电荷间的距离，即

$$\boldsymbol{M} = q\boldsymbol{d} \tag{6-1}$$

偶极矩 $\boldsymbol{M}$ 的单位为 D（德拜）。当单位正、负电荷（绝对静电单位制）间距离为 0.2×10^{-8} cm 时产生的偶极矩为 1D。

根据原子结合成分子的方式的不同，电介质的化学键可分为离子键和共价键两类。

在离子键中，正、负离子形成一个很大的键矩（化学键的偶极矩称为键矩），因此它是一种强极性键，由它组成的分子为强极性分子，如图 6-1 (a) 所示。

电负性相同的原子组成的共价键称为非极性共价键。它们的共同电子对的电子云对称分布在两原子之间，其键矩为零，如图 6-1 (c) 所示。由非极性共价键结合的分子是非极性分子。

电负性不同的原子组成的共价键是极性共价键。它们的共同电子对的电子云偏于电负性较大的原子一

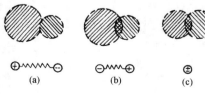

图 6-1　不同化学键的电子云及极性示意图
(a) 离子键；(b) 极性共价键；
(c) 非极性共价键

边，其键矩大于零，如图 6-1（b）所示。由一个极性共价键组成的分子是极性分子。由两个或多个极性共价键组成的分子，如其结构对称者为非极性分子，结构不对称者为极性分子。

由极性分子组成的电介质称为极性电介质，例如环氧树脂、蓖麻油等。由非极性分子组成的电介质称为非极性电介质，例如聚四氟乙烯、氮气等。有些电介质由于存在分子异构或支链等，往往多少有些极性，称为弱极性电介质，其电性能与非极性电介质接近，例如聚苯乙烯。

二、电介质的极化

（一）电介质的极化和相对介电常数

在真空中的平板电极上加上直流电压，极间的电场为

$$E_0 = \frac{\sigma}{\varepsilon_0} \tag{6-2}$$

式中　σ——电极上的电荷密度；

　　　ε_0——真空的介电常数，其值为 $8.842 \times 10^{-14} \, \text{F/cm}$。

如图 6-2（a）所示，在电极间放入电介质，由于电场作用下电介质中带电物质产生应变，会在电介质的端面上产生与电极极性相反的电荷，把这种现象称为电介质极化。设电介质端面极化电荷密度为 σ'，这时电介质中电场会减小，电场强度值为

$$E = \frac{\sigma - \sigma'}{\varepsilon_0} \tag{6-3}$$

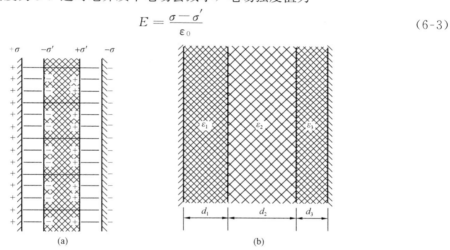

图 6-2　电介质极化现象

（a）平板电极间放入电介质；（b）平板电极间放入多种电介质

由式（6-2）及式（6-3）可得真空中的电场强度和电介质中的电场强度的比值为

$$\frac{E_0}{E} = \frac{\sigma}{\sigma - \sigma'} = \varepsilon_r \tag{6-4}$$

把 ε_r 称为电介质的相对介电常数，其值与材料结构性质有关。而

$$\varepsilon_r \varepsilon_0 E = \varepsilon E = D$$

式中　ε——电介质的介电常数；

　　D——电通量密度。

在真空中，因 $\varepsilon_r = 1$，则

$$D = \varepsilon_0 E_0 = \sigma$$

如极间放入多层电介质，如图 6-2（b）所示，各层的相对介电常数为 ε_{r1}、ε_{r2}、ε_{r3}，各

层电介质中的电场强度为 E_1、E_2、E_3。因在与极板垂直方向的电通量密度相等，即

$$D_1 = D_2 = D_3 = \sigma \tag{6-5}$$

电通量密度等于电极上的电荷密度。各层中的电场强度 $E_1 = \dfrac{\sigma}{\varepsilon_{r1}\varepsilon_0}$，$E_2 = \dfrac{\sigma}{\varepsilon_{r2}\varepsilon_0}$，$E_3 = \dfrac{\sigma}{\varepsilon_{r3}\varepsilon_0}$，

由此可以看出，真空中或空气中的电场强度为电介质中的电场强度的 ε_r 倍。

电介质中电通量密度 D 可表示为

$$D = \varepsilon_0 E + P \tag{6-6}$$

$$P = \frac{\sum\limits_{i=1}^{m} M_i}{V}$$

$$M_i = \alpha E$$

式中　　E——电介质中的真实电场强度；

　　　　P——极化强度，为单位体积中因电场感应产生的偶极矩在电场方向的分量；

　　　　V——体积；

　　　M_i——偶极矩在电场方向的分量；

　　　　α——极化率，对大多数材料来说，它与材料性质有关，而与电场强度无关。

利用式（6-6）得电介质中的电通密度

$$D = \varepsilon_0(E_0 + E_d) + P \tag{6-7}$$

式中，E_d 为电介质表面电荷在电介质中感生的电场，它实际上反抗极化，称为去极化场，如图 6-3 所示。

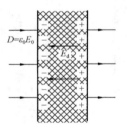

图 6-3　电介质表面电荷产生的去极化电场

电介质外侧

$$D = \varepsilon_0 E_0$$

因此在这种情形中（电介质是与电场方向垂直的平板）

$$E_d = P/\varepsilon_0 \tag{6-8}$$

对于沿电场方向的细棒电介质来说，去极化场可以当做零，因为来自表面电荷的电场线会在电介质外侧伸展。对于圆球电介质来说，可估算为

$$E_d = P/(3\varepsilon_0) \tag{6-9}$$

（二）电介质的极化种类

各种电介质除了 ε_r 的数值各不相同外，ε_r 与温度、电源频率的关系也不一致。这是因为极化有多种类型。极化最基本的形式有电子式、离子式和偶极子极化三种，另外还有夹层介质界面极化和空间电荷极化等。

1. 电子式极化

如图 6-4 所示，当物质原子里的电子轨道受到外电场 E 的作用时，它将相对于原子核发生位移而形成极化，这就是电子式极化。偶极矩 $M_i = \alpha_e E$，此 α_e 称为电子式极化率。

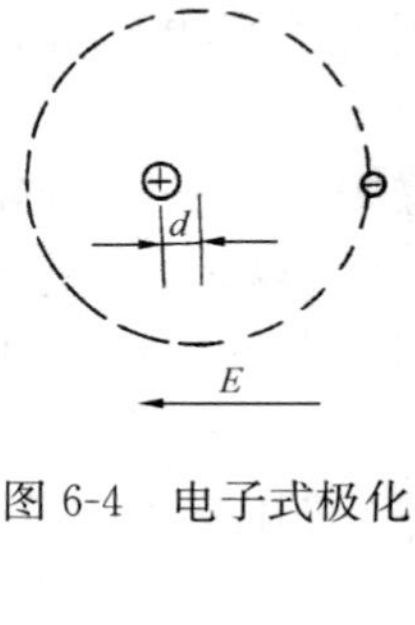

电子式极化存在于一切气体、液体及固体介质中。它有两个特点：①形成极化所需的时间极短（因电子质量极小），约 10^{-15} s，故其 ε_r 不

图 6-4　电子式极化

随频率变化；②它具有弹性，当外电场去掉后，依靠正、负电荷间的吸引力，作用中心又会马上重合而整个呈现非极性，所以这种极化没有损耗。

2. 离子式极化

固体无机化合物多数属离子式结构，如云母、陶瓷材料等。无外电场时，大量离子对的偶极矩互相抵消，故平均偶极矩为零，如图 6-5（a）所示。在外电场作用下，正、负离子发生偏移，使平均偶极矩不再为零，电介质呈现极性，如图 6-5（b）所示。离子式极化也属弹性极化，几乎没有损耗，形成极化所需的时间也很短，约 10^{-13} s，所以在一般使用的频率范围内，可以认为 ε_r 与频率无关。偶极矩 $M_i = \alpha_i E$，此 α_i 称为离子式极化率。

温度对离子式极化的影响，存在着相反的两种因素：离子间结合力随温度升高而降低，使极化程度增加；离子的密度随温度升高而减小，使极化程度降低。通常前一种因素影响较大，所以其 ε_r 一般具有正的温度系数。

3. 偶极子极化

有一些特殊的分子，它的正、负电荷的作用中心不相重合，形成一个永久性的偶极矩。具有这种永久性偶极子的电介质称为极性电介质，例如蓖麻油、橡胶、酚醛树脂、油浸纸等。它们均是常用的极性绝缘材料。

当没有外电场时，单个的偶极子虽然具有极性，但各个偶极子均处在不停的热运动之中，分布非常混乱，对外的作用互相抵消，因此整个电介质对外并不呈现极性，如图 6-6（a）所示。而在电场作用下，原来混乱分布的极性分子顺电场定向排列，因而显示出极性，如图 6-6（b）所示。由于热骚动的存在，通常这种排列不能完全与电场方向一致。

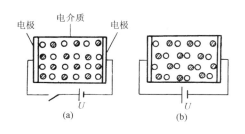 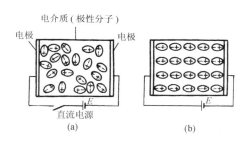

图 6-5　离子式极化示意图　　　　　　图 6-6　偶极子极化示意图

（a）无外电场时；（b）有外电场时　　　（a）无外电场时；（b）有外电场时

⊘—正离子；○—负离子

偶极子极化是非弹性的，极化时消耗的电场能量在复原时不可能收回（极性分子旋转时要克服分子间的吸引力，可想象为分子在一种黏性的媒质中旋转需克服阻力一样）；极化所需的时间也较长，约 $10^{-10} \sim 10^{-2}$ s。因此极性电介质的 ε_r 与电源频率有较大的关系，频率很高时偶极子来不及转动，因而其 ε_r 减小，如图 6-7 所示。

温度对极性电介质的 ε_r 有很大的影响。温度高时，分子热运动加剧，妨碍它们沿电场方向取向，这使极化减弱，所以极性气体电介质常具有负的温度系数。但对液体、固体电介质

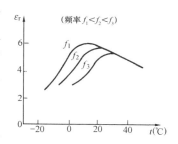

图 6-7　氯化联苯的 ε_r 与温度的关系

则情况有所不同，温度过低时，由于分子间联系紧（例如液体电介质的黏度很大），分子难以转向，所以 ε_r 也变小（只有电子式极化）。所以极性的液体、固体电介质的 ε_r 在低温下先随温度的升高而增加，以后当热运动变得较强烈时，ε_r 又随温度上升而减小。

4. 夹层介质界面极化

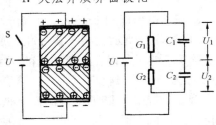

图 6-8　夹层电介质界面极化现象

上面介绍的均是单一均匀电介质的情况。实际上高电压设备的绝缘往往由几种不同的材料组成，或电介质是不均匀的，这种情况下会产生"夹层电介质界面极化"现象。这种极化的过程特别缓慢，而且伴随有能量损耗。

为分析简便，以平行板电极间的双层电介质（每层电介质的面积及厚度均相等）为例（见图 6-8），外施电压为直流电压 U。

在 S 刚合闸的瞬间，两层之间的电压分配与各层的电容成反比（突然合闸的瞬间，相当于加很高频率的电压），即

$$\left.\frac{U_1}{U_2}\right|_{t\to 0}=\frac{C_2}{C_1} \tag{6-10}$$

到达稳态时，各层上分到的电压与电导成反比，即

$$\left.\frac{U_1}{U_2}\right|_{t\to\infty}=\frac{G_2}{G_1} \tag{6-11}$$

如果是单一均匀的电介质，即介电常数 $\varepsilon_1=\varepsilon_2$，电导率 $\gamma_1=\gamma_2$，则

$$\left.\frac{U_1}{U_2}\right|_{t\to 0}=\left.\frac{U_1}{U_2}\right|_{t\to\infty} \tag{6-12}$$

如电介质不均匀，即 $\varepsilon_1\neq\varepsilon_2,\gamma_1\neq\gamma_2$，因而 $C_1/C_2\neq G_1/G_2$，则

$$\left.\frac{U_1}{U_2}\right|_{t\to 0}\neq\left.\frac{U_1}{U_2}\right|_{t\to\infty} \tag{6-13}$$

所以 S 合闸以后，两层电介质之间有一个电压重新分配的过程，也就是说，C_1、C_2 上的电荷要重新分配。设 $C_1>C_2$ 而 $G_1<G_2$，则在 $t\to 0$ 时，$U_1<U_2$；而在 $t\to\infty$ 时，$U_1>U_2$。这样，在 $t>0$ 后，随着时间 t 的增大，U_2 逐渐下降，因为 $U_1+U_2=U$ 为一定值，故 U_1 逐渐增高。C_2 上一部分电荷要通过 G_2 放掉，而 C_1 则要从电源再吸收一部分电荷——称为吸收电荷。由于此吸收过程要经过 G_2，而 G_2 很小，所以吸收过程比较缓慢，只有电源在工频或低频时才有可能完成。可见在工频或低频时，夹层的存在使整个电介质的等值电容增大，损耗也增大。

5. 空间电荷极化

电介质内的正、负自由离子在电场作用下改变分布状况时，将在电极附近形成空间电荷，称为空间电荷极化。它和夹层电介质界面极化现象一样都是缓慢进行的，所以假使加上交变电场，则在低频至超低频阶段都有这种现象存在，而在高频时因离子来不及移动，就很少这种极化现象。

常用的一些电介质的介电常数列于表 6-1 中。

表 6-1　　　　　　　　　　**常用电介质的介电常数**

材　料　类　别		名　　称	相对介电常数 ε_r（工频，20℃）
气体电介质（标准大气条件）		空气（大气压）	1.00059
液体电介质	弱极性	变压器油	2.2～2.5
		硅有机液体	2.2～2.8
	极　性	蓖麻油	4.5
	强极性	丙酮	22
		酒精	33
		纯水	81
固体电介质	中性或弱极性	石　蜡	2.0～2.5
		聚乙烯	2.25～2.35
		聚苯乙烯	2.45～3.1
		聚四氟乙烯	2.0～2.2
		松　香	2.5～2.6
		沥　青	2.6～2.7
	极　性	油浸纸	3.3
		酚醛树脂	4～4.5
		聚氯乙烯	3.2～4.0
		聚甲基丙烯酸甲酯（有机玻璃）	3.3～4.5
	离子性	云　母	5～7
		电　瓷	5.5～6.5
		钛酸钡	几千
		金红石	100

（三）讨论电介质极化的意义

（1）选择用于电容器中的绝缘材料时，一方面要注意电气强度，另一方面希望材料的 ε_r 大。这样，电容器单位容量的体积和重量就可以减小（见第七章）。但其他绝缘结构则往往希望材料的 ε_r 要小一些，例如减小电缆绝缘的 ε_r，可以使电缆工作时的电容电流减小。又如电动机定子绕组出槽口和套管等情况，如果固体绝缘材料的 ε_r 较小，则交流及冲击电压下沿面放电电压较高。

（2）一般高电压设备中常常是几种绝缘材料组合在一起使用，这种情况下更要注意各种材料的 ε_r 值的配合，因为交流及冲击电压作用下，串联电介质中场强 E 的分布与 ε_r 成反比。

（3）材料的介质损耗与极化类型有关，而电介质损耗是影响绝缘劣化和热击穿的一个重要因素（见本章第三节）。

（4）夹层电介质界面极化现象在绝缘预防性试验中可用来判断绝缘受潮情况（见第十章）。

（5）在使用电容器等电容量很大的设备时，必须特别注意吸收电荷可能对人身安全造成的威胁。

三、电介质的电导

（一）泄漏电流和绝缘电阻

把电介质试样放入电极间，接成如图 6-9 所示的电路。加辅助电极（护环）是为了把流过电介质表面的电流与电介质内部的电流分开，使得高灵敏电流表 PA 测得的仅是流过电介

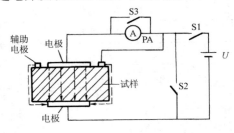

图 6-9　测量电介质中电流的电路图

质内部的电流，从而获得该电介质的体积绝缘电阻。为避开刚合闸时电极间的瞬时充电电流 i_c，可先用 S3 将电流表 PA 短接，合闸后经很短的时间再将 S3 断开。这样，直流电压加上后，电化电流与时间的关系如图 6-10 上部的曲线所示，电化电流 i 是吸收电流与泄漏电流之和；曲线的下降部分为吸收电流 i_a，是前述的夹层极化、空间电荷极化等缓慢极化所造成。吸收电流的大小及随时间的变化受到电极的构造、电介质的种类以及温度、湿度等的影响。

吸收电流完全衰减至一恒定电流值 I_g 往往需要数分钟以上的时间，有些材料甚至需几小时至几天的时间。I_g 称为泄漏电流，由电介质的绝缘电阻所决定。i_a 与 I_g 的比值常达数倍至数十倍。因此，如果在施加电压后马上测电流，并依此来计算绝缘电阻，则此电阻值显著偏小。通常应以施加电压 1min 或 10min（如大型电动机）后的电流来求取绝缘电阻。

泄漏电流是由电介质中的离子或电子（正常工作的电介质中通常是以离子为主）的移动形成的。它的大小与带电粒子的密度、速度、电荷量、外施电场等有关。温度越高，参与漏导的离子（电介质本身的或杂质的）越多，则泄漏电流越大，所以绝缘电阻具有负的温度系数。绝缘电阻（或电介质电导）的数值还与电压有关，通常在电介质接近击穿时有显著的、快速增加的自由电子导电现象，这时阻值将急剧下降。

在图 6-9 所示的电路中，施加电压以后，如去掉外加电压（断开 S1），而将电介质两侧的极板短路（将 S2 合上），则电流与时间关系如图 6-10 中横轴以下的曲线所示，电流 i'_a 随时间的变化曲线正好与吸收电流 i_a 的曲线形状相反（注意避开瞬时放电电流 i'_c），i'_a 也称为去极化电流或放电吸收电流。

表征绝缘电阻大小的物理量是绝缘的电阻率 ρ，或绝缘的电导率 γ，而 $\gamma = \dfrac{1}{\rho}$。前面已经提到，对于固体电介质还必须注意区分体积电阻 R_v 和表面电阻 R_s，因为表面电阻受外界影响很大（如潮湿、脏污），如果不排除表面电阻，就不能用来说明绝缘内部的问题。

如按图 6-9 测得的电阻为体积电阻 R_v，而常用 ρ_v 表示体积电阻率，则

$$\rho_v = R_v \frac{A}{d} \quad (\Omega \cdot cm) \tag{6-14}$$

式中　A——电极有效面积，cm^2；

　　　d——极间距离，cm。

如按图 6-11 测得的为固体电介质表面电阻 R_s，常用 ρ_s 表示表面电阻率，则

$$\rho_s = R_s \frac{b}{l} \quad (\Omega) \tag{6-15}$$

式中　b——电介质上的电极宽度，cm；

l——极间沿面距离，cm。

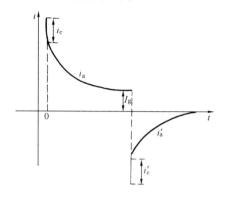

图 6-10　固体电介质中的电流与时间的关系

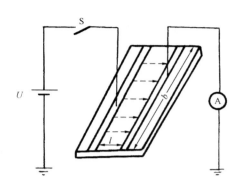

图 6-11　测量固体电介质表面电阻的原理图

（二）液体电介质的电导

正常工作状态的液体电介质中构成电导的因素主要有两种：一是由液体本身的分子和杂质的分子解离为离子，构成离子电导；另一种是液体中的胶体质点（如变压器油中悬浮的小水滴）吸附电荷后，形成带电质点，构成电泳电导。

如在纯净液体电介质中放入平行板电极，则流过的电流 I 与外施电压 U 的关系如图 6-12 所示，可分 a、b、c 3 个区域。

1. 区域 a

电压和电流关系较符合欧姆定律，即这时液体电介质具有一定的较高的体积电阻率。通常所说的液体电介质电阻率都是按这个范围来定义的。

2. 区域 b

电流有饱和趋向但不十分明显。这是因为液体的密度远大于气体，离子相遇的机会多，复合的概率较大，不可能所有的离子都运动到电极，而电压增高时复合概率减小，因而电流就有所增加。

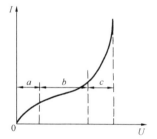

图 6-12　液体电介质中的电流
与外施电压的关系

区域 a、b 称为低电场电导区。这时在纯净液体中的导电粒子主要是不可能完全除去的微量杂质所解离的离子，自然界的射线对液体的电离作用以及液体分子在接触电极时所形成的带电粒子。它们在电场作用下作迁移运动而产生电流，其大小由离子的浓度以及其迁移率来决定。

3. 区域 c

电压再增加时，电流急剧增加至绝缘破坏。区域 c 称为高电场电导区，这时由于高电场的作用，在液体中产生大量的带电粒子。其机理可能有下列几种：①解离。液体分子或杂质分子在电场作用下解离为离子。②电极逸出电子。由于高电场的作用产生强场发射或由于肖特基效应（指在较高电场作用下热电子发射增加）从电极逸出电子。③碰撞电离。与气体中产生电子碰撞电离的情况相似，在液体中的电子亦因高电场作用被加速到能在碰撞液体分子时使液体分子电离。当液体中含有气体时，因为气体中的碰撞电离容易发生，击穿先在气体中发生（见本章第二节），击穿电压亦与含气体的量有关。如果外施电场达到 1MV/cm 以上的高电场时，就要考虑对液体本身碰撞电离所起的作用。

影响工程用液体电介质电导的外界因素有二：一是杂质，二是温度。例如油浸变压器运行一段时间以后，会产生很多杂质，这是由于受潮，固体绝缘如棉纱、纸板、木材等纤维脱落在油中以及油本身的化学变化（受热、氧化）产生有机酸和蜡状物等引起的。在电场作用下这些杂质解离为离子，使电导率大大增加。这些杂质中以水分的影响为最大。

实验及理论都已证明，电导率 γ 与温度间具有指数关系，即

$$\gamma = Ae^{-\phi/kT} \tag{6-16}$$

式中　A——常数，与液体性质有关；

　　　T——绝对温度，K；

　　　ϕ——电导活化能，对矿物油、硅油来说，$\phi \approx 0.41\text{eV}$；

　　　k——波尔兹曼常数。

因

$$\gamma = Ae^{-\phi/k(273+t)} = Ae^{-\phi(273-t)/k(273^2-t^2)}$$

当 $t^2 \ll 273^2$ 时，液体电介质的电导率

$$\gamma = Ae^{-\phi/k273}e^{\phi t/k273^2} = \gamma_0 e^{\alpha t} \tag{6-17}$$

式中　γ_0——0℃时的电导率；

　　　α——温度系数；

　　　t——温度，℃。

所以，在测绝缘电阻时，必须注意温度。例如发电机、变压器刚退出运行时绝缘电阻比冷态时要低得多。而且最好是在相近温度下测量，以便相互比较，因为按式（6-17）进行温度换算，常常并不是十分可靠的。

（三）固体电介质的体积电导

在固体电介质上加上电压时，电介质内有电流流过，并随外加电压的增加而增加，当电压很高时，电流急剧增加直至绝缘击穿。如以聚酯薄膜为例，将它置于均匀电场中，得到典型的电流—电压特性如图 6-13 所示。特性可分 3 个区域：在区域 a，电压与电流的关系服从欧姆定律；在区域 b，电流与电压几乎成指数关系；在区域 c，电流将随电压更急剧增加直至击穿。区域 a 为低电场电导区，区域 b、c 为高电场电导区。与气体、液体电介质相比，它明显地无饱和区。

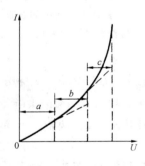

图 6-13　固体电介质中的
电流与外加电压的
关系

固体电介质中形成电流的带电粒子有从电极中逸出的电子，电介质中产生的离子、传导电子、空穴等。如带电粒子是离子，则称离子电导；如带电粒子是电子及空穴，则称电子电导。通常认为：低电场电导区（常用电介质的工作范围）以离子电导为主，而高电场电导区以电子电导为主。低电场电导区如果离子的浓度和迁移率一定时，则电流与电压成比例。

固体电介质内带电粒子产生的原因有以下几种。

1. 晶格缺陷

实际的离子结晶材料并非完全理想的结晶，而总是具有某些分散的晶格缺陷。如某晶格结点上的离子离开晶格结点位置，则在该晶格结点上形成空穴。这种离子和空穴组成的缺陷

称为弗仑开尔缺陷。另一种情况是正、负离子逸出电介质表面，而在晶格结点上出现两个空穴，这样组成的缺陷称为肖特基缺陷。图6-14为这两种缺陷的示意图。晶格结点上的离子以结点为中心振动，在电场的作用下，与晶格缺陷相邻接的位置上的离子有可能落入晶格缺陷，这样，晶格缺陷就能顺序地在晶格中移动，形成离子电流。

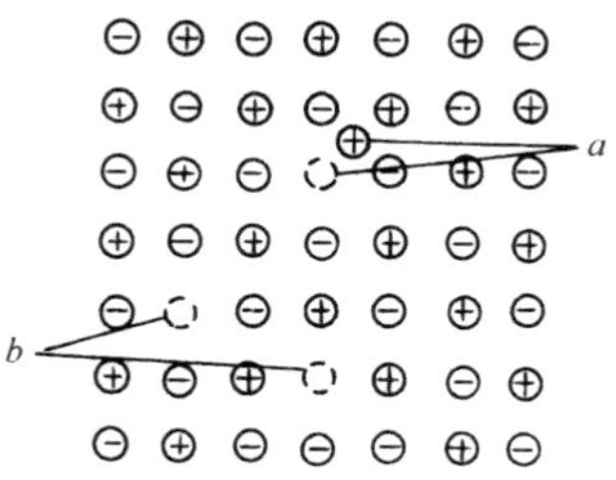

图 6-14 晶格缺陷
a—弗仑开尔缺陷；b—肖特基缺陷

2. 解离

非离子结晶材料（如以共价键结合的结晶材料和非晶体的固体材料）中会由解离而产生离子，如其中不纯物将因热解离成为离子、高分子材料自身热解离成为离子等。在电场较高的情况下，还应考虑电子的碰撞电离。

3. 泊尔·弗仑开尔效应

关于固体的能带理论指出：固体中的各个电子被限制在各不连续的能带中。各相邻的能带都由能量间隔互相隔开。在由共价键结合的晶体电介质中，正常情况的各价电子占据充满满带。由晶体缺陷[1]所产生的盈余电子则处于较高的能带中，这个能带称导带或空带，处于这个能带的电子可以在电介质中自由活动。导带和满带之间的能量间隔称为禁带。固体电介质内的电子受到原子核的束缚，在能带图中具有很宽的禁带。如由于外界原因，使部分束缚电子得到一定值以上的高能量时，有可能使部分束缚电子的能量状态由满带激发至导带，即从束缚电子转变为传导电子，同时在满带中形成另一载流子——空穴，如图6-15所示。这样产生电子—空穴对所需要的能量等于能带间隔的高度 E_g，E_g 为克服价键等所需要的能量。这种能量可来自电场、热、光、射线等作用。在电场作用下满带中的电子沿电场的反方向移动而填充空穴，而填充空穴的电子又在它原来的位置上留下空穴，即空穴将沿电场方向移动。所以这种场合，将由导带中的传导电子和满带中的空穴一起形成电导，称为电子电导。

电介质中存在杂质，有些是为了一定目的人为地加进去的，例如在合成高分子绝缘材料时所加的催化剂、增塑剂、填料（以增大机械强度，改善耐弧性、耐热性等）；有些杂质是外界侵入的，如多孔性电介质由于毛细管作用吸进空气中的水分等。杂质使电介质内增加了导电粒子（有的杂质是离子性的，它增加了导电粒子；有的杂质中的电子能带较高，使导电粒子易于产生，如图6-16所示），使绝缘电阻下降。所以纤维材料，如纸，干燥后需用液体电介质浸渍以防止水分侵入。

固体电介质的电导与温度的关系与液体电介质相似，也是指数关系，即

$$\gamma = Ae^{-\phi/kT} \tag{6-18}$$

只是常数 A、ϕ 与液体时不同，如聚乙烯 $\phi \approx 0.3 \sim 1.5\text{eV}$。一般高分子材料 $\phi \approx 0.3 \sim 2\text{eV}$，300K 时 $\gamma = 10^{-20} \sim 10^{-15}$ s。

类似于前式（6-17），固体电介质的电导亦可表示为

$$\gamma = \gamma_0 e^{\alpha t} \tag{6-19}$$

---

[1] 此处所用缺陷一词是指其广泛意义，不仅包括原子无秩序排列和杂质等原子缺陷，而且包括由于晶体受到辐射能的作用，正常能带受到扰乱而引起的缺陷。

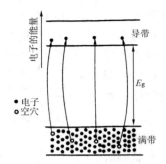

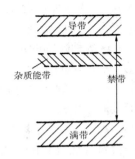

图 6-15　电介质的能带及电子被激发　　　图 6-16　电介质及杂质的能带

（四）固体电介质的表面电导

干燥、清洁的固体电介质的表面电导是很小的，因为表面电导主要是由附着于电介质表面的水分和其他污物引起的。电介质表面极薄的一层水膜就能造成明显的电导，水膜越厚则电导越大。如果水分之外还有污秽，则表面电导将极为显著地增大。虽然表面电导主要决定于外界的因素，但吸附水分是材料自身的一种能力，所以还是应该将表面电导看作是电介质本身的一种性能。

中性和弱极性电介质，如石蜡、聚苯乙烯、聚乙烯、硅有机物等，它们的分子和水分子的附着力小于水分子的内聚力，所以水分子只能在它们表面形成不连续的水珠。这种电介质称为憎水性电介质，其表面电阻率很高。

有的电介质如电瓷等能被水湿润，但如表面无脏污，则即使在潮湿环境中仍能保持相当高的表面电阻率。

有的电介质部分溶于水，如大部分玻璃都属于这一类。这类电介质的表面电阻率较小，而且与湿度关系较大。

多孔性电介质在潮湿环境中不仅表面电阻小，而且因水分侵入内部使体积电阻也小，如纤维材料就属于这一类。

（五）讨论电介质电导的意义

（1）在绝缘预防性试验中，一般都要测绝缘电阻和泄漏电流，以判断绝缘是否受潮或有其他劣化现象。

（2）串联的多层电介质在直流电压下的稳态电压分布和各层的电导成反比，所以设计用于直流的设备时，要注意所用电介质的电导率，尽量使材料得到合理使用。

如直流电缆，空载时芯线附近分到的场强较高，但投入运行后，由于芯线附近的温度较铅护层附近处高，所以芯线附近的电阻率下降，亦使该处分到的场强下降，而其他部分分到的场强将相应增加，这种情况在设计时要充分予以注意，如第七章图 7-14 所示。

（3）设计绝缘结构时要考虑到环境条件，特别是湿度的影响。有时需要作表面防潮处理，如胶布（或纸）筒外表面刷环氧漆，绝缘子表面涂硅有机物等。

（4）并不是所有情况下都希望绝缘电阻高，有些情况下要设法减小绝缘电阻值。如在高压套管法兰附近涂上半导电釉，高压电机定子绕组出槽口部分涂半导电漆等，都是为了改善电压分布，以消除电晕，如第九章图 9-38 所示。

（5）对于某些能量较小的电源，如静电发生器等，要注意减小绝缘材料的表面泄漏电流以保证得到高电压。

四、电介质的能量损耗

（一）介质损耗及介质损耗角正切

从前面讲的电介质的极化和电导可以看出，电介质在电压作用下有能量损耗。一种是由电导引起的损耗；另一种是由某种极化引起的损耗，如极性电介质中偶极子转向极化、夹层电介质界面极化等。电介质的能量损耗简称介质损耗。

在直流电压下，由于电介质中没有周期性的极化过程，因此当外施电压低于发生局部放电的电压时，电介质中的损耗仅由电导引起，这时用体积电导率和表面电导率两个物理量已能够表达，所以直流下不需要再引入介质损耗这个概念。

在交流电压下，除电导损耗外，还由于周期性的极化而引起能量损耗，因此需要引入一个新的物理量来表示。

图 6-17 所示电路，电介质两端施加电压 $\underline{U}$，由于电介质中有损耗，所以电流 I 不是纯粹的电容电流，而是包含有功和无功两个分量 I_r 及 I_c，即

$$\underline{I} = \underline{I}_r + \underline{I}_c$$

所以电源供给的视在功率为 $S = P + \mathrm{j}Q = UI_r + \mathrm{j}UI_c$。由图 6-17 的功率三角形可见，介质损耗

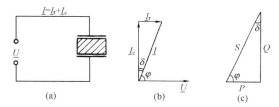

图 6-17　电介质在交流电压作用时的电流相量图及功率三角形

$$P = Q\tan\delta = \omega C U^2 \tan\delta \tag{6-20}$$

单元体积的介质损耗

$$p = \omega \varepsilon E^2 \tan\delta \tag{6-21}$$

用介质损耗 P 值表示电介质品质的好坏是不方便的，因为 P 值和试验电压、试品尺寸等因素有关，不同试品间难以互相比较。所以改用介质损耗角的正切——$\tan\delta$（介质损耗角 δ 是功率因数角 φ 的余角）来判断电介质的品质。它如同 ε_r 那样，是仅取决于材料的特性而与材料尺寸无关的物理量。

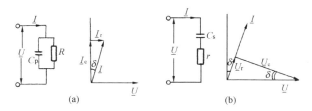

图 6-18　有损电介质的等值电路和相量图
(a) 并联等值电路；(b) 串联等值电路

有损电介质可以用图 6-18 所示的串联等值电路或并联等值电路来表示。对于图 6-18 (a) 的并联等值电路，从相量图中很容易看出

$$\tan\delta = \frac{U/R}{U\omega C_p} = \frac{1}{\omega C_p R} \tag{6-22}$$

$$P = \frac{U^2}{R} = \omega C_p U^2 \tan\delta \tag{6-23}$$

对于图 6-18 (b) 的串联电路，从相量图中也可以看出

$$\tan\delta = \frac{Ir}{I/\omega C_{\text{s}}} = \omega C_{\text{s}} r \qquad (6\text{-}24)$$

$$P = I^2 r = \frac{U^2 r}{r^2 + (1/\omega C_{\text{s}})^2} = \frac{U^2 \omega^2 C_{\text{s}}^2 r}{1 + (\omega C_{\text{s}} r)^2}$$

$$= \frac{\omega C_{\text{s}} U^2 \tan\delta}{1 + \tan^2\delta} \qquad (6\text{-}25)$$

但所述等值电路只有计算上的意义，因为它不能确切地反映物理过程。如果损耗主要是电导引起的，则常应用并联等值电路；如果损耗主要由电介质极化及连接导线的电阻等引起，则常用串联等值电路。但必须注意，同一电介质用不同等值电路表示时，其等值电容量是不相同的。从式（6-23）及式（6-25）可看出

$$C_{\text{p}} = \frac{C_{\text{s}}}{1 + \tan^2\delta} \qquad (6\text{-}26)$$

所以，用高压电桥测设备绝缘的 $\tan\delta$ 时，设备的电容量计算公式就与采用哪一种等值电路有关。由于绝缘的 $\tan\delta$ 一般都很小，即 $1 + \tan^2\delta \approx 1$，故 $C_{\text{p}} \approx C_{\text{s}}$。这种情况下，电介质损耗在两种等值电路中都可用同一公式表示，即 $P = \omega C U^2 \tan\delta$。

实际上电导损耗和极化损耗都是存在的，宜用三个并联支路的等值回路来表示，如图 6-19（a）所示；图 6-19（b）表示电介质中流过的电流和外加电压的相量图。图中 C_0 为反映真空和电子式和离子式无损极化所形成的电容；I_0 为流过 C_0 的电流；C' 为反映有损极化的电容；r 为反映有损极化的等效电阻；$\underline{I}_{\text{p}}$ 为流过 C'-r 支路的电流，可分为有功分量 $\underline{I}_{\text{pr}}$ 和无功分量 $\underline{I}_{\text{pc}}$；$R$ 为泄漏电阻，$\underline{I}_{\text{lk}}$ 为流过 R 的泄漏电流，$\underline{I}$ 为流过电介质的总电流。

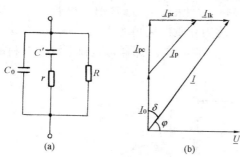 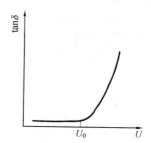

图 6-19　不均匀电介质的等值电路和相量图　　　　　图 6-20　气体的 $\tan\delta$
（a）等值电路；（b）相量图　　　　　　　　　　　　与电压的关系

（二）气体电介质的损耗

当场强不足以产生碰撞电离时，气体中的损耗是由电导引起的，损耗极小（$\tan\delta < 10^{-8}$）。所以常用气体（如空气、N_2、CO_2、SF_6 等）作为高压标准电容器的电介质。当外施电压 U 超过起始电压 U_0 时，将发生局部放电，损耗急剧增加，如图 6-20 所示。

（三）液体电介质的损耗

中性或弱极性液体电介质的损耗主要起因于电导，所以损耗较小，与温度的关系也与电导相似。例如变压器油在 90℃时，$\tan\delta \leqslant 0.5\%$；用于充油高压电缆的电缆油和电容器油的

性能更高，例如高压电容器油在 100℃时 tanδ≤0.4％（参看第七章表 7-2）。

极性液体（如蓖麻油）以及极性和中性液体的混合油都具有电导和极化两种损耗，电介质损耗较大，而且和温度、频率都有关系，如图 6-21 所示。曲线 1 可以这样解释：①当温度 $t<t_1$ 时，由于温度低，电导和极化损耗都很小，随着温度升高，液体黏度减小，所以偶极子易转向，极化增强，使极化损耗显著增加，同时电导损耗也随着温度的上升而略有增加，所以在这一段范围内 tanδ 随温度升高而上升，直到 $t=t_1$ 时达极大值。②在 $t_1<t<t_2$ 范围内，随着温度升高，由于分子热运动加快，妨碍偶极子在电场作用下作有规则的排列，极化强度减弱，所以极化损耗减小。由于这一范围内极化损耗的减小比电导损耗的增加更快，所以总的 tanδ 曲线随温度升高而下降，在 $t=t_2$ 时 tanδ 出现极小值。③$t>t_2$ 时电导损耗随温度升高而急剧上升，极化损耗已不占主要部分，所以 tanδ 重新随温度上升而增加。

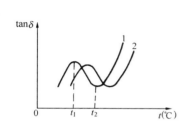

图 6-21　极性液体电介质 tanδ
与温度的关系
1—对应于频率 f_1 的曲线；
2—对应于频率 f_2 的曲线（频率 $f_2>f_1$）

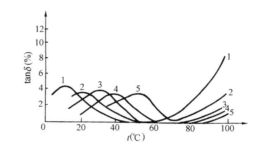

图 6-22　工频下复合胶的 tanδ 与温度的关系
1—松香含量 75％；2—松香含量 85％；3—松香含量 90％；
4—松香含量 95％；5—松香含量 100％

从图 6-21 还可看出，当 $f_2>f_1$，即频率增加时，tanδ 的极大值出现在较高的温度，这是因为频率高时偶极子的转动来不及充分进行，要使极化进行得充分，就必须减小黏度，也就是说要升高温度，所以整个曲线右移。

tanδ 与温度 t 的关系在实践中经常用到。例如配制黏性浸渍电缆的复合胶时，要选择松香和油混合的适当比例，使出现 tanδ 极大值的温度不落在电缆的工作温度范围内，见图 6-22。

（四）固体电介质的损耗

固体电介质常分为分子式结构电介质、离子式结构电介质、不均匀结构电介质和强性电介质四大类。强性电介质在高压设备中极少使用，所以只讨论前三种电介质。

（1）分子式结构电介质有中性和极性两种，如表 6-1 所示。中性电介质如石蜡、聚乙烯、聚苯乙烯、聚四氟乙烯等，其损耗主要由电导引起。这些电介质的电导极小，所以介质损耗也非常小，在高频下也可使用。例如冲击测量时用的电缆就是用聚乙烯绝缘的。极性电介质有纤维材料——纸、纸板等，和含有极性基的有机材料——聚氯乙烯、有机玻璃、酚醛树脂等。这类电介质的 tanδ 与温度、频率的关系和极性液体相似，其 tanδ 值较大，高频下更为严重，见图 6-23。

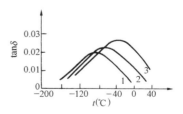

图 6-23　干纸的 tanδ 与温度的关系
1—$f=1$kHz；2—$f=10$kHz；
3—$f=100$kHz

（2）离子式结构电介质的 tanδ 与结构特性有关。结构紧密的离子晶体在不含有使晶格畸变的杂质时，主要是由电导引起的损耗，所以 tanδ 很小，如云母就属这种情况。云母不仅 tanδ 小，而且电气强度高、耐热性好、耐局部放电性能也好，所以是优良的绝缘材料，在高频时也可使用。

结构不紧密的离子结构中，存在离子松弛式极化现象。这种极化同偶极子转向极化相类似，也是有损耗的，所以这类电介质的 tanδ 较大，玻璃、陶瓷属于这一类。但不同成分的玻璃或不同结构的陶瓷，其 tanδ 也相差悬殊，例如主要是结晶相的超高频瓷的 tanδ 很小，而含有大量玻璃相的普通电瓷的 tanδ 较大。

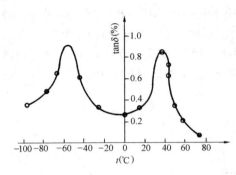

图 6-24　用复合胶浸渍的电容器纸的 tanδ 与温度的关系

（3）不均匀结构的电介质在交流设备中经常遇到，例如电机绝缘中用的云母制品（是云母和纸或布以及漆所组合的复合电介质）和广泛使用的油浸纸、胶纸绝缘等。它们的损耗取决于各成分的性能和数量间的比例。例如图 6-24 所示为用复合胶（80％松香＋20％变压器油）浸渍的电容器纸的 tanδ 与温度的关系曲线。曲线中出现两个极大值，第一个（温度低时）可能是由纸本身的偶极子损耗所引起，第二个（较高温度时）可能是复合胶的偶极子损耗所致。

（五）讨论介质损耗的意义

（1）绝缘结构设计时，必须注意到绝缘材料的 tanδ。如 tanδ 过大会引起严重发热，使材料容易劣化，甚至可能导致热击穿。

（2）在绝缘预防性试验中，tanδ 是一基本测试项目，当绝缘受潮或劣化时，tanδ 急剧上升。绝缘内部是否普遍发生局部放电，也可以通过测 tanδ-U 的关系曲线加以判断，如第十章图 10-22 所示。

（3）介质损耗引起的发热有时也可以利用。例如电瓷泥坯的阴干需要时间较长，如在泥坯两端加上适当的交流电压，则可以利用介质损耗发热加速干燥过程。

（4）用于冲击测量的连接电缆，其绝缘的 tanδ 必须很小，否则冲击波在电缆中传播时波形将发生严重畸变，影响测量精确度。

第二节　液体电介质的击穿

一、液体电介质的击穿过程

（一）纯净液体电介质的击穿理论

由图 6-12 可见，当液体电介质处在高电场电导区域时，如再升高电压到某一数值，液体电介质就将击穿（又称破坏性放电，绝缘还可恢复）。关于纯净液体电介质的击穿机理有各种理论，主要可分为电击穿理论和气泡击穿理论两大类。前者以液体分子由电子的碰撞而产生电离为前提；后者则认为液体分子由电子碰撞而产生气泡，或在电场作用下因其他原因产生气泡，由气泡内的气体放电而引起液体电介质击穿。

1. 电击穿理论

在阴极，因强电场发射或因肖特基效应发射的电子在电场中被加速，它碰撞液体分子，使液体分子产生电离，电子倍增。与此同时，因碰撞电离产生的正离子在阴极附近形成空间电荷层，又增强阴极表面的电场，使阴极发射的电子数增多。当外加电场增强至很高时，电流将急剧增加而导致液体电介质击穿。

2. 气泡击穿理论

外施电场较高时，液体电介质内可能由下述各种原因产生气泡，而气泡的发展和气泡内的放电导致液体电介质击穿。纯净液体中产生气泡的原因：①由阴极的强场发射及肖特基效应发射的电子电流加热液体电介质，使它分解出气体。②由电场加速的电子碰撞液体分子，使液体分子解离产生出气体。③静电排斥作用。在电极表面所吸附的气泡的表面上积有电荷，当它在电场作用下产生的静电斥力足以克服液体的表面张力时，便使气泡变大。④电极上尖的或不规则的凸起物上的电晕放电引起液体汽化。在交流电压下，串联电介质中电场强度 E 的分布与各电介质的介电常数 ε 成反比。以变压器油中的气泡为例，气泡中分到的场强 E_g 为油中场强 E_0 的 2.2 倍，而气体的击穿场强比油低得多，所以气泡先开始电离，这又使气泡温度升高、体积膨胀，电离将进一步发展，而带电粒子又撞击油分子，使油又分解出气体，扩大气体通道。如果电离的气泡在场中堆积成气体"小桥"，击穿就可能在此通道中发生。

（二）工程液体电介质的击穿

纯净液体电介质的击穿场强虽高，但其精制、提纯极其复杂，而在电气设备制造过程中又难免有杂质重新混入，在运行中也会因液体电介质劣化而分解出气体和聚合物，所以工程用液体电介质总或多或少含有一些杂质。例如油中常因受潮而含有水分，此外还含有油纸或布脱落的纤维。由于水和纤维的介电常数很大（ε_r 分别为 81 和 6～7），使它们容易极化而沿电场方向定向排列。如果定向排列的纤维贯穿于电极间形成连续小桥〔如图 6-25（a）所示〕，则由于水分及纤维等的电导大而引起泄漏电流增大、发热增多，促使水分汽化、气泡扩大；如果纤维尚未贯穿整个电极间隙，则由于纤维的介电常数大而使纤维端部油中场强显著增高，高场强下

图 6-25　工程液体电介质击穿
过程示意图
（a）形成杂质"小桥"；
（b）形成气体"小桥"

油电离分解出气体形成气泡；气泡电离并因发热而扩大，电离的气泡有可能排成气体"小桥"，如图 6-25（b）所示。因此，工程用液体电介质最后常是在气体通道中击穿的。

二、液体电介质击穿电压

目前最常用的液体电介质主要是从石油提炼出来的矿物油——变压器油、电容器油、电缆油等。由于矿物油的介电常数低、易劣化、会燃烧、有爆炸危险等，所以国内外先后研究将硅油、十二烷基苯等合成液体电介质用于高压电力设备。目前，矿物油中以变压器油用得较广，以下主要以变压器油为例。

电场越均匀，杂质对液体电介质的击穿电压的影响就越大。通常给出的变压器油等的击穿电压数据，是指其多次试验后的平均数值。各种电极布置的变压器油工频击穿电压与距离的关系的典型曲线如图 6-26 及图 6-27 所示。工频击穿电压的分散性在极不均匀电场中常不超过 5%，而在均匀电场中可达 30%～40%。油层很薄时击穿场强很高，见图 6-28。短时冲击电压下油的击穿电压也很高，见图 6-29。

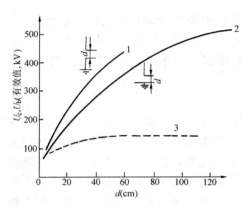

图 6-26 工频电压下,不均匀电场中变压器
油的击穿电压 U_b(曲线 1,2)、针-板及
针-针间隙的电晕电压 U_c(曲线 3)与极
间距离 d 的关系

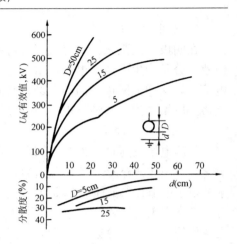

图 6-27 变压器油工频电压下击穿电压
U_b 及最大分散度与极间距离 d 的关系
(油质 45kV/2.5mm)

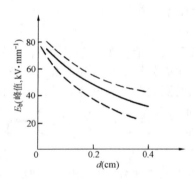

图 6-28 均匀电场中,油层的工频
击穿场强 E_b 与油层厚度 d 的关系

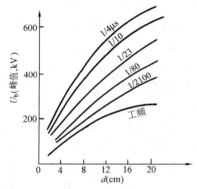

图 6-29 冲击电压下,针-针间隙,变压器
油的击穿电压 U_b 与极间距离 d 的关系

三、影响液体电介质击穿电压的主要因素

液体电介质的击穿电压通常用标准油杯来检查。我国国家标准 GB/T 507—2002《绝缘油　击穿电压测定法》规定,标准油杯的结构和电极尺寸如图 6-30 所示。油杯中电极材料为黄铜或不锈钢,电极可由两个直径为 36mm 的球盖形电极或两个直径为 12.5～13mm 的球电极组成;极间距离为 2.5mm,间隙的距离必须用卡规调整,电极表面的粗糙度应尽可能保持▽9 的程度。电极间电场均匀,因而油中稍有受潮、含杂,工频击穿电压就明显

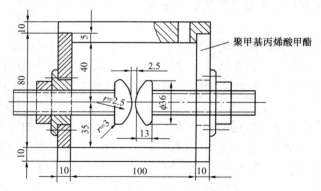

聚甲基丙烯酸甲酯

图 6-30 标准油杯

下降。规程规定用来灌注高压电力变压器等的变压器油，在此油杯中的工频击穿电压要求在35～60kV 以上（与设备的标称电压有关），见表 9-2；灌注电力电容器的用油，在油杯中的工频击穿电压要求在 60kV 以上，见表 7-2。

（一）杂质

气体和水分如果溶解于液体电介质中，则对耐电压影响不大；如呈悬浮状态，则如前所述，将易形成"小桥"等而使击穿电压 U_b 明显下降，如图 6-31 所示。当油中含水仅十万分之几，就会使耐压值显著下降；但含水继续增多，则只是增加几条击穿的并联路径，击穿电压不再继续下降。当有纤维存在时，水分对变压器油击穿电压的影响特别明显，如图 6-32 所示。电场越均匀，杂质对击穿电压的影响越大，击穿电压的分散性也越大。在不均匀电场中，杂质对击穿电压的影响较小，因在场强高处先发生的局部放电使油发生扰动，杂质已不易形成"小桥"。对于冲击击穿电压，杂质的影响也较小，因为在冲击电压的短时作用下，它还来不及形成"小桥"。

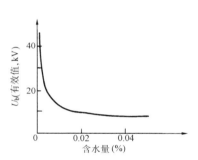

图 6-31　在标准油杯中（间隙
距离 2.5mm）变压器油的工频
击穿电压和含水量的关系

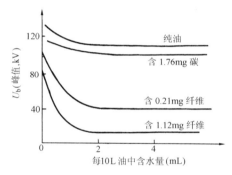

图 6-32　水分、杂质对变压器油击穿电压的影响
（球电极直径 12.7mm，间隙距离 3.8mm）

（二）温度

油的击穿电压与温度的关系较复杂。在 0～60℃范围内，受潮的液体电介质的击穿电压，往往随温度升高而明显增加，如图 6-33 和图 6-34 所示。其原因是由于油中悬浮状态的

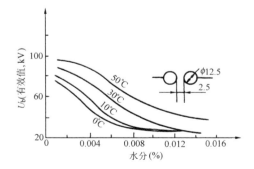

图 6-33　烷基苯液体电介质的工频
击穿电压与所含水分及温度的关系

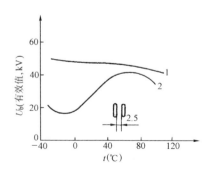

图 6-34　标准油杯中变压器油工频
击穿电压与温度的关系
1—干燥的油；2—潮湿的油

水分随着温度升高转变为溶解状态的缘故，以致受潮的变压器油在温度较高时击穿电压可能出现最大值（如图 6-34 曲线 2，在 60～80℃时击穿电压最高）；温度更高时，油中所含的水分汽化增多，又使击穿电压下降。

（三）电压作用时间

由于加上电压后，油中的杂质聚集到电极间或电介质的发热等都需要一定的时间，所以油间隙击穿电压会随加电压时间的增加而下降，如图 6-35 及图 6-36 所示。当油的净度及温度提高时，电压作用时间对击穿电压的影响减小。经长时间工作后，油的击穿电压会缓慢下降，这常常是由于油劣化、变脏等因素造成的结果。在油不太脏时，1min 下的电气强度和较长时间的电气强度相差不大，因而耐压试验通常只加电压 1min。

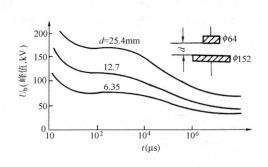

图 6-35　变压器的击穿电压和
电压作用时间的关系

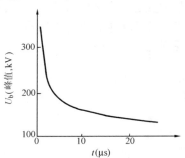

图 6-36　变压器内油道（6mm 宽）
的冲击伏秒特性

（四）电场均匀程度

油的纯净程度较高时，改善电场的均匀程度能使工频或直流电压下的击穿电压明显提高。但在品质较差的油中，因杂质的聚集和排列已使电场畸变，电场均匀的好处并不明显。含杂质的油受冲击电压作用时，因为杂质来不及形成"小桥"，则改善电场均匀程度能提高其击穿电压。

所以，考虑油浸式绝缘结构时，如在运行中能保持油的清洁，或绝缘结构主要承受冲击电压的作用，更应尽可能使电场均匀。反之，绝缘结构如果长期承受电压的作用，或油在运行中容易变脏和劣化，则设计时油中的绝缘距离基本上应按图 6-26 等所示的极不均匀电场来考虑，或采用屏障等方法来减小杂质的影响，如图 9-10 所示。

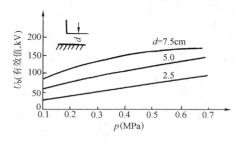

图 6-37　变压器油工频击
穿电压与压力的关系

（五）压力

油中含有气体时，其工频击穿电压随油的压力增大而升高，如图 6-37 所示。因为压力增加时，气体在油中的溶解量增大，并且气泡的局部放电起始电压也提高。但是油经过脱气之后，则压力对击穿电压的影响减小。

四、减少杂质影响的措施

1. 过滤

用滤纸过滤可除去油中纤维和部分水分、有机酸等杂质。也可先在油中加一些白土、硅胶等吸附剂,吸附油中杂质,然后过滤。在运行过程中,也常用过滤的方法来恢复油的绝缘性能。

2. 防潮

绝缘件在浸油前必须烘干,有的还要进一步采用抽真空的方法来除去水分。在设备制造过程中要防止水分、杂质侵入,制造车间特别是装配车间要保持空气清洁、干燥,设备制成后的内绝缘要与大气隔绝,检修时应尽量减少油浸设备的内绝缘暴露在空气中的时间。有些产品中的液体绝缘,因考虑其他原因不可能完全与大气隔绝时,则要在空气进口处采用带有干燥剂的呼吸器等,防止潮气与油面直接接触。

3. 祛气

常用的祛气方法是将油加热,喷入真空罐,成雾状,以除去其中的水分和气体。将已祛气的油在真空状态下灌入也已祛气的高压电气设备中,这样油中不混有气泡,且有利于油渗入设备绝缘内部。

4. 采用油和固体电介质组合

常用覆盖、绝缘层、屏障等以减小杂质的影响(如第九章图9-10所示)。

5. 防尘

制造绝缘件、线圈的车间以及特殊要求的产品装配车间,必须有防尘措施,以防止注油前后灰尘侵入产品而降低油的绝缘性能。

五、油中沿面放电

在液体电介质中也经常发生沿着固体电介质表面的闪络,其规律性与气体中的沿面放电很相似。

当电极如图6-38那样布置,即电场线与分界面几乎平行时,随着电极间距离的增大,油中闪络电压增加较快,这时改善电场的作用也明显(在实际结构中还应改善电极形状以防止油中电晕过早产生),此时油中工频闪络电压和纯油间隙的击穿电压相近。另外,吸潮后工频下沿面放电场强 E_f 将下降,如图6-39所示。

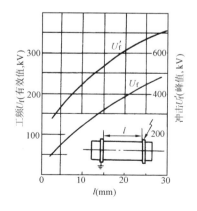

图 6-38 变压器油中油纸筒的工频闪络
电压 U_f 及全波冲击闪络电压 U_f' 与
沿面距离的关系

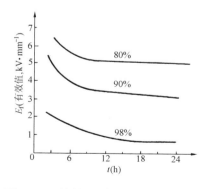

图 6-39 油浸纸绝缘的油中沿面放电场
强与试样在空气中暴露时间的关系
(曲线上所注为空气的相对湿度)

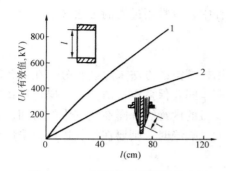

图 6-40　工频下油中沿面闪络电压
与沿面距离的关系
1—电场线与分界面平行；2—电场线与分界面斜交

当电极如图 6-40 中曲线 2 的附图那样布置，即电场线与分界面斜交时，犹如气体中发生滑闪放电那样，由于电场强度不仅有沿面（切线）分量，而且有较强的垂直于分界面的法线分量，以致产生滑闪放电，使闪络电压显著降低。这时随着电极间沿面距离 l 的增大，油中沿面闪络电压增加很少。所以高压套管在油中的部分也需利用均压极板来进行均压，使沿下瓷套表面的轴向电压分布尽可能均匀些，以提高其电晕及滑闪放电起始电压（详见第八章）。

第三节　固体电介质的击穿

固体电介质的击穿常见的有电击穿、热击穿及电化学击穿等形式。固体电介质击穿场强与电压作用时间的关系及不同击穿形式的范围示于图 6-41。固体电介质击穿后，出现烧焦或熔化的通道、裂缝等，即使去掉外施电压，也不能自己恢复绝缘性能。

一、固体电介质的击穿过程

（一）电击穿理论

电击穿理论是建立在固体电介质中发生碰撞电离的基础上的，它不包括由于电介质老化等其他原因引起的击穿。

固体电介质中存在少量处于导带能量状态的电子（传导电子），它在电场加速下将与晶格结点上的原子碰撞，使晶格原子电离，产生电子崩。

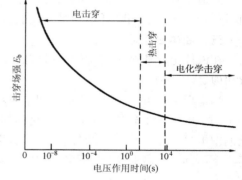

图 6-41　固体电介质击穿场强随
电压作用时间的变化举例

当电子崩发展到足够强时（$e^{ad} \geqslant e^{40}$），引起固体电介质击穿。

电击穿的特点是：电压作用的时间短，击穿电压高，电介质温度不高；击穿场强与电场均匀程度密切相关，而与周围环境温度几乎无关。

（二）热击穿理论

固体电介质处于电场中时，因介质损耗引起发热，使电介质温度升高；而电介质的电导和介质损耗因数具有正的温度系数，即温度上升时电导和介质损耗因数将变大，这又会使损耗发热亦跟着增大。因此，如果同一时间内电介质中发生的热量比发散的热量大时，电介质温度将不断上升，进一步引起电介质分解、炭化等，最终导致电介质击穿。

现分析热击穿电压与几个主要参数间的关系[6-1]。考虑到实际工作条件，下面以双向散热的情况为例进行分析。如图 6-42 所示，固体电介质处于平行极板之间，极间电压为 $2U$，极间距离为 $2h$，左右电极向周围散热，固体电介质中心位置（图示虚线位置）为温度最高处。施加交流电压时，在厚度为 h、横截面为单位面积的电介质中的介质损耗功率为

$$P = ph \tag{6-27}$$

式中，p 为单位体积的损耗功率，如式（6-21），即

$$p = \omega\varepsilon_0\varepsilon_r E^2 \tan\delta_0 \, \mathrm{e}^{\alpha(t_m-t_0)} = \gamma E^2 \tag{6-28}$$

式中 $\tan\delta_0$——温度 t_0 时的介质损耗角正切；

α——介质损耗角正切的温度系数；

γ——交流情况下的等效电导率。

将式（6-28）代入式（6-27），得

$$P = h\omega\varepsilon_0\varepsilon_r E^2 \tan\delta_0 \, \mathrm{e}^{\alpha(t_m-t_0)} \tag{6-29}$$

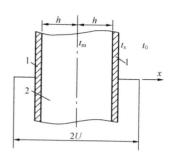

图 6-42 电极向两侧散热的
固体电介质热击穿电压
计算分析用图

t_m——电介质中最高温度；

t_s——电极表面温度；

t_0——周围环境温度

1—平板电极；2—固体电介质

如电介质中能量损耗全部转化为热量，则体积为 $1h$ 的电介质中每单位时间的发热量

$$Q = h\omega\varepsilon_0\varepsilon_r E^2 \tan\delta_0 \, \mathrm{e}^{\alpha(t_m-t_0)} \tag{6-30}$$

这些热量一部分使电介质温度升高，另一部分则通过电介质传导至电极，并由电极不断向周围散发。单位时间从电极表面单位面积散发出的热量

$$Q' = \sigma(t_s - t_0) \tag{6-31}$$

式中 σ——散热系数，J/（$cm^2 \cdot s \cdot ℃$）；

t_s——电极表面的温度。

考虑到电介质各 $\mathrm{d}x$ 层传导热量所经过的距离是不相同的，取平均距离为 $h/2$，则单位时间内经体积为 $1h$ 的电介质传导的热量

$$Q'' = \lambda \frac{t_m - t_s}{\dfrac{h}{2}} \tag{6-32}$$

式中 λ——电介质的导热参数，J/（$cm^2 \cdot s \cdot ℃$）。

根据热流连续的原理，从电极表面散发出的热量 Q' 必定等于电介质导出的热量 Q''，即

$$Q' = Q''$$

从式（6-31）及式（6-32）可得

$$\sigma(t_s - t_0) = \lambda \frac{t_m - t_s}{h/2} \tag{6-33}$$

将式（6-33）调整为

$$(\sigma h + 2\lambda)t_s - (\sigma h + 2\lambda)t_0 = 2\lambda t_m - 2\lambda t_0$$

可得

$$t_s - t_0 = \frac{2\lambda(t_m - t_0)}{\sigma h + 2\lambda} \tag{6-34}$$

将式（6-34）代入式（6-31），得

$$Q' = \frac{2\sigma\lambda(t_m - t_0)}{\sigma h + 2\lambda} \tag{6-35}$$

当热平衡时

$$Q = Q'$$

即

$$h\omega\varepsilon_0\varepsilon_r E^2 \tan\delta_0 \mathrm{e}^{\alpha(t_m-t_0)} = \frac{2\sigma\lambda(t_m-t_0)}{\sigma h+2\lambda} \tag{6-36}$$

式（6-36）左右两边均为温度（t_m-t_0）的函数，表示了在交流电压作用下，固体电介质内部因损耗产生的热量与温度成指数函数关系（等式左边）；而固体电介质通过导热向周围媒质传出的热量则与温度成直线关系（等式右边）。

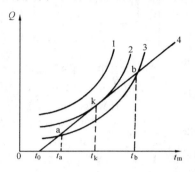

图 6-43 在不同外施电压下，电介质中发热（曲线 1、2、3）及散热（曲线 4）与温度的关系

发热、散热与温度的关系曲线如图 6-43 所示。曲线 1、2、3 分别为在电压 U_1、U_2、U_3（$U_1>U_2>U_3$）作用下，电介质发出的热量与电介质中最高温度的关系。曲线 4 为电介质散热表面散发出的热量与电介质中最高温度的关系。

从图 6-43 可看出：①曲线 1（电压为 U_1）高于曲线 4，固体电介质内发出的热量始终大于散出的热量，因此电介质温度将不断增加，必然发生热击穿。②曲线 3（电压为 U_3 时）与曲线 4 有两个交点，由于发热量正好等于散热量，此两点称为热平衡点。当介质损耗热量使电介质温度处在 $t_0 \sim t_b$ 之间时，通过周围媒质的散热调节，电介质中最高温度将逐渐稳定在 t_a，固体电介质不会发生热击穿，a 点是稳定的热平衡点。当电介质中最高温度大于 t_b 时，电介质发热一直大于散热，电介质中最高温度会不断上升，最终发生热击穿，b 点是不稳定的热平衡点。③曲线 2（电压为 U_2 时）与曲线 4 相切，切点 k 是一个不稳定的热平衡点，即当电介质中最高温度小于 t_k 时，电介质发热大于散热，电介质中最高温度不断上升，热击穿必然发生。电压 U_2 可确定为热击穿的临界电压，t_k 为热击穿的临界温度。

由图 6-43 看到，在切点 k 处，式（6-36）成为

$$h\omega\varepsilon_0\varepsilon_r E^2 \tan\delta_0 \mathrm{e}^{\alpha(t_k-t_0)} = \frac{2\sigma\lambda(t_k-t_0)}{\sigma h+2\lambda} \tag{6-37}$$

又因在切点 k 处

$$\left(\frac{\mathrm{d}Q}{\mathrm{d}t}\right)_{t=t_k} = \left(\frac{\mathrm{d}Q'}{\mathrm{d}t}\right)_{t=t_k}$$

将式（6-30）、式（6-35）代入上式，得

$$h\omega\varepsilon_0\varepsilon_r E^2 \tan\delta_0 \alpha \mathrm{e}^{\alpha(t_k-t_0)} = \frac{2\sigma\lambda}{\sigma h+2\lambda} \tag{6-38}$$

由式（6-37）、式（6-38），得

$$t_k-t_0 = \frac{1}{\alpha} \tag{6-39}$$

将式（6-39）代入式（6-38），并计及 $U_b=Eh$，可得

$$U_b = 1.15 \times 10^6 \times \sqrt{\frac{h\lambda\sigma}{f\varepsilon_r\alpha\tan\delta_0(\sigma h+2\lambda)}} \quad (\mathrm{V}) \tag{6-40}$$

两平行极板间的击穿电压应为 $2U_b$。从式（6-40）中可以看到，在交流电压下，当 f、ε_r、α、$\tan\delta_0$ 等发热因素增大时，U_b 将按各自的 1/2 次方下降；当散热因素 σ、λ 增大时，U_b 将近似按它们各自的 1/2 次方增高。为避免产生热击穿，在采用材料及选择结构时，应尽量考虑减小发热因素和改善散热条件。

（三）电化学击穿理论

1. 局部放电引起老化、击穿

在电介质上加上工频电压进行电气强度试验时，正如图 6-41 所示的那样，长时间击穿电压常常不到短时击穿电压的几分之一。长时间击穿电压（或最终击穿电压）是指经过一定的加压时间后，击穿电压几乎不再随时间下降时的恒定值。如外施电压低于此值，即使加压时间再长，通常亦不引起击穿。长时间击穿电压较低的主要原因往往是在绝缘内部有局部放电所致。

高电压设备绝缘内部不可避免地存有缺陷（例如固体电介质中的气隙、液体电介质中的气泡）和电场分布的不均匀性，这些气隙、气泡中所分到的场强或局部固体绝缘的沿面场强达到一定值以上时，就会发生局部放电。这种放电并不立即形成贯穿性通道，但长期的局部放电，使绝缘（特别是有机电介质）的老化-损伤逐步扩大，甚至可使整个绝缘击穿或沿表面闪络。

局部放电引起电介质老化-损伤的机理是多方面的。例如：①带电粒子对电介质表面的撞击，切断分子构造；②由于带电粒子撞击电介质，引起电介质局部的温度上升，使电介质加速氧化，对于高分子材料，由于氧化等而引起裂解以致平均分子量下降，材料的机械、电气性能下降；③局部放电产生的活性气体 O_3、NO、NO_2 等对电介质的氧化作用使电介质逐渐老化。

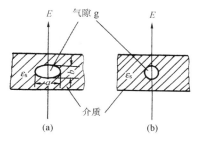

图 6-44　电介质中的气隙
(a) 椭球形气隙；(b) 球形气隙

2. 局部放电

（1）固体电介质的空气隙中的电场与气隙放电时的等值回路。固体电介质中的气隙 g 的形状各种各样，典型的如图 6-44（a）所示，椭球形空气隙的轴平行于电极，且 $a>b$，则由于电通密度 $D=\varepsilon_s E_s=\varepsilon_g E_g$，及气隙中 $\varepsilon_g=1$，所以气隙内的电场强度

$$E_g = \varepsilon_s E_s \tag{6-41}$$

式中　E_s——固体电介质中的电场强度；

ε_s——固体电介质的相对介电常数。

图 6-43（b）为球形气隙，气隙内的场强

$$E_g = E_s \frac{3\varepsilon_s}{2\varepsilon_s + \varepsilon_g} = \frac{3E_s}{2 + \dfrac{1}{\varepsilon_s}} \tag{6-42}$$

因此，气隙内的场强总要比固体内的场强高得多，而气隙的电气强度常比固体电介质低，所以当加至一定电压时，在固体电介质击穿之前，总是在空气隙内先开始放电。

固体电介质内部气隙放电时的等值回路示于图 6-45：C_g 为空气隙的电容，C_b 是与空气隙串联的电介质的电容，C_m 为除 C_b、C_g 以外的绝缘完好部分的电容，一般 $C_m \gg C_g \gg C_b$。电容 C_g 由

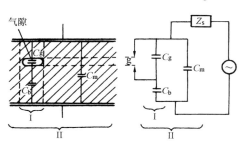

图 6-45　气隙放电时的等值电路
Z_s—对于气隙放电脉冲的电源阻抗

于在较低的电压 U_g 时就开始放电，故等值地用放电间隙 g 与 C_g 并联来表示。电极间的全部电容为

$$C_a = C_m + \frac{C_g C_b}{C_g + C_b} \approx C_m + C_b \tag{6-43}$$

如在电极间加上瞬时值为 u_t 的交流电压，则 C_g 上分到的电压的瞬时值 u_g 可表示为

$$u_g = u_t \frac{C_b}{C_g + C_b} \tag{6-44}$$

当 u_g 随外施电压 u_t 增加达到其放电电压 U_g 时，气隙内产生火花放电，放电后 C_g 上的电压 u'_g 急剧下降，同时 C_b 通过 g 被充电；当 u'_g 降至 U_r 时，放电立即熄灭，但由于外加电压 u_t 还在上升，C_g 上的电压又充到 U_g，便又开始第二次放电。当 u_t 经峰值后电压下降，分配在 C_g 上的电压也相应降低；当 u_t 的瞬时值低至一定程度时，它将低于 C_b 在 C_g 放电时已充上的电压，C_b 将向 C_g 反充电，使 C_g 上的电压达到 $-U_g$ 时又形成放电，放电后 C_g 上的电压降至 $-U_r$ 时放电熄灭。随外加电压 u_t 瞬时值的继续降低，C_g 上的电压又达到 $-U_g$ 时，又开始放电。C_g 上的电压变化如图 6-46 (a) 所示。这样，局部放电将在一个交流周期内多次重复出现。

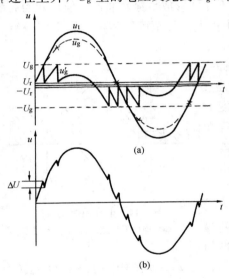

图 6-46　气隙放电时气隙上的电压变化
(a) C_g 的电压变化；(b) C_m 上的电压变化

　　(2) 放电电荷量和放电能量。假定 C_g 在达到 U_g 时便开始放电，C_g 上的电压急剧降至 U_r（局部放电熄灭时气隙上的残留电压），由于回路上有电感等，电源没有马上补充电荷，那么在电压变动 $(U_g - U_r)$ 时，经 C_g 放电的全部电容 $\left(C_g + \frac{C_m C_b}{C_m + C_g}\right)$ 的放电电荷量为

$$q_r = \left(C_g + \frac{C_m C_b}{C_m + C_b}\right)(U_g - U_r)$$

因为 $C_m \gg C_b$，因此

$$q_r = (C_g + C_b)(U_g - U_r) \tag{6-45}$$

q_r 称为真实放电量。但因 C_g、C_b、C_m 等还没办法测得，因此 q_r 亦还无法测得。

　　由于气隙放电引起的气隙电压变动 $(U_g - U_r)$ 将分在 C_b 和 C_m 上，如 ΔU 为分在 C_m 上的部分，如图 6-46 (b) 所示（C_m 上的电压比电源电压低 ΔU，电源充电会在回路中形成电流脉冲）。

由于

$$\frac{U_g - U_r}{\Delta U} = \frac{C_m}{\dfrac{C_b C_m}{C_b + C_m}}$$

故

$$\Delta U = \frac{C_b}{C_b + C_m}(U_g - U_r) \tag{6-46}$$

　　另外，由电源侧来看，电极间全部的电容为 C_a，那么也可取 ΔU 和 C_a 两者的乘积来表示放电电荷 q，以式 (6-46) 中的 ΔU 代入后，可得

$$q = C_a \Delta U = C_b(U_g - U_r) \tag{6-47}$$

q 称为视在放电量。将式（6-45）代入式（6-47），得

$$q = \frac{C_b}{C_g + C_b} q_r \tag{6-48}$$

视在放电量 q 可以测定，但由式（6-48）及 $C_g \gg C_b$ 知，视在放电量比目前还测不到的真实放电量小得多。

放电能量 W 为

$$W = \frac{1}{2}\left(C_g + \frac{C_m C_b}{C_m + C_b}\right)(U_g^2 - U_r^2) \tag{6-49}$$

由式（6-45），式（6-49）可得

$$\begin{aligned} W &= \frac{1}{2} q_r (U_g + U_r) \\ &= \frac{1}{2} q \frac{C_g + C_b}{C_b}(U_g + U_r) \end{aligned} \tag{6-50}$$

设 C_g 开始放电时，外加在电极上的电压在该瞬时达 U_s 值，则气隙上的电压为

$$U_g = U_s \frac{C_b}{C_g + C_b}$$

因此

$$W = \frac{1}{2} q \frac{U_s}{U_g}(U_g + U_r) \tag{6-51}$$

假使 $U_r \approx 0$，则

$$W = \frac{1}{2} q U_s \tag{6-52}$$

因 U_s 和视在放电量 q 可以测定，由式（6-52）可以计算出放电能量 W。

（3）放电发生的重复率。在被试品上施加的电压很低时，无局部放电发生；当施加的电压超过放电起始电压并再继续上升，则放电的次数随电压增加而增加。将交流电压半周内发生的放电次数称为放电发生的重复率 N。在只有一个放电气隙时，N 与外加电压的关系可以从图 6-47 分析推出。

当外施电压上升至使气隙上的电压到达其放电电压 U_g 时，气隙内发生局部放电，而后气隙上的电压下降至 U_r，放电熄灭，气隙上的电压重又随外施电压上升，当再上升（$U_g - U_r$）时，放电又重复发生。如把气隙上的电压 U_g、U_r 的值换算至对应的外施电压值 U_s、U_R，则它们的关系为 $U_s = \dfrac{U_g}{K}$ 和 $U_R = \dfrac{U_r}{K}$，其中 $K = \dfrac{C_b}{C_g + C_b}$。

当电源电压至 1/4 周峰值附近，气隙放电熄灭后气隙电压随外施电压达幅值后下降，气隙由 C_b 反向充电，电压从 U_r 充至 $-U_g$，换算至外施电压，即外施电压从上一放电点下降（$U_s + U_R$）时，放电又重复发生。这样，如图 6-47 所示，每半周中发生的放电次数与外施电压的关系为

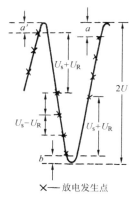

图 6-47　半周中局部放电的发生点示意图

$$2U = a + (U_R + U_s) + (N-1)(U_s - U_R) + b$$

式中，a、b 分别为前半周、计算的半周中最后一次放电发生点至峰值的电压。

由上式可得

$$N = \frac{2(U - U_\mathrm{R}) - (a + b)}{U_\mathrm{s} - U_\mathrm{R}} \tag{6-53}$$

而 $a < (U_\mathrm{s} - U_\mathrm{R})$，$b < (U_\mathrm{s} - U_\mathrm{R})$。从较长时间里取得的平均值可近似表示为

$$N = \frac{2(U - U_\mathrm{R})}{U_\mathrm{s} - U_\mathrm{R}} - 1 \tag{6-54}$$

当 $U_\mathrm{R} \approx 0$ 时，有

$$N = 2\frac{U}{U_\mathrm{s}} - 1 \tag{6-55}$$

或以每秒内放电次数 n 来表示，则

$$n = 2fN \tag{6-56}$$

实际电气设备的绝缘中有多个大小不等的气隙，每个气隙具有不同的 U_s 值，这时放电发生的重复率是按式（6-55）在各个 U_s 值时的 N 叠加的结果。

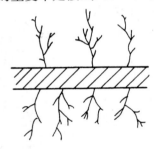

图 6-48 聚乙烯电缆缆芯近旁出现的树枝化痕迹

可以测量上述 q、ΔU、N、W 等量来判断电气设备绝缘的局部放电的严重程度，并据此规定各种电气设备绝缘的局部放电的 q、ΔU、N、W 量的允许值。

3. 有机材料的树枝化放电老化

在用有机材料作为高压绝缘的场合，当长时间施加强电场后再测试绝缘的击穿电压，多数情况下击穿电压将下降。如对聚乙烯绝缘电力电缆进行绝缘电气强度试验，当对经过试验而未击穿的电缆再做试验时，击穿电压往往有所降低，这是由树枝化放电老化引起的。在用透明的聚乙烯电缆做试验时可以观察到图 6-48 所示的树枝化放电老化痕迹，即在有机材料中的电极尖端处或微小空气隙、杂质等处，凡是因此引起高场强的区域，可能先发生放电，并留下细的沟状放电通路的痕迹，因而称树枝化放电老化。在树枝状放电痕迹中常能发现有空孔，即放电进展中还伴随着气体的分解。也把高电场引起的有机材料树枝状放电老化痕迹称为电树枝，有别于因长期由水侵入有机材料并在电场作用下缓慢产生的充满水的树枝状老化痕迹水树枝，而水树枝端部的高电场增强很高时会引发电树枝。

在交流电压下，树枝化放电老化是局部放电产生的带电粒子撞击材料引起电化学老化的结果。在冲击电压下，则可能是局部电场强度超过了材料的电气强度所造成的。

从图 6-49 可看到树枝长度和每周波中最大放电电荷量密切相关。

4. 漏电痕迹

和第三章讨论绝缘子污闪时的情况类似，如绝缘体表面脏污，并遇坏天气（雾、露、小雪等）使污层湿润时，将使沿面泄漏电流增大，使沿面路径发热、水分蒸发，在局部电流密度大的地方先形成干燥带，使电压沿面分配不均匀，在干燥带由于分担较高的电压而造成电弧放电，使绝缘体表面过热、局部炭化，形成漏电痕迹。如果此炭化层发展得很大，可引起绝缘体表面闪络。这种现象在沿海地带和化工厂等处的电气设备中是常见的。如果在材料中混入无机填充剂，则可减缓漏电痕迹的进展。

如果固体电介质浸在油中，因固体电介质与液体电介质的电气强度接近，在沿固体表面的油中发生局部放电时，放电也可能侵入到固体内部，如图 6-50 所示。

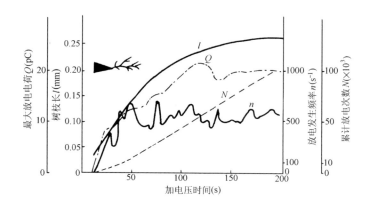

图 6-49　加电压时间和最大放电电荷量、累积放电次数、
放电发生频率、树枝长度的关系
（聚乙烯试样，针-板电极）

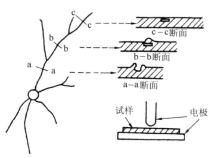

图 6-50　纸板在油中沿面有局部放电
时，放电侵入到纸板内部的情况

二、影响固体电介质击穿电压的主要因素

（一）电压作用时间

如图 6-41 所示，若外加电压作用时间很短（如 1/10s 以下）固体电介质就被击穿，则这种击穿很可能是电击穿。如电压作用时间较长（几分钟到数十个小时）才引起击穿，则往往是热击穿。有时二者很难分清，例如在交流 1min 耐压试验中的试品被击穿，则常常是电和热的双重作用。电压作用时间长达几十小时甚至几年才击穿时，则大多属于电化学击穿。为了准确判明击穿的原因，还应根据击穿现象作具体分析，不能单纯以时间来衡量。图 6-51 中，以常用的油浸电工纸板为例，以 1min 工频击穿电压值作为 100%，则在长期工作电压下的击穿电压值仅为其几分之一，这是电化学击穿的缘故。很多有机绝缘材料的短时间电气强度很高，但它的耐局部放电性能往往很差，以致长时间电气强度很低，使用时必须注意这一点，如图 6-52 所示。在不可能用浸油等方法来消除局部放电的绝缘结构中（例如高压电机中），就需要采用云母等特别耐局部放电的无机绝缘材料。

（二）温度

如图 6-53 所示，周围温度在 t_0 以下时，聚乙烯的电气强度很高，且与温度关系很小，这时发生的击穿属于电击穿；在 t_0 以上时属于热击穿。周围温度越高，散热条件越差，热击穿电压就越低。不同材料的转折温度 t_0 是不同的。即使同一材料，材料越厚，介质损耗越大，散热越困难，t_0 就越低，即导致热击穿的环境温度就越低。

（三）电场均匀程度

均匀致密的固体电介质如处于均匀电场中，其击穿电压往往较高，而且与电介质厚度的增加近似成直线关系，见图 6-54；如在不均匀电场中，则随着电介质厚度的增加，电场更不均匀，击穿电压已不随厚度的增加而成直线上升，这时击穿电压和电场分布的不均匀程度有关。当厚度增加、散热困难到可能出现热击穿时，增加厚度的意义就更小。

　　常用的固体电介质往往不很均匀致密，即使处于均匀电场中，由于气孔或其他缺陷都将使其内部电场畸变，最高场强常集中在缺陷处，如气体中先产生局部放电，也会逐渐损害到固体电介质；经过干燥、浸油等工艺过程让矿物油充满空气隙，则允许工作场强可明显提高。

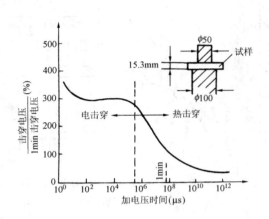

图 6-51　油浸电工纸板击穿电压和加电压时间的关系（25℃）

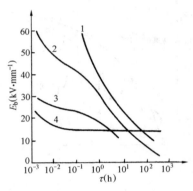

图 6-52　常用固体电介质的工频电气强度与加电压时间的关系

1—聚乙烯；2—聚四氟乙烯；

3—黄蜡布；4—硅有机漆玻璃云母带

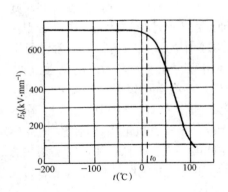

图 6-53　聚乙烯的短时电气强度与周围温度的关系

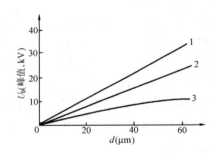

图 6-54　聚酯薄膜在室温下的击穿电压与厚度的关系

1—直流电压、均匀电场；2—工频电压、均匀电场；3—工频电压、不均匀电场

（四）电压的种类

　　相同电极布置时，同一种电介质在交流、直流或冲击电压下的击穿电压往往是不相同的。定义冲击击穿电压与工频击穿电压（峰值）之比为冲击系数。电介质的冲击击穿电压常大于其工频击穿电压（见图 6-41），即其冲击系数常大于 1；而固体电介质在直流下的击穿电压也常比工频（峰值）的要高得多，这是因为直流下固体电介质中损耗小，局部放电又弱的缘故。

　　当加高频电压时，由于局部放电更强，介质损耗更大，因而引起发热严重，致使电介质更容易发生热击穿；或者由于局部放电引起的化学变化、发热等而损伤绝缘，使绝缘老化加速，从而导致电化学击穿提前到来。

（五）累积效应

在不均匀电场中，特别是在雷电等冲击电压作用下，有时外施电压虽已较高，并已发生强烈的局部放电，但由于加电压时间短，还未形成贯穿的击穿通道，仅在固体电介质中形成局部损伤或不完全击穿（例如前述的树枝状放电）。在多次冲击或工频试验电压作用下，一系列的不完全击穿将导致电介质的完全击穿。所以随着施加冲击或工频试验电压次数增多，固体电介质的击穿电压将下降，这就是累积效应的结果。在确定电气设备试验电压和试验次数时都需注意到此累积效应。

（六）受潮

绝缘材料受潮后击穿场强的下降程度与该材料的性能有关：对于不易吸潮的材料，如聚乙烯、聚四氟乙烯等中性电介质，吸潮后击穿电压仅下降一半左右；但对于容易吸潮的极性电介质，如棉纱、纸等纤维材料，吸潮后的击穿电压最低时可能仅为干燥时的数百分之一。所以高压绝缘结构不但在制造时要注意除去水分，在运行中还要注意防潮，并定期检查受潮情况。

（七）机械负荷

有些绝缘结构在运行中可能受到较大的机械负荷，当材料出现开裂或微观裂缝时，击穿电压将显著下降。

不少有机固体电介质在长期运行中因热、化学等作用渐渐发脆，遇到较大的机械应力（如短路时）就可能裂开或松散，如在这些裂缝中充有污物或受潮后，击穿电压下降更多。在运行中，如由于长期受较高温度的作用，绝缘材料特别是纸（或布）纤维、塑料等有机材料很容易老化变脆，丧失弹性，机械强度强烈下降。所以电力设备要注意散热，避免过负荷运行。

第四节 电介质的其他性能

一、热性能

提高电介质的工作温度，对于提高电气设备的容量、缩小体积、减轻重量和降低成本等方面都具有非常重要的意义。电介质的工作温度是由电介质的耐热性决定的。所谓电介质的耐热性就是保证运行可靠的最高容许温度。考虑到电介质在运行时的安全裕度，其工作温度不应超过最高容许温度。

1. 电介质的短时耐热性

电介质在高温的作用下，短时内就能发生明显的损坏。例如绝缘材料发生软化而不能再承受外力；塑料因增塑剂挥发而变硬、变脆；绝缘油气化带来着火的危险；电介质性能剧烈下降等。

电介质在高温的作用下，还可能发生明显的化学变化而导致热损坏。例如发生化学分解（如聚氯乙烯分解出氯化氢）、炭化（有机材料遇高温而炭化）、强烈氧化（如变压器油的酸值在短时间内升高）、甚至燃烧。

绝缘材料特别是脆性材料（像玻璃、陶瓷、硬塑料等）在剧烈变化的温度（热冲击）作用下，由于在材料的内外层间形成温差和不均匀的热膨胀（或收缩）而可能形成裂缝。

　　2. 电介质的热老化和长期耐热性

　　电介质在稍高温度（常比短时耐热的温度低）的作用下，发生绝缘性能的不可逆变化，这就是电介质的热老化。例如变压器油的酸值逐渐升高、颜色逐渐加深，漆膜或橡皮逐渐变脆、开裂或发黏等等。这是由电介质的内部发生了缓慢的化学变化所致。除温度外，空气中的氧气浓度、臭氧浓度、电场强度、紫外线照射情况、机械负荷等因素对热老化都有影响。

　　在一定温度下，电介质不产生热损坏的时间称为电介质的热寿命。在确定寿命条件下，电介质不产生热损坏的最高容许温度便是它的长期耐热性。

　　3. 电介质的耐热等级

　　根据绝缘材料长期耐热性能的不同，常将它划分为几个耐热等级。

　　如新国标 GB/T 11021—2014《电气绝缘　耐热性和表示方法》的规定，以预估耐热指数 ATE 或相对耐热指数 RTE 来表征绝缘的耐热等级。耐热指数、耐热等级以摄氏温度表示[6-3]。预估耐热指数为某一摄氏温度数值，在该温度下绝缘材料在特定的使用条件下具有已知的、满意的运行经验。相对耐热指数通过待评绝缘材料与基准绝缘材料（其耐热性由运行经验已知）的比较试验获得。设基准材料在预估耐热指数温度下达到寿命终点的评估时间为 t_{ref}，则当待评材料达到寿命终点的评估时间等于 t_{ref} 时所对应的温度数值即为相对耐热指数。

　　表 6-2 的左部所示的是该新国标给出的耐热等级，分为：90、105、…、250；为便于表示，也可用字母 Y、A、E、B、F、H、N、R。为便于参考，在表 6-2 的右部列出了一些常用电介质的大致工作温度范围。

表 6-2　　　　　　　电气绝缘的耐热性分级和一些常用电介质的耐热性举例

GB/T 11021—2014 规定的耐热性分级				一些不同耐热等级的常用电介质举例
ATE 或 RTE		耐热等级	字母表示	
≥90	<105	90	Y	未浸渍过的木材、纸、纸板、棉纤维、天然丝等及其组合物，聚乙烯，聚氯乙烯，天然橡胶
≥105	<120	105	A	油性树脂漆及其漆包线，矿物油及浸入其中的纤维材料
≥120	<130	120	E	酚醛树脂塑料，胶纸板、胶布板，聚酯薄膜及聚酯纤维，聚乙烯醇缩甲醛漆
≥130	<155	130	B	沥青油漆制成的云母带、玻璃漆布、玻璃胶布板，聚酯漆，环氧树脂
≥155	<180	155	F	聚酯亚胺漆及其漆包线，改性硅有机漆及其云母制品及玻璃漆布
≥180	<200	180	H	聚酰胺酰亚胺漆及其漆包线，硅有机漆及其制品，硅橡胶及其玻璃布
≥200	<220	200	N	聚酰亚胺漆及薄膜，云母，陶瓷，玻璃及其纤维，聚四氟乙烯
≥220	<250	220	R	
≥250	<275	250		

　　工作温度如超过表 6-2 中所规定的温度，则绝缘材料迅速老化，寿命大大缩短。如图 6-55 所示，耐热等级 105 的绝缘（如表 6-2 所示、过去也称为 A 级绝缘）的运行温度如超过

8℃（油浸纸绝缘系统为6℃），则寿命便缩短一半左右，而如油浸纸的使用温度低于表6-2中规定的温度6℃，则绝缘寿命可增加一倍左右[6-2]。这通常也称为热劣化的8℃（油浸纸绝缘系统为6℃）规则。实际上对其他各级绝缘并不都是6～8℃，例如耐热等级130、180的绝缘则分别约为10℃、12℃等。

　　4. 电介质的耐寒性、耐弧性及其他热性能

　　耐寒性是绝缘材料在低温时保证可靠运行的最低许可温度，低于该温度时，材料常发生固化、变脆或开裂。所以对于在可能出现很低温度处运行的设备，要注意材料的耐寒性。如选择变压器油时，要注意其凝固点应低于环境的最低温度。变压油最低冷态投运温度分为－10、－20、－30、－40℃等。

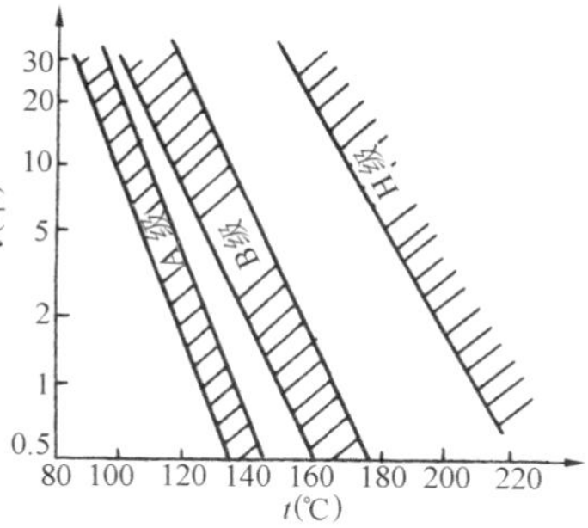

　　SF$_6$气体随使用气压升高，其液化温度也升高。

　　SF$_6$气压（20℃）在0.1MPa时液化温度为－63.8℃，在0.45MPa时为－40℃，0.55MPa时为－35℃，在0.75MPa时为－25℃。如800kVGIS除断路器部分外的气压为0.4MPa，断路器部分为0.7MPa，如用于高寒地区时，必须更改设计或改用SF$_6$/N$_2$混合气体绝缘，加入N$_2$能使液化温度降低，但总气体压力可能会提高。

图6-55　不同耐热等级的绝缘材料在各种运行温度下长期运行的寿命举例

　　当电介质可能发生沿面闪络时，它们的耐弧性是很重要的。在电弧的作用下有些材料能经受电弧的高温作用不破坏，有些会留下烧伤痕迹，另一些则会被电弧完全破坏，即不同的电介质有不同的耐弧性。所以必须根据工作条件来选择合适的材料。

　　其他如材料的导热性能，与材料的热击穿强度及热稳定性等关系很大。常用的大部分绝缘材料的导热系数比金属小得多，例如铜的导热系数为13.9J/（cm·s·℃），铝为2.26J/（cm·s·℃），而纸仅为0.001J/（cm·s·℃），无机电介质略高，为0.01～0.1J/（cm·s·℃）。液体的导热系数远比固体小，气体的更小。

　　固体的软化点、液体的黏度等也都属于热性能参数。

二、机械性能

　　固体绝缘材料有脆性材料、塑性材料和弹性材料三种，它们的机械性能差别很大。

　　同一种材料的抗拉、抗压和抗弯强度间可能相差很大，例如电瓷的抗压强度比抗拉、抗弯强度高得多。所以必须根据受力情况选择适当的材料或在进行结构设计时注意充分发挥此材料强度的特点。材料的机械强度与温度及材料的湿度有极密切的关系。在选择材料时，还必须注意材料的形变性能。例如作为标准电容器的支柱若选用较软的材料，电容量就很难保证；再如作为电线、电缆的绝缘材料，就必须具有一定的形变能力才能满足运输及使用要求。

三、吸潮性能

　　水分被吸收到电介质内部或吸附到电介质的表面后，能溶解离子杂质或使强极性物质电离，且本身也能在其他杂质的影响下加强电离作用，因而增加了电导及损耗，并恶化表面放电特性，或者在两个电极间构成通路，或者在高温下汽化形成"气桥"使击穿强度大大下降，或者分散在电介质中形成不均匀介质，或者进入分子之间而改变了材料的机械性能，或者加速材料内部的化学变化过程从而缩短材料的寿命等。

水分对电介质性能的影响严重，必须引起注意。对于湿度大的地区，要尽量采用吸湿性小的材料或对材料进行防潮处理。一般来说，非极性电介质（如石蜡、聚乙烯等）的吸水性能最低，极性电介质（例如纸）则较强；具有多孔毛细管状结构的材料，其吸水性能比结构致密、均匀的材料要高得多。

四、化学性能及抗生物特性

化学性能主要是材料的化学稳定性，如固体电介质的抗腐蚀性（耐受氧、臭氧、酸、碱、盐类的溶液和蒸气的作用）和抗溶剂的稳定性（耐油性、耐漆性等），液体电介质的抗氧化性能（反映为酸价的增加等）。工作在湿热带和亚湿带地区的绝缘还要注意材料的抗生物（霉菌、昆虫）特性，需采用防霉剂和除虫涂料等。

习　　题

6-1　测量固体电介质体积电阻率 ρ_v 和表面电阻率 ρ_s 的试样如图 6-56 所示。铝箔电极用凡士林粘在电介质上，电极的形状、尺寸也表示在图上。设测得的体积电阻为 R_v，表面电阻为 R_s，问 ρ_v 及 ρ_s 如何确定？

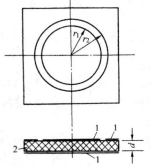

图 6-56　习题 6-1 图
1—铝箔电极；2—电介质

6-2　一根电缆长 100m，绝缘层的内外半径分别为 5cm 及 15cm，在 20℃时绝缘的体积电阻率 $\rho_v = 3 \times 10^{12} \, \Omega \cdot cm$，而电阻温度系数 $\alpha = 0.02℃^{-1}$，求：

(1) 20℃时电缆的体积绝缘电阻。

(2) 如电缆绝缘层的温度为 10℃ 及 30℃，则电阻各为多少？

(3) 如电缆长度为 200m，则 20℃时体积绝缘电阻为多少？

6-3　一根光滑瓷棒，半径为 5cm，上、下为金属法兰，绝缘距离为 1m，体积电阻率 $\rho_v = 1 \times 10^{13} \, \Omega \cdot cm$，而表面电阻率 $\rho_s = 1 \times 10^{12} \, \Omega$，问：

(1) 不加护环及加护环时，测得的绝缘电阻各为多少？

(2) 如因潮湿使 ρ_s 降为 $1 \times 10^9 \, \Omega$，则上两者又各为多少？

6-4　设平行平板电极间为真空时，电容为 $0.1\mu F$。现放入相对介电常数为 3.18 的固体电介质，加上 50Hz、5kV 交流电压后，介质损耗为 25W。试计算放入的固体电介质的 $\tan\delta$。

6-5　一台电容器电容 $C = 2000pF$，$\tan\delta = 0.01$，而直流下的绝缘电阻为 2000MΩ，求：

(1) 工频（有效值）100kV 下的功率损耗；

(2) 直流 100kV 下的损耗，它与交流下损耗的比值；

(3) 交流下电介质损耗的并联等值回路中的等值电阻，它与直流绝缘电阻的比值。

6-6　图 6-57 为局部放电试验原理接线图，其中 C_x 代表试品为 1000pF，C_k 代表耦合电容为 100pF，R_m、C_m 代表检测阻抗。若加到某一高电压时，C_k 中发生视在放电量为 5pC 的局部放电，请问此时会误解为 C_x 中发生了多大的局部放电量？

6-7　测量聚乙烯的 ε_r 及 $\tan\delta$ 时，试样和测量 ρ_v 时相同（见图 6-56）。平板状试样厚 2mm，铝箔电极可用凡士林粘贴，凡士林层总厚度约 0.05mm。聚乙烯的电气特性为：$\varepsilon_r = 2.3$，$\tan\delta = 2 \times 10^{-4}$。若采用的凡士林较脏，损耗较大（$\varepsilon_r = 2.2$，$\tan\delta = 2 \times 10^{-3}$），问由此

引起多大的测量误差?

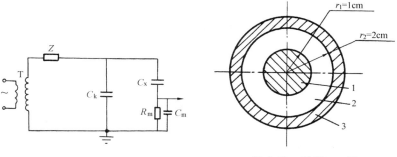

图 6-57　习题 6-6 图

图 6-58　习题 6-8 图

1—导线芯；2—电介质；3—铅护层

6-8　高压单芯电缆（见图 6-58）长 20m，其 $\tan\delta=0.005$，$\varepsilon_r=3.8$。现其中有 1m 因发生局部损坏，$\tan\delta$ 增至 0.05，ε_r 基本不变。问这时电缆的 $\tan\delta$ 增至何值?

6-9　试证明单面冷却同心圆筒形电介质（如单芯电缆）的热平衡方程为

$$\frac{K}{r}\frac{\mathrm{d}}{\mathrm{d}r}\left(r\frac{\mathrm{d}t}{\mathrm{d}r}\right)+\gamma_a E^2=0$$

式中　K——电介质的导热系数；

t——温度；

γ_a——电介质有效电导率；

r——半径；

E——电场强度。

本 章 参 考 文 献

[6-1]　吴南屏. 电工材料学. 北京：机械工业出版社，1993.

[6-2]　GB/T 1094.7—2008《电力变压器　第 7 部分：油浸电力变压器负载导则》. 北京：中国标准出版社，2008.

[6-3]　GB/T 11021—2014《电气绝缘　耐热性和表示方法》. 北京：中国标准出版社，2014.

第七章　电力电容器和电力电缆绝缘

电力电容器和电力电缆是电力系统中的常用设备。

高电压绝缘结构中有两种典型的电场分布，一种是只具有"法线分量"的电场分布，另一种是具有"法线分量"和很强"切线分量"的电场分布。电力电容器内，两平行极板中间的电场只有"法线分量"，而在两平行极板的边缘处，除了有与电介质表面垂直的电场法线分量外，还有很强的与电介质表面平行的"切线分量"。电力电缆内，电缆中部的电场虽为不均匀电场，但那里的电场只具有"法线分量"，而在电缆终端处，电场除有与电介质表面垂直的法线分量外，还有很强的与电介质表面平行的"切线分量"。通过对电力电容器和电力电缆中两种典型电场分布的讨论，可掌握高电压绝缘结构特性分析的方法。

高电压绝缘结构中两种典型电场分布情况下的放电过程、放电特性、电气强度等都有显著差别，这些对其老化过程、绝缘寿命等有重大影响。因而，电场分布状况已成为考虑绝缘结构型式、选取绝缘材料及制造工艺、决定使用场强及设计绝缘尺寸时的重要依据。

这些规律性的内容将对在第八、九章中的高压套管、电力变压器等绝缘结构的分析都有启示作用。

本章讨论电力电容器和电力电缆绝缘。叙述次序大致是：电力电容器的种类和结构，包括并联电容器、串联电容器、耦合电容器和脉冲电容器；电力电容器中使用的液体、固体电介质和由它们组成的组合绝缘的电气特性；电力电缆的结构形式，包括油纸绝缘电缆、交联聚乙烯电缆、充油电缆和充气电缆；电力电缆中使用的电介质；电缆绝缘中的电场分布及其改善；电缆终端及接头。

第一节　电力电容器

一、基本概念

（一）电力电容器的主要用途

1. 并联电容器（移相电容器）

运行时常并联在变压器的负荷侧，用以补偿交流系统中感性负荷的无功功率、提高系统的功率因数 $\cos\varphi$。当并有电容器后，线路电流由 I 减为 I'，相位角由 φ 降为 φ'，由系统提供的容量可减小 ΔS

$$\Delta S = UI - UI' = P\left(\frac{1}{\cos\varphi} - \frac{1}{\cos\varphi'}\right) \tag{7-1}$$

式中：S 为视在功率；P 为有功功率。

这样，不但为提供该传输容量的变压器容量及线路负荷都可以减小，线路的损耗、电压降也可降低，电能质量有所改善。

单相并联电容器的结构图如图 7-1 所示，主要由电容元件、外壳和出线等组成；如今常用金属箔（作为极板）与聚丙烯薄膜或电容器纸（作为极间电介质）叠在一起后卷绕成电容元件，而由若干个元件经串、并联连接以构成电容芯子后装进外壳；再将芯子极板的引线经由套管引出壳外；最后要经过真空干燥、并压力浸渍以绝缘油后才密封而构成。

使用时可根据该电容器将并入点处的电压和所需补偿的容量而将若干台串、并联，再配以附件后，一起装在预制的金属框架上（常称之为组架式无功补偿装置）；也有将若干台电容器或电容芯子装在一个大金属壳内（常称之为集合式无功补偿装置）。还有的配有新型的控制单元等以实现更好的自动控制。表 7-1 为几种常用的无功补偿装置，它已成为当前电力电容器的最大用户。

2. 串联电容器

它与线路串联，以补偿长距离线路的感抗，从而减小线路压降，改进电压调整率，提高传输容量（参见附录图 B12 串联补偿装置）。正由于是串联在线路上，当出现很大的故障电流时，将引起串联电容器两端的电位差显著增高。因此，在设计串联电容器时选取的工作场强比并联电容器低；也有采用提高铁壳内压力等办法，以改善其局部放电特性。

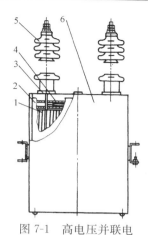

图 7-1　高电压并联电容器的外形及内部结构

1—元件；2—绝缘件；
3—连接件；4—内放电电阻；
5—出线套管；6—箱壳

表 7-1　　　　　　　　　　几种常用的无功补偿装置

类　型	主要特点	适用范围
组架式、或集合式无功补偿装置	各电容器组装在构架上、或采用箱式电容器，都可分组自动投切	电力系统或企业用户的高压变电站
金属封闭型无功补偿装置	各电容器及配件全装在一金属箱内，可自动分组投切	用于补偿容量较小的变电站
静止型动态无功补偿装置（SVC）	采用晶闸管控制电抗器或磁控电抗器，可快速无级自动补偿	需要随负荷的迅速变化而调控的高压变电站
静止同步补偿器（StatCom）（参见附录图 B15）	采用全控型电力电子器件以实现随机控制	可实现电能的质量控制
柱上无功补偿装置	常安装在 10kV 配电线路的支柱上，占地面积小	农网 10kV 线路
低压无功补偿装置	以低压自愈式电容器及其配套件组成，经济性好	企业内、设备旁

3. 滤波电容器

它是交、直流滤波装置中的主要组件（参见附录图 B18）。如在换流站的交流网侧，由滤波电容器、电感、电阻等共同组成交流滤波装置，用以吸收由换流器产生的交流侧谐波电流，降低网侧电压的畸变率。而在换流站的直流侧，滤波电容器与平波电抗器等配合，用以抑制换流站直流侧的谐波电压，降低直流线路上电流中的谐波含量。

4. 耦合电容器及电容式电压互感器

耦合电容器一般装在绝缘外壳内，用以实现测量、保护的功能。而用耦合电容器、中间变压器等所组成的电容式电压互感器 CVT（参见附录图 B6）来测量电压时，准确度可高于铁磁式电压互感器；并希望所用的电介质的电容温度系数要小，这样的 CVT 的准确度可更高些。

5. 脉冲电容器

常用于高压试验装置中，如构成冲击电压或冲击电流发生器等，也用于高能及国防方面。由于通常仅在工作时才间断性工作，于是其工作条件比交流下长期运行的电容器优越得多，因而允许选取较高的工作场强，尺寸也显著缩小。

各种电力电容器的用途各异，但其内部的元件结构、采用材料等都极为相似。

此外，近年来研制出了"超级电容器"（Super Capacitor），它与上述的几种电力电容器不同，那是建立在界面双电层理论基础上的，主要由极化电极、集电极、电解质、隔离膜等组成；它的电容量很大，但耐压约 3V，目前已应用于智能仪表、新能源汽车等领域。

（二）比特性和储能因数

在其他绝缘结构中，电介质主要是对具有不同电位的导体起绝缘及固定的作用，而在电容器中还要求电介质中多储藏能量。

如以极板面积 A（单位为 cm^2）、极间电介质厚度 d（单位为 cm）的平行板电容器为例，当忽略边缘效应时，电容量应为

$$C = \varepsilon_r\varepsilon_0 A/d \quad (F) \tag{7-2}$$

式中　ε_r、ε_0——电介质的相对介电常数及真空的介电常数。

如在超级电容器中的碳电极不仅面积 A 大，而且极间距离 d 仅纳米级，因此其电容量可达法拉级。

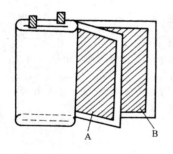

图 7-2　卷绕式扁平电容
元件示意图
A、B—极板

在电力电容器中为使每对极板（图 7-2 中 A 及 B）的两个侧面都起电容作用，广泛采用卷绕后压扁的电容元件，材料利用率可显著提高。而常用单位体积（或重量）所储能量 W（对直流或脉冲电容器而言）或无功功率 Q（对交流电容器而言）作为比特性，以表征该电容器的技术经济指标。

以平板电容器为例，如外施电压为 U，交流下的无功功率

$$Q = \omega CU^2 \tag{7-3}$$

单位体积的比特性为

$$Q/V = \omega CU^2/Ad = \omega\varepsilon_r\varepsilon_0 E^2 \tag{7-4}$$

式中　E——平板电容器两极板间绝缘中的电场强度。

因在均匀场中

$$E = U/d \tag{7-5}$$

可见电容器的比特性主要取决于储能因数 $\varepsilon_r\varepsilon_0 E^2$。如能选用 ε_r 高的电介质，特别是能在高场强 E 下长期可靠运行的电介质，就可大大降低电容器尺寸与重量。

二、电力电容器所用的电介质

电容器的性能与所用电介质的性能、绝缘结构及制造工艺有密切关系。要求电介质的电气强度高、ε_r 大、$\tan\delta$ 小、耐老化、不污染环境，而且工艺性好，与其他材料的相容性好。

过去的组合绝缘主要采用油（矿物油）浸纸绝缘，由于塑料薄膜及合成液体的发展，它已被合成油浸的全膜电介质所逐步替代，比特性成倍提高。

（一）液体电介质

它用以填充固体电介质中的空隙，可显著提高组合绝缘的性能。过去常用的电容器油、变压器油均为矿物油，电气性能较好、又无毒，但易老化、又可燃，现电容器油已逐步让位于合成液体。表7-2列出常用的浸渍用液体电介质的主要绝缘性能。如硅油耐燃性能好，可用于车船所用的电力设备中；而苄基甲苯（BT）、二芳基乙烷（PXE）等合成油的绝缘特性好，如$\tan\delta$很小，低温下局放性能好，且与薄膜相容，毒性低并能生物降解，已广泛用以浸渍全膜电容器。

表 7-2 　　　　　　　　　　国内电力电容器中常用浸渍剂主要绝缘性能举例

浸渍剂类型	凝固点（℃）<	ε_r	$\tan\delta$（%）<	U_b（kV）标准油杯 >	闪点（℃）>
苯甲基硅油	−65	2.7	0.04（80℃）	70	280
十二烷基苯	−60	2.17	0.02（80℃）	70	135
苄基甲苯	−60	2.65	0.02（80℃）	70	140
二芳基乙烷	−45	2.51	0.03（80℃）	65	148
电容器油	−45	2.2	0.4（100℃）	60	135

（二）固体电介质

在油纸电容器中，以电容器纸为电介质。电容器纸厚度薄、杂质少，但$\tan\delta$较大，又易吸潮；而塑料薄膜的机械、电气性能都好，有的$\tan\delta$极小，如表7-3所示。因此以合成液体浸渍的全膜（如聚丙烯膜）绝缘已越来越广泛地用来制作高压电力电容器。

表 7-3 　　　　　　　　　　　　电容器用固体电介质的性能

材料名称	密度（g·cm⁻³）	允许温度（℃）	ε_r	ε_r的温度系数（℃⁻¹）	$\tan\delta$（%）	E_b（kV/mm）
聚丙烯膜	0.91	100	2.2	3×10^{-4}	<0.02	>200
聚苯乙烯膜	1.05	60	2.5	7×10^{-5}	<0.04	>110
聚酯薄膜	1.39	120	3.2	5×10^{-4}	<0.3	>160
电容器纸	1.0~1.2	105	2.5~3.4	4×10^{-4}	<0.2	>30

但聚丙烯薄膜表面光滑、互相紧贴，浸渍剂很难浸透，曾用纸-膜交替排列的复合电介质以利于浸渍；后改用表面粗化的薄膜，并在更高真空下浸渍。这样制成的全膜电容器比特性高，国内外都已广泛应用。

而金属化膜是在薄膜上喷涂$0.01\sim0.02\mu m$的铝或锌层，其特点是具有一定的"自愈性"：当金属化膜电容器的绝缘中弱点处发生击穿时，由该处短路电流所产生的热量足以将该击穿点周围的金属薄层蒸发掉，从而恢复了绝缘性能，仅仅是极间电容量有极微小下降。但如在运行过程中电容损失率过大时，也将限制其继续使用。它常适宜于要求尺寸小、无油、防爆等场所。

（三）组合绝缘

以常用的油浸薄膜（或纸）为例，在估算此组合绝缘的ε及$\tan\delta$时，可近似地按油

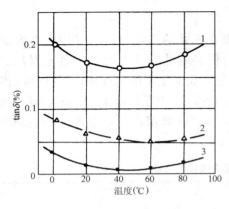

图 7-3　组合绝缘的 $\tan\delta$ 值与温度的关系
1—油浸纸介质；2—油浸聚丙烯膜和纸复合介质；
3—油浸聚丙烯薄膜介质

（ε_x、$\tan\delta_x$）与薄膜（ε_s、$\tan\delta_s$）两种介质的串联电路来分析。组合绝缘的参数（ε、$\tan\delta$）为

$$\varepsilon = \frac{\varepsilon_s}{(1-x)+x\dfrac{\varepsilon_s}{\varepsilon_x}} \tag{7-6}$$

$$\tan\delta = \frac{\tan\delta_s}{1+\dfrac{\varepsilon_s x}{\varepsilon_x(1-x)}} + \frac{\tan\delta_x}{1+\dfrac{\varepsilon_x(1-x)}{\varepsilon_s x}} \tag{7-7}$$

式中　x——此油-膜组合绝缘中油所占的体积比。

如图 7-3 所示，因膜的 $\tan\delta$ 低于纸，浸渍后油-膜组合绝缘的 $\tan\delta$ 也低得多。

当对组合绝缘施加以交流电压时，由于液体浸渍剂或者所含气体夹层上所分到的场强常高于固体电介质层；特别是气体夹层，其介电常数小、分到的场强高，而其电气强度却低，就成了薄弱环节，那里会先发生局部放电。如果是在工作电压下持续的局部放电，那将是引起组合绝缘逐步损坏的一个主要原因。

在油-膜（纸）组合绝缘中，如维持同样的极间距离 d，而改用厚度 δ 更薄的膜（纸），将有利于提高此组合绝缘（厚度为 d）的局部放电特性。

因为如该组合绝缘中有一气隙，如图 7-4（a）中的 C_1，则在交流电压下，C_1 所分担的电压

$$U_1 = \frac{C_2}{C_1+C_2}U = \frac{\varepsilon_s\delta}{\varepsilon_s\delta+\varepsilon_g(d-\delta)}U \tag{7-8}$$

式中　ε_g、ε_s——气隙及固体电介质的相对介电常数。

当外施电压上升而气隙所分担的电压 U_1 达到其放电电压 U_d 时，此气隙先放电，整个组合绝缘的平均局部放电起始场强为

$$E_{in} = \frac{U}{d} = \frac{U_d}{\varepsilon_s\delta}\Big[\varepsilon_g + \frac{\delta(\varepsilon_s-\varepsilon_g)}{d}\Big] \tag{7-9}$$

当每层膜（纸）的厚度 δ 一定，则该组合绝缘的 E_{in} 将随总厚 d 的下降而提高，如图 7-5 所示；而且当提高油压 p 时，由于气隙（或油隙）中难以放电，由此 p 的升高也可提高整体的局部放电性能。

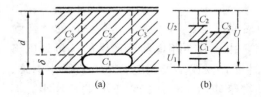

图 7-4　含气隙的电介质
（a）示意图；（b）等值回路

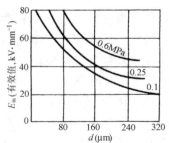

图 7-5　不同油压下，油纸的局部
放电起始场强与极间电介质厚度的关系

从图 7-6 可看到，同样是 0.06mm 油纸绝缘，在冲击或直流下的电气强度比工频下高好几倍，因为绝缘中的局部放电过程有很大差别。如施加直流电压，当绝缘的气隙上所分到的场强超过其起始放电场强时，气隙先放电；局部放电所生成的正、负电荷运动到气隙壁上，形成了与外施电场 E_0 反向的电场 E'（见图 7-7），它将削弱气隙中的原有场强，放电可能熄灭。只有经过较长时间，这些电荷可能经漏导而消失，或者当外施电压更高时再次发生放电。但在交流下，如外施电压高于其局部放电起始电压，则每半周都将放电（见图 6-46），因而交流电压下局放过程对绝缘的损伤比冲击或直流电压下都要严重得多。这也是对那些需要在交流电压下长期工作的电容器，在设计时所选取的许用工作场强要低于直流或冲击电压下的重要原因。

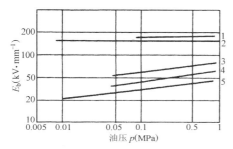

图 7-6　油浸纸及油的电气强度与油压的关系
1—油纸，0.06mm，雷电冲击电压；2—油纸，0.06mm，
直流电压；3—油纸，0.06mm，工频电压；
4—油纸，0.12mm，工频电压；
5—电容器油，1mm，工频电压
（工频电压均指有效值）

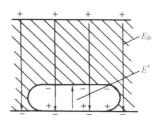

图 7-7　气隙放电后形成反
电场的示意图

因此工作条件不同、要求寿命不同，许用工作场强将有显著差异，表 7-4 列出高压电力电容器常用的工作场强值（对脉冲及交流电容器分别是指峰值及有效值）。对同一个电容元件或同一台电容器而言，如将其用于不同电压型式下，适用的电压值也应不同。

表 7-4　　　　　　　　　　设计高压电力电容器时常取的工作场强举例

电容器类型	所用电介质		工作场强
	液体电介质	固体电介质	$(kV \cdot mm^{-1})$
并　联	电容器油	电容器纸	12～14（纸上、交流）
	合成油	纸膜复合	30～45（膜上、交流）
	合成油	聚丙烯膜	55～75（膜上、交流）
串　联	合成油	聚丙烯膜	45～60（膜上、交流）
脉　冲	合成油	聚丙烯膜	140～160（膜上、直流充电）

在设计电容器时，要选择合适的绝缘结构、工艺条件和许用场强，这时同类产品过去的运行实绩及制造经验都很有参考价值，也还可通过样品的加速老化试验来考核。对于要求长期连续运行的交流电容器，通常都要求其油－膜（或油－纸）绝缘的长期工作场强低于其局放熄灭场强。因为仅仅是在短暂的过电压下出现了局部放电，如果局放时间短、损伤不大，只要长期工作电压低于局部放电熄灭电压，则在过电压消逝后局部放电很有可能较快熄灭；而由放电时在此密封的电容器里所生成的气体还有可能逐渐被浸渍剂所吸收（这取决于浸渍剂的特性、事先的脱气过程等），局部放电起始电压又可回升，从而可确保在长期工作电压下仍不出现持续的局部放电。

第二节　电　力　电　缆

一、基本结构

电力电缆常用作发电厂、变电站的引入（出）线，当线路遇江河、铁路等时也常用它，现还广泛用于城市电网及工矿内部电网中。如与架空线比，电缆的优点是受气候的影响小、安全可靠性高，且隐蔽耐用，不影响环境，但成本较高。

（一）导电线芯及护层

导电线芯常用铜或铝芯，因铜易焊接，导电及机械性能都好；但铝成本低、重量轻，且铝对油老化的催化作用也小些。表 7-5 列出对用作导电线芯的铜和铝的基本要求。

表 7-5　　　　　　　　　　　　　　对导电线芯材料的性能要求

材　料	密　度 （$g \cdot cm^{-3}$）	20℃时电阻率 （$\Omega \cdot mm^2 \cdot m^{-1}$）	电阻温度系数 （$℃^{-1}$）
铜	8.9	<0.01748	3.93×10^{-3}
铝	2.7	<0.02836	4.03×10^{-3}

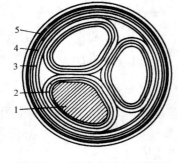

图 7-8　三相交流总包绝缘型
电缆结构
1—载流芯；2—相绝缘；3—带绝缘；
4—金属护层；5—铠甲

为便于运输及敷设，电缆要可以弯曲，为此，电缆线芯常用多股导线扭绞而成。在单相电缆或分相铅包电缆中都用圆形芯。只有在 10kV 及以下的三相电缆中，为减小重量，也有采用扇形芯及总包（带）绝缘的，后者是包缠在三相的相绝缘之外的（如图 7-8）；但扇形芯电缆中的电场分布远不如分相铅包电缆的圆形芯中那样均匀。

为防止水分等侵入绝缘层，常用铅、铝或塑料的外护套，铅护套柔软、耐腐蚀，但机械强度低，已逐渐被铝及塑料护套所代替。

如需承受较大的机械负荷，在护套外应加以钢带或钢丝铠装；如需敷设在可能被腐蚀的场所，在铠甲外再包以由沥青、浸渍纸（麻）组成的外护层。

（二）绝缘材料及结构

1kV 及以下的电缆常用橡皮或聚氯乙烯 PVC 绝缘；过去 6～35kV 的常用黏性浸渍的油纸绝缘，更高电压的常用充油（或气）的纸绝缘电缆，而现在不少已被交联聚乙烯 XLPE 绝缘电缆所替代。

1. 纸绝缘电缆

为使油浸电缆中的浸渍剂既能在较高的浸渍温度下实现对纸层的完善浸渍，在工作温度下又不流动，过去常采用黏性浸渍剂来浸渍。但在运行过程中，特别是当工作温度变动显著或敷设处落差较大时，这种绝缘内部很易形成气隙。因为黏性浸渍剂的热膨胀系数大，在负荷、温度有变动时体积改变显著，而铅、铝护层又是缺乏弹性的，当受热后再冷却时，虽浸渍剂的体积已缩小，但护层可能已难以恢复原尺寸，因而形成空隙。这是引起其 $\tan\delta$ 增大的重要原因，图 7-9 的 $\tan\delta \sim U$ 曲线说明了这点，特别是落差大时，浸渍剂渐向下流淌，导致上部空隙更多，因此图中曲线 3a 的 $\tan\delta \sim U$ 曲线更为上翘。于是黏性浸渍电缆过去也仅适用于 35kV 及以下的交流系统。

　　更高电压的油纸电缆改用黏度较小的电缆油浸渍，并加以油压的办法，以减小油中气隙，提高绝缘强度，图 7-10 所示的自容式充油电缆就是利用装在电缆两端的压力箱使电缆油始终处于某油压（如 0.6MPa）下；而包缠用的纸带也改用 0.045～0.075mm 的薄纸以代替常用的 0.12mm 厚的电缆纸，因为薄纸的电气强度高，如图 7-11 所示。但纸愈薄、密度也大、$\tan\delta$ 增大，这应引起注意。例如采用高性能的薄纸以后，交流 110、220、330kV 低油压自容式电缆的绝缘厚度分别约为 10、18、25mm。

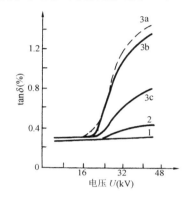

图 7-9　35kV 黏性浸渍电缆的
$\tan\delta \sim U$ 曲线

1—新电缆；2—水平敷设，5 次热冷循环后；
3—30°斜敷，5 次热冷循环后；a、b、c—
电缆的上、中、下部

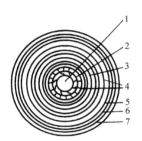

图 7-10　自容式充油电缆

1—油道；2—导电线芯；
3—绝缘；4—内、外屏蔽；
5—护套；6—铠甲；7—外护层

　　为进一步改善电缆中油纸的绝缘性能，也和前述电容器的发展类似，有用烷基苯（见表 7-2）等合成油以代替电缆油的，有用薄膜—纤维合成纸以代替电缆纸的。例如在开发特高压交流电缆时就有采用聚丙烯层压纸（PPLP）绝缘的充油电缆的。

　　国外也有采用钢管充油电缆的，如图 7-12 所示。管内油压比自容式高（如 1.5MPa），且以钢管为外护层，机械强度高。但三芯在同一钢管内，如一相故障也可能影响到其他相。

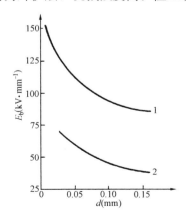

图 7-11　油浸电缆纸的电气
强度与纸带厚度的关系

1—雷电冲击电压；2—工频电压

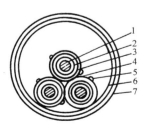

图 7-12　钢管充油电缆

1—载流芯；2、4—屏蔽；
3—绝缘层；5—半圆形滑丝；
6—钢管；7—防护层

充油电缆在国内应用历史长、运行经验也多，但它有火灾的危险，而且维护比干式电缆复杂，安装落差也有限制。

为了用于高落差处，有的主张用充气电缆，认为其附属设备比充油电缆简单，适宜用于高落差处。而提高气压虽能提高其工频击穿场强，但对冲击强度的提高并不明显，如图 7-6 所示；因此充气电缆的许用工作场强明显低于充油电缆。

近年来已有用气体绝缘输电管道（GIL）的，那是将单相或三相的导体直接装在金属管道里，而由 SF_6 或其混合气体作为绝缘，以环氧绝缘子作为支撑。其特性已与第五章所讲的 GIS 相近了。它很适合于传输容量大、落差大等场合；因而国内已有多处采用 GIL 来输电的，运行效果很好。

2. 橡皮及塑料电缆

橡皮电缆的结构及工艺较简单，敷设落差又无限制，主要用于 1～10kV 系统。

橡皮绝缘是以天然橡胶为主体，加进配合剂后经混炼、硫化而成。它对潮气的渗透性低，特别是弹性好，适用于要求高柔软性的移动式设备上，但它可燃、不耐电晕、工作温度低。

乙丙、丁基等合成橡胶的耐电晕性等优于天然橡胶，但弹性差些。而硅橡胶的绝缘性能很好，特别是耐温性高，但价格较贵，现硅橡胶主要用以制作复合绝缘子或电器的外护套，可参看第三章。

低电压的塑料电缆常用聚氯乙烯（PVC）绝缘，机械强度、耐酸碱性等都比较好，且性能价格比高，曾广泛用于制造 10kV 及以下电缆。但 PVC 为极性电介质、$\tan\delta$ 大，且燃烧时释放出有害气体，如今已仅用于 1kV 及以下。

聚乙烯（PE）的电气性能比 PVC 要好得多，如通过辐照等交联方法将线型的 PE 转变成三度空间结构的交联聚乙烯（XLPE），既保留了 PE 的优良电性，且大大提高了耐热性及机械强度。表 7-6 为电缆中常用的几种绝缘材料的主要性能的对比举例。

表 7-6　　　　　　　　　　电缆用绝缘材料的特性举例

性　能	交联聚乙烯	聚乙烯	聚氯乙烯	乙丙橡胶	油纸
20℃体积电阻率（Ω·m）	10^{14}	10^{14}	10^{11}	10^{13}	10^{12}
20℃，50Hz 介电常数	2.3	2.3	5.0	3.0	3.5
20℃，50Hz 介质损耗因数	0.0005	0.0005	0.07	0.003	0.003
导体最大工作温度（℃）	90	75	70	85	65
抗张强度（N/mm²）	18	14	18	9.5	—
120℃下耐老化性能	优	熔	差	良	可
一10℃下的柔软性	良	差	差	优	—

现国产的 XLPE 高压塑料电缆已大量使用。如一种 110kV XLPE 电缆，截面为 300mm²、铜线芯直径 20.6mm，从线芯向外有半导电塑料内屏蔽层 1mm、XLPE 绝缘层 18.5mm、半导电塑料外屏蔽层 1mm、防水层及钢丝屏蔽层，而最外层为 PE 复合套 4mm。

某电站已投运多年的 500kV XLPE 电缆，其结构为：铜线芯外侧的 XLPE 绝缘层厚 35mm，在该绝缘层的内层、外层分别有 2mm、1mm 的半导电材料化合物的挤出层，而在 3.9mm 厚的波纹形铝护层之外还有 5.5mm 厚的阻燃型塑料外护层。图 7-13 为一种 500kV XLPE 电缆的结构简图[7-1]，其中导体处的挤包半导电层、XLPE 绝缘层及其外的挤包半导电层在制造电缆时三层一起挤出。

图 7-13　500kV XLPE
绝缘电缆结构举例

1—导体；2—导体屏蔽层（半导电包绕带和挤包半导电层）；3—XLPE 绝缘层；4—绝缘屏蔽层（挤包半导电层）；5—缓冲阻水半导电层；6—波纹形铝护层；7—塑料外护层

　　绝缘层厚度的选取与所选用绝缘材料的电气强度、工作的环境、电场分布的均匀性等因素都密切相关。如表 7-7 列出了相应国标中对 110～500kV 的 XLPE 电缆绝缘层的标称厚度；可见同样电压等级的电力电缆，当导体的截面积增大时，由于电缆绝缘电场不均匀系数的减小，绝缘层厚度可相应减薄。

表 7-7　　　110～500kV 交联聚乙烯绝缘电缆绝缘层标称厚度

110kV 电缆[7-2]		220kV 电缆[7-3]		500kV 电缆[7-4]	
导体标称截面（mm²）	绝缘层标称厚度（mm）	导体标称截面（mm²）	绝缘层标称厚度（mm）	导体标称截面（mm²）	绝缘层标称厚度（mm）
240	19.0	400 和 500	27	800	34
300	18.5	630	26	1000，1200	33
400	17.5	800	25	1400，1600	32
500	17.0	1000 及以上	24	1800，2000 2200，2500	31
630	16.5				
800，1000 1200，1400 1600	16.0				

二、电缆绝缘中的电场分布及其改善

（一）电场分布

　　在单芯（如图 7-10）或分相铅包的三芯电缆中，如线芯及金属护层的表面均很光滑，其间绝缘层中的电场分布近于同轴圆柱体电场；但为便于弯曲，实际的线芯常由多股导线绞合而成，线芯表面处绝缘层中的最大场强可能比表面光滑时高 30%。

　　从电缆绝缘来看，在同轴圆柱电场中，为降低线芯附近的场强，可采用分阶绝缘的方法。如在由 m 层电介质串联而成的同轴圆柱体中，当施加以交流电压 U，则在半径 r_n 处第 n 层绝缘上所分到的最大场强

$$E_{\max,n} = \frac{U}{\varepsilon_n r_n \sum_{i=1}^{m} \frac{1}{\varepsilon_i} \ln \frac{r_{i+1}}{r_i}} \tag{7-10}$$

　　因此，在交流电缆的线芯表面（r_i 最小处），如采用 ε_i 大些的电介质，可降低该处所分

到的 E_{max}。对于油纸绝缘，宜在该处用高密度的薄纸，不但 ε 大，有利于改善该处的电场分布，而且薄纸的密度高、电气强度也高，如图 7-11 所示。而直流电缆中的稳态电场分布取决于电介质的电阻率 ρ，由此在直流电缆的线芯附近可用 ρ 值较外层低的介质。但要注意到此 ρ 值还随温度 t 及场强 E 有显著变化，经验式如

$$\rho = \rho_0 e^{-\alpha t} e^{-\beta E} \tag{7-11}$$

式中　α——电阻率 ρ 的温度系数；

　　　β——ρ 的电场系数，对油纸及 XLPE 绝缘，β 分别约为 0.03 及 0.15mm/kV。

因而直流电缆中的负荷变化还可能影响到绝缘层中的电场分布，当负荷愈大、内侧温度比外侧高出的 Δt 值愈大时，靠线芯处绝缘中所分到的场强可能低于近护层处，如图 7-14 中的 Δt_3 时（$\Delta t_3 > \Delta t_2 > \Delta t_1$），这是与交流电缆中明显不同的。另外，空间电荷对直流绝缘中电场分布的影响也远较交流下严重。

（二）绝缘老化及场强选取

宜根据运行时的工作条件以及制造时所用的材料、工艺来选取工作场强，同时应认真考虑过去的制造及运行经验等。对油纸绝缘可以图 7-15 等所示的寿命曲线为基础，除以安全系数 m 后来选取工频电压及冲击电压下的许用场强。一般是工频电压下，取 $m \geqslant 2$；冲击电压下，取 $m \geqslant 1.2$。

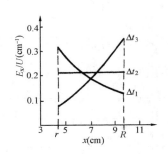

图 7-14　直流电缆绝缘层内外有
不同温差 Δt 时的稳态电场分布

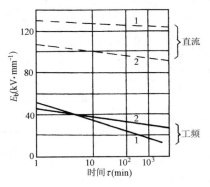

图 7-15　油纸电缆的寿命曲线举例
1—黏性浸渍电缆；2—充油电缆

如考虑到无论是电气强度还是运行中的过电压都可看成某种概率分布时，有的也在此采用可靠性原理进行评估分析，类似第四章第三节所示。

实际上，由于材料、结构、电压型式、运行条件等的不同，绝缘老化过程的差异也很大。

（1）高压油纸电缆。其绝缘老化的主要原因是局部放电。在解剖已击穿的交流油纸电缆时，常能发现如图 7-16（c）所示的类似树枝状的滑闪放电所留下的痕迹，这是纸带缠包绝缘中所特有的。往往是从线芯附近的气隙（或油隙）中先发生局部放电，如图 7-16（a）中 A 处所示。当放电持续且较强烈时浸渍剂分解出大量气体及碳粒子，前者促使气隙扩大，而由放电所形成的更多带电质点有可能穿过纸带而向前，这些附在放电通道上的碳粒子犹如尖端深入绝缘内部，使原来仅有径向电场的同轴圆柱电场畸变成具有很强切向分量（与纸层平行），如图 7-16（b）所示，以致在交流下较低电压时就出现强烈的滑闪放电。

这时的关键是要抑制局部放电的发生及发展，例如采用分阶绝缘、绝缘层内外包半导电层等方法以改善电场分布；采用提高油压（或气压）的方法来提高局部放电起始场强 E_{in}，如图 7-17 所示。例如曾用于 35kV 及以下的黏性浸渍电缆中，交流下最大工作场强一般不超过 5kV/mm；而采取上述相应措施后，在 $110\sim500kV$ 充油电缆中约可增至 $8\sim17kV/mm$。

直流下绝缘中的局部放电问题远没有交流下严重，直流下的击穿场强近于脉冲下的数值，不同电压型式下的击穿场强范围可参见表 7-8；而且在直流下，充油电缆与黏性浸渍电缆的击穿场强的差别也不像交流下那样显著。

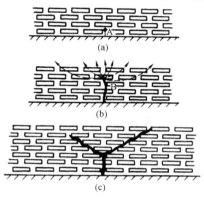

图7-16　缠包绝缘中交流下放电发展的示意图

（a）近线芯处局部放电；（b）深入绝缘，畸变电场；

（c）开始滑闪放电

（粗线为放电路径，虚线为电通密度线）

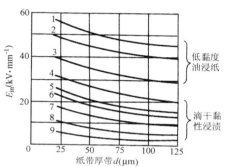

图 7-17　工频下油纸绝缘局部放电起始

场强与纸带厚度及压力的关系

油压：1—1.5MPa；2—1.0MPa；

3—0.1MPa；气压：4—3.0MPa；

5—2.0MPa；6—1.5MPa；

7—1.0MPa；8—0.5MPa；

9—0.25MPa

表 7-8　　　　　　　　电缆绝缘在不同形式电压下的击穿场强举例　　　　　　　　（kV/mm）

电压		状况	黏性浸渍	充油电缆	聚乙烯、交联聚乙烯
直 流		常温	$100\sim110$	$110\sim120$	$80\sim100$
		60℃	$85\sim90$	—	—
		80℃	—	$100\sim110$	—
工 频 （有效值）		短时	40		
		长时	$18\sim20$	$45\sim50$	$30\sim40$
冲 击 （峰值）		常温	$100\sim110$	$100\sim110$	$70\sim130$
		80℃	$90\sim100$	$90\sim110$	$50\sim80$

（2）高压塑料电缆。如第六章所述，对挤塑绝缘高压塑料电缆而言，树枝化（treeing）是导致其老化的主要原因。按树枝化的形成原因和形状，常分为电树枝和水树枝两类。电树枝常从绝缘缺陷的电场集中处开始，如不同材料的分界处，绝缘层中的较大气隙、屏蔽层表面的凸起、绝缘中的杂质等处。引发电树枝的根本原因是电场畸变处的局部微击穿所引发的局部放电，电树枝会伴随着局部放电的发展而持续生长或加速，电树枝的形态特征是分枝清晰，在树枝管壁上有放电产生的可见黑色碳层。图 7-18 为对 XLPE 绝缘试样进行试验时所拍摄的电树枝形态照片[7-5]；如分别施加 9kV 及 15kV 工频电压时，其平均生长速度为 $166.3\mu m\cdot min^{-1}$ 及 $2799.5\mu m\cdot min^{-1}$。工程挤出塑料绝缘介质微观状态并不均匀；聚乙烯

属半结晶高聚物，物理聚集结构包括结晶态、无定形态及过渡态，晶区与无定形区界面为绝缘弱点、是电树枝的优先发展通道。而水树枝起源于 XLPE 里的含水微孔，如今常用剩余应变、电场下的化学势作用、电泳与扩散力等因素来解释其引发与生长的机理。它的微观结构为被水分沿细微通道相连的一系列微孔构成，由于这些细密的微孔尺寸仅为微米级，因此宏观上呈现云雾状。水树枝的发展极为缓慢，当它占据绝缘厚度的大部分时就可能在其尖端处引发电树枝而导致绝缘击穿。为拍摄水树枝的形态照片，使用了水针－平板电极来引发[7-6]：即在试样的针孔中注入 NaCl 溶液，水针－平板电极间距 2mm。图 7-19 为对此 XLPE 试样进行加电压试验时所拍摄的水树枝形态照片。

图 7-18　70℃下 XLPE 试样的典型电树枝形态举例

(a) 9kV；(b) 15kV

图 7-19　用水针电极法培养出的水树枝形态举例（外施工频电压有效值 7kV，480h）

(a) 试样 1；(b) 试样 2

　　为了提高 XLPE 高压塑料电缆的可靠性与寿命，应努力设法抑制树枝化的发生及发展。如设计良好的电缆防水、阻水层，在制造时力争有极其干燥的超净环境，采用屏蔽－绝缘－屏蔽三层共挤工艺，以确保材料与界面处结合平坦、无气隙。为抑制空间电荷的注入及聚集，也可采用特殊的屏蔽层，或采用添加剂、共混、接枝、二元共聚等方法对 XLPE 等塑料绝缘进行改性。

　　在对超高压 XLPE 电缆进行局部放电试验时，常在其型式试验及出厂试验时，分别要求在小于 5pC 及 10pC 背景噪声的灵敏度下不出现可以分辨的局部放电。

　　为了保证电缆的长期可靠运行，有的提出宜达到"遗忘工程"（forget it）的要求：即一旦投入，几乎可以不必再管它。

三、电缆终端和接头

（一）终端及接头

正常情况下，在单芯（或分相铅包）油纸电缆的本体中只有垂直于纸层的径向电场，而当仅有这类电场分布时，绝缘的电气强度是很高的。可是在电缆终端（电缆头）处，如不采取措施，在金属屏蔽或护层边缘处不仅电场集中，而且有很强的轴向（切向）分量，它将成为电晕甚至沿面放电的发源地。这时仅靠增加沿面距离已效果不大，而宜参照第八章高压套管中改善电场分布的方法。

图 7-20 为高压交流充油电缆用的增绕式终端。由金属丝缠成合适形状的应力锥 2，而且将其与金属护层相连，使原来由护层终端处集中发出的电通密度线变为沿应力锥面上较均匀地发出；而加包的增绕绝缘 3 又可降低终端盒绝缘层中的场强。整个电缆终端都密封在瓷套之中。该应力锥就是用以改善场强（应力）分布的锥形屏蔽体。

当电缆线路较长时，或处理事故后，常需采用连接电缆的接头，如图 7-21 所示。用接头将两段电缆的载流芯连接后，也需包缠增绕绝缘层 6，而且两侧都加上应力锥（半导电屏蔽）4 以改善电场。

（二）应力锥尺寸的确定

在现场包缠增绕绝缘层时，最大径向场强 E_r 约取电缆本体中的一半，而轴向工作场强 E_a 约取此 E_r 的 $10\% \sim 20\%$。

在图 7-22 中，当不加应力锥（MN）6 时，则在剥开的金属屏蔽或护层的终端 M 处电场将异常集中。当包以增绕绝缘 4，且使其端面形成一合适的锥形 MN，并绑上以金属丝后，由于它与金属护层同处于零电位，使得沿 MN 面上的表面电场大为改善。如设计高压套管那样（参看第八章），可按沿 MN 各处的轴向场强 E_a 保持恒定的原则来设计：例如 MN 上 A 处，因电场线与等位面垂直

$$\mathrm{d}y/\mathrm{d}x = E_a/E_r \tag{7-12}$$

且

$$U = E_r y \ln \frac{y}{r} \tag{7-13}$$

式中 E_r、E_a——A 处的径向场强及轴向场强。

分离变量后积分

$$x = \frac{U}{E_a} \ln\left(\ln\frac{y}{r} \Big/ \ln\frac{R}{r} \right) \tag{7-14}$$

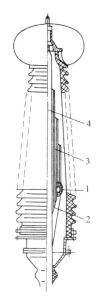

图 7-20 交流充油
电缆用的增绕
式终端

1—屏蔽环；2—应力锥；
3—增绕绝缘；4—剥去
金属护套后的电缆

图 7-21 交流充油电缆的接头

1—铅封；2—外壳；3—电缆；4—半导电屏蔽；5—接地屏蔽；

6—增绕绝缘；7—芯管；8—压接管；9—油嘴

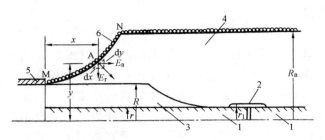

图 7-22　计算电缆接头尺寸的示意图

1—电缆线芯；2—连接套；3—工厂绝缘；4—增绕绝缘；

5—铅套；6—应力锥（MN）

此即应力锥 MN 的曲面形状的方程。

习　题

7-1　甲、乙两台电容器的规格相同（工作电压和电容量相同）。若二者的工作场强相同，但甲的介电常数比乙的高 50%，问甲的绝缘的体积约为乙的多少？若二者的介电常数相同，但甲的工作场强比乙高 50%，问甲的绝缘的体积又约为乙的多少？

7-2　如利用额定电压 10.5kV、额定容量 12kvar 并联电容器来组成 300kV 冲击电压发生装置的主电容，问至少要用多少台这种电容器？这时该冲击电压发生装置的储能为多少？

7-3　试对 $110/\sqrt{3}-0.0066$ 油纸耦合电容器（户外用）进行初步设计。试验电压暂按国家标准（附录 A）对绝缘子的试验要求来考虑，但裕度宜大些，例如安全系数取 1.3～1.4。问：

（1）如工作场强（有效值）取 8～10kV/mm，每个元件的电容约 $2\mu F$，决定串、并联元件数；

（2）选择外壳材料后，决定其绝缘高度；

（3）如选用的电容器纸中气隙占 22%，纤维的 $\varepsilon_r=6.5$、$\tan\delta=0.3\%$，而油的 $\varepsilon_r=2.2$、$\tan\delta=0.2\%$，则该电容器的介质损耗角正切 $\tan\delta$ 为多少？

（4）如仍用油浸纸，但希望浸渍后的 ε_r 提高为 5.5，则要用多大 ε_r 的油来浸渍？

7-4　一根 $110/\sqrt{3}kV$（有效值）的交流单芯铅包电力电缆，其绝缘层的内、外半径分别为 8.5mm 及 20mm，求：

（1）交流工作电压下，在绝缘层最里及最外处的场强；

（2）若用分阶绝缘以改善电场分布，内层 5mm 厚用 $\varepsilon_r=4.5$ 的油浸纸，外层 6.5mm 厚用 $\varepsilon_r=3.8$ 的油浸纸，求最里、最外层以及分阶层两侧的场强。

7-5　一根单芯交流铅包电缆，绝缘层的内、外半径分别为 12mm 及 24mm。求：

（1）如绝缘层的击穿场强 $E_b=30kV/mm$，求此电缆开始出现击穿的电压值。

（2）如用分阶绝缘：$\varepsilon_1=4$，E_{b1}（峰值）$=32kV/mm$；$\varepsilon_2=3$，E_{b2}（峰值）$=28kV/mm$，则分阶半径为多少时，此交流电缆的击穿电压达到最高？

7-6　试对比分析几种高压交流电力电缆（油纸绝缘、XLPE 绝缘、管道充气电缆）的技术特点，例如可从其允许运行温度、过载能力、使用寿命、适用于不同落差、防火、本体及附件的维护等方面进行分析。

　　7-7　同一根电力电缆是在同一电压下运行的，为什么相对于电缆本体，其终端的尺寸又大、结构又复杂（如图 7-20 所示）？

　　7-8　高压交流及直流电力电缆中绝缘的运行条件有何不同？如要设计直流高压电缆，与设计交流高压电缆有哪些主要差别？

本 章 参 考 文 献

[7-1]　永进电缆公司网页，http：//www.yjcable.com/cn/.

[7-2]　GB/T 11017.2—2002《额定电压 110kV 交联聚乙烯绝缘电力电缆及其附件　第 2 部分：额定电压 110kV 交联聚乙烯绝缘电力电缆》. 北京：中国标准出版社，2002.

[7-3]　GB/Z 18890.2—2002《额定电压 220kV(U_m＝252kV)交联聚乙烯绝缘电力电缆及其附件　第 2 部分：额定电压 220kV(U_m＝252kV)交联聚乙烯绝缘电力电缆》. 北京：中国标准出版社，2002.

[7-4]　GB/T 22078.2—2008《额定电压 500kV(U_m＝550kV)交联聚乙烯绝缘电力电缆及其附件　第 2 部分：额定电压 500kV(U_m＝550kV)交联聚乙烯绝缘电力电缆》. 北京：中国标准出版社，2008.

[7-5]　陈向荣，徐阳，等. 高温下 110kV 交联聚乙烯电缆电树枝生长及局部放电特性. 高电压技术，2012(3)：645-654.

[7-6]　郑晓泉，等. 交联聚乙烯中水树枝向电树枝的转化. 中国电机工程学报，2013(22)：166-174.

第八章　高压套管和高压互感器绝缘

将高电压导体穿过金属箱壳或墙壁时常采用高压套管，它是一种存在着强切线分量的绝缘结构。测量高电压输电线路中的大电流时，常采用电容式电流互感器；其绝缘结构的设计、材料及工艺的选择等与高压交流套管很相似。

套管电压不高时常采用充油套管，电压更高时常用带有芯子的胶纸、油纸电容套管。

高压套管细而长，其设计包括如何确定瓷套内部的（胶纸或油纸）芯子结构以及瓷套外部的绝缘（空气、SF₆或绝缘油）尺寸。在设计时主要是如何实现径向及沿轴的电场分布都尽可能均匀些；如常用调整套管芯子中的极板位置及尺寸，不仅可控制瓷套内芯子中的场强，而且要有助于改善瓷套表面的电场分布。

高压直流套管的设计与高压交流套管有所不同：交流（或直流）电压下，芯子中各串联层的电场分布取决于所采用的各绝缘层的介电常数 ε（或电导率 γ）；而工作温度对其 ε（或 γ）的影响很小（或很大），因此温度不同时，各层间的电场分布状况就相似（或不同）。何况同一绝缘材料在直流下的电气强度也不同于（常高于）交流下的电气强度。

本章讨论高压套管和高压电流互感器绝缘。叙述次序大致是：高压套管的种类和结构，包括瓷套管、充油套管、胶纸电容式套管和油纸电容式套管；充油套管和电容式套管的场强选择；电容式套管的设计原理，包括电容芯子径向尺寸和轴向尺寸的计算；高压电流互感器的结构特点；高压电流互感器绝缘的设计原理。

第一节　高　压　套　管

一、概述

在电力电容器的两极板间和在圆形芯的电力电缆本体中，电通密度线都是与绝缘层表面相垂直，即只存在垂直于绝缘层的法向电场分量；而在极板边缘、电缆的终端或接头里则同时存在着与绝缘层相平行的切向分量。本章着重分析电场的切向与法向分量同时存在的绝缘结构，以高压套管为典型进行分析。

在第三章中已述及，当载流导体需要穿过与其电位不同的金属箱壳或墙壁时，就要用到套管，如变压器、开关或气体绝缘金属封闭开关设备GIS用套管、穿墙套管。

对于这种"插入式"的电极布置，外电极（如套管的中间法兰）边缘处的电场十分集中，放电常从这里开始。当沿面距离 l 较长时，套管的沿面闪络电压 U_f 比棒型支柱绝缘子低得多，如图8-1所示，更需设法改善其电压分布。

在分析套管式结构的沿面放电时，可用前式（3-10）来估算交流下的滑闪放电电压 U_{cr}，而用下列经验式估算起始电晕电压 U_c

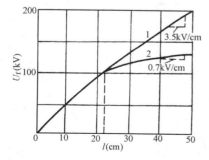

图 8-1　闪络电压与沿面距离的关系
1—支柱绝缘子；2—套管

$$U_c = 1.06 \times 10^{-5}/C_0^{0.45} [\text{kV（有效值）}] \qquad (8\text{-}1)$$

式中　C_0——比电容，F/cm^2。

而当外施电压高到出现刷形放电时，放电长度

$$l = (U - U_c)/k_l \qquad (8\text{-}2)$$

式中，系数 k_l 于工频电压下，在空气中或油中分别为 5kV/mm
或 12.8kV/mm。

在标准大气条件下，套管沿面闪络电压 U_f 与沿面距离 l 的
试验曲线，可参看图 8-2。

近年来，高压套管（参见附录图 B14、B20）的类型日益增
多，以绝缘外套为例，目前仍以瓷套为主，但硅橡胶外套轻便、
耐污，前景看好。如将它与玻璃纤维增强塑料（FRP）圆筒粘
接而制成 500kV 充 SF_6 套管（用于断路器），其重量约为用瓷套
时的 1/7。而直流输电的发展又要求提供直流套管，其芯子看起
来与交流套管的电容芯子相似，但电场分布、放电特性与交流

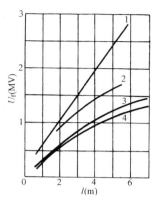

图 8-2　套管的闪络电压
1—雷电冲击全波，干闪及湿闪；
2—操作冲击，干闪及湿闪；
3—工频，干闪，有效值；
4—工频，湿闪，有效值

时有显著差别；因为在稳态直流下的电场分布不再像交流时主要取决于电介质的介电常数，
而是取决于其电导率；工作温度对介电常数及电导率的影响也相差很大；同时直流下芯子的
电场分布对瓷套外表面电场分布的控制作用也比交流时小；但表面潮湿、脏污、空间电荷等
对直流闪络电压的影响很大。因此，直流套管的设计与交流套管时有差别。

二、充油套管

将瓷套管的空气内腔充以绝缘油后，其耐压、散热性能都可改善。

交流 35kV 及以上时，考虑到导杆表面处油道里的场强可能过高，常在导杆上包以 5～
15mm 的电缆纸或套以绝缘纸管，如图 8-3 中的绝缘管 3。因纸的介电常数比油高，从而可降低该处场强。

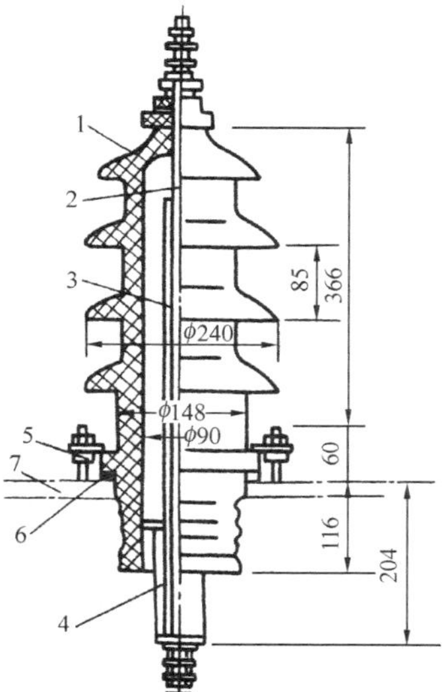

在设计交流套管时，需校核其电晕起始电压（应高于工作电压）和滑闪起始电压（应高于工频试验电压及干闪电压）。如不能满足要求，常设法减小其比电容 C_0，如式（8-1）等所示。只有当套管表面不过早出现滑闪放电现象时，套管的闪络电压才接近于棒形绝缘子时的数值。

套管在油中的瓷套高度常取为空气中瓷套高度的一半左右，也可参照经验公式来校核其油中闪络电压，如：

工频下为

$$U_f' = 26.6 l^{0.64} [\text{kV（有效值）}]$$

雷电冲击全波下为

$$U_f' = 56 l^{0.64} \ (\text{kV})$$

上两式中　l——油中闪络距离，$10\text{cm} \leqslant l \leqslant 190\text{cm}$。

套管内绝缘的击穿电压希望大于其干试电压的 1.3 倍。由于交流下串联电介质层上的电场分布主要取决于其介电常数，故在单个油隙的充油套管中，内绝缘的薄弱环节常是油

图 8-3　35kV 变压器用充油套管
1—瓷套；2—导杆；3、4—绝缘管；
5—卡件；6—密封垫；7—油箱盖

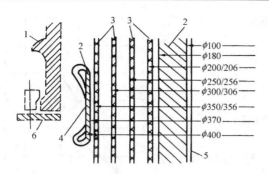

图 8-4　试验变压器套管近法兰处的主要部件
1—瓷套；2—油纸；3—胶纸筒；
4—接地屏；5—导杆；6—法兰

道，这可近似地按多层电介质来估算，如变压器油（$\varepsilon_r = 2.2$）中分到的最大场强

$$E_{\mathrm{m}} = \frac{U}{2.2 r_x \sum\limits_{x=1}^{n} \dfrac{1}{\varepsilon_x} \ln \dfrac{r_x}{r_{x-1}}} \qquad (8\text{-}3)$$

式中　ε_x——n 层电介质串联中第 x 层绝缘的介电常数；

r_{x-1}、r_x——第 x 层绝缘的内、外半径。

对于 35kV 以上的充油套管，宜多放几个同轴的绝缘筒以提高其击穿电压，而且油隙分隔得越细，耐压越高；有时还在绝缘筒上包以金属极板（且覆盖以电缆纸），这与下述电容式套管中均压极板的作用相似。

在没有均压极板的多个油隙的充油套管中，径向场强分布仍可用式（8-3）来分析。在工频耐受电压（或干试电压）下，油中的最大径向场强（有效值）E_{m} 不宜超过 $45\sim65$kV/cm（油隙窄时可取高值）。而起晕电压仍可用式（8-1）来估算，但此时的 C_0 应考虑多层电容的串联。选瓷套高度时仍可参考图 8-2。

如双套管型 750kV 试验变压器采用的充油套管，额定电压为 750/2＝375kV。图 8-4 为其靠近套管法兰附近处的结构简图。图中在导杆 5 与法兰 6 间有 4 个壁厚 3mm 的绝缘筒 3 作为屏蔽用；而为减低导杆附近油道中的场强，将导杆电位的极板直径扩大到 ∅100 处，而且极板外再包以 40mm 厚的油纸覆盖层；并在套管内设有接地屏 4 以降低法兰处瓷套外表面的场强。

当对此套管施加 500kV 的试验电压时，按式（8-3）可估算出油中最大的场强（有效值）为 50.1kV/cm，对于 1cm 宽的油道这是容许的。

三、交流电容式套管

（一）结构特点

交流 110kV 以上的高压套管常用电容式套管。图 8-5 为某厂 2004 年研制成功的一种 750kV 交流油纸电容式变压器套管的外形简图[8-1]：位于中间金属法兰的一侧为运行时处于大气中的上瓷套，而另一侧为位于变压器油箱内的下瓷套。第三章已述及，在设计上瓷套时要考虑雨、雾、污秽等环境因素的作用，不仅沿面绝缘距离要够长，而且要有多个合适形状的伞裙；而下瓷套浸在变压器油里，其绝缘就比上瓷套短得多，且常仅几个尺寸小的瓷棱。

图 8-6 为交流油纸电容式套管内、外结构的示意图。该电容芯子 5 是在导杆 1 上包以多层绝缘纸而构成，并在层间按设计中所要求的各个位置上夹有铝箔，从而组成了一串同轴圆柱形电容器。电容式套管不但电场分布比上述充油套管均匀得多，而且相邻的两铝箔（电容极板）间的绝缘层很薄，电气强度也可提高。根据所采用绝缘层材料的不同，主要有胶纸套管和油纸套管两大类。

胶纸套管的芯子常用厚 0.06mm 左右的涂环氧树脂的单面上胶纸卷烘制而成，如胶纸中含胶量较多时，局部放电起始电压可提高，但 $\tan\delta$ 较大。

胶纸套管的优点是：油中部分可不用瓷套。当采用敞开式（电容极板的边缘露出芯子表面）时，轴向长度还可缩短，常称短尾套管。其机械强度高、尺寸小、用油量少，且胶纸材

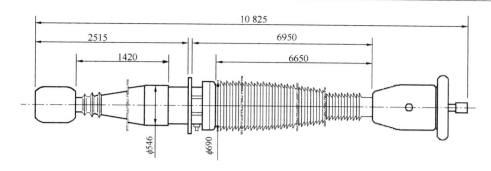

图 8-5　750kV 交流油纸电容式变压器套管结构简图

料的耐局部放电性能优于油纸，曾用于高压断路器上。但缺点是：tanδ 及其温度系数都比油纸大；由于未充油，在极板边缘及层间的气隙都不易消除，以致局部放电的起始电压较低。因此有些变压器与 GIS 连接时，变压器套管常采用胶纸套管，且该套管的上部与下部一样都采用短尾的。而在封闭的金属外壳内充以与 GIS（引线部）相同气压的 SF$_6$ 作为绝缘；SF$_6$ 的设计场强则与所选用的 SF$_6$ 气压有关，可参阅第五章的式（5-13）等。

　　油纸套管的芯子虽在结构上与胶纸套管相似，也是在纸层间按照设计尺寸同轴放置了一系列的极板以均压，但它是以电缆纸浸以矿物油为绝缘，芯子制成后经过干燥、真空浸油处理，因而 tanδ 小（常温下小于 0.003）、局部放电起始电压高，更适合于制作高压及超高压套管。

　　近年来已开发出在抽真空后、加压力浸以环氧树脂的浸胶套管，还有采用 XLPE 绝缘的高压干式套管。由于其尺寸小、维护工作量小，有发展前景。

　　在高压电容式套管的法兰上常装有小套管，以便将芯子里的最外层极板（末屏）引出，作离线或在线测量用，而在运行时常将它接地。

　　为适应超、特高压系统所要求的可靠性更高的套管，开发出了新颖的以环氧树脂浸胶的干式套管，已运行在±800kV 换流变

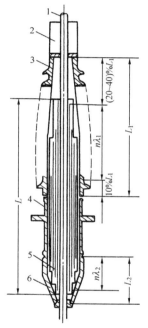

图 8-6　电容式套管示意图
1—导杆；2—油枕；3—上瓷套；
4—中间法兰；5—电容芯子；
6—下瓷套

压器、1100kV 交流系统等现场。设计时对套管的径向、轴向及尾部的电场和热场进行了全面优化；并在对直流套管的优化中还顾及了温度场对电介质的电阻率 ρ 的影响等。而在生产过程中改善了界面处理、树脂浸渍等工艺，强化了铝箔与树脂的粘接，因而其耐局部放电等性能明显提升。图 8-7 为浸胶干式套管所用的树脂浸纸 RIP 试样的介电性能实测值[8-2]；试样含三层 0.4mm 厚的皱纹纸，先在 110℃下真空干燥 72h，然后在加热模具中真空浸渍以环氧树脂，固化后的试样厚 1.5mm。

　　（二）场强选择

　　在设计交流高压套管时应考虑到：①长期工作电压下不发生有害的局部放电；②1min 工频耐压试验（约为 90％干试电压）时不出现滑闪放电；③在工频干试及冲击试验下都不击穿。

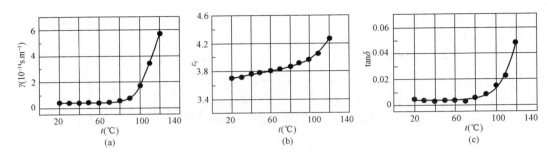

图 8-7　浸环氧树脂皱纹纸的电导率 γ、介电常数 ε_r、介质损耗因数 $\tan\delta$ 与温度 t 的关系
(a) 电导率 γ；(b) 介电常数 ε_r；(c) 介质损耗因数 $\tan\delta$

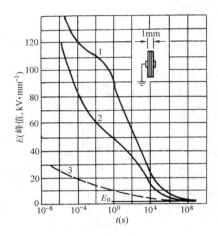

图 8-8　电容芯子的伏秒特性及
运行中各种电压下的场强
1—油纸电气强度；2—胶纸电气强度；
3—运行中各种电压下的场强；
E_0—长期工作场强

当结构或工艺不良或维护不当时，套管芯子中既可能发生贯穿纸层的径向击穿，也可能发生沿纸层或芯子表面的闪络。胶纸或油纸绝缘套管的短时电气强度都很高，但从图 8-8 中的伏秒特性 1 及 2 可看出：长期电压作用下的耐电强度仅为短时的几十分之一。这是由于有机绝缘材料在局部放电的电、热、化学等因素的综合作用下，逐渐老化变质。因而芯子绝缘中工作场强的选取通常主要取决于长期工作电压下不发生有害的局部放电的要求。而在极板边缘处由于电场集中、空隙又难以完全避免，局部放电往往先从这里开始。为此，在胶纸套管中采用半导电极板（或镶边）以缓和均压极板边缘的电场。而在油浸或浸胶套管中，当浸渍完善时，这些气隙将大多可被浸渍剂所填充。

极板边缘的电晕或滑闪放电起始电压 U 可用经验公式，如前式（8-1）来计算，或近似地认为

$$U = k\sqrt{d} \quad [\text{kV(有效值)}] \qquad (8-4)$$

式中　d——电极间的电介质厚度，mm；

　　　k——系数，$\varepsilon_r = 4.5$ 的胶纸的 k 值可参见表 8-1。

当粘接及浸渍良好时，胶纸绝缘中的局部放电不易扩大，因而选用的工作场强略低于其起始电晕场强即可。油纸绝缘的起始电晕场强虽然较高，但是在过电压下发生局部放电后，如果于工作电压下还不熄灭，有可能进一步引起油的分解、气隙的扩大。因此油纸绝缘的工作场强常选得比其电晕起始场强小得多。套管绝缘的径向许用工作场强（有效值）的经验式为

$$E = k_1\sqrt{d}(\text{kV/mm}) \qquad (8-5)$$

式中，系数 k_1 可参看表 8-2。

而交流套管电容芯子中轴向场强的选择，常按工频击穿电压（约1.2倍干试电压）下不出现轴向闪络来考虑，可参看表 8-3。表中台阶 λ 是指芯子内每对相邻极板间的轴向距离。当胶纸或浸胶套管的下部用敞开式时，由于电极边缘已露出芯子，而为油包围时，闪络场强显著提高。

表 8-1　　$\varepsilon_r = 4.5$ 的胶纸绝缘
在用式 (8-4) 时的 k 值

放电形式	极板的材料	绝缘介质	k 值
起始电晕	金 属	空 气	1.6
	半导体	空 气	2.2
	金属或半导体	变压器油	5.2
滑闪放电	金属或半导体	空气或油中	13.5

表 8-2　　电容套管径向许用工作场强
经验式中的 k_1 值

绝缘介质	电极边缘的材料及工艺条件	k_1 值
胶 纸	金属极板	1.6
	半导电极板或镶边	2.2
	金属极板、且工艺良好	3.0
油 纸	半导电极板或镶边、且工艺良好	3.6

表 8-3　　　　　　　　芯子在油中的轴向闪络及许用场强（有效值）　　　　　　　　kV/cm

绝缘介质	结　构　特　点	闪络场强	许用场强
油 纸	台阶 $\lambda > 15\text{mm}$、尾部屏蔽小于 20%	11	8～9
	$\lambda < 10\text{mm}$、尾部屏蔽大于 20%，不过早电晕	15	12
胶 纸	$\lambda = 5 \sim 10\text{mm}$、电极敞开，不过早电晕	19～20	11～15
	极板边缘离表面较远	—	8～9

四、电容式套管芯子的设计原理

（一）设计方案的选择

主要设计内容是：正确选定各种许用场强；确定各层均压极板的合适尺寸以力求其径向、轴向电场分布较为均匀，且两者间的关系也较合理；并要考虑芯子与瓷套之间的合理配合，如何有利于提高瓷套外部的放电电压。

在交流电压下，套管芯子中的各层均压极板间的电压分布可以认为取决于其介电常数，因此也常称此芯子为"电容芯子"。但在稳态直流电压下，芯子中各层间的电压分布取决于其电阻率；因而虽然其芯子的形状相似，但直流下已不是电容芯子。其设计原理也有不同。

在套管芯子中各极板的半径 r、长度 l 的示意图如图 8-9 所示。若相邻两极板间的电位差为 dU，而在第 x 层极板的上、下边缘处的轴向场强分别为 E_{a1} 及 E_{a2}，则

$$dU = E_{a1} dl_1 = E_{a2} dl_2 = E_a dl \tag{8-6}$$

式中　E_a——相邻极板间在沿 $dl = dl_1 + dl_2$ 上的等效轴向场强。

如第 x 层极板处绝缘层中的径向场强为 E_r

$$dU = -E_r dr \tag{8-7}$$

联立式 (8-6)、式 (8-7)，可得 E_a 与 E_r 的关系式

$$E_a = -E_r \frac{dr}{dl} \tag{8-8}$$

在交流套管的电容芯子里，如果忽略边缘效应，则通过各极板的电通量 $(2\pi r l \varepsilon_0 \varepsilon_r E_r)$ 不变。虽然交流套管在运行时，由于导杆及电介质的发热，处于芯子内侧（导杆侧）的温度要比外侧（中法兰侧）高些，但因电介质的介电常数随温度的变化不大，所以在分析交流套管的电容芯子中的电场分布时，仍可忽略此温度场所带来的影响，即这时可将此芯子里的同一种电介质视为 ε 相同的均匀电介质。

而在稳态直流下，套管芯子里互相串联的各层电介质层上的电场分布取决于其电导率 γ；可是液、固体电介质的电导率将随着温度变化几呈指数关系而变化，如前式 (6-17)、式 (6-19)。这样在直流套管正常运行时，套管中的温度场也将显著影响到各层上的电场分布，

这与设计交流套管时显然不同。

正由于在设计交流套管的电容芯子时可以忽略温度场的影响,可将芯子绝缘视为 ε 相同;因而上述的通过芯子中各极板的电通量不变,即可简化为

$$E_r rl = k \tag{8-9}$$

(1) 如在设计中保持径向场强 E_r 恒定,由式 (8-9) 可得

$$rl = c \tag{8-10}$$

$$\frac{\mathrm{d}r}{\mathrm{d}l} = -\frac{c}{l^2} = -\frac{r^2}{c} \tag{8-11}$$

代入式 (8-8),得

$$E_a = E_r \frac{r^2}{c} = c'r^2 \tag{8-12}$$

可见如将径向场强 E_r 保持恒定,则其轴向场强 E_a 很不均匀,它将随半径 r 的增大而平方地增大。

(2) 如在设计中保持轴向场强 E_a 恒定,由式 (8-8) 及式(8-9),可得

$$l\mathrm{d}l = -\frac{k}{E_a}\frac{\mathrm{d}r}{r} = k_1 \frac{\mathrm{d}r}{r} \tag{8-13}$$

积分得

$$-\frac{l^2}{2} - k_1 \ln r + k_2 = 0 \tag{8-14}$$

由图 8-9 可知:最靠导杆 r_0 处的极板长 l_0,而最靠法兰 r_n 处的极板长 l_n。代入式 (8-14),化简得

$$\frac{l_0^2 - l^2}{l_0^2 - l_n^2} = \frac{\ln \dfrac{r}{r_0}}{\ln \dfrac{r_n}{r_0}} \tag{8-15}$$

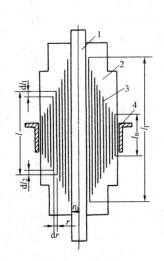

图 8-9　电容芯子中极板
尺寸示意图

1—导杆;2—绝缘层;3—极
板;4—中法兰

但是根据式 (8-8),如取 E_a 恒定,则

$$E_r = -E_a \frac{\mathrm{d}l}{\mathrm{d}r} = -\frac{U}{l_0 - l_n}\frac{\mathrm{d}l}{\mathrm{d}r} \tag{8-16}$$

基于边界条件,可从式 (8-14) 得 k_1 值

$$k_1 = -\frac{l_0^2 - l_n^2}{2\ln \dfrac{r_n}{r_0}} \tag{8-17}$$

将式 (8-13)、式 (8-17) 代入式 (8-16),得径向场强

$$E_r = \frac{U}{2}\frac{l_0 + l_n}{\ln \dfrac{r_n}{r_0}}\frac{1}{rl} \tag{8-18}$$

可见当设计交流套管时,如保持轴向场强 E_a 恒定,则不同 r 处的径向场强 E_r 会有些不均匀,如图 8-10 所示。常取靠导杆处的 E_{r0} 与靠法兰处的 E_{rn} 相同,则不均匀程度可小些。

因此,在设计芯子时不可能使 E_r、E_a 两者同时保持均匀。

过去常用各相邻电容极板间"等电容、等台阶"的设计方案，因为这时 E_a 相等而 E_r 不同，设计方便，但径向尺寸稍大，芯子中的绝缘材料未充分利用。20 世纪 80 年代后，为缩小尺寸，有的采用"等厚度、不等台阶"方案，其工艺性好、场强也均匀些，但调节较繁琐。20 世纪 90 年代以来，提出了"等裕度"设计方案：这是在等电容而极间绝缘厚度 d 不等的基础上，适当调整各层的厚度，力图使每层的绝缘裕度都相同。为进行细致的电场分布的优化分析，已有采用电场的数值计算方法（如第一章第三节等）进行多方案的对比。

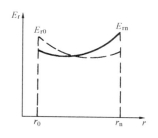

图 8-10　E_a 恒定时 E_r 变化规律

以下以"等电容、等台阶"方案、实际上也是按轴向场强 E_a 恒定的设计方案为例进行分析。

（二）近法兰处的极板半径 r_n 的选择

如取 E_a 恒定，并在图 8-10 中取 $E_{r0}=E_{rn}=E_m$，此 E_m 为径向场强的最大值，则由式（8-9）可得

$$\frac{r_n}{r_0}=\frac{l_0}{l_n}=\xi \tag{8-19}$$

代入式（8-18），可得芯子中的最大径向场强

$$E_{rm}=\frac{U}{2r_n}\frac{\xi+1}{\ln\xi} \tag{8-20}$$

当选定许用场强后，即可按此式求得 r_n。为使 r_n 最小，可由 $dr_n/d\xi=0$，求得当 $\xi=3.6$ 时可达到。实际上在此值左右变动时对尺寸的影响并不大。

（三）各均压极板长度的计算

正因为交流套管中的电场分布主要取决于电容，所以在考虑此芯子的轴向尺寸时，还想利用这芯子表面已较为均匀的电场分布能有助于瓷套外表面电场的均匀化。而根据过去的经验，要实现此交流套管内部的芯子与其外瓷套表面电场之间有较好的电容耦合作用，如图 8-9 中芯子的接地极板长 l_n 宜设计得比图 8-6 中的法兰 4 高出 $(8\sim10)\%L_1$（上瓷套高度为 L_1），而最靠近导杆 1 的极板的顶点宜低于上端盖 $(20\sim40)\%L_1$，也如前图 8-6 所示，即

$$\Sigma\lambda_1+(8\sim10)\%L_1+(20\sim40)\%L_1=L_1 \tag{8-21}$$

式中　λ_1——芯子上部各相邻极板间的轴向距离，也称上台阶。

至于油纸套管的下瓷套的尾部屏蔽常取下瓷套长度 L_2 的 25% 左右。

这样，若电容芯子中共有 n 层，则 l_0（最里层）、l_n（最外层）以及其间各层 l_x 的极板长度都可相应决定。

当采用等台阶设计时，电器（包括变压器）用套管中的各电容极板的长度分别为

$$l_x=l_n+(n-x)(\lambda_1+\lambda_2) \tag{8-22}$$

式中　λ_2——下台阶。

而对于穿墙套管，因两侧的瓷套外均为空气，这时芯子也两侧对称，即 $\lambda_1=\lambda_2=\lambda$。

（四）各均压极板半径的计算

在等轴向场强 E_a 的设计中，如采用等台阶、等电容的方案，则各极板间的绝缘厚度 d_x 就彼此不同。因为采用了等电容方案

$$C = \frac{2\pi\varepsilon_0\varepsilon_r l_1}{\ln \dfrac{r_1}{r_0}} = \cdots = \frac{2\pi\varepsilon_0\varepsilon_r l_x}{\ln \dfrac{r_x}{r_{x-1}}} = \cdots = \frac{2\pi\varepsilon_0\varepsilon_r l_n}{\ln \dfrac{r_n}{r_{n-1}}} \tag{8-23}$$

对于胶纸，ε_r 为 3.8～4.5；对于油纸，ε_r 约为 3.8。由于等台阶设计，且电容芯子中用的是同一种电介质，而在交流下又可忽略其介电常数随温度的变化，因此式（8-23）可简化为

$$\frac{l_1}{\ln \dfrac{r_1}{r_0}} = \cdots = \frac{l_x}{\ln \dfrac{r_x}{r_{x-1}}} = \cdots = \frac{l_n}{\ln \dfrac{r_n}{r_{n-1}}} = \frac{\displaystyle\sum_{x=1}^{n} l_x}{\displaystyle\sum_{x=1}^{n} \ln \dfrac{r_x}{r_{x-1}}} = \frac{\dfrac{n}{2}(l_1 + l_n)}{\ln \dfrac{r_n}{r_0}} \tag{8-24}$$

可依次求得各均压极板的半径。

（五）计算实例

以交流 330kV、600A 胶纸短尾电容套管的设计为例来说明设计步骤。按国标 GB 311.1—2012 规定该套管最高工作相电压为 $363/\sqrt{3}$kV，工频 1min 耐受电压为 510kV（以上均为有效值），而全波雷电冲击耐受电压为 1175kV（峰值），见附录 A。

由此，可按步骤依次进行计算。

1. 上瓷套高度 L_1

参照过去经验，瓷套在空气中的平均干闪场强为 2.4～3kV/cm。如取 20％裕度，则上瓷套的有效距离需大于 $510\times1.2/2.5=244.8$（cm），暂取 $L_1=250$cm。由图8-2可见，该距离下的全波冲击耐压也可满足上述要求。

2. 芯子中各均压极板长度 l_x

鉴于式（8-4），极间绝缘 d 宜薄、即极板数 n 宜多些，对于 330kV 套管 n 可取约 90 层以提高电晕起始电压。

如采用等轴向场强 E_a、等台阶 λ、等电容 C 的设计方案，则在最高工作相电压下，相邻极板间的绝缘层所承受的电压

$$\Delta U = \frac{363/\sqrt{3}}{90} = 2.329 \text{（kV）}$$

今为胶纸短尾套管，下部电极边缘直接浸于油中（敞开式），如取下台阶 λ_2 为 0.7cm，而轴向闪络场强的选取可参见表 8-3，则工频闪络电压约 $19\times0.7\times90=1197$（kV），满足大于 510kV 的要求。而在选上台阶 λ_1 时还要兼顾改善瓷套外表面电场的分布，为此取 λ_1 为 1.5cm。这样，台阶总长 n $(\lambda_1+\lambda_2)=90$ $(1.5+0.7)=198$（cm）。

在考虑接地极板的长度 l_n 时，如中间法兰长 20cm、装电流互感器需 40cm、卡装长度 10cm，且宜高于法兰（8％～10％）L_1 以作为屏蔽，如取 25cm，则 l_n 为 95cm。

由式（8-22），可得零号极板的长度 l_0 为 293cm。它的上端离上端盖的距离还有 $250-1.5\times90-10-25=80$（cm），已满足 (20～40)％L_1 的屏蔽要求。

按选定的 l_n、l_0 及 λ_1、λ_2，可由式（8-24）依次求得各层极板的长度 l_x，如表 8-4 中第 2 列。

3. 内外极板半径 r_0 及 r_n

高压电容套管芯子中最薄绝缘厚度约为 1.1～1.2mm，若取 1.15mm，按表 8-2 对于半导电镶边的胶纸套管，这时允许采用的最大径向场强可按式（8-5）来考虑

$$E_{rm} = 2.2/1.15^{0.5} = 2.05 (\text{kV/mm})$$

现为等电容设计，即各相邻极板间的电压 ΔU 相等，而在绝缘层最薄处的裕度最小，而由图 8-10 可见，最大的 E_r 出现于两侧，按式（8-20）可求得接地极板的半径

$$r_{90} = \frac{U}{2E_{rm}} \times \frac{\xi+1}{\ln\xi} = \frac{363/\sqrt{3}}{2 \times 2.05} \times \frac{\frac{293}{95}+1}{\ln\frac{293}{95}} = 185.4(\text{mm})$$

取 r_{90} 为 186mm。由式（8-19）可得 $r_0 = 186/(295/95) = 60.3$（mm），取 $r_0 = 61$mm。

4. 各均压极板半径 r_x

由已求得的 $l_1 \sim l_{90}$ 按式（8-24）可求得各极板的 r_x 值。如

$$\frac{l_1}{\ln\frac{r_1}{r_0}} = \frac{l_2}{\ln\frac{r_2}{r_1}} = \cdots = \frac{l_{90}}{\ln\frac{r_{90}}{r_{89}}} = \frac{\frac{90}{2}(290.8+95)}{\ln\frac{18.6}{6.1}} = 15572.18$$

而 $r_0 = 6.1$cm，可先求出 $r_1 = 6.215$cm，或第 1 层极间绝缘层厚 $d_1 = r_1 - r_0 = 0.115$（cm）或 1.15mm。

同样步骤，逐步求得 r_2、d_2，…，r_{90}、d_{90}，见表 8-4 中的第 5 列及第 6 列。

表 8-4 <center>交流 330kV 套管计算例中各极板尺寸</center>

极板序号 x	极板长度 l_x (cm)	$\ln\frac{r_x}{r_{x-1}}$	$\ln r_x$	极板半径 r_x (cm)	绝缘厚度 d_x (mm)
0	293.0		1.808289	6.100	
1	290.8	0.0186743	1.826963	6.215	1.15
2	288.6	0.0185330	1.845496	6.331	1.16
3	286.4	0.0183917	1.863888	6.449	1.18
…	…	…	…	…	…
		…	…	…	…
88	99.4		2.910806	18.372	
89	97.2	0.0062419	2.917048	18.487	1.15
90	95.0	0.0061006	2.923149	18.600	1.13

最后要校核此计算出的绝缘厚度能否确保工作电压下不发生电晕的要求：由表 8-4 可见，在本设计中最薄的绝缘层为 1.13mm，由式（8-4），其起晕电压 $\Delta U_c = 2.2\sqrt{1.13} = 2.338$（kV）。而最高工作电压下所分到的电压 ΔU 如前所述为 2.329kV，略小于 ΔU_c，对于耐电晕的胶纸绝缘，此裕度不必太大。

计算中可看到，径向、轴向场强 E_r、E_a 确实无法同时均匀。本例中 E_r 就不大均匀，即该芯子中间部分的材料未被充分利用。或也可试用前述的"等裕度"方案来设计，然后再以多方案的对比后确定。

第二节 高压电流互感器绝缘

一、设计原理

由于电流互感器（TA）的一次绕组是与通有被测电流的高压导线相串联，处于高电位；

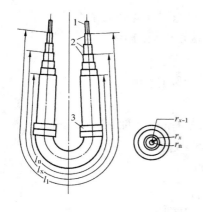

图 8-11　电容型电流互感
器结构原理图

1——一次绕组；2——电容屏；

3——二次绕组及铁芯

而二次绕组则与测量仪表等相连接，因此一、二次绕组间的绝缘层要承受长期工作电压及短暂过电压等的作用。

额定电压较低的电流互感器常用环氧树脂浇铸型绝缘，较高电压的采用油纸绝缘或 SF_6 绝缘。SF_6 绝缘电流互感器常采用环状铁芯结构，而靠 SF_6 气体来绝缘；互感器初次级的绝缘与 GIS 中母线对外壳的绝缘结构很相似。

当前在交流系统中应用广泛的是油浸式电容型电流互感器。从结构上看，110kV 以下的常用两个环组成的"8"字形（链型）结构，环上都包以多层电缆纸，然后装在带有一个大瓷套的油箱内，干燥后浸以变压器油。由于绝缘内电场分布不均匀，击穿电压不高而且分散性较大，因此更高电压的电流互感器已不用"8"字形而改用电容型结构：将仅一匝的一次绕组弯成 U 形，全部绝缘都包在此一次绕组上，如图 8-11 所示。为了改善绝缘层中的径向及轴向电场分布，与上述电容套管一样，在绝缘层中布置一定数量的均压极板（电容屏）2，但其数量比上述的高压套管中少得多；而在接地电容屏 l_n 外面套以带有二次绕组的铁芯。

如把电容型电流互感器的一次绕组及各电容屏都视为拉直后的"直线"形，则绝缘层中的电场分布更与前述的电容型穿墙套管相似，因此其电容屏的设计原理也相同。不同的是，由于电容型电流互感器有足够的轴向尺寸，于是宜按径向场强 E_r 均匀来设计。例如采用相邻屏间的绝缘层等厚度方案，则台阶长度 λ、轴向场强 E_a 都不均匀。

场强的选用原则也相似：在长期工作电压下油纸绝缘中不发生电晕，而在工频及冲击试验电压下不发生贯穿性击穿或滑闪。当相邻两电容屏间的油纸绝缘厚度为 d（单位为 mm）时，工频 1min 试验电压下的许用场强（有效值）常取

$$E \leqslant 12d^{-0.58}(\text{kV/mm}) \tag{8-25}$$

鉴于电容屏边缘处的电场分布极不均匀，而电流互感器里的电容屏数又较少，为此常在两相邻屏间插入几个端电屏（如图 8-12 所示），以进一步改善边缘处电场。

在选择屏数 n（包括端电屏）时，近似地按相邻屏间的电位差相等来考虑，如试验电压为 U_t，则

$$n \geqslant \frac{U_t}{Ed} \tag{8-26}$$

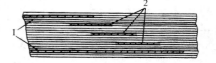

图 8-12　改善电容屏边缘处

电场的一种措施

1——主电屏；2——端电屏

类似套管中的式（8-21）那样，为有助于这里瓷套表面的电场均匀化，接地电容屏 l_n 也宜伸出金属油箱约 $0.1L$（瓷套高度为 L）；而最里面的电容屏 l_0 的端部也宜低于顶部金属件约 $0.2L$。

导电芯（一次绕组）的截面常取决于电流互感器的额定电流值，而其他各电容屏的半径 r_x 常按等绝缘厚度 d 依次求得。

由于它在交流电压下工作，而且用的是同一种油浸纸绝缘，也可忽略温度对 ε_r 的影响，因而可认为绝缘层中各处的介电常数全相同，故

$$2\pi r_{x-1}l_x\varepsilon_0\varepsilon_r E_{rx} = k \tag{8-27}$$

且均为油浸纸绝缘，故

$$E_{rx}r_{x-1}l_x = k_1 \tag{8-28}$$

式中　E_{rx}——第 x 层绝缘中的最大径向场强；

　　　r_{x-1}——第 $x-1$ 层电容屏的半径；

　　　l_x——第 x 层电容屏的长度。

如前所述，对于电容型电流互感器宜按径向场强 E_r 均匀来设计，为充分利用绝缘，可取各层中 E_{rx} 相等，得

$$r_{x-1}l_x = r_0l_1 = r_{n-1}l_n \tag{8-29}$$

这与前述电容套管的计算式（8-10）等略有差异。

图 8-13 为一种 500kV 电容型电流互感器的结构图。

二、计算实例

以交流 220kV 油浸纸电流互感器的绝缘结构计算为例说明设计步骤。其 1min 工频试验电压为 395kV、外绝缘干试电压为 495kV，均为有效值（参见附录 A）。

（一）确定电容屏数 n

应按最大径向场强及绝缘厚度均相等来计算。如相邻电容屏间的绝缘厚度 d 取 0.8mm，由式（8-25），在试验电压下的许用场强宜小于

$$E = 12 \times 0.8^{-0.58} = 13.7(\text{kV/mm})$$

再由式（8-26），且取 15% 裕度，则屏数 $n \geqslant 395 \times 1.15/$（$13.7 \times 0.8$）$= 41.4$，宜取 $n = 45$，可如图 8-12 所示，分别以每 5 个屏（1 个主电屏及 4 个端电屏）为一组，则共 9 个主电屏，而两端又各有 36 个端电屏，后者的长度可取 200mm。

相邻的两主电屏间的绝缘厚度为 0.8×5＝4（mm）。

总的绝缘厚度 $r_n - r_0 = 4 \times 9 = 36$（mm）

（二）各电容屏尺寸的确定

根据导电芯结构，如最里面的电容屏半径 $r_0 = 3.45$cm，则其他各电容屏的半径 r_x 可按等厚度依次算得，如表 8-5 中的 r_x 列。

按外绝缘干试电压 495kV 的要求，参看图 8-2 等，取瓷套高度为 1.7m。如一次绕组在油箱中的长度为 1.9m，则为满足类似式（8-21）时那样的屏蔽要求，接地电容屏的长度 $l_n = 190 + 2 \times 0.1 \times 170 = 224$（cm），取 225cm；而最里面的电容屏 $l_0 = 190 + 2(1-0.2) \times 170 = 462$（cm）。于是其他主电屏长度 l_x 可按式（8-29）算出，如表 8-5 中的 l_x 列。与此相应的各相邻主电屏层间的上、下台阶长度 λ_x 也可算得，都列于表 8-5 的"初步计算"栏中。

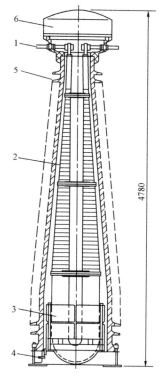

图 8-13　500kV 电容型电流
互感器结构图示例

1—一次进线端头；2—电容芯；
3—铁芯；4—二次绕组接线端；
5—瓷套；6—油枕

表 8-5　　　　　　　　　　　　　**220kV 电流互感器绝缘结构计算例**

主电屏序号 x	主电屏半径 r_x (cm)	初步计算		适当调整		相邻屏间电容 C_x' (pF)	场强校核		
		主电屏长度 l_x (cm)	台阶长度 λ_x (cm)	主电屏长度 l_x' (cm)	台阶长度 λ_x' (cm)		径向平均场强 $E_{r.av}$ (kV·mm^{-1})	轴向平均场强 $E_{a.av}$ (kV·mm^{-1})	
							最大工作电压下	1min 工频试验电压下	
0	3.45	462		469					
			14		19	7622	4.1	11.1	2.4
1	3.85	434		431					
			22.5		19	7713	4.1	11.0	2.4
2	4.25	389		393					
			18.5		16	7786	4.0	10.9	2.7
3	4.65	352		361					
			15.0		14	7829	4.0	10.8	3.1
4	5.05	322		333					
			13.0		12	7855	4.0	10.8	3.6
5	5.45	296		309					
			10.5		12	7806	4.0	10.9	3.6
6	5.85	275		285					
			9.5		10	7773	4.0	10.9	4.4
7	6.25	256		265					
			8.5		10	7661	4.1	11.1	4.5
8	6.65	239		245					
			7		10	7473	4.2	11.4	4.5
9	7.05	225		225					

可见由于取 E_r 恒定，使台阶长度 λ_x 相差很大，而过短的 λ_x 处的轴向场强 E_a 将偏高。参考过去的经验，台阶不宜小于 10cm。拟调整各主电屏长度成 l_x'，各台阶长度 λ_x' 之差也相应减少，如表 8-5 中的 l_x' 及 λ_x' 列。但这时 $r_{x-1}l_x'$ 乘积已非恒值，需校核其电场均匀性。

（三）各绝缘层上的场强校核

先由式（8-23）计算出表 8-5 中"适当调整"后的相邻两主电屏间绝缘层的电容值 C_x'。由此可计算在工频 1min 试验电压及最大工作相电压（后者按国标应为 $252/\sqrt{3}$ kV）下的电场分布；计算出这时的平均场强（径向 $E_{r.av}$、轴向 $E_{a.av}$）也分别列于表 8-5 的"场强校核"栏中。

（四）多个计算方案的对比

由上述经过适当调整后方案中的"场强校核"（表 8-5）可见，此时的径向场强仍很均匀，且也未超过上述的许用值，而轴向还很不均匀，以致台阶总长度也有所增大。为此，在对电压等级高的电流互感器的设计中，如今常需经过多个方案的对比。这时，同类产品的运行经验对新产品设计是很有参考价值的。

三、硅油-薄膜绝缘电流互感器

类似于高压电力电缆中以塑料电缆取代有些油纸电缆的状况（参看第七章），近年来硅油-薄膜绝缘的电容型电流互感器也已有应用。其结构形式与上述油纸电容型电流互感器相似，也是由导电芯、带电容屏的内绝缘及外护套所构成。

硅油-薄膜绝缘电流互感器的内绝缘采用涂硅油的聚四氟乙烯薄膜来包绕，并在其中布置金属箔（或半导电带）的电容屏；以硅油填充聚四氟乙烯薄膜包绕绝缘中的空隙。由于硅油与聚四氟乙烯的介电常数相近，在交流下油与薄膜层间的电场分布更均匀，而且硅油性能稳定、不易老化。外护套不用瓷套而采用热缩管和硅橡胶的伞裙：热缩管的一侧紧密地包覆在绝缘层外侧，另一侧与固定于管外的硅橡胶伞裙共同组成内绝缘的外护层。热缩管的材料可用 EVA 及 MVS 交联聚合物（参见附录 C）。

硅油 - 薄膜绝缘的电气性能良好：其介质损耗因数小；局部放电量小，且有一定的自行衰减特性[8-3]。图 8-14 是某 110kV 硅油 - 薄膜电流互感器在试验过程中，$\tan\delta$ 与外施电压的关系，当由 20kV 升至 166kV，$\tan\delta$ 略有上升，但仍处于 0.03％ 至 0.04％ 区间之内。图 8-15 是某硅油 - 薄膜绝缘试样的局部放电量与加电压时间的关系，随着电压作用时间的延长，局部放电量还有可能下降些。这可能是因为在局部放电的作用下，硅油中所析出的气体导致该局部区域内的气压升高，放电有所减弱[8-4]。

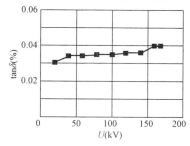

图 8-14　某 110kV 硅油-薄膜电流
互感器 $\tan\delta$ 与外施电压 U 的关系

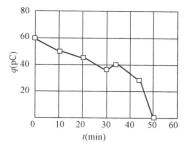

图 8-15　硅油-薄膜绝缘试样的
局部放电量 q 与加电压时间 t 的关系举例

习　题

8-1　设计一种户内用套管，采用的是卷绕绝缘，其结构如图 8-16 所示：导杆半径 $r_1 = 1\text{cm}$；电介质半径 $r_2 = 7\text{cm}$；法兰长度 $l_\text{f} = 20\text{cm}$。套管施加工频电压，问：

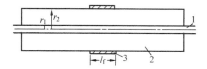

图 8-16　习题 8-1 图
1—导杆；2—电介质；3—法兰

（1）这种绝缘结构可能在何处先发生滑闪放电？

（2）为了改善套管性能，在其中设置 5 层同心圆筒形极板。设置的方法是各绝缘层厚度相等，并且各层绝缘的电极间的电位差也相等。试计算这些极板的长度和半径（电极的边缘效应忽略不计）。

8-2　试对一根 110kV 油断路器用的胶纸套管进行初步设计。该套管下端无瓷套，但极板也不敞开在油中。试验电压按国家标准规定。设层数 $n = 30$，最靠法兰处 $l_n = 40\text{cm}$，最薄的极间绝缘层按 1.2mm 考虑。

（1）选上瓷套 L_1，决定上、下台阶 λ_1、λ_2；

（2）求几个极板半径：r_0、r_1、r_2 及 r_{n-1}、r_n；

（3）求几个极板长度：l_0、l_1、l_2 及 l_{n-1}；

（4）求几个极间绝缘厚度：d_1、d_2 及 d_n；

（5）检验在工作电压下最薄绝缘层中是否发生电晕。

8-3　在交流高压套管中加进电容芯子为什么能起到改善电场分布的作用？按怎样的原则来设计可使套管的内部及外部场强分布均可有改善？

8-4　当设计电容式套管及电容式电流互感器时，主要有哪些异同处？

8-5　同一种高压套管芯子及瓷套，如拟分别在交流或直流电压下长期运行，则其电场分布为什么会有差别？在设计时应如何予以考虑？

本 章 参 考 文 献

[8-1]　董淑建. 750kV 超高压交流油纸电容式变压器套管的研制. 江苏大学硕士学位论文，2007.

[8-2]　刘鹏，等. 特高压直流套管用环氧树脂/皱纹纸复合绝缘体系介电性能的研究. 高压电器，2009 (5)：6-8.

[8-3]　王如璋，黄维枢，等. 合成薄膜绝缘互感器结构设计与运行维护. 北京：中国电力出版社，2010：33-46.

[8-4]　胡似徽，等. 聚四氟乙烯膜硅油复合绝缘优良局放特性探讨. 高电压技术，2006(5)：4-7.

第九章　电力变压器和高压电机绝缘

电力变压器的用量很大，在各变电站、发电厂里都要用到它，例如在变电站里常可见到体积很大的"主变压器"等。

电力变压器常分为油浸式及干式两种，在要求无油、防火等场合可采用干式变压器。

油浸变压器的"外绝缘"主要指其箱壳以外的套管沿面以及其对地绝缘（空气）；而其"内绝缘"常采用油浸纸绝缘，包括对地绝缘（主绝缘）及绕组内部各部分之间的绝缘（纵绝缘）。

由于变压器中绕组结构的特殊性，不仅在工频电压下各处的电压分布常不均匀，而且在冲击电压下常要比工频时更不均匀。为此一方面要分析主、纵绝缘上电压分布的规律性及其改善措施；特别是在冲击电压下改善电压分布的内部保护方法，以及降低沿着纸层表面的电场切线分量的方法。另一方面要分析不同的油纸绝缘结构、油隙尺寸、纸层的密度及厚度等对油纸绝缘电气强度的影响。从而可科学地选择绕组型式及绝缘结构、决定绝缘尺寸、采用的绝缘材料及制造工艺等。

电机中有高速旋转部分，电机绝缘不能采用液体电介质；同时定子槽内尺寸有限，绕组绝缘厚度不可能太大。运行中的高压电机绝缘受到机械力、热和电场的作用，工作条件严酷。定子绕组的槽部电晕和槽外电晕是影响电机绝缘寿命的重要因素。

本章讨论电力变压器和高压电机绝缘。叙述次序大致是：变压器的种类和高压绕组结构，包括油浸式变压器和干式变压器、饼式绕组和圆筒式绕组；变压器的主绝缘，包括绕组对铁芯、铁轭绝缘和引线绝缘；冲击电压下绕组电压分布的特点和过电压保护；变压器的纵绝缘；高压电机的绕组结构和工作场强；高压电机的匝间绝缘；高压电机的电晕和防晕技术。

第一节　电力变压器绝缘

一、工作条件

（一）概述

油浸纸绝缘是目前电力变压器（参见附录图 B6～B9、B17）中最广泛使用的绝缘材料，其中的绝缘油起着散热及绝缘的双重作用。相对于变压器里用的硅钢片、铜线而言，绝缘常为其薄弱环节。如有报道，根据 110kV 及以上变压器的 93 次事故分析，绝缘事故要占 80% 以上（匝间绝缘、主绝缘及套管绝缘各约占 43%、23% 及 15%）。

通常将变压器油箱以外的空气（包括沿面）绝缘称为外绝缘，它直接受到外界条件（气压、湿度、脏污等）的影响；而将油箱内的绝缘（内绝缘）分为主绝缘及纵绝缘，如图 9-1 所示。它们在冲击电压作用下所受到电压波形及幅值都有很大差异，图 9-2 给出一个实例。图 9-1 这样的分类，也提示了要正确处理变压器中不同工作环境、不同作用电压波形作用下各部分的绝缘问题。

但在要求无油、防火、防燃等场合里宜用干式变压器。例如环氧树脂的干式变压器很适合于在建筑物或矿井里使用，而高电压、大容量的，往往倾向于用 SF_6 气体绝缘变压器（GIT）。

它不仅防火、防爆性能好，且噪声小、重量轻、不易老化、耐湿耐污性能好，但承受过载能力及冲击系数较小。目前国内 110kV、31.5MVA 的早已挂网运行。如采用喷淋冷却液 R113（$C_2Cl_3F_3$）或 FC-75（$C_8F_{16}O$）后，国外已有制作 275kV、100MVA 等的 GIT，但从环保角度看，这些并非相宜。而用 XLPE 电缆绕制电力变压器的开发研究国内也已有眉目。

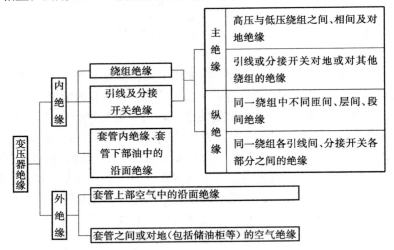

图 9-1　变压器绝缘的分类

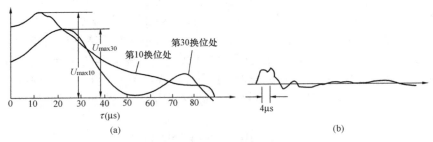

图 9-2　全波雷电冲击试验时绝缘所承受的电压波形示例

（a）主绝缘上；（b）纵绝缘上

（二）对绝缘性能的基本要求

1. 电气性能

为保证变压器在额定工作电压下长期运行且能耐受可能遇到的各种过电压，国家标准规定了各种试验电压（可参见附录 A）。如对制成的变压器要进行交流耐压、感应耐压及冲击耐压试验。其中的 1min 交流耐压主要是检验主绝缘，而冲击耐压还有利于检验纵绝缘。为保证长期运行的可靠性，对局部放电试验已更加重视；而带局放测量的感应耐压试验对纵绝缘也有严格的考验。

运行中主要检查绝缘电阻及吸收比、介质损耗、绝缘油的试验及油中气体分析等，必要时，也进行局部放电试验甚至耐压试验。如第十章中讲述，对于正在运行中的设备，过去主要靠停电试验，而现在已有多种带电检测及在线监测方法。

2. 机械性能

正常情况下绕组间的电磁力不大，但在发生短路的瞬间有可能到达正常时的上千倍。如果绝缘已老化脆裂或绕组固定不结实，就可能引起变形甚至事故。国内近年来因绕组变形引起的事故常占 20％ 以上。

一般而言，绕组的轴向固定比径向困难得多，为减小轴向力，要使高、低压绕组安匝数平衡，并避免绕组高度不齐等情况。

3. 热性能

以变压器油浸渍的纸及纸板都属 A 级绝缘材料，国标规定了绕组的平均温升不得超过 65℃。即使这样，长期在较高温度下它也将逐渐老化变脆。一般认为 A 级绝缘每升高 6～8℃，其寿命将缩短一半左右，如图 6-55 所示。如今耐热绝缘纸或以硅油浸渍等也已有应用。例如采用油浸热改性纸绝缘的电力变压器，其热点温度常允许升到 110℃。由于变压器通常不是满负荷运行，国家标准 GB/T 1094.7—2008《电力变压器　第 7 部分：油浸式电力变压器负载导则》提出：当热点温度低于额定温度 6℃，变压器寿命可增加一倍左右。

而干式变压器中是靠气体来散热的，允许温升比油浸的高，为此常改用玻璃纤维及浸渍胶等。根据用料种类的不同，其耐热等级可为 A、E、B、F、H 级等。

在考虑油浸变压器里的油道时，如分得窄些，可提高油的电气强度，但对油的对流散热不利。另外，在运行中也要限制过负荷时间，以免严重影响绝缘寿命。

4. 其他性能

绝缘老化、受潮、脏污等都将影响到其电气性能，这对油纸绝缘特别明显。因此常用隔膜保护等措施以防止绝缘油直接与大气相通，也要注意铜、铁、绝缘漆等物质可能加速绝缘油的老化过程。

干式变压器中由于 110kV 及以上的常是密封后充有 SF_6 气体的，其防潮、防污等性能好。而 35kV 及以下的虽也是用环氧树脂浸渍或浇铸的玻璃纤维绝缘；但如采用的是包封式，则绕组全被固体绝缘所包裹，将不与气体直接接触；而如采用的是敞开式，则绕组将直接暴露在大气中，那就更要注意其防潮、耐污及老化等性能。

二、变压器绕组结构及其特征

（一）变压器结构

电力变压器常可分为心式及壳式两大类。

心式变压器的器身（铁芯连同绕组）是垂直布置的；绕组呈圆筒形，而高、低压绕组作同心排列（如图 9-3 所示）。绕组可有圆筒式、螺旋式、饼式（包括连续式、纠结式、插入电容连续式）等不同形式，这主要取决于绕组的电压和电流值。由于心式变压器里常用的是饼式绕组，其中各线饼呈水平排列，饼间油道也是水平的，这不利于油的流动散热。为此，大容量心式变压器的绕组常要采用导向冷却结构，以加强绕组的散热。

壳式变压器的铁芯是水平布置的，绕组为扁平形，高、低压绕组作垂直布置、交错排列，因而其每相绕组的短路阻抗可以在较大范围内调整；正由于绕组是垂直布置，其间的油道也是垂直的，这就有利于绕组及油的散热。

目前国内外的大多数变压器厂都在生产心式变压器。而壳式变压器的生产厂所生产的变压器的容量常大于 120MVA，因为大于这容量时，壳式变压器在技术和经济上较心式变压器优越。

以下主要介绍心式变压器。

（二）高压绕组结构

电力变压器高压绕组常分为两大类：饼式及圆筒式，其示意图如图 9-3(a)、(b) 所示。

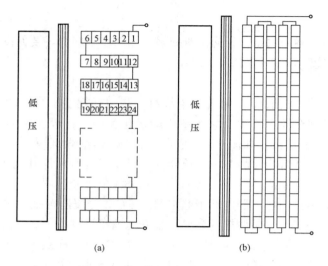

图 9-3　高压绕组的两种基本型式

（a）连续式（饼式之一）；（b）圆筒式

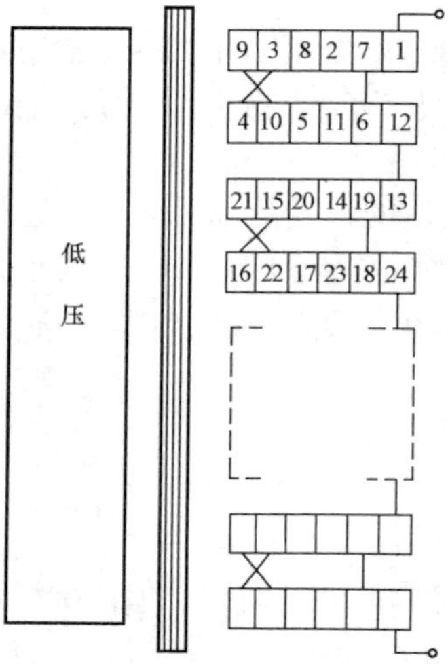

1. 饼式绕组

饼式绕组由若干根矩形导线（扁线、组合或换位导线）所绕成的线饼组成，相邻线饼间有垫块，以形成饼间油道。高压饼式绕组常采用连续式、纠结式、插入电容连续式等型式；对于高电压、大容量的变压器，为降低负载损耗和提高绕组的抗短路能力，绕组常采用自粘换位导线。

连续式绕法最简便，饼间也不需要焊接；但纵向电容小，导致雷电冲击电压下各线饼上的电压分布很不均匀（详见本章第四节）。采用纠结式绕法时（图 9-4 即为其一例），其纵向电容可增大不少，但工艺复杂得多；它曾大量用作 220kV 等的高压绕组，而 60～110kV 上则改用纠结-连续式，如表 9-1 所示。而由于插入电容连续式的绕法比较简便，饼间导线不需要焊接等，现已广泛用于高压、超高压大容量变压器上；而且它比较容易调整绕组的匝间电容的大小，可使绕组在雷电冲击电压下有较理想的电压分布。

图 9-4　普通双饼纠结式绕组示意图

表 9-1　　　　　　　　　　　变压器高压绕组当前常采用的绕制形式举例

三相容量（kVA）	电压等级（kV）	绕组型式	适用范围	说　明
10～500	3～10	多层圆筒式	高压绕组	圆线或扁线，并联根数一般不超过 2 根
50～630	35			
630～2000	66	分段圆筒式		
1000～40 000	110			
630～10 000	6	连续式	高、低（中）压绕组	当高压导线并绕根数超过 4 根、绕组匝数在 150 匝以上时可采用中部进线
630～20 000	10			
800～31 500	35			

续表

三相容量（kVA）	电压等级（kV）	绕组型式	适用范围	说　明
100 000 及以上	66	纠结-连续式或	高、中压绕组	220kV 及以上的现常采用插入电容连续式
	110	插入电容连续式		
	154～1000	插入电容连续式		

2. 圆筒式绕组

圆筒式绕组的结构示意图如图 9-3（b）所示，其绕制工艺较简便，还可根据各层对地电位的不同而选取不同的对轭绝缘距离。由于其层间电容大、对地电容小，在冲击电压下层间电压分布较均匀，如图 9-5 所示。但圆筒式的端面远较饼式小，轴向固定困难；层间过长而窄的油（气）道对散热不利。

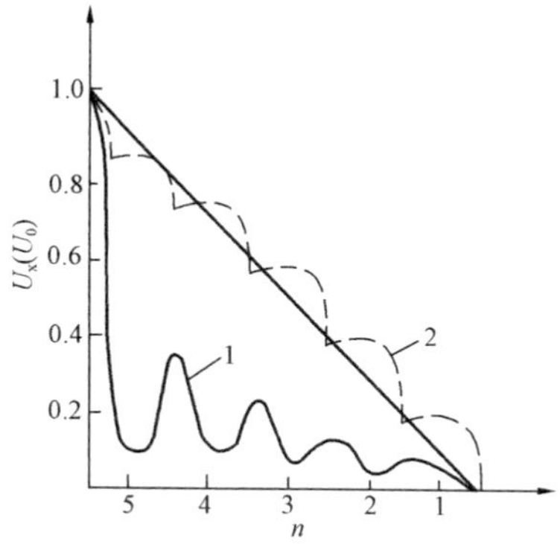

35kV 及以下的变压器还有采用铜（或铝）箔卷绕成绕组的，不但电压分布较均匀且导热也可改善些。

为了降低层间电压，有的干式变压器的高压绕组采用分段圆筒式绕法（见表 9-1），那是力求既保持些圆筒式耐雷电冲击电压的优点，又改善层间电压较高的不足。

（三）油浸式变压器绝缘

油浸式变压器绝缘主要是变压器油（也有用非燃性油）浸纸（包括纸板、纸筒）绝缘。

1. 变压器油

对投运前及运行中变压器油的主要质量指标见表 9-2（摘自国标 GB/T 7595—2000《运行中变压器油质量标准》）。

图 9-5　圆筒式绕组（5 层）在峰值为 U_0 的全波雷电冲击电压下各层上的起始电压分布
1—无屏蔽；2—首末各加一屏蔽

表 9-2　　　　　　　　变压器油的一些质量指标

项目	设备电压等级（kV）	质量指标	
		投入运行前的油	运行油
水溶性酸（pH 值）		＞5.4	≥4.2
酸值（mg KOH/g）		≤0.03	≤0.1
水分（mg/L）	330～500	≤10	≤15
	220	≤15	≤25
	110 及以下	≤20	≤35
介质损耗因数（90℃）	500	≤0.007	≤0.020
	330 及以下	≤0.010	≤0.040
击穿电压（kV）	500	≥60	≥50
	330	≥50	≥45
	66～220	≥40	≥35
	35 及以下	≥35	≥30
体积电阻率（90℃）（Ω·m）	500	≥6×10^{10}	≥1×10^{10}
	330 及以下		≥5×10^9

续表

项目	设备电压等级 (kV)	质量指标	
		投入运行前的油	运行油
油中含气量,% (体积分数)	330～500	≤1	≤3

由于在制造和运行过程中不可避免地会有杂质、气泡和水分等混入,因此工程用变压器油的电气强度远低于纯净变压器油。而且受潮的变压器油的击穿电压与温度关系密切,如前图 6-34 所示。因为微量水分如完全溶解于油时对击穿电压影响很小,但转为液态微粒及固态(冰)时影响就大。

变压器油的老化原因主要是:①热老化,温度升高、老化加速,引起颜色变深、$\tan\delta$ 增高、油泥及糠醛等增多、击穿电压下降等。②电老化,如油中的高场强处先发生局部放电,它促使油分子的互相缩合成更高分子量的蜡状物,同时逸出气体。此蜡状物易积聚于绝缘上,堵塞油道、影响散热,而气体体积的增大又使放电更易发展。因而油隙的击穿电压 U_b(单位为 kV)随外施电压的时间 τ(单位为 min)的增长而下降,如平板电极(直径 105mm、间距 7.5mm)间油隙击穿电压的经验公式为

$$U_b = 141\tau^{-1/12.8} \tag{9-1}$$

如将变压器改充以硅油等非燃性液体电介质,且配以耐热等级更高的绝缘材料以代替纸,则允许温度可明显提高,也可用于某些要求防火、防爆的场合。也有的在研究以植物油来浸渍的可能性。

2. 绝缘纸

以硫酸盐木纸浆制成的绝缘纸中含有许多气隙,因而透气性、吸油性很好,浸以绝缘油后,电气性能显著提高。在变压器中常用的绝缘纸有多种:电缆纸(常用 0.08～0.12mm 厚、密度 0.85g/cm³ 的)主要用作导线绝缘、层间绝缘及引线绝缘等;匝绝缘纸(常用 0.075～0.125mm 厚、密度 0.95g/cm³ 的)主要用于较高电压的变压器的匝间绝缘;而更薄、更柔软的皱纹纸有利于包紧出线头、引线等。而如以密度为 1.1g/cm³、厚 0.08mm 的薄纸来代替上述的电缆纸,其工频或雷电冲击击穿场强都可提高,如图 9-6 所示。

绝缘纸板常用作绕组间的垫块、隔板等,或制成角环(见图 9-7)[9-1]、绝缘筒等。在电场很不均匀的区域,如对铁轭或高压引线绝缘,不少也改用由纸浆直接制成多种合适形状的绝缘成型件(见图 9-8)[9-1],它对改善电场分布、提高放电电压很有效。

鉴于纸纤维的耐热性不高,在油浸式及干式变压器中已应用聚芳基胺纸来做绝缘。聚芳酰胺(aromatic polyamides)具有良好的机械性能、电绝缘性能、热稳定性和阻燃性,聚芳酰胺纤维纸(国外商品名称 Nomex)是以聚芳酰胺纤维为原料

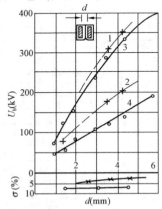

图 9-6　电缆纸及高密度薄纸的击穿电压 U_b 及标准偏差 σ 与绝缘厚度 d 的关系

1—薄纸、$1/10\mu s$ 冲击电压;2—薄纸、工频电压;3—电缆纸、$1/10\mu s$ 冲击电压;4—电缆纸、工频电压

经湿法造纸工艺制成的，与普通绝缘纸相比不但耐热性可提高，而且机械强度也有所增强。

图 9-7 角环

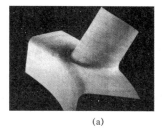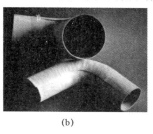

(a) (b)

图 9-8 绝缘成型件举例

3. 油纸绝缘

油与纸的配合使用，可以互相弥补各自的不足，显著增强绝缘性能，因纸纤维为多孔性的极性电介质，极易吸收水分，即使经过干燥浸油处理仍会吸潮，但吸潮速度明显延缓。当油浸纸板的吸湿量 ω 超过 $3\%\sim5\%$ 后，电气强度剧烈下降，如图 9-9 所示。因此在出厂前，变压器油中的含水量宜减少到前表 9-2 中的要求，而纤维的含水量应降低到 $0.3\%\sim0.5\%$。至于在现场如有必要吊心检修时，务必选择晴朗干燥的天气，且尽量缩短暴露的时间。对于长期停运的变压器在重新投入前，务必认真检查其是否受潮，有必要时可先进行预热干燥，只有当性能合格时才能再投入运行。

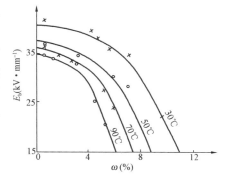

图 9-9 不同温度时，油浸纸板的工频 1min 电气强度与吸湿量 ω 的关系

4. 油-屏障绝缘

油浸式变压器常采用图 9-10 所示的覆盖层、绝缘层、屏障（隔板、极间障）等方法，它有利于减小杂质的影响，提高油间隙的击穿电压。

在曲率半径较小的电极上常覆以绝缘材料或涂上漆膜，如图 9-10（a）所示（如电极对称时两电极都宜覆盖）。这零点几毫米的覆盖层虽然很薄，但它限制了泄漏电流，阻止了杂质"小桥"的发展，使工频击穿电压提高、分散性减小；如在稍不均匀及极不均匀电场中约分别可以比原击穿电压提高约 70% 及 15%，因而在充油设备中很少有采用裸导体的。

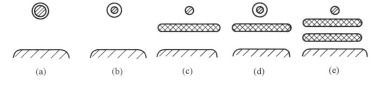

(a) (b) (c) (d) (e)

图 9-10 油-屏障绝缘
（a）覆盖层；（b）绝缘层；（c）屏障；（d）覆盖加屏障；（e）多重屏障

如在曲率半径很小的电极上包缠以较厚（如几毫米）的绝缘层［如图 9-10（b）所示］，还将使绝缘表面所分到的最大场强明显降低，有利于提高整个间隙的工频及冲击击穿电压。例如：变压器中引线对箱壁的油间隙为 100mm 时，如在裸线上包以厚 3mm 的绝缘层，其击穿电压约提高一倍；同样在某些线饼或静电板上也常包以较厚的绝缘层。

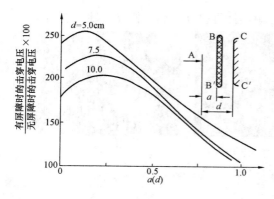

图 9-11　极不均匀电场中，屏障对油间隙工频击穿电压的提高作用

而在绕组间、相间、对铁芯或铁轭间的油间隙中宜放置尺寸较大（形状与电极相适应）的纸筒或纸板的屏障［如图 9-10（c）所示］，不仅能阻止杂质"小桥"的形成，而且当曲率半径小的电极（见图 9-11 中 A）处先发生电离后，离子积聚在屏障的一侧（图 9-11 中 BB′侧），使此屏障与另一电极间的电场变得均匀了，因此在极不均匀电场中屏障的效果尤为显著。如该图所示，当 $a/d \leqslant 0.4$（即屏障处于靠近曲率半径小的电极时），其工频击穿电压约为无屏障时的 2 倍。

如将油间隙用多层屏障分隔成多个较短的油间隙［如图 9-10（e）所示］，则击穿场强更高，此即超高压变压器中有采用多个围屏或薄纸小油道的原因。但过于细而长的间隙中油的对流困难，不利于散热。

油-屏障绝缘的击穿电压与作用时延有关，图 9-12 所示为伏秒特性的一例，其冲击系数［冲击电压下击穿场强 E_b 与工频电压下 60s 时的击穿场强（峰值）E_{b60} 之比］约为 2。

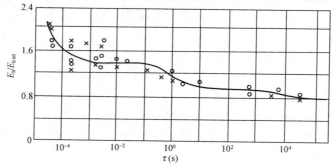

图 9-12　变压器中油-屏障主绝缘的伏秒特性

o—中部进线；×—端部进线

（四）干式变压器绝缘

干式变压器常分为浸渍型及树脂型。

浸渍型干式变压器的使用历史较长、工艺简便，导线采用玻璃丝包线，垫块用相应耐热等级材料热压成型。随着所用浸渍漆的不同，绝缘的耐热等级可为 A、E、B、F、H 级等（参阅前表 6-2）。主、纵绝缘的气道均靠空气绝缘。它防火性能好，但由于以空气为绝缘介质，其尺寸、重量都要比树脂型大，受外界环境影响也显著。

树脂型的干式变压器可分为几类，如：树脂浇注、树脂加石英粉填料（约 4∶6）浇注、树脂绕包、树脂真空压力浸渍等。前两类的低压绕组常用箔板或扁线绕制，高压绕组用铜或铝的箔带在环氧玻璃布筒上绕成分段圆筒式，然后入模浇注。考虑到铝箔与树脂加石英粉的线膨胀系数相近，有的还采用铝箔带绕制。

树脂绕包类不需浇注模，而在绕高压绕组时是一边绕导线一边将已浸有树脂的纤维绕上，全绕完后对绕组进行加热固化。其绝缘较薄、散热好，但气泡不易除尽。而树脂真空压力浸渍类是在绕组绕好后，于浇注罐里在真空下注入树脂，最后加压而成，其工艺近似于前述高压套管中新发展的浸胶套管。图 9-13 给出其结构示意图。而这 4 类树脂型干式变压器的特点对比列于表 9-3 中。

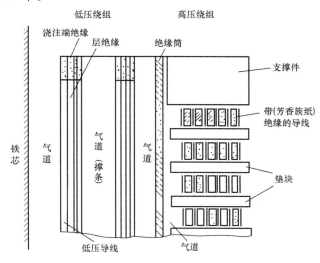

图 9-13　真空压力浸渍类干式变压器示意图

表 9-3 　　　　　　　　　　　　**4 类树脂型干式变压器的特点对比举例**

对比指标 \ 类型	模具	真空工艺	浇注工艺	增强绝缘	高压绕组气道	均匀绝缘系统
树脂加石英粉	有	有	有	有	无	非
树脂	有	有	有	有	有	是
绕包	无	无	无	有	有	非
真空压力浸渍	无	有	无	无	有	非

　　SF_6 绝缘变压器通常使用气压为 $0.2\sim0.3MPa$ 的 SF_6，而采用 H 级的聚芳酰胺纸或 E 级的聚酯薄膜等耐热性高的绝缘材料作为线圈绝缘、屏障及角环，并要实施与油纸变压器相似的干燥、抽真空等工艺过程。它具有防火、防爆等优点，但散热性能不如油浸变压器，难以制成很大容量的电力变压器。

三、变压器的主绝缘

（一）绕组间或对铁芯柱的绝缘

1. 结构特点

　　油浸电力变压器的主绝缘广泛采用油-屏障绝缘结构，类似图 9-10（e）所示的多重屏障，而且当被屏障分隔成的油隙越窄时，其电气强度相应提高，如图 9-14 所示；纸筒总厚度有的要占到油隙总尺寸 30%～40%。因此，超高压变压器里有采用以油浸瓦楞纸组成的薄纸小油道结构的，参见图 9-15。图 9-16 所示为瓦楞纸[9-1]。

　　在以软质纸板制成纸筒或角环时，要注意到在干燥过程中可能变形过大，以致可能导致以后的油道被堵塞及其刚度严重下降等缺陷。因此前述的由纸浆直接制成的各种绝缘成型件就要结实可靠得多。

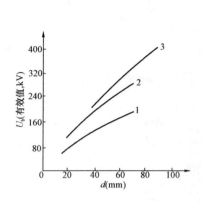

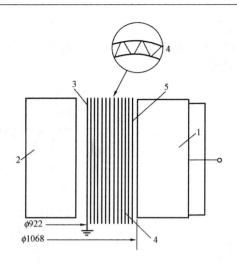

图 9-14　纸筒数（曲线所注）及绝缘
　　　　距离对击穿电压的影响

图 9-15　某 500kV 变压器高低压间绝缘的简图
1—高压绕组；2—低压绕组；3—屏；4—瓦楞纸；5—纸筒

图 9-16　瓦楞纸

　　在决定其绝缘尺寸时，要校核在工频 1min 及冲击耐受电压下不应发生油隙的击穿或闪络，且在工作电压下不应出现有害的局部放电；而对于超高压变压器，常希望在工作电压下不出现局部放电。

　　为了对变压器绝缘结构或其中重要部位的电场分布进行详细分析，常用数值计算法（如有限元法、边界元法等）进行多方案的对比分析，其基本原理见第一章。因而在设计时过去类似结构的长期运行经验有其重要作用。

　　当中部进线，即绕组的引线是从中部、电场较均匀处引至套管时，有的也用经验公式来大致估算该油-屏障绝缘的击穿场强（峰值）

$$E_b = A(1 + 2.14/\sqrt{d})(\text{kV/cm}) \tag{9-2}$$

式中　d——油-屏障中总共的绝缘距离，其中纸层约占 1/4；

　　　A——常数，当工艺良好时，对工频、雷电冲击全波及 $2\mu s$ 冲击电压下分别为 40.3、82.5 及 93.2。

　　对于同心式绕组之间或绕组与铁芯柱之间的交流电场分布，也可先近似地按同轴圆柱体电场来分析。为便于估算，常可按介电常数的比例先将纸筒的总厚度折合成等值油隙距离后估算油隙中的最大场值，从而初步验算在 1min 工频耐受电压 U_t 下油隙中会否发生放电。验算式为

$$\frac{U_t}{\sum d_0 + \dfrac{\varepsilon_0}{\varepsilon_p}\sum d_p} K_1 K_2 K_3 \leqslant E_{bmin} \tag{9-3}$$

式中　ε_0、ε_p——分别为油、纸层的相对介电常数；

　　　d_0、d_p——分别为油、纸层的厚度；

K_1——绕组内、外半径不同所起的电场集中系数；

K_2——饼间撑条等引起的电场集中系数，在绕组表面处取 $1.25\sim1.45$；

K_3——安全裕度，对中部及端部进线，在设计时可分别取 1.3 及 $1.4\sim1.5$；

$E_{b,\,min}$——油隙的工频最小击穿场强（参见图 9-17）。

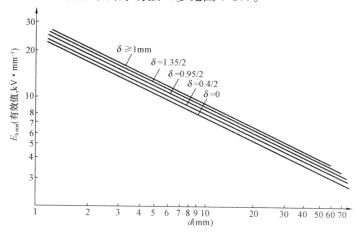

图 9-17　油隙 d 及覆盖厚度 δ 不同时油隙的工频最小击穿场强

通常在与线圈表面相邻油道中的场强较高，为提高此处油道的电气强度，宜将此油道取得窄些，如表 9-4 及图 9-18 的实例中所示。

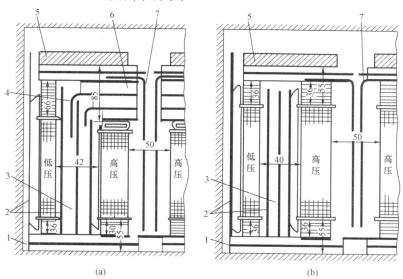

图 9-18　一种 110kV（半绝缘）变压器主绝缘结构举例

（a）端部出线；（b）中部出线

1—对轭绝缘；2—绝缘筒；3—油隙及撑条；4—角环；5—钢压板；

6—绝缘端圈；7—相间绝缘

表 9-4　　　　　　　　110kV 变压器主绝缘例（半绝缘的、见图 9-18）　　　　mm

类型	出线位置	低压-高压绕组间绝缘（由里向外）			端部对铁轭的距离
		总距离	各油道尺寸	各纸筒厚	
半绝缘	端部	42	7＋9＋9＋8	3＋3＋3	85
	中部	40	7＋8＋8＋8	3＋3＋3	55
全绝缘	端部	50	7＋13＋13＋8	3＋3＋3	100

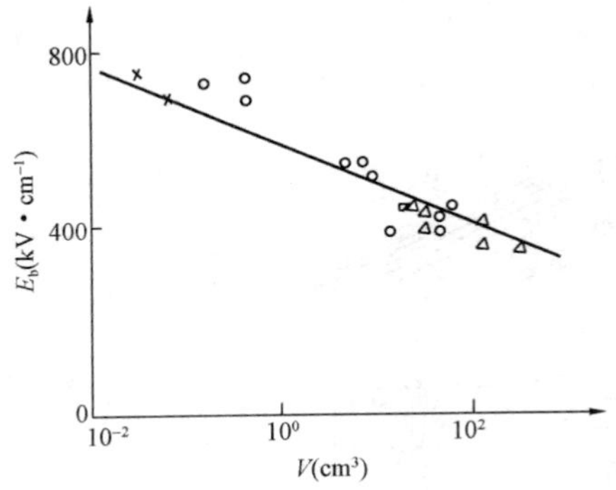

图 9-19　油的冲击击穿场强与"强油体积"
的关系
×—球对平面；o—圆柱对板；△—同心
圆柱；——均匀电场

油的电气强度 E_b 还与处于高场强下油的体积有关：如将处于 $90\%\sim100\%$ 最大场强范围内的油体积 V 称作"强油体积"，则即使在采用各种不同的电极形状时，E_b 与 V 的关系仍较一致，如图 9-19 所示。因此如油道减窄、强油体积减小，油的电气强度可明显提高。

2. 雷电冲击电压下的核算

当计算分析油纸绝缘变压器在雷电冲击电压下主绝缘中的最大场强时，既要考虑最大对地电位（如后图 9-26）下该处油道所分到的径向场强 E_r，也要顾及有可能较高的轴向场强 E_a，由两者合成后构成该处油道中的场强值可能达到 $(1.3\sim1.5)E_r$。计算分析时最好有变压器（实体或模拟）在雷电冲击下的电位分布实测数据（如后图 9-27 等）。如无此数据时，可暂将侵入冲击波的峰值当做该高压绕组的最高电位，并很近似地认为绕组的最大对地电位及饼间的最大电位差是在同一瞬间出现在同一油道上（这显然偏严），合成波形也暂按侵入波考虑。

举例说明主绝缘的雷电冲击耐压的估算方法：某 500kV 油浸变压器为中部进线，主绝缘采用薄纸筒（0.5mm 瓦楞纸）-小油道（4mm）结构，共 14 层组成，局部示意图见前图 9-15。

先计算出高-低压绕组间的总纸层及总油层厚度：这两者分别为 9mm 及 65mm，参照式（9-3）得总的等值油隙距离

$$\sum d_0 + \frac{\varepsilon_0}{\varepsilon_p}\sum d_p = 69.5(\text{mm})$$

而高-低压绕组间的最危险处常出现在高压绕组内表面。如取由于绕组间的撑条等所引起的电场集中系数 K_2 为 1.35，而高、低压绕组的不同半径所引起的电场集中系数

$$K_1 = \frac{r_2 - r_1}{r_2\ln\frac{r_2}{r_1}} = \frac{1068 - 922}{1068\ln\frac{1068}{922}} = 0.93$$

因此可由式（9-3）估算高压绕组内表面处的径向场强 E_r 与外施冲击电压 U 的关系为

$$E_r = K_1 K_2 \frac{U}{\sum d_0 + \frac{\varepsilon_0}{\varepsilon_p}\sum d_p} = 0.93 \times 1.35 \times \frac{U}{69.5} = 0.0181U(\text{kV/mm})$$

另据全波雷电冲击下的实测，饼间最大的电位差约为侵入波峰值的 10.5%，而该处油

道宽 12mm。因而轴向场强 E_a 与 U 的关系为

$$E_a = 0.105U/12 = 0.0875U(\text{kV/mm})$$

可近似认为油道中的合成场强

$$E = \sqrt{E_r^2 + E_a^2} = 0.0201U(\text{kV/mm})$$

或 $U = 49.75E$。

此 5mm 油道（绝缘厚 1.35mm）在工频电压下的最小击穿场强可由图 9-17 查得约为 13kV/mm（有效值），再由图 9-12 得全波雷电冲击时的冲击系数约 1.9，因此该结构的冲击击穿电压（峰值）约为

$$U = 49.75 \times 13 \times \sqrt{2} \times 1.9 = 1738(\text{kV})$$

而根据试验，该类绕组结构在全波雷电冲击电压下的击穿电压为 1820kV。

3. 工频电压下结构尺寸的核算

通常认为，在出现最大场强的油道里，即使在短时工频试验电压下也不允许发生火花放电，因为放电量约 $10^5 \sim 10^4$ pC 的放电将在绝缘表面形成爬电痕迹。至于放电量小于 1000pC 的短暂局部放电，一般不易马上导致明显损伤。因此在对高压油浸电力变压器进行局放试验时，常要求在 1.3 倍及 1.5 倍相电压下的局部放电量分别不超过 300pC 及 500pC。

为此，在设计时就要特别注意那些易于出现局部放电的部位，设法改善其电场分布。有的参阅类似前述的式（9-3）等来估算在最大工作电压下是否发生局部放电；对于不同油隙宽度 d 及不同电极状况下的局部放电起始场强可参阅图 9-20，而对纸筒间的油隙可按该图中的裸电极来考虑。

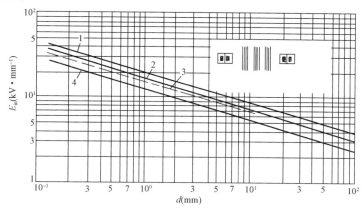

图 9-20　油-屏障绝缘中油隙局部放电起始场强与油隙尺寸的关系

1—脱气油，电极上包绝缘；2—油含气，电极上包绝缘；3—脱气油，裸电极；
4—油含气，裸电极

（二）绕组对铁轭间的绝缘

由表 9-4 等可见，绕组对铁轭的距离要比绕组之间大得多，这是因为绕组端部对铁轭间的电场不但很不均匀而且有很强的与绝缘层相平行的切线分量，以致很容易发生滑闪放电。而且由图 9-21 可知，在可能出现表面滑闪的结构中，仅仅增长沿面距离 l 对提高工频及冲击耐压已作用不大。

为此，在布置对铁轭的绝缘时，宜采用多个角环（如图 9-7），且将各角环等绝缘件做成与

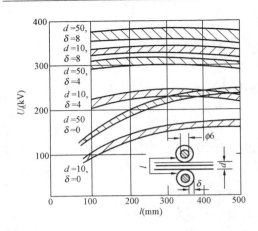

图 9-21　绝缘厚度 δ 及 d 或沿面距离 l 对油中
导线间工频 1min 耐压值的影响

等位面相近的形状，从而尽可能减少与绝缘件表面相切的电场分量。对于电压等级高的大容量变压器已广泛采用按电场分布状况量身定制的复杂形状绝缘成型件，使对轭绝缘的性能明显改善。

既然绕组与铁轭间的电场远不如绕组中部均匀，因而常将高压进线布置在绕组中部。如必须将高压引线（或自耦变压器的中压引线）布置在绕组的端部时，更需要加进静电板以改善靠近端部处的电场分布［如图 9-18（a）中所示］。此静电板为先在绝缘环上用金属带包缠成一个具有较大曲率半径 ρ 的不闭合金属环，再包以很厚的绝缘层。例如图 9-22 中的项号 1，静电板表面处的最大场强 E_{max} 约为

$$E_{max} = 1.34 \frac{U_t}{d^{0.58}H^{0.15}\rho^{0.27}}(kV/cm) \tag{9-4}$$

式中　H、d、ρ——结构尺寸（如图 9-22 所示），cm；

U_t——试验电压，kV。

算得的 E_{max} 应小于该结构尺寸时的最小击穿场强 $E_{b,min}$（如前图 9-17 所示），并留以裕度，如取 1.4～1.5。

（三）引线绝缘

绕组至分接开关或套管等的引线（参见附录图 B8、B9）常采用直径较粗的导线，并包以相当厚的绝缘层以保证在试验电压下导线表面（在油纸中）和绝缘层表面（在油中）的场强都不超过各自的允许场强。如两根引线大致平行、或引线近似于与油箱平行时，也可分别按平行圆柱电极、或圆柱对平面的电场来估算。而在不均匀电场中，引线绝缘的工频击穿电压略大于油中针-针的击穿电压，如图9-23所示。

超高压变压器中的引线绝缘处也常采用绝缘成型件。

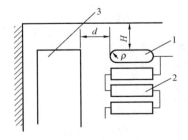

图 9-22　估算静电板表面最大
场强的结构示意图
1—静电板；2—高压绕组；
3—低压绕组

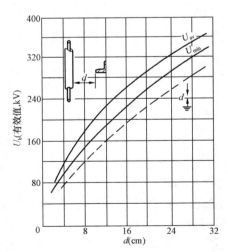

图 9-23　绝缘引线对尖形接地物在油中的
工频击穿电压的平均值 U_{av} 及最小值 U_{min}

四、变压器内部的过电压保护

（一）冲击电压下绕组间电压分布的特点

变压器旁安装的避雷器可以限制高峰值的雷电过电压侵入——外部保护，但变压器仍要受到峰值低于避雷器放电电压的冲击波的作用。当用梯度仪来测量纵绝缘（匝间、饼间、层间绝缘等）在冲击电压下的电位梯度时，也证实了它确实要比工频电压下均匀分布时大好多倍。这时影响电压分布的不仅有绕组的自感、互感，还有绕组内部之间的电容及对地电容等。因为在不同等值频率下此电感与电容的影响程度就不同：例如外施电压为 $50\mathrm{Hz}$ 时，感抗常远小于容抗，在分析中需画等值电路时可忽略容抗；但在冲击电压袭来时，因波头陡、$\mathrm{d}u/\mathrm{d}t$ 大，绕组的起始电压分布取决于电容，其等值电路将如图9-24所示；而中性点是绝缘或接地，这在该图中可用 S 的打开或闭合来表示。

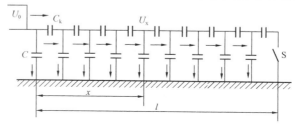

图9-24　分析冲击下沿绕组起始电压分布时的等值电路

当绕组均匀时，沿绕组方向上每单位高度的对地电容及绕组间的纵向电容分别为 C 及 C_k，常用系数 αl 以表征绕组在冲击电压下的分布特性

$$\alpha l = \sqrt{\frac{C}{C_\mathrm{k}}}\,l = \sqrt{\frac{Cl}{C_\mathrm{k}/l}} = \sqrt{\frac{C_0}{C_{\mathrm{k}0}}} \tag{9-5}$$

式中　C_0——整个绕组总的对地电容；

　　$C_{\mathrm{k}0}$——整个绕组总的串联（纵向）电容。

当电压峰值为 U_0 的直角波袭来时，起始分布全取决于电容，按图9-24的等值电路可写出

$$\frac{\mathrm{d}U_\mathrm{x}}{\mathrm{d}x} = \frac{Q}{C_\mathrm{k}}, \qquad \frac{\mathrm{d}Q}{\mathrm{d}x} = CU_\mathrm{x}$$

两式联立得

$$\frac{\mathrm{d}^2 U_\mathrm{x}}{\mathrm{d}x^2} = \frac{C}{C_\mathrm{k}} U_\mathrm{x} \tag{9-6}$$

对中性点接地的变压器（图9-24中的 S 闭合），可求得在距起始端为 x 处的对地电压的起始值

$$U_\mathrm{x} = U_0 \frac{l^{a(l-x)} - l^{-a(l-x)}}{l^{al} - l^{-al}} = U_0 \frac{\mathrm{sh}\alpha(l-x)}{\mathrm{sh}\alpha l} \tag{9-7}$$

或绘成图9-25。可见沿绕组高度 x 方向上的最大的电位梯度出现于起始端（图9-24中 $x=0$ 处）

$$g_{\max} = \left|\frac{\mathrm{d}U_\mathrm{x}}{\mathrm{d}x}\right|_{x=0} = \left|\alpha U_0 \frac{\mathrm{ch}\alpha(l-x)}{\mathrm{sh}\alpha l}\right|_{x=0}$$

即

$$g_{\max} = \alpha U_0\, \mathrm{cth}\alpha l \tag{9-8}$$

对于连续式绕组 αl 约为 $5\sim15$，故 $\mathrm{cth}\alpha l \to 1$，因而

$$g_{\max} = \alpha U_0 = \alpha l \,(U_0/l) \tag{9-9}$$

即起始电压分布中的最大梯度有可能达平均梯度 U_0/l 的 αl 倍。αl 越大则起始电压分布愈不

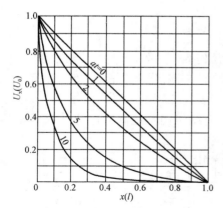

图 9-25　无限长直角波作用于中性点
接地的变压器绕组时的起始电压分布

均匀，如图 9-25 所示。

当变压器的中性点绝缘时，仍可用图 9-24 的等值电路（图中 S 打开），此时求解式（9-6）后可得

$$U_x = U_0 \frac{\mathrm{ch}\alpha(l-x)}{\mathrm{ch}\alpha l} \qquad (9\text{-}10)$$

可见当 αl 较大时，其起始分布仍与中性点接地时很相近；至于其最终的稳态分布（$t \rightarrow \infty$），则中性点接地及绝缘时完全不同。

正由于在无限长直角波的作用下，沿绕组的电压起始分布与最终的稳态分布不同，因而从起始到稳态之间有一振荡过程，图 9-26 所给出的中性点接地的变压器中，在沿绕组高度上不同时刻的电压分布。而且当起始与稳态分布（见图 9-26 中曲线 1 及 2）的差别越大时，自由振荡的分量越大，其振荡过程也越严重，主绝缘上所承受的电压幅值有可能高于来波（该图中的曲线 3）。

（二）变压器的内部保护

既然雷电冲击电压下的振荡过程来自于起始、稳态分布的不一致，而 αl 愈大时其起始分布愈不均匀，因而内部保护的主要原则是设法减小 αl（$=\sqrt{C_0/C_{k0}}$），即减小对地电容 C_0 或增大纵向电容 C_{k0}。近年来也有在变压器内部某些冲击梯度过大处（如调压线圈的两端等）并联以避雷器阀片等措施。早期曾采用静电线匝作为内部保护，但近来常用的内部保护方法主要是以下几种。

1. 静电板

因进线端处绕组上电位分布常常最不均匀，利用静电板（见前图 9-22 中的项号 1）很大的曲率半径就将有助于改善该处的电场；而且由于此静电板 1 与高压绕组 2 中的第一个线饼的各匝之间也有较大的电容，不但可使该饼的匝间电位分布明显改善，且也有利于起始端后的几个线饼上的起始电位分布的改善。

2. 纠结式绕法

该绕法采用改变匝间的相对位置以增大纵向电容 C_k。基于绕组的匝间、饼间电容的储能及其电压的关系，可推出绕组的纵向电容 C_k。如以前图 9-4 的普通双饼纠结式绕组为例，其 C_k 比连续式［见前图 9-3（a）］时显著增大，因为连续式双饼段的纵向电容为

$$C_{k1} \approx \frac{C_t}{N} + \frac{2}{3} C_d \qquad (9\text{-}11)$$

而如绕成双饼纠结式线段时的纵向电容为

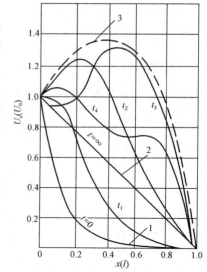

图 9-26　无限长直角波作用于中性点
接地的变压器时，沿绕组高度上不同
时刻的电压分布（$0 < t_1 < t_2 < t_3 < t_4$）

1—起始分布；2—稳态分布；
3—最大对地电位包络线

$$C_{k2} \approx \frac{C_t}{4}(N-4) + 1.2C_d \tag{9-12}$$

式中　C_t——相邻线匝的匝间电容；

　　　C_d——相邻线匝的饼间电容；

　　　N——双饼线段中的总匝数。

如某双饼线段中的总匝数 N 为 32 匝，而 C_t、C_d 分别为 600pF 及 820pF。当接成连续式双饼或纠结式时，可算出其纵向电容分别为 565pF 或 5184pF。由前式（9-5）可得，同样的线饼，如从连续式改为纠结式后，al 将增大约 3 倍；再从图 9-25 中诸曲线的对比中可看出，冲击电压下的起始电压分布可显著改善。

纠结式绕法有好多种，但工艺较连续式复杂、焊头也多。对于额定电压不太高的常仅在靠近进线端的几个线饼用纠结式，其余仍用连续式，即纠结－连续式，如前表 9-1 所示。而由图 9-27 的雷电冲击下实测分布可看出，110kV 变压器如采用纠结-连续式后，其沿绕组的电压分布比过去仅采用静电线匝补偿时明显优化。

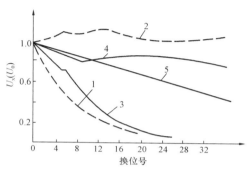

图 9-27　雷电冲击电压作用下沿绕组的电压分布实例
1—15 000/110 静电线匝补偿、起始分布；2—同上、最大对地电位包络线；3—31 500/110 纠结－连续式、起始分布；4—同上、最大对地电位包络线；5—稳态分布

3. 内屏蔽（插入电容）式结构

它是将屏蔽线匝直接绕在连续式绕组的内部（见图 9-28），而其端头则在包好绝缘后悬空着。因此这些内屏蔽线匝并不参与变压器的正常运行，仅在雷电冲击电压下起作用，它同样是靠增大纵向电容以改善冲击分布。目前国内变压器已在 110～500kV，甚至 750、1000kV 的变压器的高压绕组上广泛采用此内屏蔽（插入电容连续式）结构，效果很好，如表 9-1 所示。

4. 圆筒式结构

由前图 9-3（b）所示，其层间电容大，而对地电容小，因而在雷电冲击电压下的电位分布比连续式好。如在其首、末端各加一静电屏后，起始分布更接近于稳态分布，如前图 9-5 所示。

五、变压器的纵绝缘

既然在雷电冲击电压下各饼间、层间、匝间等纵绝缘上的电压分布很不均匀，因而在核算时，应按该处纵绝缘上可能出现的电位差进行考虑。这既可采用计算机进行分析计算，也可在实体或模拟上进行实测，测得的波形如前图 9-2（b）所示。根据该处纵绝缘上所出现的电压峰值及持续时间，参考已有的典型绝缘结构的试验数据，便可校核其裕度是否足够。如表 9-5 为国内的一些在雷电冲击全波下匝绝缘的试验结果，那是在放电概率为 0.1% 的前提下得到的饼间油道的允许使用的全波雷电冲击电压。还要注意到即使同样峰值的冲击电压，如作用时间愈长，其危害性也愈大，这

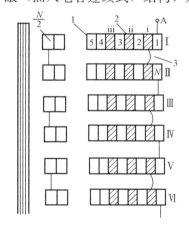

图 9-28　插入电容式绕法示意图
1—连续式绕组；2—屏蔽线匝；3—屏蔽连线

也是绝缘的普遍规律。如图 9-29 所示为 8.2mm 饼间油道的伏秒特性。

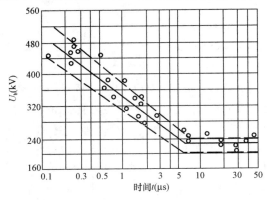

图 9-29　饼间油道（8.2mm）的伏秒特性举例

（匝绝缘，两边共厚 2mm）

表 9-5　　　　不同匝绝缘、不同油道的允许使用全波雷电冲击电压（kV）举例

油道宽度（mm）			4	8	12
匝绝缘厚度（mm）	1.35	条件 1	90	107	131
		条件 2	119	135	148
	1.95	条件 1	135	151	180
		条件 2	150	170	185
	2.95	条件 1	173	190	200
		条件 2	202	229	243
	3.92	条件 1	196	199	214

注　1. 工艺过程为真空干燥、真空注油。

　　2. 条件 1-连续式绕组；条件 2-改进了内部换位方式的纠结式绕组。

　　3. 试验波形 1/20μs。

对于纠结式绕法，前已述及，虽有利于改善雷电冲击下的电压分布，但工频下的匝间电位差较高，更应认真校核是否在工作电压下出现局部放电。用电缆纸包缠的匝绝缘的局部放电电压还与工艺有关，表 9-6 所示为某厂在放电概率为 0.1％ 的前提下实验得出的一种导线匝绝缘的工频 1min 允许使用场强值，并根据 1min 允许使用场强值和伏秒特性推算出其长期允许场强值。

表 9-6　　　　　　　　导线匝绝缘工频允许使用场强举例

匝绝缘材料	工频允许场强（有效值），kV·mm⁻¹		局放测试电压下的允许场强（有效值），kV·mm⁻¹
	1 分钟	长期	
普通导线（普通电缆纸）	15.0	3.0	11.0
换位导线（高压电缆纸）	21.7	4.3	10.2

注　1. 真空干燥、真空注油，真空度 133Pa。

　　2. 试验按逐级加压法进行，每级加压 1min。

圆筒式绕组的层间纸层数 n 的选取可参看图 9-30，再对其冲击电压下的性能进行校核。

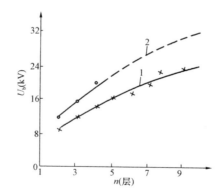

图 9-30　层间工频击穿电压与 0.12mm 电缆纸层数的关系
1—漆包线（或纱包线）；2—0.3mm 纸包线

第二节　高压电机绝缘

一、电机绝缘的工作条件及绝缘结构

（一）工作条件

目前大型电机的额定电压为 6～30kV。电机绝缘的工作条件及现在采用的绝缘结构限制了大幅度地提高电机的额定电压。因为现在广泛应用的大型电机，其绕组难以像油浸变压器中那样将导线包以固体绝缘材料后浸在绝缘油里，以致难以避免因气体的电气强度较低而带来的电晕等问题。何况定子的槽内尺寸原来就不大，如再提高工作电压、增加槽内绝缘厚度，将使槽满率（槽内导线截面与整个槽截面之比）更低；而且绝缘太厚，散热困难，绝缘热击穿的可能性也增大。国内也用过定子绕组浸在油里的发电机，那是在定子与转子间的气隙里放置了绝缘筒；从而定子绕组可浸在油里，而转子却不在油里高速旋转。当前也有研究以 XLPE 电缆来绕制高压电机的，也有在开发高压超导电机等的。

据报道，过去常用的 6～20kV 电机，由于定子绝缘损坏而导致的事故已占全部停机数的约 1/3，这就与电机绝缘的工作条件恶劣有关。

1. 热的作用

电机的额定电压不高时，绝缘的老化主要是由热老化所引起。

当电机的长度较长时，由于处在一起的铜线、绝缘层、铁芯的热膨胀系数不同，在温度反复的变动中将会引起绝缘层的分层及开裂，而出槽口及通风槽处的绝缘往往更易损坏。如采用定子水冷技术（定子绕组的内腔通以冷却水，如图 9-31 所示），温升可仅 20° 左右，这时其热老化过程就可明显减缓。

2. 机械力的作用

在制造过程中绕组就已受到机械力的作用，而在正常运行时，周期性的交变电磁力又使绕组不断地振动；尤其

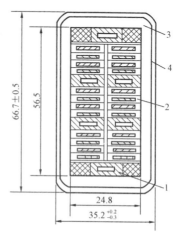

图 9-31　一种 13.8kV 水内冷
线圈截面图
1—空心导线；2—绝缘导线；3—绝缘
层；4—防晕层

是那些处于下层的线棒。当绝缘缺乏弹性时就会较快损坏，何况绕组的端部又比槽部难以固定，在反复启动或短路时很大电动力的作用下，就可能出现变形或损坏，因而绕组端部要用环氧树脂等予以认真固定好。

3. 电场的作用

目前高压电机中所选取的绝缘平均工作场强低于其他绝缘结构中，约为 2kV/mm（有效值）。对于新制成的绕组，虽然其平均击穿场强远高于此值，但所采用的绝缘材料及工艺过程等决定了其击穿电压的分散性很大，如图 9-32 所示。

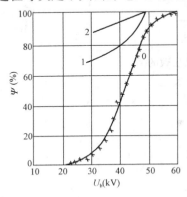

图 9-32　6kV 沥青云母带绝缘击穿
电压的概率分布

0—新线棒；1—经 28kV、10min 老化后；
2—经 33kV、5min 老化后

而且高压电机在运行过程中，局部放电现象可能相当严重，例如出现在绝缘与铁芯槽壁间的空气层里、在绝缘层内部的空气隙里以及绝缘层的外表面（特别是出槽口）处，那里都很容易发生局部放电。正如前图 6-52 所示，虽然许多有机绝缘材料的短时击穿场强很高，但在长期的局部放电等作用下将迅速老化，如该图中的曲线 1、2、3 所示；因而在高压电机中至今选用无机绝缘材料云母为主体，例如以云母（或粉云母）及玻璃纤维等制成的制品，其老化性能就好得多，如该图中的曲线 4。

如某核电机组在长期额定电压下的局部放电量极小，总小于几十皮库，则其运行寿命预计可达约 50 年。

另外，电机绝缘的冲击系数——冲击与工频击穿电压（峰值）之比近于 1，因而冲击电压对电机绝缘也是很大的威胁，特别是当它作用于已经老化的绝缘时。

（二）绝缘结构

早期高压电机曾用过套筒式绝缘：那是先用虫胶漆将云母片粘贴在整张纸上以制成云母箔，然后在热态下将云母箔卷烘到绕组的直线部分上。但由于云母箔难以卷烘到弯曲的端部上，在那里改用了云母带半叠绕（后一圈绝缘带将前一圈搭盖上一半）。由于采用了两种不同的绝缘材料和工艺过程，其间必有接缝，它就成了薄弱环节，这里的击穿电压仅约槽部的 30%。

为消除套筒式那样的接缝，宜在沿整个绕组上均采用同一种绝缘带进行包缠而成，即连续式。以前是用以纸、布补强的沥青云母带绝缘（黑绝缘），而现在生产的高压电机上是采用以玻璃纤维材料补强的环氧粉云母带绝缘（黄绝缘）进行连续式包缠。

1. 绝缘厚度与工作场强

如要对电场分布进行精确计算，可采用第一章介绍的数值计算方法等。由于绝缘寿命受到电、热、机械力等多种因素的影响，因此在决定绝缘尺寸时，该厂同类产品的运行实绩及系列的老化试验结果起着重要作用。

高压电机对地绝缘的厚度可参见表 9-7。如将槽壁近似地看成平行板，则这里的平均电场 $E_{av}=U/d$；而在导线棱角处的曲率半径 r 很小，绝缘在此处的最大场强 E_{max} 可按经验公式估算

$$E_{max}=\frac{U}{d}\sqrt[3]{1.8\frac{d+r}{r}}\qquad(9-13)$$

如取 $r=0.5\text{mm}$，则在不同额定电压 U、不同绝缘厚度 d 时的工作场强也列于表 9-7 中。

表 9-7　　　　　　电机绝缘厚度（mm）及工作场强（有效值，kV·mm^{-1}）举例

电机额定相电压 （kV）	沥青云母带绝缘			环氧粉云母带绝缘		
	绝缘厚度	平均场强	最大场强	绝缘厚度	平均场强	最大场强
$6.3/\sqrt{3}$	3.0	1.21	2.82	2.2～3.0	—	—
$10.5/\sqrt{3}$	4.0	1.52	3.83	3.5～3.8	1.67	4.1
$13.8/\sqrt{3}$	4.75	1.68	4.47	4.3～4.6	1.79	4.68
$15.75/\sqrt{3}$	5.25	1.73	4.75	4.75	1.91	5.09
$18.0/\sqrt{3}$	6.25	1.66	4.81	5.5	1.89	5.27

为降低线棒棱角处场强的过于集中，可涂以半导电层并进行整形以增大棱角处的曲率半径；有的也将其称之为"内屏蔽"方法，这常有利于明显降低该处的局放量。

2. 沥青云母带绝缘

早期常用的沥青云母带绝缘的平均击穿场强约 $14\sim20\text{kV/mm}$，而从表 9-7 中可见实际采用的工作场强远比它低。这是因为要考虑云母带绝缘是由云母、胶粘剂、补强材料等组成，所以很不均匀，分散性很大，即使是新线棒，也如图 9-32 中曲线 0 所示。而整台电机的击穿电压还比此单根线棒（或线圈）的平均击穿电压低得多，何况还要考虑长期运行过程中击穿电压还有可能逐渐下降这一因素。

为检查绝缘的性能，常测量已制成的线棒以及整机的电晕电压、$\tan\delta$ 值及其随电压上升时的变化。因为云母带绝缘经过真空浸胶或热压等处理后，空隙减少，组成了较结实的整体，机电性能明显提高，如图 9-33 中的曲线 2；如浸胶不良，则 $\tan\delta$ 值将随电压显著增大，如该图中的曲线 3。

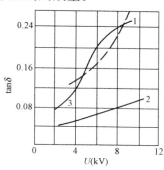

图 9-33　沥青云母带绝缘 $\tan\delta$
与外施电压关系
1—未浸胶前；2—浸胶良好；
3—浸胶质量差

3. 环氧粉云母带绝缘

由于过去采用的以云母片及沥青制成的沥青云母带绝缘的耐热性低（A 级）、机械强度也不高，且需以较稀缺的片云母为原料，因而它已逐渐被具有一定"热弹性"的环氧粉云母绝缘所替代。那是以环氧树脂（或加入聚酯树脂等）代替过去所用的沥青来作为胶黏剂，以粉云母纸代替片云母，并以玻璃丝带代替纸或绸等有机材料而作为补强材料，这种环氧粉云母带绝缘的机电强度比原来的沥青云母带绝缘明显提高。图 9-34 所示为其寿命曲线的对比。而同样是环氧粉云母带绝缘，由于胶黏剂及工艺的改进，耐热、$\tan\delta$ 都又有改善，如图 9-35 所示[9-2]。

我国采用环氧粉云母绝缘的一种水内冷线棒的图例已如前图 9-31 所示。

在刚改用环氧粉云母带绝缘的初期，有些绝缘在运行几年后曾被"蛀空"。因为这种绝缘为热固性材料，缺乏塑性，而早期制

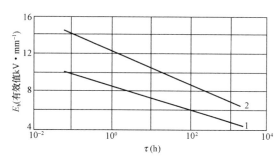

图 9-34　云母绝缘的寿命曲线
1—沥青云母带绝缘；2—环氧粉云母带绝缘

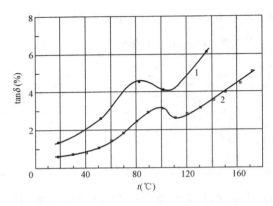

图 9-35　某电机定子线圈的 $\tan\delta \sim t$ 特性曲线

1—B 级环氧粉云母绝缘；1—F 级环氧粉云母绝缘

造时槽内又常留有较大空隙，使振动与电晕显著，容易促使绝缘损伤。研究发现可采取半导电衬条等将槽内空隙塞紧，并改进固化剂等以提高强度。

环氧粉云母带绝缘中粉云母、胶黏剂的配比会影响绝缘体的各项性能，图 9-36 是绝缘的击穿场强与胶黏剂含量的关系[9-3]，可看出含胶量在 25%～35% 时击穿电场强度较高。

虽然目前国际上都已广泛采用环氧粉云母带，但仍有两种不同的结构与工艺：多胶带型及少胶带型。

多胶带型是采用含胶量较多（40% 左右）的粉云母带包绕线棒，然后热压（液压或模压）下固化。在热压成型时会从里往外挤出多余的胶，正可用以填充被挤出空气后的空隙。

少胶带型是采用含胶量较少（10% 左右）的粉云母带包绕线棒，然后在特殊设备中抽真空，并在真空环境中进一步注入环氧树脂，经过加压浸入绝缘层中，然后加热固化以形成绝缘体。

无论是"多胶带型"还是"少胶带型"，成型固化后环氧粉云母绝缘的含胶量都宜处于图 9-36 的较优范围内。这两类环氧粉云带绝缘的主要特性如表 9-8 所示。

20 世纪 80 年代以前，我国多胶环氧粉云母带绝缘的工作场强（指平均工作场强）一般在 1.8～1.9kV/mm，

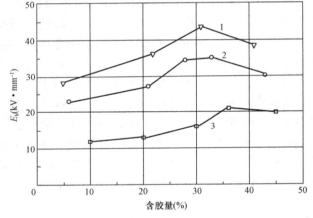

图 9-36　环氧粉云母带绝缘击穿场强 E_b 与含胶量的关系

粉云母纸密度：1—90g/m²；2—120g/m²；3—160g/m²

甚至更低。随着材料、工艺的提高和运行经验的积累，工作场强在 20 世纪 90 年代和本世纪初逐步分别提高到 2.2～2.3kV/mm 和 2.5kV/mm。

表 9-8　　　　　　　　　　　　　环氧粉云带绝缘的一些主要特征举例

项目	多胶带型	少胶带型	项目		多胶带型	少胶带型
工艺特点	真空预热后、液压或模压成型	预热、真空压力浸渍、烘焙固化	工艺特点		真空预热后、液压或模压成型	预热、真空压力浸渍、烘焙固化
20kV 主绝缘厚（mm）（单面）	5.15～5.5	4.75～5.41	相当于多少年加速电老化后的剩余击穿场强（kV·mm⁻¹）	0.1a	10～10.6	9～13
短时击穿场强（kV·mm⁻¹）	29～30.8	＞25		1a	8.4～8.6	7.6～11
室温下 $\tan\delta$（%）	1～1.6	1.3～2		10a	6.2～7	6～8
（0.6～0.2）U_n 的 $\Delta\tan\delta$（%）	＜0.3	＜0.3		30a	5.8～6.2	5.2～6.5

　　实际上对于绝缘厚度的选择也要"因机而异"。如对用于核电站的电机，安全裕度要大一些，绝缘工作场强宜取低一些，如 2.1 kV/mm 左右；而在全空冷汽轮发电机中，由于热传导是主要矛盾，绝缘薄些就显得更重要，绝缘工作场强也有可选到 3kV/mm 的。

　　无论多胶带型或少胶带型，都要严格选材及工艺精良；例如对少胶带型，推荐采用真空压力浸胶（VPI）的方法，而在 20 世纪 80 年代就开发出 F 级粉云母绝缘，90 年代又采用云母含量较高的粉云母带，并改善了导线棱角处的电场集中现象，这些都成功地用于各种大型汽轮或水轮发电机上。表 9-9 为一些水轮发电机参数举例。而近年来 1000MW 的汽轮发电机（额定电压 27kV）国内已大量生产；有资料介绍[9-3]，其绝缘厚度为 6.2mm，工作场强为 2.51kV/mm，而击穿场强为 31.19kV/mm。

表 9-9　　　　　　　　　　　　　**国产水轮发电机主绝缘参数举例**

水轮发电机参数	二滩水电站	三峡水电站
单机容量（MW）	550	700
额定电压（kV）	18	20
绝缘等级	F	F
主绝缘厚度（mm）	4.6	4.6
平均工作场强（kV/mm）	2.26	2.51
制造年代	1996	2001

（三）高压电动机的匝间绝缘

　　在高压电动机里常用多匝绕组，而运行中匝间绝缘的事故不少。因为在过电压下有些线匝上所分到的电位差很高，而匝绝缘又常仅 1～3 层，各层上的弱点重合的概率大，且匝间绝缘的缺陷又较难及时检出。

　　为此，电机旁常装有避雷器保护，所选用的避雷器的残压约为电机额定电压 U_n 的 2.5 倍。如在陡波作用下，第一个线圈上所分到的电压有可能达到来波峰值的 90%；而该线圈内各匝之间有着良好的电容耦合，则在线圈内部可视为近于均匀分布；如线圈内有 N 匝，则每匝分到的电压约为

$$U = \frac{2.5U_n \times 0.9}{N} \times 1.15 \tag{9-14}$$

此处乘以 1.15 是考虑到有些分布不均匀。匝间遇到的最大过电压的峰值通常很少超过 $0.35U_n$ 的。

　　当匝间电压较低时可用玻璃丝包线；如电压较高时，再半叠绕上 1～2 层塑料薄膜或云母带。

　　为进一步降低进波陡度、改善分布，宜加装保护电容器以增大与电机进线端所并联的电容值。

二、高压电机的防晕技术

　　电机的结构特点决定了它常用的是固体绝缘，但实际上可看成固体-气体绝缘：这气体既可能存在于固体绝缘之外，也可能存在于绝缘内部。因而在不太高的电压下，气体上所分到的场强较高处就可能发生局部放电或电晕，它们对绝缘有强烈的腐蚀作用。因而必须从选择材料、改善工艺、优化结构等多方面来设法减少电晕及其危害。例如：选择耐电晕的绝缘材料，如采用云母、玻璃纤维等无机材料并配以耐电晕的树脂作为浸渍剂；在结构上要设法

降低气隙中或沿面处的空气中所分到的过高场强，从而提高起始电晕电压。

（一）槽部电晕

槽部电晕不但发生在绝缘内部的气隙中，也可能发生在绝缘与铁芯间的空气层中。为此在制造过程中，每个线棒（线圈）都经过模压或液压，使绝缘内部气隙尽量少。为保证质量，需逐个检查其局部放电起始电压、测量其放电量。

鉴于绝缘与槽壁间的空气隙往往是难以完全避免的。如将导线与铁芯间的电场近似地按绝缘层（厚度 d_i、相对介电常数 $\varepsilon_i \approx 5$）及薄层气隙（d_g、$\varepsilon_g = 1$）的串联来分析，在额定工作相电压（$U_n/\sqrt{3}$）下空气隙上所分到的场强（峰值）

$$E_g = \frac{\sqrt{2}U_n/\sqrt{3}}{d_g + \frac{d_i}{5}} = \frac{4.1U_n}{5d_g + d_i}(\text{kV/mm}) \tag{9-15}$$

而槽内总的绝缘距离

$$d = d_g + d_i \tag{9-16}$$

按前表 9-7，环氧粉云母带的绝缘厚度 d 与电压 U_n 的关系可近似地表示为

$$d \approx 1 + 0.25U_n \tag{9-17}$$

将式（9-16）及式（9-17）代入式（9-15），得

$$U_n = \frac{(1+4d_g)E_g}{4.1 - 0.25E_g}(\text{kV}) \tag{9-18}$$

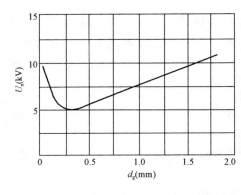

而气隙的击穿场强与气隙厚度等有关，如前图 2-12 的 U_b 与 pd 的关系曲线。如参照该图中不同气隙尺寸时的击穿场强当作 E_g 代入式（9-18），可求得该绝缘结构在不同的线电压 U_n 下开始出现局部放电的气隙厚度 d_g，见图 9-37。可见气隙厚度 d_g 约 0.3～0.5mm 时最易放电，而额定线电压达 6kV 级时就可能出现槽内电晕。以上分析还未考虑角部的电场集中、海拔高或温度高时空气的击穿场强降低等因素。

图 9-37　不同额定线电压 U_n 下空气隙中
发生击穿的气隙厚度 d_g

为改善槽部绝缘与铁芯间气隙中电晕的过早出现，应设法降低在这些气隙上所分到的电压。如常对 6kV 及以上的绕组进行防晕处理：制造绕组时，于绝缘层外包以半导电玻璃丝带；在下线时，在槽内涂刷防晕半导电漆；如果绕组与槽壁间的间隙过大，可用半导电垫条塞紧。这些槽部用的半导电层的表面电阻率 ρ_s 宜在 $10^3 \sim 10^5 \Omega$ 范围内；但该电阻率也不能太低，以免将硅钢片短路而增加铁耗。

（二）槽外电晕

高压电机在出槽口处的绝缘常易于损坏，因为这里不仅机械应力集中，而且电晕强烈。

由于出槽口处的电场分布是像套管法兰、电缆终端处那样具有很强的沿表面的切向和垂直分量，因而改善电位分布、提高起晕电压的措施也相似。例如：①增大表面电导电流，从

而相应减小因体积电容电流所导致的表面电位不均匀分布，如常在此采用涂半导电漆、包半导电带的方法，其效果如图 9-38 所示，在此端部处所采用的半导电层的表面电阻率 ρ_s 要比槽部用得高，为 $10^8 \sim 10^{10}\,\Omega$；而且最好将半导电层分成几级，离出槽口愈远处所用的电阻率应愈高些。②也可类似电容式电流互感器中的图 8-12 那样，于电机出槽口处的绝缘层中也加入一些内屏蔽（端电屏）；由于它仍需配合采用表面半导电层，而且施工又很不方便，现在已很少用这方法。

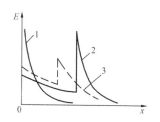

图 9-38　出槽口处表面场强
E 的分布示意图
1—未涂半导电层；2—表面有单级
半导电层；3—有二级半导电层

　　分析出槽口处电位分布、设计半导电层时的等值电路也与前图 9-24 很相似，但在这里可忽略的是体积电阻及表面电容，如图 9-39 所示。图中 l 为出槽口处半导电层长度，R_s、ρ_s 及 R_{s0}、ρ_{s0} 分别为已涂及未涂半导电层时的表面电阻、电阻率。可列出离槽口 x 处对导线的电位差 U_x 方程

$$\frac{\mathrm{d}^2 \underline{U}_x}{\mathrm{d}x^2} - \mathrm{j}\omega C_0 \rho_s \underline{U}_x = 0 \tag{9-19}$$

因此

$$\underline{U}_x = \underline{U}_0 \frac{\mathrm{ch}\gamma(l-x)}{\mathrm{ch}\gamma l} \tag{9-20}$$

式中　$\underline{U}_0$——在相电压下、于出槽口 $x=0$ 处的表面对导线间电位差；

　　　　γ——系数，$\gamma = \sqrt{\mathrm{j}\omega C_0 \rho_s}$。

　　沿面电位分布中的最大场强 E_0 常出现于出槽口处

$$\underline{E}_0 = -\frac{\mathrm{d}\underline{U}_x}{\mathrm{d}x}\bigg|_{x=0} = \gamma \underline{U}_0 \mathrm{th}\gamma l \tag{9-21}$$

通常 $\gamma l > 3$，$\mathrm{th}\gamma l \to 1$，则

$$E_0 = \gamma U_0 \tag{9-22}$$

　　而在半导电层终端 $x=l$ 处，导线与绝缘表面的电位差 U_1 可按式（9-20）求得

$$U_1 = U_0 / \mathrm{ch}\gamma l \tag{9-23}$$

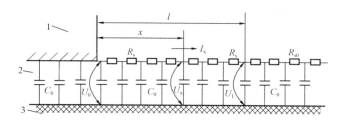

图 9-39　出槽口半导电层（长 l）的等值回路
1—铁芯；2—绝缘；3—导线

　　因而在选取近槽口处所涂半导电层的电阻率 ρ_s 及长度 l 时必须兼顾 E_0 和 U_1。如将 ρ_s 取得很低，E_0 固然可降得很低，于出槽口处已不再发生电晕；但 γ 小、l 又不大，$\mathrm{ch}\gamma l$ 将近于

1，使 U_1 接近 U_0，很可能将出槽口处的电晕转移到低阻值半导电层的终端去了。为此，一般是使 $E_0 < 20 \text{kV/cm}$（有效值），又使 $U_1 < 330 \text{V}$，以便在这两处同时满足无电晕的要求。

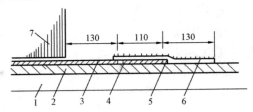

图 9-40　某 18kV 绕组出槽口处防晕结构举例
1—导线；2—绝缘；3—槽部低电阻层；4—中阻值
半导电层；5—高阻值半导电层；6—绝缘覆盖层；
7—铁芯

也有的在考虑绕组出槽口的防晕结构时强调了还要顾及发热问题，如要求各级防晕层（包括高阻搭接层）的起始端的表面损耗都应控制在同一数量级内，不超过 0.6W/cm^2。[9-4]

图 9-40 为国内某 18kV 绕组在近槽口处所采取的一种两级半导电层的方案。于近槽口处用涂半导电漆的玻璃丝带 4，其表面电阻率 $\rho_s = 10^7 \sim 10^9 \Omega$；而在其终端处盖以电阻率高些的半导电漆层 5，$\rho_s = 10^9 \sim 10^{11} \Omega$。希望其沿面电位分布近于前图 9-38 所示曲线 3 那样。有的对绕组出槽口处采用三级半导电防晕层，如三峡 20kV 级机组就采用中阻层、中高阻层和高阻层三级[9-5]。

近年来，广泛采用具有非线性特性的碳化硅半导电漆来涂覆，当该处的局部场强过高时，其阻值还会自动降低，更有利于改善电位分布。如国产 20kV 的 600MW 汽轮发电机，多年前就采用多级非线性的碳化硅半导电带后，起晕电压已可达 49kV。

以上分析了在相电压作用下各相的绕组端部的电位分布及防晕措施。对于额定电压更高的机组，还需考虑在线电压作用下绕组端部处各相邻相间的表面电晕问题；这时也可将各相绕组上所覆盖的高阻半导电层扩展到其整个端部上。

习　题

9-1　试计算图 9-18（a）所示的端部出线的 110kV 变压器的静电板上金属带的最小曲率半径 ρ。若此静电板上所包的纸带是用 0.12mm 电缆纸，最大油隙为 2mm（可参看图 9-22 及图 9-17 等）。

9-2　一台 154kV 电力变压器的高压连续式绕组由 60 个线饼构成，若此线圈的对地及纵向的总电容分别为 1920pF 及 24pF，问：

（1）如中性点接地，则在陡脉冲作用时，第一、第二这两个线饼在起始电压分布下分到的梯度电压（百分率）各为多少？

（2）它们分别为均匀分布时的多少倍？

（3）如中性点绝缘时，则又分别为多少？

（4）为什么这 60 个线饼在工频或冲击电压作用下，其电压分布会有这样显著差别？

（5）你建议采用怎样的措施来改善该变压器在冲击电压作用下的电压分布？

9-3　在高压电容套管及高压电力变压器里，主要是采用油纸绝缘；而在高压电机里却采用云母绝缘，这是什么原因？

9-4　采用油纸绝缘的结构或者采用云母绝缘的结构，你认为在设计、制造及运行时应关注的问题有哪些差别？

本 章 参 考 文 献

［9-1］　H. P. Moser. Transformerboard. USA，1979：105-116.

［9-2］　浦顺兴，等. 300MW 和 600MW 汽轮发电机绝缘国产化研究. 大电机技术，1997(2)：25-30.

［9-3］　赫炘. 环氧粉云母绝缘两种制造工艺释疑. 大电机技术，2010(6)：1-4.

［9-4］　卢春莲. 高压电机定子线圈防晕材料及防晕结构发展现状. 绝缘材料，2010(4)：28-31.

［9-5］　赫炘，等. 700MW 空冷水轮发电机绝缘系统研究. 大电机技术，2008(4)：6-11.

第十章 绝缘试验

电气绝缘的预防性试验方法是保证设备安全运行的重要手段,针对不同的绝缘缺陷有不同的预防性试验方法。需要掌握各种绝缘预防性试验方法的基本原理和技术,这对正确选择试验方法、由试验取得可靠数据、灵敏地发现绝缘缺陷都是至关重要的。

预防性试验中,测试一些特性的试验电压值较低,难以反映超、特高压电气设备在实际运行电压下的绝缘性能。预防性试验早期是定期或不定期进行的,未能对设备进行连续监测。而推行在线监测和状态检修可更可靠地掌握设备的绝缘性能,保证设备的安全运行。

本章介绍各种绝缘预防性试验方法的基本原理以及能发现的绝缘缺陷。叙述次序大致是:说明绝缘试验方法分类;讨论绝缘电阻测试,包括绝缘电阻表,绝缘电阻、吸收比和泄漏电流测试;讨论介质损耗因数测试,包括西林电桥原理、$\tan\delta$ 的测试、外界干扰和消除措施;介绍电压分布测量、局部放电测量、绝缘油的试验和耐压试验;讨论绝缘在线监测,包括电流、局部放电、油中溶解气体含量和红外、紫外技术。

第一节 绝缘试验分类

电气设备必须在长年使用中保持高度的可靠性,为此必须对设备按设计的规格进行各种试验。在制造厂有:对所用的原材料的试验,制造过程的中间试验,产品的型式及出厂试验。在使用场合有:安装后的交接试验,使用中为维护运行安全而进行定期、不定期的离线及在线的绝缘试验。通过试验,掌握电气设备绝缘的情况,可保证产品质量或及早发现其缺陷,从而进行相应的维护与检修,以保证设备的正常运行。

电气设备的绝缘缺陷有一些是制造时潜伏下的,另一些则是运行中在外界作用的影响下发展起来的。外界作用有工作电压、过电压、大气影响(如潮湿等)、机械力、热、化学等,当然这些外界作用的影响程度还和制造质量有关。目前,还不能做到使电气设备的绝缘在运行中不发生明显的老化,所以在电力系统中经常进行预防性试验,及时发现缺陷,进行维修,可减少许多事故的发生。

绝缘的缺陷通常可以分成两大类:第一类是集中性的缺陷,例如悬式绝缘子的瓷质开裂,发电机绝缘局部磨损,电容器、电缆由于局部有气隙在工作电压作用下发生局部放电而损坏,以及其他的机械损伤、开裂等等;第二类是分布性的缺陷,指电气设备整体绝缘性能下降,例如电机、变压器、套管等绝缘中的有机材料的受潮、老化、变质等等。绝缘内部有了上述这两类缺陷后,它的特性就往往要发生一定的变化。这样,就可以通过一些试验把隐蔽的缺陷及早检测出来。

绝缘试验可分为绝缘特性试验和绝缘耐电压试验两大类,见表 10-1。第一类绝缘特性试验也称非破坏性试验,是指在较低的电压下或是用其他不会损伤绝缘的办法来测量绝缘的各种特性,从而判断绝缘内部有无缺陷。实践证明,这类方法是有效的,但目前还不能只靠它来可靠地判断绝缘的耐电压水平。第二类是绝缘耐电压试验也称破坏性试验。这类试验对绝缘的考验是严格的，特别是能揭露那些危险性较大的集中性缺陷，能保证绝缘有一定的水平或裕度；缺点是可能会在耐电压试验时给绝缘造成一定的损伤。耐电压试验是在非破坏性试验之后才进行，如果非破坏性试验已表明绝缘存在不正常情况，则必须在查明原因并加以消除后再进行耐电压试验，以避免不应有的击穿。例如套管大修时，当用非破坏性试验判断出绝缘受潮后，首先是进行干燥，待受潮现象消除后才做耐电压试验。

表 10-1   绝缘试验的分类

试验分类	试验项目	试验分类	试验项目
绝缘特性试验	绝缘电阻试验	绝缘耐电压试验	交流电压试验
	介质损耗因数（tanδ）试验		直流电压试验
	局部放电试验		雷电冲击电压试验
	其他试验		操作冲击电压试验

在具体判断某一电气设备的绝缘状况时，应注意对各项试验结果进行综合判断，并注意和历史资料以及该设备的其他相进行互相比较。为便于历次试验结果相互比较，最好在相近温度和试验条件下进行试验，以免因温度换算等又带来误差。试验应尽量在良好天气下进行。

有关绝缘试验应按国家标准 GB/T 311.1—2012《绝缘配合 1》、GB/T 311.2《绝缘配合 2》、GB/T 311.3—2007《绝缘配合》、GB/T 16927.1—2012《高电压试验技术》、电力行业标准 DL/T 596—2005《电气设备预防性试验规程》和国家电网公司企业标准 Q/GDW 168—2008《输变电设备状态检修试验规程》等的要求进行。

第二节 绝 缘 电 阻 测 量

一、多层电介质的吸收现象

许多电气设备的绝缘都是多层的。例如电机绝缘中用的云母带，就是用胶把纸、绸或玻璃丝布和云母片黏合制成的；充油电缆和变压器等绝缘中用的是油和纸。类似前图 6-8，可以用下面的模型来描绘在测量多层电介质绝缘电阻时所遇到的吸收现象。

多层电介质的特性可以粗略地用双层电介质模型来分析，如图 10-1 所示。合上 S 将直流电压 U 加到绝缘上后，电流表 A 的读数的变化如图 10-2 中曲线所示，开始电流很大，以后逐渐减小，最后趋近于一个稳定值 I_g；当试品容量较大时，这种逐渐减小过程很慢，甚至达数分钟或更长。图中用斜线表示出的面积为绝缘在充电过程中逐渐"吸收"的电荷 Q_a。这种逐渐"吸收"电荷的现象叫作"吸收现象"。有关这一现象的物理解释在第六章第一节中已有叙述，这里将联系吸收曲线做进一步的分析。由前可知，当 S 刚合上瞬间，绝缘两端突然有一个很大的电压变化，电介质 1 和 2 在极短时间（$t \approx 0$）内分别被充电到

$$U_{10} = C_2 U / (C_1 + C_2) \tag{10-1}$$

$$U_{20} = C_1 U / (C_1 + C_2) \tag{10-2}$$

此后电介质 1、2 上的电压将逐渐过渡为按电阻分配，当达到稳定以后，回路中将只有通过电阻的稳态电流，此电流

$$I_g = U / (R_1 + R_2) \tag{10-3}$$

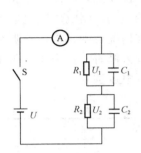

图 10-1　双层电介质的等值电路

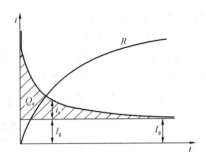

图 10-2　吸收曲线及绝缘电阻的变化曲线

此时电介质 1、2 上的电压则分别为

$$U_{1\infty} = R_1U \,/\, (R_1 + R_2) \tag{10-4}$$

$$U_{2\infty} = R_2U \,/\, (R_1 + R_2) \tag{10-5}$$

如果 $U_{1\infty}$ 比 U_{10} 小，则过渡过程中 C_1 放电，C_2 进一步充电；反之，则 C_2 放电。

过渡过程中，各层的电压 u 按下式由起始电压 U_0 逐渐过渡到稳态电压 U_∞，即

$$u = U_\infty + (U_0 - U_\infty)\mathrm{e}^{-t/\tau} \tag{10-6}$$

由此可得

$$u_1 = \frac{R_1}{R_1 + R_2}U + \Big(\frac{C_2}{C_1 + C_2} - \frac{R_1}{R_1 + R_2}\Big)U\mathrm{e}^{-t/\tau} \tag{10-7}$$

$$u_2 = \frac{R_2}{R_1 + R_2}U + \Big(\frac{C_1}{C_1 + C_2} - \frac{R_2}{R_1 + R_2}\Big)U\mathrm{e}^{-t/\tau} \tag{10-8}$$

由于电源回路内阻可以不计，故可把绝缘两端看作短路来计算过渡过程的时间常数 τ，则

$$\tau = \big[R_1R_2/(R_1 + R_2)\big](C_1 + C_2) \tag{10-9}$$

τ 越大，表示上述过渡过程进行得越慢。

过渡过程中流过 C_2 的充电电流 i_{C2} 为

$$i_{C2} = C_2\,\frac{\mathrm{d}u_2}{\mathrm{d}t} = \frac{C_2(R_2C_2 - R_1C_1)U}{(C_1 + C_2)^2R_1R_2}\mathrm{e}^{-t/\tau}$$

同时，流过 R_2 的电流 i_{R2} 为

$$i_{R2} = \frac{u_2}{R_2} = \frac{U}{R_1 + R_2} - \frac{U(R_2C_2 - R_1C_1)}{(C_1 + C_2)(R_1 + R_2)R_2}\mathrm{e}^{-t/\tau}$$

流过外回路的电流 i 为

$$\begin{aligned} i &= i_{C2} + i_{R2} \\ &= \frac{U}{R_1 + R_2} + \frac{(R_2C_2 - R_1C_1)^2U}{(C_1 + C_2)^2(R_1 + R_2)R_1R_2}\mathrm{e}^{-t/\tau} \end{aligned} \tag{10-10}$$

令

$$i = I_\mathrm{g} + i_\mathrm{a}$$

故

$$i_\mathrm{a} = \frac{(R_2C_2 - R_1C_1)^2U}{(C_1 + C_2)^2(R_1 + R_2)R_1R_2}\mathrm{e}^{-t/\tau} \tag{10-11}$$

由式（10-10）可知，加上试验电压 U 后，流过试品的电流由两部分组成：第一部分为传导电流 I_g，其大小与试品总的绝缘电阻（R_1+R_2）成反比；第二部分为吸收电流 i_a，其大小与试品绝缘的均匀程度密切相关。如果绝缘是比较均匀的，就有 $R_1C_1 \approx R_2C_2$，则吸收电流便甚小，吸收现象便看不出来。如果试品绝缘很不均匀，R_1C_1 与 R_2C_2 就相差甚大，则吸收现象将十分明显。

此外，从式（10-9）和式（10-10）还可知，如果被试绝缘受潮严重或是绝缘内部有集中性导电通道，则绝缘电阻值显著降低，I_g 将大大增加，i_a 将迅速衰减。

（一）吸收比

当试验电压 U 一定时，测得的试品的绝缘电阻 R 与当时的 i 成反比。因此，由式（10-10），即可得此情况下试品绝缘电阻 R 随时间的变化，如图 10-2 中曲线 R 所示。当式（10-10）中的 t 以不同的加压时间代入，例如以 t 为 15、60s 代入，即可分别得到加电压后 15s 时的绝缘电阻 R_{15s} 值和 60s 时的绝缘电阻 R_{60s} 值。通常，应用吸收比 K 来反映绝缘的情况，有

$$K = R_{60s} / R_{15s} \tag{10-12}$$

对于被试品电容较大和不均匀的试品绝缘，如果绝缘状况良好，则吸收现象将甚明显，K 值便远大于1。如果绝缘受潮严重或是内部有集中性的导电通道，由于 I_g 大增，i_a 迅速衰减，当 $t=15s$ 和 60s 时，i_a/I_g 显著变小，而 i_{15s}/i_{60s} 或 K 值接近于1。所以，利用绝缘的吸收曲线的变化或 K 值的变化，可以有助于判断绝缘的状况。图 10-3 是被试品为沥青云母线圈绝缘的吸收特性曲线。

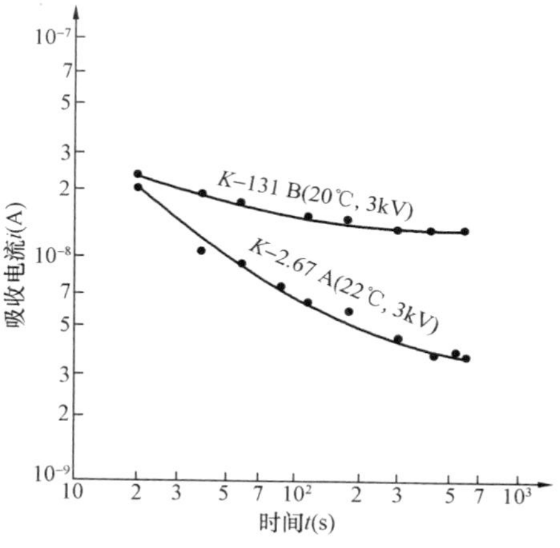

图 10-3 吸收特性曲线
A—新线圈；B—吸潮、污秽、老化的线圈

（二）极化指数

对于大型电机及变压器，由于电容量大，吸收时间常数大，有时会出现电阻很大但吸收比较小的矛盾，故还采用 10min 和 1min 时的绝缘电阻之比，即极化指数 PI

$$PI = R_{10min} / R_{1min} \tag{10-13}$$

来判断绝缘性能。例如超高电压大容量变压器绝缘要求常温下吸收比不小于 1.3，或极化指数不小于 1.5。亦有采用泄漏比来分析的。

（三）泄漏比

测量被试品加上直流电压 10min 时的电流 $I_{a.10min}$，以及切除电压并将两电极短路放电 10min 时的电流 $I_{b.10min}$（电路如图 6-9 所示），两者相比的数值称为泄漏比 LI，即

$$LI = I_{a.10min} / I_{b.10min} \tag{10-14}$$

例如，以发电机线圈绝缘为例，常温下泄漏比值不大于 30 为正常状态，而大于 30 为受潮。

二、绝缘电阻和吸收比测量

通常均用绝缘电阻表（又称兆欧表）进行测量。规定以加电压 60s 后测得的数值为该试品的绝缘电阻。

当被试品绝缘中存在贯通的集中性缺陷时，反映 I_g 的绝缘电阻往往明显下降，于是用绝缘电阻表检查时便可以发现。但对于许多电气设备，例如电机，反映 I_g 的绝缘电阻往往变动甚大，因为它总和被试品的温度及体积尺寸有关系，往往难以给出一定的绝缘电阻判断标准。通常把处于同样运行条件下的不同相的绝缘电阻进行比较，或是把这一次测得的绝缘电阻和过去在相近温度下对它测出的绝缘电阻进行互相比较来发现问题。

对于电容量较大的设备，如电机、变压器、电容器等，利用上述吸收现象来测量这些设备的绝缘电阻随时间的变化，可以更有利于判断绝缘状态，因为吸收比 K 是同一试品两个绝缘电阻的比值，它和电气设备绝缘的尺寸无关。

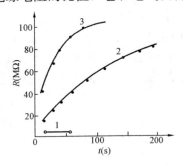

图 10-4　某同步电机干燥前后
绝缘电阻的变化

1—干燥前，15℃；2—干燥完毕，73.5℃；
3—运行 72h，冷却后，27℃

图 10-4 是某同步电机定子绕组的绝缘电阻随时间变化的测试结果。线圈受潮时（曲线 1），吸收现象不明显，$K=1$。干燥、冷却后，$K \approx 2$（曲线 3）。刚干燥完毕时温度高，绝缘电阻值较低（曲线 2）。绝缘电阻具有负的温度系数，当温度上升时，电阻值下降。电阻值随温度增加而减小的程度因绝缘体吸潮而变小，因绝缘体老化而可能变大。

需要注意的是，有时，虽然某些集中性缺陷已发展得很严重，以致在耐电压试验中被击穿，但耐电压试验前测出的绝缘电阻值和吸收比却都很高，这是因为这些缺陷虽然严重，但还没有贯通的缘故。因此，只凭绝缘电阻的测量来判断绝缘是不可靠的，但它毕竟是一种简单而有一定效果的方法，故使用十分普遍。

三、绝缘电阻表的原理和接线

绝缘电阻表有手动的及电动的。手动绝缘电阻表（现场常称摇表）内装有直流电源与流比计，直流电源一般为手摇或电动发电机。直流电压为 2500V 的绝缘电阻表，用于对额定电压为 1000V 以上的电气设备进行试验；对 1000V 及以下设备常用 1000V 绝缘电阻表。绝缘电阻表有三个接线端子：线路端子（L）、接地端子（E）和保护端子（G），被试绝缘接在 L 和 E 之间，如图 10-5 所示。

流比计的电流线圈 1 和电流线圈 2 绕向相反，固定在同一转子上，并可带动指针旋转。由于没有弹簧游丝，所以实际上没有反作用力矩，当线圈中没有电流时，指针可停在任一偏转角 α 位置。

当电流 I_1 流过电流线圈 1 时，便有力矩 M_1 作用在线圈 1 上。同样，I_2 流过电流线圈 2 时便有力矩 M_2 作用在线圈 2 上。力矩 $M_1 = I_1 F_1(\alpha)$，$M_2 = I_2 F_2(\alpha)$，其中 $F_1(\alpha)$、$F_2(\alpha)$ 随指针转动角 α 而变，与气隙中磁通密度的分布有关。

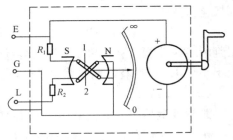

图 10-5　手动绝缘电阻表的原理结构图

平衡时 $M_1 = M_2$，故 $I_1 / I_2 = F_2(\alpha) / F_1(\alpha) = F(\alpha)$ 或 $\alpha = f(I_1 / I_2)$。

由 $I_1 = U / R_1$，$I_2 = U / (R_2 + R_x)$（R_x 为试品绝缘电阻），可得

$$\alpha = f(I_1 / I_2) = f_1(R_x) \tag{10-15}$$

即指针读数反映 R_x 的大小。

图 10-6（a）表示用绝缘电阻表测量电机定子绕组绝缘电阻时的情况。图中被测相为 A 相。在 A 相绝缘表面紧缠以铜丝作为屏蔽并连接到绝缘电阻表的保护端子（G）上。这样做的目的是使流过绝缘电阻表电流线圈的电流只反映 A 相定子绕组绝缘内部的电流，而沿绝缘表面的泄漏电流将由 G 端供给，不流过绝缘电阻表的线圈，也就是使绝缘电阻表的读数不受绝缘表面的影响，只反映绝缘内部的状况。未试相的绕组 B-Y，C-Z 均应短路并接地，如图 10-6（b）所示。

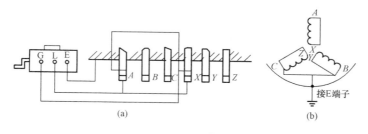

图 10-6　发电机定子绕组绝缘电阻的测量

现亦广泛应用的电子式绝缘电阻表（其端子符号和上述绝缘电阻表的意义相同）不用手摇发电机，而采用电池供电，由晶体管振荡器产生交变电压经变压器升压及倍压整流后输出直流电压。对大型设备，常用电压为 5000V 的绝缘电阻表。

四、泄漏电流测量

测量泄漏电流本质上也是测量绝缘电阻，只是所用的直流电压较高（如 10kV 以上），因此能发现一些尚未完全贯通的集中性缺陷，比绝缘电阻表更有效。

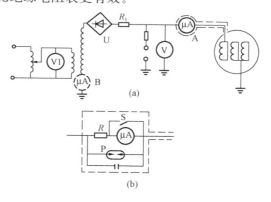

试验设备及接线回路如图 10-7 所示，U 为高压整流元件，一般用高压硅堆。如被试品为发电机，由于其绕组对地电容较大，故不需在高压直流的输出端另加稳压电容。测量被试品中泄漏电流用的微安表最好直接接在高压侧 〔见图 10-7（a）中 A 处〕，以便能直接反映出绝缘内部的泄漏电流。如果不是这样，而是把微安表接在高压试验变压器高压绕组的接地侧 〔见图 10-7（a）中 B 处〕，那么，由于回路的高压部分对外界的杂散电流（泄漏电流、电晕电流）入地时也要流过微安表 B，使微安表的读数增大而可能掩盖了实际电机绝缘内部的泄

图 10-7　发电机泄漏电流试验线路图
（a）试验线路图；（b）微安表保护回路

漏电流。为了防止微安表 A 内部电晕以及避免由微安表到被试品这一段导线的电晕电流和沿绝缘表面的泄漏电流流过微安表，还需要采用屏蔽的方法，如图 10-7（a）中虚线所示。被试品两端直流高压的测量可以用高压静电电压表。图 10-7（a）中 R_1 是为了保护整流元件，并可以防止当被试品击穿或放电时有过大的电流流过整流器 U。测量泄漏电流用的微安表有保护用的放电管 P 〔见图 10-7（b）〕，在流过微安表的电流超过一定值时，电阻 R（包括微安表的电阻）上的压降使 P 放电以保护微安表，并联电容可使微安表的指示更加稳定。

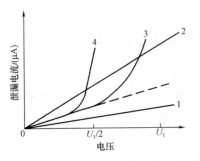

图 10-8　发电机的典型泄漏电流曲线

1—绝缘良好；2—绝缘受潮；3—绝缘中有集中

性缺陷；4—绝缘中有危险的集中性缺陷

微安表平时被刀闸 S 短路，需要读数时打开 S。试验完毕后，要注意将电机绕组上的剩余电荷泄放掉以保证安全。

图 10-8 表示发电机绝缘泄漏电流随电压变化的一些典型曲线。对于良好的绝缘，电流值较小，泄漏电流随电压而线性上升，如曲线 1 所示；如果绝缘受潮，那么电流值加大，如曲线 2 所示；曲线 3 表示绝缘中有集中性缺陷存在。当泄漏电流超过一定数值，应尽可能找出原因加以消除。如果 $0.5U_t$（试验电压为 U_t）附近时泄漏电流已经迅速上升，如曲线 4 所示，则这台发电机在运行时（不计及过电压）就有击穿的危险。

第三节　介质损耗角正切 tanδ 的测量

一、介质损耗角正切 tanδ 测量的意义及原理

通过测量 tanδ，可以反映出绝缘的一系列缺陷，如绝缘受潮，油或浸渍剂脏污或老化变质，绝缘中有气隙发生放电等。这时，流过绝缘的电流中有功电流分量 I_R 增大了，tanδ 也加大。绝缘中存在气隙这种缺陷，最好通过做 tanδ 与外加电压的关系曲线 tanδ～U 来发现。例如对于电机线棒，如果绝缘老化，气隙较多，则 tanδ～U 将呈明显的转折，如图 10-9 所示。U_c 代表较多气隙开始放电时的外加电压，从 tanδ 增加的陡度可反映出老化的程度。

如前式（6-21）等所示 tanδ 是反映绝缘功率损耗大小的特性参数，与绝缘的体积大小无关。如果绝缘内的缺陷不是分布性而是集中性的，则测量 tanδ 有时反映就不灵敏。被试绝缘的体积越大，或集中性缺陷所占的体积越小，那么集中性缺陷处的介质损耗占被试绝缘全部电介质中的比重就越小，而 I_c 一般几乎是不变的，故由前式（6-22）可知，总体的 tanδ 增加得也越少，这样，测 tanδ 法就越不灵敏。对于像电机、电缆这类电气设备，由于运行中故障多数为集中性缺陷发展所致，而且被试绝缘的体积较大，tanδ 法效果就差，而套管的体积小，tanδ

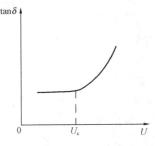

图 10-9　tanδ～U 关系曲线

法不仅可以反映套管绝缘的全面情况，而且有时可以检查出其中的集中性缺陷。

当被试品绝缘由不同的电介质组成，例如由两种不同的绝缘部分并联组成时，因被试品总的介质损耗为其两个组成部分介质损耗之和，且被试品所受电压即为各组成部分所受的电压，由前式（6-20）可得 $\omega C_x U^2 \tan\delta = \omega C_1 U^2 \tan\delta_1 + \omega C_2 U^2 \tan\delta_2$，因而

$$\tan\delta = \frac{\omega C_1 U^2 \tan\delta_1 + \omega C_2 U^2 \tan\delta_2}{\omega C_x U^2}$$

$$= \frac{C_1 \tan\delta_1 + C_2 \tan\delta_2}{C_x} \tag{10-16}$$

由式（10-16）可知，C_2/C_x 越小，则 C_2 中的缺陷（$\tan\delta_2$ 增大）在测整体的 tanδ 时越难发

现。故对于可以分解为各个绝缘部分的被试品，常用分解进行 $\tan\delta$ 测量的方法。例如测变压器 $\tan\delta$ 时，对套管的 $\tan\delta$ 单独进行测量可以有利于发现套管的缺陷，否则，由于套管的电容比变压器绕组的电容小得多，在测量变压器绕组连同套管的 $\tan\delta$ 时，就不易反映套管内的缺陷。

当被试品由两种不同的绝缘部分 C_1、C_2 串联组成时，因

$$\tan\delta = \frac{\sum P_i}{\sum Q_i} \tag{10-17}$$

及各绝缘部分的电压按电容分压 $U_1 = CU/C_1$、$U_2 = CU/C_2$，可得

$$\tan\delta = \frac{\dfrac{1}{C_1}\tan\delta_1 + \dfrac{1}{C_2}\tan\delta_2}{\dfrac{1}{C_1} + \dfrac{1}{C_2}} = \frac{C_2\tan\delta_1 + C_1\tan\delta_2}{C_1 + C_2} \tag{10-18}$$

在通过 $\tan\delta$ 值判断绝缘状况时，仍然需要着重于与该设备历年（相近温度下）的 $\tan\delta$ 值相比较以及和处于同样运行条件下的同类型设备相比较。即使 $\tan\delta$ 值未超过标准，但和过去比以及和同样运行条件的其他设备比，若 $\tan\delta$ 突然明显增大时，就必须认真对待，不然也会在运行中发生事故。

二、测量 $\tan\delta$ 用的西林电桥

（一）西林电桥工作原理

西林电桥的基本线路如图 10-10 所示，图中被试品用 C_x、R_x 表示，C_N 为标准电容器（$\tan\delta_N \approx 0$），G 为检流计，R_3 和 C_4、R_4 为电桥的低压臂。当被试品两端均不接地时，用图 10-10（a）所示的正接法。在正接法中电桥 D 点直接接地，操作时比较安全。由于通常运行中的电气设备一端都是接地的，因而这时就不得不用图 10-10（b）所示的反接法。这时电桥调节部分是处于高电位之下，应放入法拉第笼内并对地绝缘。如电桥工作电压仅为 10kV，可不用法拉第笼，为了保证人身安全，R_3、C_4 的调节手柄用的是绝缘柄，耐压 15kV 以上，同时，电桥的带高电位部分都放在接地的屏蔽箱内。需注意的是这时从电桥接到被试品和标准电容器的引线都是带高压的，这是因为电桥调节部分两端的电压通常只有几伏，电源高压实际上加在 C_x、R_x 上，上述引线的对地电位与电源电压基本相同。

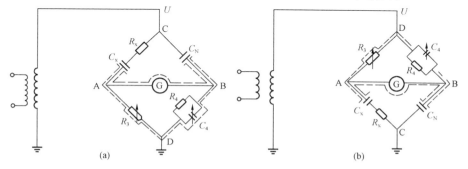

图 10-10　西林电桥的基本线路

（a）正接法；（b）反接法

不论是正接法还是反接法，电桥平衡时检流计 G 中电流 $I_G = 0$，所以

$$\underline{I}_{DA} = \underline{I}_{AC} = \underline{I}_x, \quad \underline{I}_{DB} = \underline{I}_{BC} = \underline{I}_N \tag{10-19}$$

$$\underline{U}_{DA} = \underline{U}_{DB}, \quad \underline{U}_{BC} = \underline{U}_{AC} = \underline{U}_x \tag{10-20}$$

以反接法为例来推导 $\tan\delta_x$ 和 C_x 的公式。电桥平衡时有

$$\underline{I}_x \underline{Z}_3 = \underline{I}_N \underline{Z}_4, \quad \underline{I}_x \underline{Z}_x = \underline{I}_N \underline{Z}_N$$

故

$$\frac{\underline{Z}_x}{\underline{Z}_3} = \frac{\underline{Z}_N}{\underline{Z}_4} \tag{10-21}$$

以 $\underline{Z}_3 = R_3, \underline{Z}_N = -j[1/(\omega C_N)], \underline{Z}_4 = \dfrac{R_4\{-j[1/(\omega C_4)]\}}{R_4 - j[1/(\omega C_4)]}$ 和 $\underline{Z}_x = R_x - j[1/(\omega C_x)]$ 代入式
(10-21)，可得

$$\frac{-j[1/(\omega C_N)]\{R_4 - j[1/(\omega C_4)]\}}{R_4\{-j[1/(\omega C_4)]\}} = \frac{R_x - j[1/(\omega C_x)]}{R_3} \tag{10-22}$$

由式（10-22）中的实部相等

$$C_x = C_N \frac{R_4}{R_3} \tag{10-23}$$

由式（10-22）中的虚部相等

$$R_x = \frac{C_4 R_3}{C_N} \tag{10-24}$$

由式（10-23）及式（10-24）可得

$$\omega C_x R_x = \omega C_4 R_4 \tag{10-25}$$

又据式（6-24）可得串联电路中 $\tan\delta$ 的表达式

$$\tan\delta_x = \omega C_x R_x = \omega C_4 R_4 \tag{10-26}$$

通常取 $R_4 = (10^4/\pi)\Omega, f = 50\text{Hz}$，可得

$$\tan\delta = 100\pi \times (10^4/\pi) \times C_4 = 10^6 C_4 (C_4 \text{ 单位为 F})$$

$$= C_4 (C_4 \text{ 单位为 } \mu\text{F})$$

也就是当电桥调到平衡时，读出 C_4 的微法数就等于被试品的 $\tan\delta$ 值。

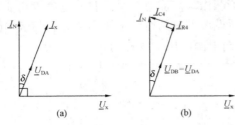

图 10-11　电桥平衡时的相量图

也可由电桥平衡时的相量图（见图 10-11）来导出式（10-26）。在图 10-11 (a) 中，由于 C_N 基本上可当作无损耗电容，故 $\underline{I}_N$ 垂直于 C_N 两端的电压 $\underline{U}_x$ （$\underline{U}_{AC} = \underline{U}_{BC} = \underline{U}_x$），试品 $\underline{I}_x$ 与 $\underline{U}_x$ 的垂直线的夹角即为试品电介质损耗角 δ，$\tan\delta = U_{Rx}/U_{Cx} = \omega C_x R_x$。电桥平衡时，$\underline{I}_{DA} = \underline{I}_x$，$R_3$ 上的压降 $\underline{U}_{DA}$ 等于 $\underline{I}_x R_3$，方向与 $\underline{I}_x$ 一致。在图 10-11 (b) 中，当电桥平衡时，$\underline{U}_{DB}$ 与 $\underline{U}_{DA}$ 相等，故 $\underline{U}_{DB}$ 与 $\underline{I}_N$ 的夹角仍为 δ。而 $\underline{I}_{R4}$ 与 $\underline{I}_{C4}$ 合成等于 $\underline{I}_N$。因此，$\tan\delta = I_{C4}/I_{R4} = \omega C_4 U_{DB}/(U_{DB}/R_4) = \omega C_4 R_4$。

如试品采用 R_x、C_x 并联等值回路（以 R、C_p 表示），则 R、C_p 可按前式（6-22）和式（6-26）转换。

测量电容 C_x 有时对于判断其绝缘状况也是有价值的。例如，对于电容型套管如果 C_x 明显增加，常表示内部电容层间有短路现象，或是有水分侵入。

（二）桥臂对地杂散电流的影响

图 10-10 电路表示的是一种理想情况，也就是不计任何杂散或干扰电流对电桥的影响。

要在实际上达到这一点，就必须注意桥臂对地杂散电流的影响（主要是杂散电容电流的影响）。由于 R_3 和 Z_4 数值小，正接法中杂散电容和它们并联产生的分流影响较小；反接法则不然。由于试品 C_x 和 C_N 阻抗较大，特别是当 C_x 较小时，杂散电容的分流影响不能忽视。解决的办法是：除电桥本身采用屏蔽外，电桥至试品和 C_N 的连接线应采用屏蔽线，如图 10-10 所示。屏蔽接在 D 点，这样，由屏蔽流出的对地杂散电流直接由电源供给，不再流过桥臂，对电桥平衡条件没有影响。除采用屏蔽及屏蔽线外，在反接法线路中，还需要注意 C_N、C_x 的引线及端部各部分表面的绝缘电阻，保持端部绝缘表面干燥、清洁，以消除杂散电流的影响。

图 10-10 所示的屏蔽与主桥臂间的杂散电容也会给测量带来误差，为减小此误差，有些精密的电桥采用如图 10-12（a）所示的双屏蔽方式。两层屏蔽中，内屏蔽通过电位平衡回路接地，平衡回路与它和高压入端间的分布电容串接而分得电压，并自动调节，使内屏蔽与主桥臂等电位，而外屏蔽则直接接地。在被试品接地的场合，这个回路不能就那样使用，而要采用图 10-10（b）所示的反接法，即应把图 10-12（a）中接地端改成高压端，高压端改成接地端。

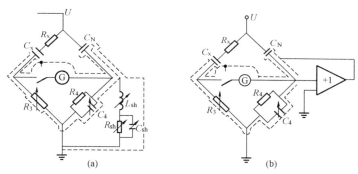

图 10-12 电桥的屏蔽
（a）屏蔽带平衡回路；（b）桥臂与屏蔽间接运算放大器

图 10-12（b）是在桥臂与内屏蔽之间接入运算放大器（高输入阻抗、低输出阻抗、放大倍数为+1），使屏蔽电位在任何条件下与桥臂同电位且有人工"接地"。

三、外界电源对电桥的干扰及消除干扰的措施

（一）电场干扰

即使电桥本身采用屏蔽，连接导线采用屏蔽导线，有时外界干扰仍然明显。这主要是由外界带电部分和被试品的高电压部分间有电容耦合引起的，如图 10-13 所示。图中用 U' 和 C' 分别表示等值干扰电源电压和等值耦合电容。电桥调到平衡后，$I_G=0$，检流计支路可以当作开路。由于通常 C' 甚小，也就是其容抗甚大，故干扰电流 I' 可以看作由恒流源发出，$I'=\omega C'U'$。I' 通过 C' 以后，分流成 I'_1 和 I'_2。由于被试品阻抗远大于 R_3 和高压试验变压器的漏抗，故 $I'_2 \ll I'_1$，干

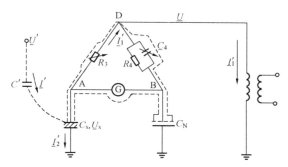

图 10-13 外界电源引起的电场干扰

扰电流 $\underline{I}'$ 实际上都流过 R_3。电桥平衡后，流过 R_3 的另一个电流就等于被试品电流 $\underline{I}'_x$。由于通常 C' 甚小，可不计此电流沿 C' 的分流，而认为它全部通过被试品，$\underline{I}_x = \underline{U}_x / \underline{Z}_x$。此处 $\underline{Z}_x$

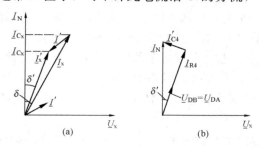

图 10-14　有电场干扰时的相量图
（a）电流相量图；（b）调节平衡后的相量图

如采用 R_x、C_x 并联回路，$\underline{I}_x = \underline{I}_{Rx} + \underline{I}_{Cx}$。由此可见，无上述干扰时，流过 R_3 的电流 $\underline{I}_{DA} = \underline{I}_x$；有干扰电流 $\underline{I}'$ 后，流过 R_3 的电流变成 $\underline{I}'_x$（见图 10-14）。调节电桥平衡，就是调节 R_3 到 R'_3（改变 $\underline{U}_{DA}$ 的大小）和 C_4 到 C'_4（主要是改变 $\underline{U}_{DB}$ 的相角，$\underline{U}_{DB}$ 的大小也有些改变），使 $\underline{U}_{DB} = \underline{U}_{DA}$。平衡后，可绘出相量图，如图 10-14（b）所示。此时测得的介质损耗因数为

$$\tan\delta' = \omega C'_4 R_4 \tag{10-27}$$

测到的电容 C'_x 为

$$C'_x \left(= \frac{I'_{Cx}}{\omega U_x} \right) = C_N \frac{R_4}{R'_3} \times \frac{1}{1 + \tan^2 \delta'} \tag{10-28}$$

不等于真实的试品介质损耗因数 $\tan\delta$ 和试品电容 $C_x [= I_{Cx}/(\omega U_x)]$。

为了减少这种误差，可以采取下列措施。

1. 加设屏蔽

在被试品高电压部分加屏蔽罩，并可将此屏蔽罩与电桥的屏蔽相连，以消除 C' 的影响。

2. 采用移相电源

电桥电源采用移相电源，如图 10-15 所示。由于干扰电流 $\underline{I}'$ 的相位是不变的，当调节电源电压 $\underline{U}$ 的相位时，$\underline{I}_x$ 的相位便相应地变化，于是可以改变 $\underline{I}'$ 和 $\underline{I}_x$ 的夹角。当调节移相器使它们的夹角为零的时候，前述 δ' 即等于 δ，如图 10-16 所示。设在开关 S 正、反两种不同位置下调节电桥平衡时所得读数分别为 C_4、R'_3 和 C_4、R''_3，则该试品介质损耗角正切为

$$\tan\delta = \omega C_4 R_4 \tag{10-29}$$

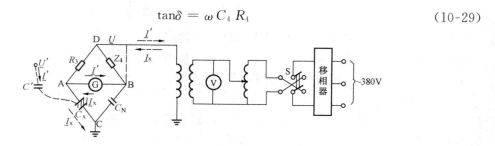

图 10-15　用移相电源消除干扰

电桥的两次电容测量值为

$$C'_x = C_N \frac{R_4}{R'_3} \times \frac{1}{1 + \tan^2 \delta} \approx C_N \frac{R_4}{R'_3}$$

$$C''_x = C_N \frac{R_4}{R''_3} \times \frac{1}{1 + \tan^2 \delta} \approx C_N \frac{R_4}{R''_3}$$

被试品的实际电容值为

$$C_x = \frac{C'_x + C''_x}{2} \approx \frac{C_N R_4}{2}\left(\frac{1}{R'_3} + \frac{1}{R''_3}\right) \tag{10-30}$$

找出相应于夹角为零的移相器位置的方法如下：在图 10-15 中将 B 与 D 短接，并将 R_3 放在最大，此时干扰电流 I'、由电源供给的被试品电流 I_x 均流过检流计 G，它们的路径如图中虚线箭头所示。调节移相电源电压的初相角和幅值，使检流计指示为小，此时即夹角接近零。正式开始测量前，先退去电源电压，保持移相电源相位，拆除 BD 短路线，然后将电压升至所需电压，若 S 在正、反位置下的 $\tan\delta$ 值相等即说明移相效果良好。

3. 采用倒相法

这是一种比较简便的方法，不用移相器，而是测量时将电源正、反接各测一次。由于干扰电流 I' 的相位是不变的，分析时可认为电桥电源的相位不变，即 I_x 的相位不变，而 I' 作 $180°$ 的反相，如图 10-17 所示。由图可知，正、反两次测得的介质损耗因数各为

$$\tan\delta_1 = \frac{I'_{Rx}}{I'_{Cx}} = \omega R_4 C'_4 \ , \ \tan\delta_2 = \frac{I''_{Rx}}{I''_{Cx}} = \omega R_4 C'_4$$

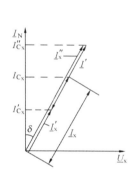

图 10-16　用移相电源时　　　图 10-17　用倒相法消除
　　的电流相量图　　　　　　干扰的相量图

实际试品的 $\tan\delta$ 为

$$\tan\delta = \frac{I_{Rx}}{I_{Cx}} = \frac{(I'_{Rx} + I''_{Rx})/2}{(I'_{Cx} + I''_{Cx})/2} = \frac{I'_{Cx}\tan\delta_1 + I''_{Cx}\tan\delta_2}{I'_{Cx} + I''_{Cx}}$$
$$= \frac{C'_x\tan\delta_1 + C''_x\tan\delta_2}{C'_x + C''_x} \tag{10-31}$$

两次测得的试品电容值各为

$$\begin{cases} C'_x = C_N \dfrac{R_4}{R'_3} \times \dfrac{1}{1 + \tan^2\delta_1} \\ C''_x = C_N \dfrac{R_4}{R''_3} \times \dfrac{1}{1 + \tan^2\delta_2} \end{cases} \tag{10-32}$$

实际试品的电容为

$$C_x = (C'_x + C''_x)/2 \tag{10-33}$$

当 C'_x 与 C''_x 或 $\tan\delta_1$ 与 $\tan\delta_2$ 相差不多时，可得

$$\tan\delta \approx (\tan\delta_1 + \tan\delta_2)/2 \tag{10-34}$$

需要提及，当干扰比较强烈时，δ_1 会变为负角（见图 10-18），在进行 $\tan\delta_1$ 测量时，上述电桥线路将无法平衡。原因是 U_{DA} 无法调节到等于 U_{DB}，它们不在同一象限内。为了测量

出负角 δ_1，电桥中备有切换装置，可以把 C_4 切换到与 R_3 并联，如图 10-19（a）所示。这样，调节 R_3、C_4，可使 $\underline{U}_{DA}$ 沿顺时针方向转到 $\underline{I}_N$，而使电桥达到平衡，得到 R'_3、C'_4。电桥平衡时的相量图如图 10-19（b）所示，由图可知

$$\tan\delta_1 = \underline{I}'_{C4} / \underline{I}'_{R3} = \omega C'_4 R'_3 \tag{10-35}$$

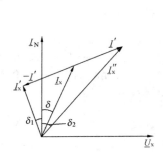

图 10-18 电场干扰比较
强烈时的电流相量图

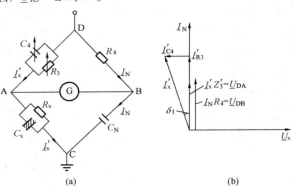

图 10-19 使用切换装置调节电桥平衡

由于 $U_{DA} = U_{DB}$，可得

$$R'_3 I'_{R3} = R_4 I_N, \quad I'_{R3} = I'_{Cx}$$

因而

$$C'_x = \frac{I'_{Cx}}{\omega U_x} = \frac{I'_{R3}}{\omega U_x} = \frac{I_N}{\omega U_x} \times \frac{R_4}{R'_3} = C_N \frac{R_4}{R'_3}$$

与已导得的 C_x 计算式（10-23）一致。

由图 10-18 可得实际的试品介质损耗角正切为

$$\tan\delta = \frac{(I''_{Rx} - I'_{Rx})/2}{(I''_{Cx} + I'_{Cx})/2} = \frac{C''_x \tan\delta_2 - C'_x \tan\delta_1}{C'_x + C''_x} \tag{10-36}$$

式中，$C'_x = C_N R_4 / R'_3$，$C''_x = C_N R_4 / R''_3$。

实际试品的电容值为

$$C_x = (C'_x + C''_x) / 2 \tag{10-37}$$

在利用倒相法测 $\tan\delta$ 时，有时也可以更换试验电源的所在相，使倒相前后测得的两个 $\tan\delta$ 值比较更接近些。

4. 采用异频电源

在现场测量 $\tan\delta$ 时，有时工频电场干扰很大，倒相、移相效果都不理想，可采用异频（非 50Hz）的专用试验电源的方法。例如试验电源用 45～55Hz 的变频电源，当被测试品在停电后，分别在 45、55Hz 下测出其 $\tan\delta$ 值（$\tan\delta_1$、$\tan\delta_2$），可以认为试品在 50Hz 下的 $\tan\delta$ 即为（$\tan\delta_1 + \tan\delta_2$）/2，这时 50Hz 的电场干扰已排除。

（二）磁场干扰

当电桥靠近电抗器等漏磁通较大的设备时会受到磁场干扰。通常这一干扰主要是由于磁场作用于电桥检流计内的电流线圈回路所引起。可以把检流计的极性转换开关放在断开位置，此时如果检流计光带仍宽即说明有此种干扰。为了消除其影响，可设法将电桥移到磁场

干扰范围以外。若不可能，则可采用两次测量（检流计极性转换开关分别处于正、反两种不同位置）的方法来消除磁场干扰的影响。

实际试品的 $\tan\delta$ 及 C_x 分别为

$$\tan\delta \approx (\tan\delta_1 + \tan\delta_2)/2 \tag{10-38}$$

$$C_x \approx C_N \frac{R_4}{R_3} = C_N R_4 \frac{2}{R'_3 + R''_3} = \frac{2C'_x C''_x}{C'_x + C''_x} \tag{10-39}$$

四、试验结果的判断

试验电压较低时，绝缘内部不发生局部放电，由 $\tan\delta$ 值可判断被试品有无整体受潮、污秽、老化等状态。图 10-20 是层压板在吸潮平衡后 $\tan\delta$ 与吸湿率的关系。在吸湿率小于 10％的范围内，干纸、浸油纸的 $\tan\delta$ 随吸湿率的升高几乎按对数增加。图 10-21 是变压器在干燥过程中 $\tan\delta$ 变化的例子。随干燥时间增加，$\tan\delta$ 徐徐减小，故 $\tan\delta$ 的测量也可应用于变压器干燥工艺过程管理。随着制造技术的进步，多数变压器已可做到 $\tan\delta<1\%$。变压器运行 10～20 年后，平均 $\tan\delta<4\%$（20℃）。

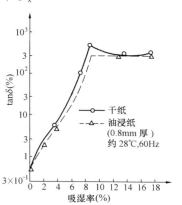

图 10-20　层压板吸潮平衡后 $\tan\delta$ 和吸湿率的关系举例

实测到电气设备的 $\tan\delta\sim U$（电压）特性曲线按绝缘状态的不同而成各种形状，如图 10-22 所示。如果是良好的绝缘，试验电压上升至额定工作电压前，$\tan\delta$ 一直是恒定的，仅当电压很高时才略有增加，如图 10-22 中曲线 A 所示。含气隙的绝缘和外加电压达到局部放电起始电压后，$\tan\delta$ 急剧增加，这是因气隙中的放电增加了功率损耗；而电压下降时的 $\tan\delta$ 曲线在电压上升时曲线的上侧，直到局部放电熄灭，曲线才又重合，成为闭合回线，如图 10-22 中曲线 B 所示；已老化的绝缘在低电压时，其 $\tan\delta$ 甚至可能比良好的绝缘还低，但当电压升至超过局放电起始电压后，$\tan\delta$ 急剧增加，且降电压时也具有闭合回线部分，如图 10-22 中曲线 C 所示；受潮绝缘在较低电压时 $\tan\delta$ 已较大，随电压的升高 $\tan\delta$ 继续增大，但当逐步降电压时，因绝缘已发热、温度升高，$\tan\delta$ 不能与原数值相重合，形成开口曲线，如图 10-22 中曲线 D 所示。通常把在额定电压时的 $\tan\delta$ 值和在低电压时的 $\tan\delta$ 值（$\tan\delta_0$）之差以 $\Delta\tan\delta$ 表示，如图 10-22（b）所示。以发电机绕组为例，随 $\Delta\tan\delta$ 增加其击穿电压 U_b 明显下降，如图 10-23 所示。

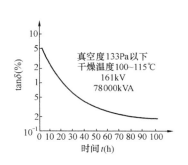

图 10-21　某变压器的干燥过程曲线

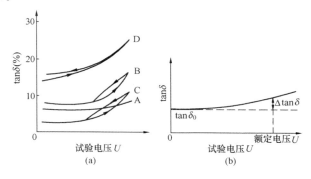

图 10-22　$\tan\delta\sim U$ 特性示意图

（a）不同绝缘状态时 $\tan\delta$ 的变化；（b）$\tan\delta$ 的变化和 $\Delta\tan\delta$

　　tanδ 与温度的关系因绝缘设备的种类不同而有各种不同的特性，就普通变压器绕组的绝缘而言，随温度上升 tanδ 值增加。绝缘吸潮时，tanδ 值变大，随温度增加其 tanδ 的增加率亦变大。图 10-24 是判定油浸变压器绕组绝缘状态的参考曲线，如果 tanδ 比曲线 G 所示的值小时则绝缘良好；比 D 所示的值大时为绝缘不良状态；在 G 与 D 之间要对绝缘加以注意。

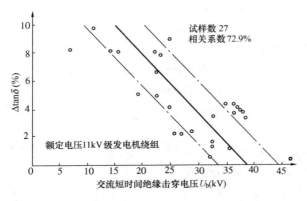

图 10-23　Δtanδ 和击穿电压 U_b 的关系举例

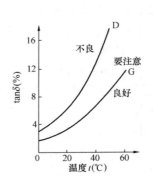

图 10-24　变压器绕组绝缘
状态的判定曲线举例

第四节　电压分布的测量

　　在工作电压作用下沿绝缘结构的表面有着一定的电压分布。通常当表面比较清洁时，绝缘本身的电容和杂散电容决定了这一电压分布，而当表面因污染而电阻下降时，则电压分布主要决定于表面的电导。如果绝缘中某一部分因损坏而绝缘电阻急剧下降，则表面电压分布会有明显的改变。因此测量绝缘表面的电压分布可以发现某些绝缘的缺陷。

　　例如，电力系统中有大量绝缘子在运行。线路绝缘多为悬式绝缘子串，35kV 的针式支柱绝缘子由两层或三层元件胶合而成。绝缘子在运行中由于机械力、温度变化等原因常易出现整个绝缘子或绝缘子中的某层元件瓷质绝缘开裂或击穿。通常是用测量电压分布（沿逐个绝缘子或逐层胶合元件）或测绝缘电阻，或是做交流耐电压试验的方法来检查绝缘子的老化情况。而测量电压分布是不停电检查老化绝缘子的有效方法。

　　测量电压分布的工具为测杆。最简单的测杆为短路叉（见图 10-25），当短路叉的一端 2 先和下面绝缘子的铁帽接触，而将另一端 1 靠近被测绝缘子的铁帽时，在 1 和铁帽间便会产生火花。被测绝缘子承受的电压越高，则出现火花越早，而且火花的声音亦越大，因此根据放电情况可以判断被测绝缘子承受电压的情况。此种测杆不能测出电压分布的具体数值，但可以检查出坏绝缘子（又称零值绝缘子）；如果被测绝缘子是零值的（不承受电压），便没有火花。使用时应注意，当对电压等级较低的线路进行检测时（35kV 及以下）要避免因火花间隙放电而引起相对地闪络。

　　图 10-26 为一种可调火花间隙的检测杆，测杆在机械上做成可以旋转的，旋转时就改变了火花间隙的距离，也即改变了火花间隙的放电电压，并在刻度盘上指示出来。如果某一元件上的分布电压低于规定标准值，而相邻其他元件的分布电压又高于标准值时，则该元件可

能有缺陷。为了防止因火花间隙放电短接了良好绝缘而引起相对地闪络，可以如图 10-26 中所示用电容 C 和火花间隙串联再接到探针上去。C 约为 30pF，和一个良好的悬式绝缘子的电容值接近。C 是和间隙串联的，间隙的极间电容只有几皮法，故 C 基本上不降低间隙上的电压。

图 10-25　短路叉

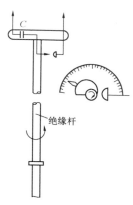

图 10-26　可调火花间隙测杆

短路叉不能定量反映绝缘子的老化情况。可调火花间隙测杆虽可测出电压分布来反映被测绝缘子的老化程度，但其结构较笨重，现已很少应用。此外，这两种测杆的一个主要缺点是分辨能力较差。由于户外背景较亮，火花放电不易被观察到，而当被测绝缘子串较长、串中部绝缘子承受的电压较低时，火花放电电流较小、放电声也较难分辨出。

图 10-27 所示为一种音响式测杆的原理接线图，图中左侧所示的高压电容 C 及放电管等在工作时处于高电位，而右侧所示的接收器及仪表等处于低电位，两者用空心绝缘杆连接起来。当测杆所测绝缘子两端电压变低时，放电管的放电频率降低，发声器中发出的声音的频率也变低，

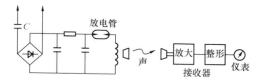

图 10-27　一种音响式测杆的原理图

于是，仪表读数较小，反之则较大。信号可以以声音的形式，也可以以光的形式传递。此类测杆的重量轻，并可在低压侧用仪表定量反映被测绝缘子两端的电压。音响式测杆的检出电压范围为 1～20kV。

基于电场传感器进行劣化绝缘子的带电检测也已有应用，那是利用传感器测出绝缘子表面电场强度后转换成光信号，经光纤等方法传输到测量仪器处，再转换成电气信号读出。

测量电压分布的方法除了主要用于绝缘子检测外，有时在其他绝缘上也有应用。例如，通过测量电机线棒表面对铁芯的电位可以判断是否由于线棒与槽壁配合不紧密、接触不良而引起其间气隙放电。测量的方法如图 10-28 所示，测量前，先将槽楔取出，然后将金属探头放在线棒表面进行测量。正常情况下，测出电压小于 10V，若电压指示大于 100V，即表明可能有气隙放电引起槽绝缘腐蚀。

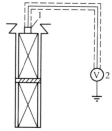

图 10-28　电机线棒表面电位测量

1—金属探头；2—高电阻电压表

第五节　局部放电测量

在第六章第三节中已讨论过，由于绝缘的击穿常由局部缺陷处的放电开始，而有机绝缘材料在长期局部放电作用下又很容易老化。因此，对绝缘中的局部放电强度进行测量成了检测绝缘内部缺陷的重要方法之一。

拟测量的与局部放电有关的物理量有：被试品的局部放电起始电压和熄灭电压，每个放电脉冲的放电电荷量，所定时间内的最大放电电荷量，每秒钟内放电脉冲的发生频率，无线电干扰电压等。

代表性的测量回路如图 10-29 所示。分图（a）、（b）分别为被试品接地和不接地时采用的回路。分图（c）为利用两个被试品构成的平衡检出回路，这样可有效抑制外部干扰。检测阻抗 Z_d 可采用单独的电阻、电容、电感或它们的组合回路（如电阻与电容并联，电感与电容并联）。Z_{ch} 是电感、电阻构成的阻抗，以阻隔从电源来的干扰信号。被试品一发生局部放电，因被试品 C_a、耦合电容 C_k 和检测阻抗 Z_d 的闭合回路内有脉冲电流流过，就可由检测阻抗 Z_d 上把与脉冲电流成比例的脉冲电压检出。由检测阻抗得到的电压波形增幅后，由指示装置指示。作为增幅电路，可以是上限为几兆赫兹的宽频带增幅器或频率范围 $30\sim500\text{kHz}$ 的低频带增幅器，另外，亦可采用调谐增幅器。指示器可用局放仪、示波器、电压表、脉冲计数器等。

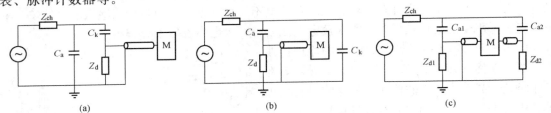

图 10-29　局部放电测量的基本回路

C_a、C_{a1}、C_{a2}—被试品；C_k—耦合电容；Z_d、Z_{d1}、Z_{d2}—检测阻抗；Z_{ch}—阻隔阻抗；M—测量装置

广泛采用把由低频增幅回路得出的放电脉冲输入示波器，让它在椭圆形李瑟如图形的时间轴上表示的方式，如图 10-30 所示。采用这种方式，可在示波屏上同时示出校订用的输出脉冲以作比较，就可求出最大放电电荷量。

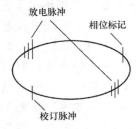

图 10-30　局部放电电荷量的测量

为使测量结果能真正反映绝缘内部的放电，还需要对高电压试验回路中的放电以及外界空间的电磁干扰等采取一系列的抗干扰措施，除硬件的各种防干扰措施外，亦采用信号处理的方法（如小波变换）来消除干扰的影响。而特高频 UHF 法的引用也很有利于排除干扰，已在对变压器、GIS 的现场局放检测中发挥作用。

近年来，超声波探测器在检测固体、液体及其组合绝缘内部局部放电上的应用增多。其特点是抗干扰能力相对比较强，使用方便，可以在运行中和耐电压试验时检测绝缘内部的局部放电，适合预防性试验的要求。它的工作原理是：当电气设备内部发生局部放电时，在放电处产生了超声波，并向四周传播开来，一直达到电气设备容器的表面。在设备外壁放上压电元件，在超声波作用下，压电元件的两个端面上会产生交变的束缚电荷，引起端部金属电极上电荷的变化或在外回路中引起交变电流。因此，可由检测此电信号来判断设备内部是否发生局部放电。

图 10-31 为超声波探测器的原理方框图。声电换能器及前置放大器装在一起，称为探头。声电换能器常包含两片锆钛酸铅压电元件，其后面粘薄铜片作电极并接往前置放大器。对前置放大器的要求是低

图 10-31 超声波探测器的原理方框图

噪声、宽频带，能将微伏级输入信号放大。前置放大器的输出端经双芯屏蔽电缆与探测器的其他部分连接以防止干扰。衰减器系用来适应不同强度的信号测量。调谐放大器的频率范围常为 40～90kHz，它可提高仪器的选择性和抗干扰能力。超声波在固体与液体中易于传播，当碰到空气时，由于空气的波阻抗甚大，因此超声波将反射回去，穿入空气的甚少。因此在使用中为使探头与被测设备接触紧密，可在探头前部抹一些黄油再贴紧设备。应设法避免探头与被测设备及支持物间有振动或位移。此外，为了区别探测器检测的是被试绝缘内部放电还是外界干扰，可以用空心铁盒放在探头与被测物之间，以隔开被试物内部局部放电处传来的超声波，如果此时仪器指示较小，为一般噪声值，则说明除去空心盒时的指示反映了绝缘内部的放电。但对于被试设备的机械振动，则仍不易与绝缘中局部放电相区别。有时也可以观察超声波的波形来作进一步的分析。

目前超声波法由于采用光纤传输信号而提高了抗干扰的能力，取得了较好的效果。如采用多个声发射接收通道，则可有助于确定故障位置。

第六节 绝缘油的电气试验和气相色谱分析

在变压器、互感器、断路器和充油套管等设备的预防性试验中，要定期对所用的绝缘油进行试验。绝缘油是高电压电气设备绝缘中的重要组成部分，除绝缘外，它还起冷却的作用，在油断路器中则主要起灭弧的作用。因此需要试验油的闪点、酸值、水分、游离碳、电气强度、介质损耗角正切 $\tan\delta$ 等项目（参见表 9-2）。如果性能不合要求，就要将油进行处理（过滤、再生）或换新油。

绝缘油的闪点下降和酸值增加，常是由设备局部过热导致油分解所致。绝缘油受潮、脏污（如纤维、尘埃、碳化等）会使其击穿电压下降。油受潮或变质时，油的 $\tan\delta$ 要增加。

通过在标准油杯中作油的击穿试验以及在专用的试验电极中测油的 $\tan\delta$，可以检查油的电气性能。由于温度对油的 $\tan\delta$ 值的影响较大，温度高时，不同质量的油的 $\tan\delta$ 差别可能更大。故测量 $\tan\delta$ 时需将电极放在恒温箱中（20～70℃）。需要注意的是，取油样以及进行击穿或 $\tan\delta$ 试验时，在步骤、方法上均需按一定的规定进行，否则很容易得出不正确的结果。

对绝缘油中的溶解气体进行气相色谱分析，是广泛采用的有效的试验方法。应用这种方法分析绝缘油中所溶解的气体的组分和含量，有助于判断设备内部的隐藏缺陷。这一方法的优点是能够发现充油电气设备中的一些用 $\tan\delta$ 等方法所不易发现的潜伏性缺陷（如局部过

热、电弧放电)，且设备不需停电，适合于在线绝缘诊断。

当电气设备内部有局部过热或局部放电等缺陷时，缺陷附近的油纸绝缘就会分解而产生烃类气体、H_2、CO、CO_2 等，这些气体不断溶解于绝缘油中。如果变压器内部的裸金属部分(分接开关、铁芯、裸接头、箱壳等)局部过热引起变压器油热分解，则变压器油中溶解气体的主要特点是烃类气体的总量较高，且其中甲烷(CH_4)、乙烯(C_2H_4)也较多。如果固体绝缘(引线绝缘、铁轭绝缘、穿心螺栓绝缘等)过热，由于固体绝缘受热分解，油中溶解气体中的 CO、CO_2 含量也将加大。如果是固体绝缘过热但温度不高，例如有的连续式绕组因端部油道堵塞造成纸绝缘过热，色谱分析中总烃量不高，而 CO、CO_2 含量则较高。所以 CO、CO_2 含量高是固体绝缘(如纸、木材等)热分解的主要特征。当变压器内部存在放电故障时，其色谱分析的特征是 C_2H_2 和 H_2 的含量较大。C_2H_2 含量过大常是区别放电或过热的主要特征。分析油中溶解气体内以上各种成分、含量，有助于判断变压器中隐藏缺陷的性质。

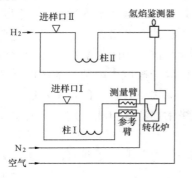

图 10-32　102G-D 气相色谱仪使用流程

试验时先将取来的运行中的电气设备的油样经真空法脱出气体或经滤膜脱出气体，并压缩至常压，用注射器抽取试样后进行分析。图 10-32 绘出了 102G-D 气相色谱仪的使用流程。图中 N_2、H_2 为载气，气样进口处在 I、II 处。为了分出气体中所包含的各种气体成分，需要利用色谱柱，如图中的柱 I 和柱 II。色谱柱为一种 U 形或圆盘形管，装有吸附剂，如柱 I 内可装碳分子筛吸附剂(80～100 目)，当气样进入管中后，这些吸附剂便能使不同成分的气体有次序地先后流出色谱柱，如柱 I 可分离出 H_2、O_2、CO、CH_4、CO_2。色谱柱 II 可用微球硅胶(80～100 目)，它能使烃类气体成分分离出来，如 CH_4、C_2H_6、C_2H_4、C_3H_8、C_2H_2、C_3H_6 等。

正常变压器、电抗器的油中烃类气体的总含量常小于 150μL/L(电压、电流互感器及套管为 100μL/L)，若烃类气体总含量大于 150μL/L，要注意它的增长率，当总烃相对产气速率大于 6%(开放式)、12%(隔膜式)时应引起注意。当总烃含量大于 500μL/L 时，一般存在故障。新的变压器油中 CO 的含量常小于 400μL/L(开放式)，800μL/L(充氮式)，但要注意其增长率。

为了检测各成分的含量，采用热导池鉴测器及氢焰鉴测器。热导池鉴测器系用来检测气样中的 H_2，同时也检测出 O_2。这种鉴测器用 4 个钨丝电阻臂组成电桥，未输入检测气体前电桥是平衡的，所以无输出信号；当检测气体进入测量臂后，由于改变了导热系数，因而改变了测量臂钨丝的温度即改变了其电阻值，电桥不平衡而输出信号。信号的大小与被检测的气体种类及含量有关。氢焰鉴测器具有更高的灵敏度，它用来检测烃类气体和 CO、CO_2。但 CO 和 CO_2 需经过转化炉由镍催化剂转化成有机气体 CH_4 才能由氢焰鉴测器鉴测。氢焰鉴测器系通过氢气在空气中燃烧生成火焰使被检测气体电离，再由极间电场吸收电离电流，电流的大小即反映被检测气体的含量。油、有机固体绝缘材料老化时 $CO_2/CO>7$，在 $CO_2/CO<3$ 时就应注意。因 CO_2 含量与原含空气量有关，当难以确定时可对照历史记录判断[10-1]。

油的气相色谱分析方法对于判断上述慢性局部潜在缺陷是有效的，但此法不易发现某些突发性故障，例如在匝间短路故障的潜伏期，油中溶解气体的成分、含量常无异常变化，气相色谱分析不易发现这种故障。

用气敏半导体元件来粗测油中的含气成分，方法简单、操作迅速，是一种简易的油中气体检测方法。气敏半导体系一种 N 型金属氧化物，放在气路流程中，当温度一定及载气（用空气）流量一定的情况下气敏半导体有一定的电阻值。当被测气体吸附到气敏半导体表面时，其表面层的电子数升高，电阻值即下降，使外回路电流增大，发出信号。由于燃料电池的性能比半导体元件稳定，再配以塑料薄膜进行脱气，已成功地用于油中气体的现场检测。

第七节　耐电压试验

绝缘电气强度试验是确认电气设备绝缘可靠性的试验，通常加上比额定电压高的电压来进行试验。电气强度试验分为耐电压试验和击穿电压试验两类。按电压种类又可分为交流、直流、雷电冲击和操作冲击电气强度试验。本节介绍交流、直流和振荡操作冲击耐电压试验。

一、工频交流耐电压试验

工频交流耐电压试验能有效地发现危险的集中性缺陷。但交流耐电压试验时也可能使固体有机绝缘中的一些弱点更加发展。因此，恰当地选择合适的试验电压值是一个重要的问题。一般考虑到运行中绝缘的变化，预防性试验的工频交流耐电压试验电压值均取得比出厂试验电压低些，而且对不同情况的设备区别对待，主要由运行经验来决定。例如在大修以前发电机定子绕组的工频试验电压常取 1.5 倍额定电压；对于运行 20 年以上的发电机，由于绝缘较老，可取 1.3～1.5 倍额定电压或者更低些来做耐电压试验；但对与架空线路直接连接的运行 20 年以上的发电机，考虑到运行中雷电过电压侵袭的可能性较大，为了安全，仍要求用 1.5 倍额定电压来做耐电压试验。

电力变压器全部更换绕组后，按出厂试验电压进行试验。在其他情况下，它们的耐电压试验电压值常取出厂试验电压的 85%。GIS 按出厂试验电压的 80% 做耐电压试验，其他高压电器按出厂试验电压的 85% 或 90% 做耐电压试验，只有对纯瓷及充油的套管、支柱绝缘子和隔离开关，因为几乎没有累积效应，所以直接用出厂试验电压进行耐电压试验。

交流耐电压试验中，加至试验标准的电压后，要求持续 1min 的耐压时间。规定 1min 是为了便于观察被试品的情况，同时也是为了使已经开始击穿的缺陷来得及暴露出来。耐压时间不应过长，以免引起不应有的绝缘损伤，甚至使本来合格的绝缘可能发生热击穿。

交流耐电压试验常与局放试验一起进行，试验电压的波形应接近正弦。一般用高电压试验变压器及调压器产生可调电压。调压器应尽量采用自耦式，它不仅体积小，漏抗也小，因而试验变压器激磁电流中的谐波分量在调压器上产生的压降也小，故试验变压器的一次电压波形畸变较小，二次电压的波形也就接近正弦。如果自耦调压器的容量不够，则可以采用移圈式调压器，不过后者的漏抗较大，会使电压波形发生畸变，为改善波形可在试验变压器一次侧并联以由电感、电容串联组成的滤波器把谐波滤掉。

下面以发电机为例介绍耐电压试验的一般线路。

图 10-33 中设被试相为 A 相。而当试验时非被试验的绕组均应短接接地。球隙 7 的放电电压调整到耐电压试验电压的 1.1 倍，这是为了防止因误操作或谐振过电压而损坏试品。为

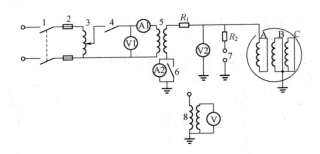

图 10-33　发电机交流耐电压试验线路

1—刀闸；2—熔断器；3—调压器；4—电磁开关；

5—高电压试验变压器；6—短路刀闸；7—保护球隙；

8—电压互感器；R_1、R_2—保护电阻

了比较准确地测量高电压侧电压，通常用电压互感器 8 或高电压静电电压表 V2 进行测量，变压器一次侧电压表 V1 的读数只起参考作用。为了限制击穿或放电时的短路电流以及为了防止在高电压侧出现电压振荡，回路中串有足够热容量的保护电阻 R_1。电流表 A2 起着监视被试绝缘状况的作用，短路刀闸 6 是用来保护电流表的。如果试验中被试品击穿，电流表读数一般会急剧地变化。电源电压最好用线电压，因为线电压的波形较好。调压器 3 应从零升压，在 0.5 倍试验电压以下可以迅速升压，这以后要徐徐地均匀升压，一般在 20s 内升到试验电压值，这样才便于准确地读数。

经验表明，在停机后电机仍处于热状态下进行试验，比较容易发现缺陷。

GIS 作交流耐电压试验时要设计程序，采用逐级加电压老炼，在较低电压时保持电压较长时间，逐级升高电压，保持电压时间则逐级减小（如 10 分、5 分、2 分、2 分、1 分、1 分），保证有足够的时间让导电微粒尽可能在低的电压下烧掉或迁徙到微粒陷阱内。

二、工频谐振耐电压试验

当试品电容较大时，交流耐电压试验所需的工频试验变压器和调压器就很笨重，因而现场试验十分困难。采用串联谐振试验回路，可以大大减小电源设备的容量。

图 10-34（a）是一种串联谐振试验回路的原理图，图中 TY 为调压器，T 为试验变压器，1 为外加可调补偿电感，2 为试品。图 10-34（b）为其等值电路图，图中 R 为代表整个试验回路中损耗的等值串联电阻，L 为补偿电感和电源设备漏感之和，U 为 T 空载时的高压端对地电压。

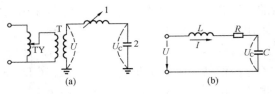

图 10-34　串联谐振试验线路原理图

（a）原理图；（b）电路图

1—外加可调补偿电感；2—试品

由图 10-34（b）可得

$$U_C = IX_C = \frac{U}{\sqrt{R^2 + (X_L - X_C)^2}}X_C \tag{10-40}$$

当调节电感使回路发生谐振时，$X_L = X_C$，$U_C = (U/R)X_C = (U/R)X_L$，令 $Q = \omega L/R = 1/(\omega CR)$（谐振回路的品质因数），则

$$U_C = QU \tag{10-41}$$

谐振时 ωL 远大于 R，即 Q 值较大，可见用较低的电压 U 即可在试品两端得到较高的试验电压 U_C。

谐振时回路电流 $I = U/R$，并与 U 同相。此时输入功率 $P_i = UI$，负载的无功功率 $Q_C = U_C I = QUI$，故

$$\frac{Q_C}{P_i} = \frac{QUI}{UI} = Q \tag{10-42}$$

因此，电源设备包括变压器、调压器、断路器或接触器等的容量可以减小到试品容量的 $1/Q$。

串联谐振耐电压试验不仅可以减小电源容量，还有其他一些优点。例如当试品在试验过程中击穿时，和通常的交流耐电压试验相比，击穿点的故障电流由于失谐后作用电压降低及高值 L 的限制作用将大为减小，因而可以避免试品烧坏。此外，由于回路处于工频谐振状态，电源波形中的谐波成分在试品两端大为减小，故试品两端的电压波形较好。

也可以不用调感而用调频的方法进行谐振耐电压试验，其原理与调感时相同，可调节频率使 $\omega L = 1/(\omega C)$，即 $f = 1/(2\pi\sqrt{LC})$。但谐振频率常取在一定范围内（略高于工频）。

三、用交流电流法判断绝缘老化

为了鉴定电机绕组绝缘老化程度，以便及时更换不能保证安全运行的电机绕组，可以采用交流电流法来帮助判断。

交流电流法的原理：当在电机线棒上加以交流电压时，如果绝缘老化或是制造时浸渍不够充分，则绝缘中的气隙便会在电压超过某一数值时发生放电。随着外施电压的不断上升，放电也将越来越强烈，线棒中的介质损耗和线棒电容都会不断增大，于是通过线棒的交流电流也不断增加。

图 10-35 表示交流电流 I 和试验电压 U 之间的关系。当 $U < P_{i1}$ 时，绝缘内没有放电，I 和 U 成比例增加。当试验电压达到 P_{i1} 时，局部放电电压较低的一些气隙开始放电，I 便开始以另一斜率增加。当试验电压不断上升，更多气隙将发生放电，如试验电压达到 P_{i2} 后，放电强烈程度剧增，I 以另一斜率增加，此 P_{i2} 称为第二急增点。U 继续上升，最后将线棒击穿。

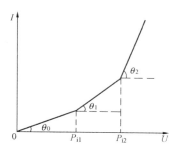

图 10-35 交流电流与电压的关系

第二急增点电流上升率的增长倍数为

$$m_2 = \tan\theta_2 / \tan\theta_0 \tag{10-43}$$

线棒的短时交流击穿电压 U_b 与出现第二急增点的试验电压 P_{i2} 之比为

$$\alpha = U_b / P_{i2} \tag{10-44}$$

大量试验表明：已老化的或浸渍不够充分的沥青云母带线棒的 m_2 在 1.6 以上，新的或气隙较少线棒 m_2 在 1.3 以下；单根线棒常温下 α 平均为 2.36。因此，可以按 $I \sim U$ 试验结果来评估绝缘老化程度及预测其击穿电压 U_b。当单根线棒明显出现第二急增点时，且 $m_2 > 1.6$，常可预测该沥青云母的击穿电压在 $3U_n$ 以下，再根据电机历次试验及运行情况，配合其他试验及外观观察，即可鉴定其老化程度，决定是否需要更换线棒。

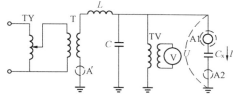

图 10-36 交流电流法的接线图

交流电流法的试验接线图如图 10-36 所示，图中 L、C 为低通滤波器，系用来改善加于试品两端的电压波形。试验电压用电压互感器测量。交流电流表应该接在 A1 或 A2 处以直接测量通过试品的交流电流，而不要接在 A′ 处，因为流过 A′ 的电流除了试品电流外还包括其他并联支路的电流以及高电压设备对地的电容电流。电流表处于高压侧 A1 处时，应加屏蔽以防止电晕的影响。试验回路中高压引线部分的直径要选得足够大，以避免发生电晕。

试验时，线棒外包以锡箔或铝箔作为电极，要求电极和线棒接触紧密。试验一般在空气中进行。当试验电压较高，表面电晕明显时，可以在油中进行，以免此电晕电流影响测量结果，造成误判断。此外，还应注意线棒有无受潮及机械损伤，因为它们也会影响测量结果而造成误判断。

四、三倍频感应耐电压试验

电力系统中改造、大修后的变压器绝缘需要进行交流耐电压试验；大型非全绝缘的变压器靠近中性点处的绝缘水平较低，不可能对整个绕组加同一外施电压进行试验，因此适宜进行交流感应耐电压试验：即在变压器的低压侧加上约 2 倍的额定电压，而在变压器的高电压侧感应出相应的高电压来进行试验。感应耐电压试验不仅考验了主绝缘，对层、匝间绝缘也有一定的考验作用。

感应耐电压试验时，施加于绕组的外施电压大于绕组的额定电压，为防止铁芯中的磁通密度剧增、铁芯过分饱和，可提高外施电压的频率 f，使 $f \geqslant 100\mathrm{Hz}$。当频率超过 100Hz 时，为了避免频率的提高对绝缘考验加重，应缩短试验时间，耐电压试验时间 t 为

$$t = 60 \times 100 / f \quad (\mathrm{s}) \tag{10-45}$$

这时可用专用的倍频电源。鉴于现场缺少工厂用的倍频试验电源，不少单位采用三倍频（150Hz）发生装置以解决感应耐压试验的电源问题。其基本原理是：利用三台单相变压器，

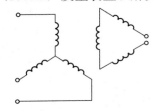

一次侧接成星形，二次侧接成开口三角形，如图 10-37 所示。当在一次侧加电压使变压器铁芯饱和时，由于铁芯的非线性性质，在正弦激磁电流作用下，铁芯中产生三次谐波磁通，每相绕组中便感应出三次谐波电动势。由于三相绕组中的三次谐波的相位相同，在二次侧三角形开口处即可输出三相三次谐波电动势的算术和。为使三倍频变压器能有较高的电动势并输出较大的功率，可以提高星形侧外加电压。为了不危及三倍频变压器本身的绝缘，

图 10-37　三倍频变压器接线

一般取星形侧外加电压的过电压倍数不超过 1.6。因为当一次侧过励磁 1.6 倍时，相电压已接近其额定电压的 2 倍。为了充分发挥三倍频装置的输出能力，除了增加励磁过电压倍数以外，还可以采用无功补偿的办法使三倍频装置的等值负载阻抗具有一定的容性以补偿装置的内阻抗。根据使用经验，三倍频变压器输出的有功功率约可达三倍频变压器容量的 20%，输出容量约为三倍频变压器容量的 30%。

对串接式电压互感器，也可以用三倍频方法进行耐电压试验。

三倍频耐压试验中除了三倍频变压器、调压器以外，还需用一些中间变压器，试验设备显得比较笨重，调试花费时间也较多，这是此方法的缺点。

五、超低频耐电压试验

用 0.1Hz 超低频电源来进行大容量试品的耐电压试验：由于频率甚低，试品的电容电流和 50Hz 时相比只有后者的 1/500，也可以解决大容量试品的试验设备问题。试验表明，频率在 0.1～50Hz 范围内多层电介质内部的电压分布基本上是按电容分配的，因而用 0.1Hz 超低频进行耐压试验可以和 50Hz 的交流耐压试验几乎相当。

图 10-38 是 XLPE 电缆试样在交流 0.1Hz、60Hz 和直流电压作用下的击穿场强 E_{b} 与老

化时间 t 的关系[10-2]，可见超低频耐压试验的效果与交流耐压试验相当。

用超低频进行电机绝缘的耐压试验更加有效。原因是工频下，由于从线棒流出的电容电流在流经绝缘外面半导电防晕层时造成了较大的电压降，因而使端部的线棒绝缘上分到的电压减小。而超低频情况下，此电容电流大大减小了，半导电防晕层上的压降也大为减小，故端部绝缘上分到的电压较高，便于发现该处的缺陷。

对 XLPE 等聚合物绝缘的电力电缆，由于电介质中存在大量电荷陷阱，如也像油纸电缆那样用直流高电压进行耐电压试验时，在直流电场作用下电荷的注入或添

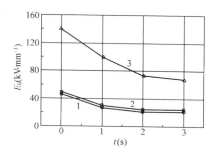

图 10-38　XLPE 电缆试样击穿
场强 E_b 与老化时间 t 的关系
1—0.1Hz 交流电压；2—60Hz 交流
电压；3—直流电压

加剂的电离会在绝缘中形成严重的空间电荷效应，将危害 XLPE 电缆绝缘的电气强度和寿命[10-3]。改用超低频电源代替直流电源来进行 XLPE 电缆的耐电压试验，可避免直流高电压对绝缘的损伤。

机械式超低频发生器的原理线路图如图 10-39 所示。图中调压器 TY1 的滑动触头位置由试品所需的试验电压决定。T 为高压变压器。TY2 为产生 0.1Hz 波形用的滑动式调压器，它系由电动机经一机构拖动，使 TY2 的滑动触头作往复一次周期为 10s 的简谐运动。这样，加到 T 一次侧的电压即为一以 0.1Hz 正弦波形为包络线的 50Hz 交流电压，如图 10-40 所示。经滤波装置便得 0.1Hz 的交流电压。

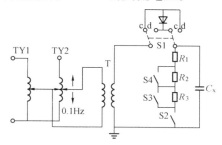

图 10-39　0.1Hz 机械式超低频发生器

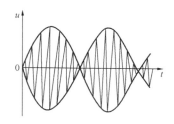

图 10-40　在图 10-39 中 TY2 的
输出电压波形

为了使超低频发生装置更小型化并改进其性能（如足够的带负载能力、低干扰、波形好等），由于电力电子技术的发展，采用大功率、高电压的晶闸管等组成的超低频电源已有采用。其基本原理如图 10-41 所示。

对桥式整流器输入 0.1Hz 的低电压，将整流器输出的整流电压输入逆变器；逆变器输出载波频率为 f_1（例如为 10kHz）的已调制电压，此 10kHz 电压由升压变压器升高电压；然后经 R_1、C_1 和 R_2、C_2 滤波后，输出 0.1Hz 的高电压。

超低频耐电压试验的试验和分析方面有待进一步积累经验。也可参考 IEEE 于 2004 年发布的《电力电缆超低频电压现场试验导则》[10-4]。

六、直流耐电压试验

它和交流耐电压试验相比主要有以下一些特点。

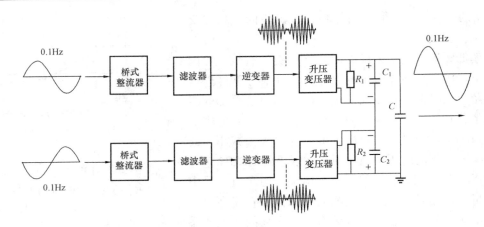

图 10-41 电子式超低频发生器原理框图

1. 试验设备轻便

直流耐电压试验设备比较轻便，如对于电缆线路，做直流耐电压试验时只需供给绝缘泄漏电流（最高只达毫安级），设备容量小；而如果做交流耐电压试验，每公里的电容电流将达数安培，需要容量很大的试验设备。

2. 同时测量泄漏电流

可以在进行直流耐电压试验的同时，通过测量泄漏电流（见本章第二节），更有效地反映绝缘内部的集中性缺陷。

直流耐电压试验比之交流耐电压试验更能发现电机端部的绝缘缺陷。其原因是直流下没有电容电流从线棒流出，因而没有电容电流在半导电防晕层上造成的压降，故端部绝缘上所分到的电压较高，有利于发现该处的绝缘缺陷。这一问题在上面超低频试验中已谈到。

3. 对绝缘损伤较小

当直流电压较高以至于在气隙中发生局部放电后，放电所产生的电荷使在气隙里的场强减弱，从而抑制了气隙内的局部放电过程，如图 7-7 所示。如果是交流耐电压试验，由于电压不断改变方向，因而每个半波都可能发生放电，甚至发生多次放电，如图 6-47 所示。这种放电往往促使有机绝缘材料分解、老化、变质，降低其绝缘性能，使局部缺陷逐渐扩大。因此，直流耐电压试验在一定程度上还带有非破坏性试验的性质。

和交流耐电压试验相比，直流耐电压试验的主要缺点是：由于交、直流下绝缘内部的电压分布不同，对交流下运行的设备进行直流耐电压试验对绝缘的考验不如交流下接近运行实际。

对交流下运行的设备进行直流耐电压试验电压值的选择也是一个重要的问题，现在系参考绝缘的工频交流耐电压试验电压和交、直流下击穿强度之比，并主要根据运行经验来确定。例如对发电机定子绕组，现在取 2～2.5 倍额定电压；对于电力电缆，3、6、10kV 的电缆，以 5～6 倍额定电压；20、35kV 的电缆取 4～5 倍额定电压；35kV 以上的电缆取 3 倍额定电压。直流耐电压试验的时间可以比交流耐电压试验长一些，所以发电机在直流试验时是以每级 0.5 倍额定电压分阶段地升高，每阶段停留 1min，以观察并读取泄漏电流值。如进行电缆试验时，常在试验电压下持续 5min，以观察并读取泄漏电流值。但对于已运行的交联聚乙烯（XLPE）绝缘电缆，现不主张采用直流耐电压试验的方法。

直流耐电压，沿着 XLPE 电缆中的树枝放电的管壁将有离子注入，由于 XLPE 电阻率常很高，试验后的短路放电又难以将它全部散逸，以致在再投入运行时，此空间电荷使电场严重畸变，可能造成不必要事故。

以发电机为例的直流耐电压试验的线路如图 10-7 所示。

七、振荡操作冲击耐电压试验

当 GIS 电压高、电容量大时，在现场做交流耐电压试验常因设备庞大，搬运、安装困难。以操作冲击电压检测 GIS 的绝缘特性的效果是介于交流与雷电冲击电压之间的，与雷电冲击电压相比，操作冲击电压耐电压试验的优点是能检查出设备被自由导电微粒污染的问题；与交流电压相比，则操作冲击电压耐电压试验时对异常电场情况（如有突起、固定导电微粒）的检测灵敏度要高些。为提高发生器的效率常采用振荡操作冲击电压。因振荡操作冲击电压发生器可串级组装，运输非常方便，可解决试验电压高、试品电容量大的问题，得到广泛应用。

振荡操作冲击电压发生器的主体回路如图 10-42 所示。

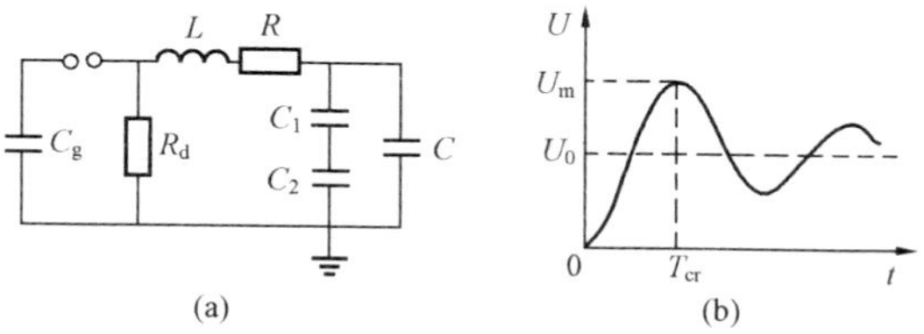

振荡操作冲击电压发生器的效率 η 和波到达峰值的时间 T_{cr} 的表达式如下

$$\eta = \frac{U_m}{U_0} \approx \frac{C_g}{C_g + C_p}(1 + e^{-\frac{R}{2L}T_{cr}})$$

(10-46)

$$T_{cr} \approx \pi \sqrt{L \frac{C_g C_p}{C_g + C_p}}$$

(10-47)

上两式中 C_p 为试品侧电容，其值为

图 10-42 振荡操作冲击电压发生器
(a) 试验回路的原理图；(b) 输出电压波形
C_g—发生器的主电容；L—电感线圈；R—回路中的电阻；R_d—放电电阻；C—试品电容；C_1，C_2—电容分压器；U_0—C_g 的充电电压；U_m—输出电压峰值

$$C_p = C + \frac{C_1 C_2}{C_1 + C_2}$$

(10-48)

通常取 $T_{cr} \geqslant 150\mu s$，一般情况下 $\eta \geqslant 1.6$。

例如一台 1MV 移动式振荡操作冲击电压发生器，由六级组成，每级主电容为 600×10^{-9}F，充电电压为 100kV，各级分装箱的重量为 180kg。这种装置可满足 500kV 级 GIS 现场耐电压试验要求。

第八节 绝缘在线监测

定期地进行绝缘预防性试验固然可以发现一些缺陷，但由于要停电后才能试验，就难以根据设备绝缘状况灵活地选择试验周期，更谈不上必要的连续进行监测了。另外，电力系统标称电压已达 110～1000kV，而现行的预防性试验其施加的试验电压仍很低，例如在停电后测量在 10kV 下的 tanδ 值，就难以反映真实运行电压下的绝缘性能。

随着传感器、光纤、计算机技术等的发展，利用运行电压本身来对设备绝缘进行不停电的在线监测及诊断已逐渐成为可能。这样不仅有可能将原来停电试验下进行的试验项目改变为在线检测（包括带电检测、在线监测），而且还可以根据带电监测的特点测量其他新的参数，更加有利于综合判断。如果引入了微机系统还可自动分析判断、去伪存真、确定监测周期、打印或显示诊断结论，甚至自动报警，有助于实现各高压电气设备的状态检测、状态维修，并可与整个变电所或电网的智能化监控系统联网，形成运行和安全的全面监控。采用专家系统后既可实现在线自动监测，又可实现正确的综合分析等工作。针对试验项目多、数据更多，且不少规律性也还未掌握，又要进行综合诊断分析的情况，引入人工智能（人工神经网络、模糊数学、遗传算法等），利用计算机系统进行协助分析更为有效。这样既缩短了分析比较的时间，又提高了诊断的正确性。

目前比较成熟的绝缘在线监测方法主要有以下几方面。

一、电流的在线监测

电容型试品（如电容式电压互感器、电容式套管、耦合电容器等）由多层绝缘串联而成，正常时的等值电路如图 10-43（a）或（b）所示。如其中有一层有显著缺陷时（R_1、C_1 分别改变为 R'、C'），其等值电路将如图 10-43（c）所示。这时测量整个试品的 $\Delta C/C$、$\Delta\tan\delta$、$\Delta I/I_0$ 的变化都能反映出来。但从图 10-44 可见，如在 70 层串联层中有一层的介质损耗因数由 $\tan\delta$ 增大为 $\tan\delta'$ 后，随着该层 $\tan\delta'$ 的增大，测量 $\Delta I/I_0$ 将比测另两个参数要灵敏些。

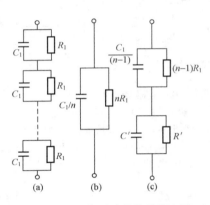

图 10-43　电容型试品的等值电路

（a）、（b）正常时的等值电路；（c）有一层缺陷（C'、R'）的等值电路

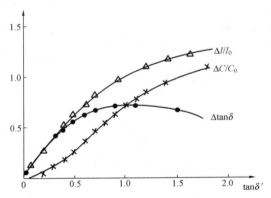

图 10-44　$\Delta I/I_0$、$\Delta C/C_0$ 及 $\Delta\tan\delta$ 测量值随局部缺陷 $\tan\delta'$ 的变化示意图

对于三相系统的三个同类的电容型试品，当三相平衡时这三相电流的总和近乎为零。这样在各相中性点侧串以取样电阻 R_0（改串以穿心式电流传感器更好），测其三相 ΔI 的总和，其灵敏度往往更高。或如图 10-45 所示，在"M"处接毫伏表，就可对由于缺陷所引起的不平衡电压信号进行在线监测。如再接入计算机系统，可根据需要加入打印、储存、对比、判断、报警等单元。

用串以穿心式电流传感器等测电流的变化的方法也可实现对其他设备的在线监测，例如目前已较广泛地用于对金属氧化物避雷器（无间隙）来进行检测，测量其阻性电流或总电流的变化情况。

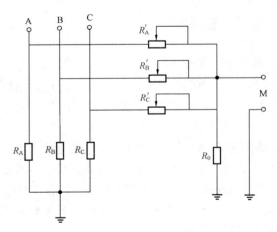

图 10-45　测中性点不平衡信号原理图

二、$\tan\delta$ 的在线监测

测量在工作电压下绝缘的 $\tan\delta$，也可仍用前述的西林电桥的原理（见图 10-10），但

由于通常用以配套的标准电容器的工作电压仅 10kV，因而需加进电压互感器 TV，其接线图如图 10-46 所示。互感器的误差可以事先校正，R_3、R_4 的调节可以手动，也可自动，但长年用触点调节有时会不太可靠。

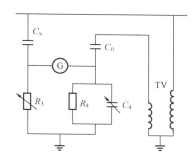

图 10-46　电桥法在线监测 $\tan\delta$ 原理图
C_x—试品；C_0—低压标准电容；G—指零仪

数字式测量 $\tan\delta$ 的基本原理可用积分法、计数法、傅氏级数展开法等。图 10-47 所示的是将图 10-48 中反映试品电压、电流信号（u_u、u_i）分别用过零转换的方法先转变为方波 a、b，然后相"与"得到方波 c，即反映这两波形间的相位差（φ），它可用计算机（或单片机）的时钟脉冲记数来读出（$\delta=90-\varphi$）。还常采用多次测量取平均值、消除谐波影响及消除回路误差等措施，以提高测量 $\tan\delta$ 的准确度。如取样并经 A/D 转换后，用快速傅氏变换，效果很好。

对电容型试品进行 $\tan\delta$ 的在线监测时，电压信号 u_u 可由电压互感器的二次侧再经分压后取得，这时要注意电压互感器的角差，特别是当试品 $\tan\delta$ 很小时；而电流信号 u_i 的获取有两种方法：过去有人是在试品接地端接入一取样电阻，为确保安全，要装有周密的保护装置，如图 10-48 所示，但这样总有不安全因素，电力企业更主张不断开地线，而用钳形电流表式的电流互感器，从接地侧感应得电流信号。后者更安全、简便，但要挑选角差小，且稳定的电流互感器，以保证测量 $\tan\delta$ 的准确度。

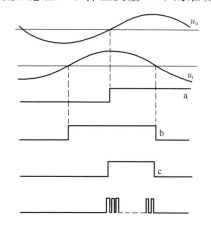

图 10-47　方波比较法测量 $\tan\delta$ 示意图

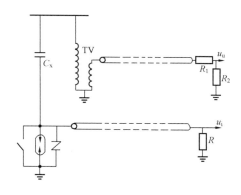

图 10-48　在线监测 $\tan\delta$ 的原理接线图

三、局部放电的在线监测

在现场带电监测局部放电时，由于抗干扰问题比实验室里更难以解决，往往以前面第五节里已介绍的超声法更为合适，但灵敏度一般要比电气法低些且不能测得放电量。

目前已较多地采用电气法和超声法相结合，并乐于用多探头同时进行检测，以提高在线监测时的准确性，而且还有可能对设备内部的局部放电进行大致定位。

图 10-49 为两个超声探头配以接地电流传感器的电 - 声联合法进行局部放电定位的原理图。

因为发生局部放电时，除有电气信号外且有超声信号向四周传播。利用在箱壳上 3～4

个超声探头所测到的信号的先后，如图 10-49 中的时间差（$\Delta t_1 - \Delta t_2$）等，就便于推测发生局部放电的部位。由于超声波的传播速度远低于光速，存储示波器系统常用接地线（或中性线）上已安装的电流传感器测得的电信号来触发，这也是可用来分辨某些电磁干扰的一种方法。

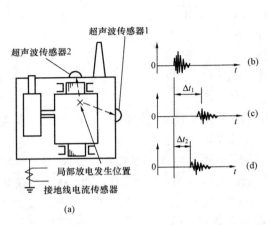

图 10-49　电-声联合法进行局部放电定位示意图
（a）传感器的安装位置；（b）电流传感器检出的信号；
（c）超声波传感器 1 检出的信号；
（d）超声波传感器 2 检出的信号

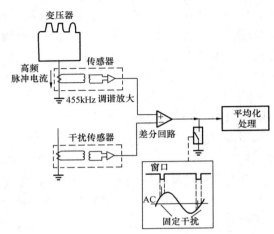

图 10-50　局部放电测量时减小电磁干扰的几种方法

图 10-50 介绍了测量局部放电时减小干扰的几种方法的综合使用：

（1）用差分回路来减小外来的电磁干扰；

（2）在某相位处用开"窗口"的方法来消除固定相位的干扰；

（3）用多次测量后进行平均化处理以削弱那些一次性的电磁干扰。

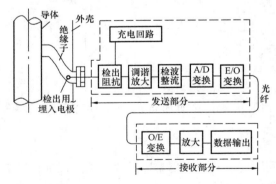

图 10-51　埋入电极式测 GIS 中局部放电的电路图

近年来，综合采用脉冲鉴别系统、数字滤波、小波分析等方法来抑制或分辨干扰已取得较大进展，为现场检测提供了有力武器。

如能将传感器预先安装在设备的箱壳内，电磁干扰可明显减小。图 10-51 介绍了在 GIS 测量局部放电的原理图，即将探头电极事先埋在盆形绝缘子里，对于单相 GIS 还能靠感应电压作为检出器的电源。已运行的大量 GIS 多数无埋入式电极，研究采用特高频技术的测量系统，由天线传感器在 GIS 或变压器体外（或体内）接收信号的办法，已取得较好的实用效果。

四、油中气体含量在线监测

经验证明，气相色谱分析是发现油浸电力设备潜伏故障的一种好方法，如第六节所述。

如能实现在线自动监测，而不是每次都要取油样后送回试验室分析，对及时发现缺陷将更有效。

现场的脱气装置现有两类：一种是利用某些塑料薄膜（如聚四氟乙烯、聚酰亚胺）独特的透气性，让油中所含的气体透析到气室里；另一种是用微型泵在现场对油样吹入空气而释出某些气体（如氢气）。

如仅对氢气进行连续监测，选用合适的气敏半导体元件或燃料电池即可。例如钯栅场效应管与 H_2 接触后，其开路电压随之改变；而以 SnO_2 为主的烧结型半导体的阻值将随周围气体中的氢气含量而异。近年来更多采用燃料电池的方法对 H_2、C_2H_2 等进行检测。

也可先对氢气或可燃气体总量（TCG）进行简易的在线监测，当有需要时进一步再用 4 种、6 种或 11 种气体成分的在线色谱仪进行分析。为适应在现场进行油中气体分析，或将图 10-32 所示的色谱仪进行改进，简化后用于现场，或改用基于半导体传感器或光学传感器的测量系统，使结构又有更新。

如同其他的预防性试验一样，不仅要看本次的测量结果，而且要看各成分的增长速率，只有全面分析对比后才能作出正确判断。

五、红外线在线诊断技术

一切温度高于绝对零度的物体都在辐射出红外线，而当设备由于有缺陷、故障而引起温度变化时，红外辐射也有相应的变化，因此随着红外技术的发展（分辨率的提高、制冷及机械扫描系统的改进、性能价格比的大幅提高），已成功地检测出套管、绝缘子、避雷器、电容器、断路器等缺陷，成功地实现了非接触、远距离的在线检测。但往往利于检测缺陷后期现象，且易受阳光、高温天气、下雨等干扰。

用于对电力设备进行红外测量的仪器，主要是红外测温仪、红外热电视和红外热像仪。

红外测温仪的基本原理是：被测目标的红外辐射能量经红外滤光片进入探测器，并将辐射能转换成电信号，经放大等处理后，最后由显示器指示被测目标的表面温度。

红外热像仪是利用红外探测器、光学成像物镜和光机扫描系统（先进的焦平面技术已省去光机扫描系统）以接收被测目标各部分的红外辐射信号形成热图像。工作波段一般是 $8\sim14\mu m$，温度分辨率已达到 0.1K，而重量仅几千克。

六、紫外线在线诊断技术

高电压电力设备中产生电晕、闪络或电弧时，伴有紫外线，紫外线波长范围是 $40\sim400nm$。由于地球臭氧层吸收了部分太阳光紫外线，辐射到地面的太阳光紫外线波长大多在 300nm 以上，为了避开太阳光中的紫外线，紫外线成像技术利用仪器选择接收电力设备产生的 $240\sim280nm$（300nm 以下称太阳盲区）范围内的紫外线信号，经处理成像并与可见光下图像叠加，有助于确定放电的位置和强度，一般可检测绝缘缺陷劣化前期（热量小）状态信息，并可全天候测量，不受气温、天气的影响，从而为进一步评估设备状态提供依据。

红外线、紫外线检测技术可以互补，可做到不停电、不改变设备的运行状态而监测到运行状态下设备的不少真实状态信息。

习　题

10-1　平行平板电容器电极间有两层电介质，电介质分界面和电极平行。两层电介质的电气性能如表 10-2 所示。

表 10-2　　　　　　　　　　　　　　两层电介质的电气性能

介质层	厚度（mm）	ε_r	$\tan\delta$（50Hz）	ρ（$\Omega \cdot$ cm）
1	5	3	3×10^{-4}	10^{-16}
2	3	6	3×10^{-3}	10^{-16}

设电极间施加 50Hz 电压（有效值）10kV，试计算：

（1）各层中的电场强度；

（2）该电容器对于每平方厘米电极面积的电容量；

（3）每层电介质中单位体积的介质损耗，W/cm^3。

若电极间施加直流电压 10kV，达到稳定状态后试计算：

（4）各层中的电场强度；

（5）每层电介质中单位体积的介质损耗，W/cm^3；

（6）分界面上积聚的电荷密度，C/cm^2；

（7）将此电容器短路时，放电的时间常数。

10-2　如把多层电介质绝缘看作两个电容串联（$C_1 = 0.1\mu$F，$C_2 = 0.2\mu$F），并与两个电阻并联（$R_1 = 10$MΩ，$R_2 = 20$MΩ），直流电源 3kV。刚合闸对电介质充电时电压按电容成反比分配，稳定后电压按电导成反比分配，试述这个过程中在电介质界面上会积聚多少电荷？

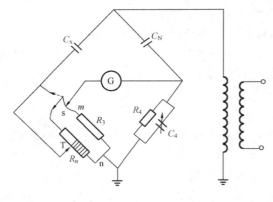

图 10-52　习题 10-4 图

10-3　如在图 10-10 中试品采用 R_x、C_x 并联等值回路，试从西林电桥平衡原理推算出 $\tan\delta$ 和 C_x。

10-4　西林电桥 R_3 加并联分流电阻，如图 10-52 所示。图中从点 m 经微调电阻及并联电阻至 n 的总电阻为 100Ω，ms 间的电阻为 ρ、Tn 间的电阻为分流电阻 R_n，试证明电桥平衡时有

$$C_x = C_N \frac{R_4(100 + R_3)}{R_n(R_3 + \rho)}$$

$$\tan\delta \approx \omega C_4 R_4$$

10-5　试述非破坏性绝缘试验的意义。怎样才能对高压电力设备绝缘作出正确的评估？

10-6　几种试验方法，如停电试验、带电检测、在线监测，你认为各有什么优缺点，今后又将怎样发展？

10-7　实现几种不停电的试验方法时，在选用现场固定安装的测量仪器或便携式测量仪器上，你认为各有什么优缺点？

本 章 参 考 文 献

［10-1］　GB/T 7252—2001《变压器油中溶解气体分析和判断导则》. 北京：中国标准出版社，2001.

［10-2］　Seesanga，等 . A new type of the VLF high voltage generator. Proc. of the Conf. on El. Eng. Electronics，Computer，Telecommunications and Information Technology，Seoul，South Korea，2008(2)：929-932.

［10-3］　屠德民 . 直流耐压试验对交联聚乙烯电缆绝缘的危害 . 电线电缆，1997(5)：33-37.

［10-4］　IEEE 标准 400.2《Guide for Field Testing of Shielded Power Cable Systems Using Very Low Frequency（VLF)》，2004.

附录 A 高压输变电设备的绝缘水平及耐受电压

摘自国标 GB 311.1—2012《绝缘配合 第1部分：定义、原则和规则》第 18~22 页。

表 A1　　　　　　　　范围 I（1kV<U_m≤252kV）的标准绝缘水平　　　　　　　　kV

系统标称电压 U_s（有效值）	设备最高电压 U_m（有效值）	额定雷电冲击耐受电压（峰值）		额定短时工频耐受电压（有效值）
		系列 I	系列 II	
3	3.6	20	40	18
6	7.2	40	60	25
10	12.0	60	75 / 90	30 / 42③；35
15	18	75	95 / 105	40；45
20	24.0	95	125	50；55
35	40.5	185 / 200①		80 / 95③；85
66	72.5	325		140
110	126	450 / 480①		185；200
220	252	(750)②		(325)②
		850		360
		950		395
		1050		460

注　系统标称电压 3~20kV 所对应设备的系列 I 的绝缘水平，在我国仅用于中性点直接接地（包括小电阻接地）系统。

① 该栏斜线下之数据仅用于变压器类设备的内绝缘。

② 220kV 设备，括号内的数据不推荐使用。

③ 该栏斜线上之数据为设备外绝缘在湿状态下之耐受电压（或称为湿耐受电压）；该栏斜线下之数据为设备外绝缘在干燥状态下之耐受电压（或称为干耐受电压）。在分号";"之后的仅用于变压器类设备的内绝缘。

表 A2　　　　　　　　　范围 II　($U_\mathrm{m}>252\mathrm{kV}$) 的标准绝缘水平　　　　　　　　kV

系统标称电压 U_s（有效值）	设备最高电压 U_m（有效值）	额定操作冲击耐受电压（峰值）					额定雷电冲击耐受电压（峰值）		额定短时工频耐受电压（有效值）
		相对地	相间	相间与相对地之比	纵绝缘②		相对地	纵绝缘	相对地
1	2	3	4	5	6	7	8	9	10③
330	363	850	1300	1.50	950	850（+295）①	1050	见 GB 311.1 6.10 条的规定	(460)
		950	1425	1.50			1175		(510)
500	550	1050	1675	1.60	1175	1050（+450）①	1425		(630)
		1175	1800	1.50			1550		(680)
		1300④	1950	1.50			1675		(740)
750	800	1425	—	—	1550	1425（+650）①	1950		(900)
		1550	—	—			2100		(960)
1000	1100				1800	1675（+900）①	2250	2400	(1100)
		1800					2400	(900)①	

① 栏 7 和栏 9 括号中之数值是加在同一极对应端子上的反极性工频电压的峰值。

② 绝缘的操作冲击耐受电压选取栏 6 或栏 7 之数值，决定于设备的工作条件，在有关设备标准中规定。

③ 栏 10 括号内之短时工频耐受电压值 IEC 60071—1 未予规定。

④ 表示变压器以外的其他设备。

表 A3　　　　　　　　　　　各类设备的雷电冲击耐受电压　　　　　　　　　　　kV

系统标称电压 U_s（有效值）	设备最高电压 U_m（有效值）	额定雷电冲击耐受电压（峰值）						截断雷电冲击耐受电压（峰值）
		变压器	并联电抗器	耦合电容器、电压互感器	高压电力电缆	高压电器类	母线支柱绝缘子、穿墙套管	变压器类设备的内绝缘
3	3.6	40	40	40	—	40	40	45
6	7.2	60	60	60	—	60	60	65
10	12	75	75	75	—	75	75	85
15	18	105	105	105	105	105	105	115
20	24	125	125	125	125	125	125	140
35	40.5	185/200①	185/200①	185/200①	200	185	185	220
66	72.5	325	325	325	325	325	325	360
		350	350	350	350	350	350	385
110	126	450/480①	450/480①	450/480①	450	450	450	530
		550	550	550	550	550		
220	252	850	850	850	850	850	850	950
		950	950	950	950 / 1050	950 / 1050	950 / 1050	1050

续表

系统标称电压 U_s（有效值）	设备最高电压 U_m（有效值）	额定雷电冲击耐受电压（峰值）						截断雷电冲击耐受电压（峰值）
		变压器	并联电抗器	耦合电容器、电压互感器	高压电力电缆	高压电器类	母线支柱绝缘子、穿墙套管	变压器类设备的内绝缘
330	363	1050				1050	1050	1175
		1175	1175	1175	1175 / 1300	1175	1175	1300
500	550	1425			1425	1425	1425	1550
		1550	1550	1550	1550	1550	1550	1675
			1675	1675	1675	1675	1675	
750	800	1950	1950	1950	1950	1950	1950	2145
		2100	2100	2100	2100	2100	2100	2310
1000	1100	2250	2250	2250	2250	2250	2550	2400
		2400	2400	2400	2400	2400	2700	2560

注　表中所列的 3～20kV 的额定雷电冲击耐受电压为表 A1 中系列Ⅱ绝缘水平。

　　对高压电力电缆是指热态状态下的耐受电压。

① 斜线之下数据仅用于该类设备的内绝缘。

表 A4　　　　各类设备的短时（1min）工频耐受电压（有效值）　　　　kV

系统标称电压 U_s（有效值）	设备最高电压 U_m（有效值）	内绝缘、外绝缘（湿试/干试）				母线支柱绝缘子	
		变压器	并联电抗器	耦合电容器、高压电器类、电压互感器、电流和穿墙套管	高压电力电缆	湿试	干试
1	2	3①	4①	5②	6②	7	8
3	3.6	18	18	18/25		18	25
6	7.2	25	25	23/30		23	32
10	12	30/35	30/35	30/42		30	42
15	18	40/45	40/45	40/55			
20	24	50/55	50/55	50/65			
35	40.5	80/85	80/85	80/95			
66	72.5	140	140	140	140	140	165
		160	160	160	160	160	185
110	126	185/200	185/200	185/200	185/200	185	265
220	252	360	360	360	360	360	450
		395	395	395	395	395	495
					460		
330	363	460	460	460	460	570	
		510	510	510	510 / 570		

续表

| 系统标称电压 U_s（有效值） | 设备最高电压 U_m（有效值） | 内绝缘、外绝缘（湿试/干试） | | | | 母线支柱绝缘子 | |
		变压器	并联电抗器	耦合电容器、高压电器类、电压互感器、电流和穿墙套管	高压电力电缆	湿试	干试
500	550	630	630	630	630		
		680	680	680	680	680	
				740	740		
750	800	900	900	900	900	900	
				960	960		
1000	1100	1100③	1100	1100	1100	1100	

注 表中 330~1000kV 设备之短时工频耐受电压仅供参考。

① 该栏斜线下的数据为该类设备的内绝缘和外绝缘干耐受电压；该栏斜线上的数据为该类设备的外绝缘湿耐受电压。

② 该栏斜线下的数据为该类设备的外绝缘干耐受电压。

③ 对于特高压电力变压器，工频耐受电压时间为 5min。

表 A5   **电力变压器中性点绝缘水平**   kV

系统标称电压 U_s（有效值）	设备最高电压 U_m（有效值）	中性点接地方式	雷电全波和截波耐受电压（峰值）	短时工频耐受电压（有效值）（内、外绝缘、干试与湿试）
110	126	不固定接地	250	95
220	252	固定接地	185	85
		不固定接地	400	200
330	363	固定接地	185	85
		不固定接地	550	230
500	550	固定接地	185	85
		经小电抗接地	325	140
750	800	固定接地	185	85
1000	1100	固定接地	325	140
			185	85

附录 B 交、直流高电压变电站、线路和设备图片

设立附录 B 的目的是增加读者对高电压设备绝缘的感性认识，对附录 B 中图片的提供单位和个人，编者表示衷心感谢。

表 B1   交、直流高电压变电站、线路和设备图片

图号	图　名	图 片 提 供
B1	交流 1000kV 皖南变电站航拍全景	国家电网公司 赵育鸣（巢湖电力报）
B2	交流 1000kV 输电线路 直线塔	国家电网公司
B3	交流输电线路 耐张塔	国家电网公司
B4	交流输电线路绝缘子串	国家电网公司 赵育鸣（巢湖电力报）
B5	交流 1000kV 长治变电站	国家电网公司
B6	交流变压器、避雷器和电压互感器	国家电网公司
B7	1000kV 变压器	沈阳变压器集团公司
B8	170kV（香港地区使用）三相电力变压器（三柱铁芯）内部结构	天威保变集团公司
B9	220kV 三相发电机变压器（五柱铁芯）内部结构	天威保变集团公司
B10	交流 1000kV HGIS	国家电网公司
B11	并联电抗器	国家电网公司
B12	串联补偿装置	国家电网公司
B13	安徽 1000kV 输电工程 人工短路试验	国家电网公司 赵育鸣（巢湖电力报）
B14	交流 1000kV 电容套管（上图试验室内，套管下端在地下油罐内；下图：套管全貌	西电高压电瓷公司
B15	广东东莞 200Mvar StatCom	南方电网公司
B16	直流±800kV 输电线路	国家电网公司 吴石光（英大传媒）
B17	直流±800kV 换流变压器	天威保变集团公司
B18	直流换流站 滤波器	南方电网公司
B19	直流换流站 阀厅	南方电网公司
B20	直流±800kV 干式套管（上图试验室内，套管下端在地下油罐内；下图：套管全貌）	西电高压电瓷公司
B21	广东南澳柔性直流输电工程 阀厅	南方电网公司
B22	空气间隙放电试验	国家电网公司
B23	7.2MV 冲击电压发生器和空气间隙放电试验	国家电网公司
B24	两厢电晕笼	国家电网公司
B25	特高压环境气候实验室	国家电网公司

图 B1 交流 1000kV 皖南变电站航拍全景

图 B2 交流 1000kV 输电线路 直线塔

图 B3 交流输电线路 耐张塔

图 B4　交流输电线路绝缘子串

图 B5　交流 1000kV 长治变电站

图 B6　交流变压器、避雷器和电压互感器

图 B7　1000kV 变压器

图 B8　170kV（香港地区使用）三相电力变压器（三柱铁芯）内部结构

图 B9　220kV 三相发电机变压器（五柱铁芯）内部结构

图 B10　交流 1000kV HGIS

图 B11　并联电抗器

图 B12　串联补偿装置

图 B13　安徽交流 1000kV 输电工程　人工短路试验

图 B14　交流 1000kV 电容套管（上图：试验室内，套管下端在地下油罐内；下图：套管全貌）

图 B15　广东东莞 200Mvar StatCom

图 B16　直流±800kV 输电线路

图 B17　直流±800kV 换流变压器

图 B18　直流换流站　滤波器

图 B19　直流换流站　阀厅　　　图 B20　　直流±800kV 干式套管（上图：试验室内，套管下端在地下油罐内；下图：套管全貌）

图 B21　广东南澳柔性直流输电工程　阀厅

图 B22　空气间隙放电试验

图 B23　7.2MV 冲击电压发生器和空气间隙放电试验

图 B24　两厢电晕笼

图 B25　特高压环境气候实验室

附录 C 高电压绝缘技术中一些常用英文缩略词

附录 C 给出高电压绝缘技术中一些常用的英文缩略词及英文全称和中文名称，正文中用到英文缩略词时不再一一说明。

表 C1 高电压绝缘技术中一些常用英文缩略词

缩略词	英 文 名 称	中 文 名 称
DC	Direct Current	直流
AC	Alternative Current	交流
PF	Power Frequency	工频
LI	Lightning Impulse	雷电冲击
SI	Switching Impulse	操作冲击
VFTO	Very Fast Transient Overvoltage	特快速瞬态过电压
OLI	Oscillating Lightning Impulse	振荡雷电冲击
OSI	Oscillating Switching Impulse	振荡操作冲击
HV	High Voltage	高压
EHV	Extra High Voltage	超高压
UHV	Ultra High Voltage	特高压
BIL	Basic Impulse Insulation Level	雷电冲击基本绝缘水平
BSL	Basic Switching Impulse Insulation Level	操作冲击基本绝缘水平
AIS	Air Insulated Station	空气绝缘敞开式变电站
GIS	Gas Insulated Switchgear	气体绝缘金属封闭开关设备
HGIS	Hybrid Gas Insulated Switchgear	简化的气体绝缘金属封闭开关设备（简化 GIS）
GIL	Gas Insulated Transmission Line	气体绝缘输电管道
GIT	Gas Insulated Transformer	气体绝缘变压器
CB	Circuit Breaker	断路器
CVT	Capacitive Voltage Transformer	电容式电压互感器
MOA	Metal Oxide Surge Arrester	金属氧化物避雷器
StatCom	Static Synchronous Compensator	静止同步补偿器
SVC	Static Var Compensator	静止型动态无功补偿装置
FACTS	Flexible AC Transmission System	柔性交流输电系统
PD	Partial Discharge	局部放电
EMC	Electromagnetic Compatibility	电磁兼容
EMI	Electromagnetic Interference	电磁干扰
RI	Radio Interference	无线电干扰
SNR	Signal to Noise Ratio	信噪比
UHF	Ultra High Frequency	特高频

缩略词	英 文 名 称	中 文 名 称
PLC	Power Line Communication	电力线路载波通信
SPD	Surge Protective Device	浪涌保护器
LEMP	Lightning Electromagnetic Impulse	雷电电磁脉冲
PPT	Pulse Power Technology	脉冲功率技术
FFT	Fast Fourier Transform	快速傅里叶变换
GWP	Global Warming Potential	全球变暖潜能
ACSD	Short Duration Induced AC Voltage Test	短时交流感应耐压试验
ACLD	Long Duration Induced AC Voltage Test	长时交流感应耐压试验
RMS	Root Mean Square	均方根值（有效值）
DSO	Digitizing Storage Oscilloscope	数字存储示波器
PI	Polarity Index	极化指数
LI	Leakage Index	泄漏比
ESDD	Equivalent Salt Deposit Density	等值附盐密度
SDD	Salt Deposit Density	附盐密度
NSDD	Non Soluble Deposit Density	附灰密度
DGA	Dissolved Gas Analysis	油中溶解气体分析
TCG	Total Combustible Gas	可燃气体总量
GC	Gas Chromatography	气相色谱分析
TCD	Thermal Conductivity Detector	热导池检测器
FID	Flame Ionization Detector	氢火焰离子检测器
DP	Degree of Polymerization	聚合度
ATE	Assessed Thermal Endurance Index	预估耐热指数
RTE	Relative Thermal Endurance Index	相对耐热指数
RH	Relative Humidity	相对湿度
VPI	Vacuum Pressure Impregnating	真空压力浸渍
EP	Epoxy Resin	环氧树脂
SR	Silicone Rubber	硅橡胶
RTV	Room Temperature Vulcanized Silicone Rubber	室温硫化硅橡胶涂料
NR	Natural Rubber	天然橡胶
NBR	Nitrile Butadiene Rubber	丁腈橡胶
EPR	Ethylene Propylene Rubber	乙丙橡胶
FRP	Fiber Reinforced Plastics	纤维增强复合塑料
OIP	Oil Impregnated Paper	油浸纸
RIP	Resin Impregnated Paper	树脂浸纸（胶纸）
PPLP	Polypropylene Laminated Paper	聚丙烯层压纸
PE	Polyethylene	聚乙烯
LDPE	Low Density Polyethylene	低密度聚乙烯

续表

缩略词	英　文　名　称	中　文　名　称
HDPE	High Density Polyethylene	高密度聚乙烯
XLPE	Cross Linked Polyethylene	交联聚乙烯
PS	Polystyrene	聚苯乙烯
PTFE	Polytetrafluoroethene	聚四氟乙烯
PVC	Polyvinyl Chloride	聚氯乙烯
PP	Polypropylene	聚丙烯
EVA	Ethylene-Vinyl Acetate Copolymer	乙烯－醋酸乙烯酯共聚物
MVS	Methyl Vinyl Silicone Rubber	甲基乙烯基硅橡胶
PET	Polyethylene Terephthalate	聚对苯二甲酸乙二醇酯
PMMA	Polymethyl Methacrylate	聚甲基丙烯酸甲酯（有机玻璃）
DDB	Dodecyl Benzene	十二烷基苯
BT	Benzyltoluene	苄基甲苯
MBT	Monobenzyl Toluene	单苄基甲苯
DBT	Dibezyl Toluene	二苄基甲苯
PXE	Phenyl Xylyl Ethane	二芳基乙烷
FDM	Finite Differential Method	有限差分法
FEM	Finite Element Method	有限元法
CSM	Charge Simulation Method	模拟电荷法
IEC	International Electrotechnical Commission	国际电工委员会
CIGRE	Conseil International des Grands Réseaux Électriques（法文） International Council on Large Electric Systems	国际大电网会议
IEEE	Institute of Electrical and Electronics Engineers	电气与电子工程师学会

参 考 文 献

［1］ 朱德恒，严璋．高电压绝缘．北京：清华大学出版社，1992．

［2］ 解广润．高压静电场．上海：上海科学技术出版社，1962．

［3］ 谈克雄，薛家麒．高压静电场数值计算．北京：水利电力出版社，1990．

［4］ 杨津基．气体放电．北京：科学出版社，1983．

［5］ 冯允平．高电压技术中的气体放电及其应用．北京：水利电力出版社，1990．

［6］ 王秉钧，等．数理统计在高电压技术中的应用．北京：水利电力出版社．1990．

［7］ 张纬钹，高玉明．电力系统过电压与绝缘配合．北京：清华大学出版社，1988．

［8］ 邱毓昌．GIS 装置及其绝缘技术．北京：水利电力出版社，1994．

［9］ 刘耀南，邱昌容．电气绝缘测试技术．北京：机械出版社，1981．

［10］ 张仁豫，等．高电压试验技术．3 版．北京：清华大学出版社，2009．

［11］ 严璋．电气绝缘在线检测技术．北京：中国电力出版社，1995．

［12］ 朱德恒，谈克雄．电绝缘诊断技术．北京：中国电力出版社，1999．

［13］ 王绍禹，周德贵．大型发电机绝缘的运行特性与试验．北京：水利电力出版社，1992．

［14］ 邱昌容，王乃庆．电工设备局部放电及其测试技术．北京：机械工业出版社，1999．

［15］ 朱德恒，等．电气设备状态监测与故障诊断技术．北京：中国电力出版社，2009．

［16］ J. G. Anderson. EHV Transmission Reference Book. Edison Electric Institute，1968．

［17］ J. M. Meek，J. D. Craggs. Electrical Breakdown of Gases. John Wiley and Sons，1978．

［18］ Y. N. Maller，M. S. Naidu. Advances in High Voltage Insulation and Arc Interruption in SF_6 and Vacuum. Pergamon Press，1981．

［19］ Transmission Line Reference Book II，345kV and above(Second Edition). Electric Power Research Institute，USA，1983．

［20］ E. Kuffel，W. S. Zaengl，J. Kuffel. High Voltage：Fundamentals. second edition. Butterworth-Heinemann，2000．

［21］ A. Haddad，D. F. Warne. Advance in High Voltage Engineering. The Institution of Engineering and Technology，London，2007．

［22］ R. Arora，W. Mosch. High Voltage and Electrical Insulation Engineering. John and Wiley Sons，2011．

［23］ W. Mosch，W. Hauschild. Hochspannungsisolierungen mit Schwefelhexaflnorid. VEB Verlag Technik，Berlin，1979．

［24］ D. Kind，H. Kärner. Hochspannungs-Isoliertechnik. Friedr. Vieweg and Sohn，1982．

［25］ M. Beyer，W. Boeck et al. Hochspannungstechnik. Springer-Verlag，1986．

［26］ В. П. Ларинов. Техника Высоких Напряжений. Москва Энергоатомиздат，1986．

［27］ Г. С. Куцинскиого. Изоляция Установок Высокого Напряжения. Москва Энергоатомиздат，1987．

［28］ А. А. Филиппов，А. Л. Петерсон. Изоляторы Элегазовых КРУ. Москва Энергоатомиздат，1988．

［29］ 放電ハンドブック. 電気学会ハンドブック出版委員会，1974．

［30］ 河村達雄，等．電気設備の診断技術．オーム社，1988．

［31］ 家田正之．現代高電圧工学．オーム社，1990．

［32］ 北川信一郎．大気電気学．東海大学出版会，1996．

［33］ 速水敏幸．電気設備の絶縁診断．オーム社，2001．